U0215211

酒海南针

带你进入美酒世界的300款名酒
Compass to the Ocean of Wine

陈新民　著

浙江科学技术出版社

图书在版编目(CIP)数据

酒海南针:带你进入美酒世界的300款名酒 / 陈新
民著. — 杭州:浙江科学技术出版社,2017.11
ISBN 978-7-5341-7954-9

Ⅰ.①酒… Ⅱ.①陈… Ⅲ.①葡萄酒—介绍—世
界 Ⅳ.①TS262.6

中国版本图书馆CIP数据核字(2017)第258652号

书　　名	**酒海南针:带你进入美酒世界的300款名酒**	
著　　者	陈新民	
出版发行	**浙江科学技术出版社**	
	杭州市体育场路347号　邮政编码:310006	
	办公室电话:0571-85176593	
	销售部电话:0571-85176040	
	网　　址:www.zkpress.com	
	E-mail:zkpress@zkpress.com	
排　　版	杭州兴邦电子印务有限公司	
印　　刷	杭州富春印务有限公司	

开　本	890×1240　1/24	印　张	20.33
字　数	586 000		
版　次	2017年11月第1版	印　次	2017年11月第1次印刷
书　号	ISBN 978-7-5341-7954-9	定　价	158.00元

责任编辑　梁　峥　　　　**责任校对**　赵　艳

责任美编　孙　菁　　　　**责任印务**　田　文

一日须倾三百杯

新民兄又完成一本葡萄酒新书。书中畅谈他心目中价位合理，能突显葡萄品种、产地特色，并已获得公允评价的好酒 100 种，共 300 款，跨越新旧世界，涵盖欧美亚非，琳琅满目，美不胜收，令人情怡心旷、神驰欲醉，也令人不禁想起李白的《襄阳歌》中传唱千古的名句："鸬鹚杓，鹦鹉杯。百年三万六千日，一日须倾三百杯。遥看汉水鸭头绿，恰似葡萄初酦醅。"

当代诗人余光中论述李白时曾欢喜赞叹道："酒入豪肠，七分酿成了月光，余下的三分啸成剑气，绣口一吐就是半个盛唐。"一个人，一杯酒，几句诗，就撑起半个盛唐气象；而另一个人，一本书，选出 300 款名酒，评点全球葡萄酒如画江山。时间虽然相差 1300 年，却有一样的气势与自信，并同样让我们大开眼界。

遥想诗仙当年事迹，李白应该尝过而且是喜欢葡萄酒的。回顾历史，中国最早有关葡萄酒的最早记载应该出自司马迁的《史纪·大宛列传》。书中提到西汉张骞在公元前 139 年出使西域时，发现大宛国盛产葡萄酒，惊艳之余将葡萄种植与酿造技术带到中原。这应该也是欧亚种葡萄(Vitis Vinifera)被首度引进中国的纪录。

汉代引进的葡萄酒，到了唐代开始深入本地社会。唐朝大将军侯君集灭西域高昌国(今新疆吐鲁番)凯旋，也带回当地的葡萄品种与酿酒技术，很多人相信现在已经被视为中国特有酿酒葡萄品种的"蛇龙珠"(Cabernet Gernischt)，就是在这个时候引进的。唐代诗人李颀作品《古从军行》里，就有"年年战骨埋荒外，空见蒲桃入汉家"这样的句子，其中的"蒲桃"即为葡萄之古名。作为一个开放富裕的社会，唐代不仅在贵族之间流行品尝葡萄酒，民间酿制与饮用葡萄酒的情形也很普遍。诗人王绩的五言绝句《过酒家》中的"竹叶连糟翠，蒲萄带曲红。相逢不令尽，别后为谁空"，将本地出产的竹叶青与外来的葡萄酒并列，可见当时的流行风尚。

辗转到了如今这个时代，葡萄酒已成为全球流行的文化商品之一，亚洲社会，或者华人社会，似乎应该开始建立属于自己的品味坐标。事实上，在法国两位记者蒙度(Aymeric Mantoux)与桑玛(Benoist Simmat)合著的图书《葡萄酒战争》(*La Guerre des Vins*, 2012 年出版)里，就将"2011 北京品酒会"(Le

Jugement de Pékin 2011）与带动美国加州纳帕谷葡萄酒在世界市场上崛起的"1976 巴黎品酒会"（Le Jugement de Paris 1976）相提并论，葡萄酒的华人观点显然越来越受到重视。

这样的趋势，我们也可以在亚洲其他国家，例如日本看到：1995 年夺得"世界最佳侍酒师大赛"（Meilleur Sommelier du Monde）第一名的日本侍酒师田崎真也（Tasaki Shinya）最为人津津乐道的"壮举"之一是，他在 2001 年初出版的日本杂志 *Vine Life* 里，为纪念进入 21 世纪推荐了"世界 Best Wine 64"64 款葡萄酒，其中法国酒有 25 款，占了总数的四成，但被誉为"葡萄酒之后"的波尔多葡萄酒，居然连一款也没有入选！这份名单一经公布，仿佛在葡萄酒世界里投下一枚原子弹，轰然爆破，余波至今荡漾。

而韩裔葡萄酒大师李志延（Jeannie Cho Lee）所撰写的《东膳西酿》（*Asian Palate*，2009 年出版）及新加坡葡萄酒作家苏恩（Edwin Soon）的《葡萄酒与亚洲菜的搭配》（*Pairing Wine with Asian Food*，2009 年出版），一方面扩大了亚洲人的视野，另一方面也为全球化的葡萄酒文化提供了本土化的元素与新意。

新民兄的葡萄酒著作，从《稀世珍酿》《酒缘汇述》《拣饮录》，到这本《酒海南针》，在我看来，正是在同样的脉络里越来越精彩的努力。从书中读到一些自己曾有幸欣赏过而且深爱的葡萄酒，例如法国勃艮第乐花酒庄的红花与白花、波尔多的无忧堡、朱哈的矿石酒，或是奥地利的绿维特利纳、南非的康斯坦提亚……总让我陷入美好的回忆；而更多迄今无缘品尝的好酒，则令人心生向往，恨不得立刻找来一探究竟。新民兄的新书，竟勾起我们对白居易"既而醉复醒，醒复吟，吟复饮，饮复醉。醉吟相仍，若循环然"这种乌托邦境界的无限想望。

饮酒过量有碍健康，但是葡萄酒文化如此美好，却不妨微醺，甚至畅饮至醉。新民兄为我们推荐了 300 款葡萄美酒，且让我们忘却身外无穷事，一日倾满三百杯！

杨子葆

我走过的路

1997 年 5 月，我出版了《稀世珍酿：世界百大葡萄酒》（以下简称《稀世珍酿》），将世界上价钱最昂贵、公认最好的 100 款酒引介到台湾地区。没想到接连而来的葡萄酒热潮，幸运地让本书承蒙品酒界的支持，得以多次再版。读友的鼓励让我得于公余之际，陆续涂鸦出版了《酒缘汇述》（2006 年）及《拣饮录：玄妙美酒的神游札记》（2010 年，以下简称《拣饮录》）。浙江科学技术出版社分别于 2006 年将《稀世珍酿》《酒缘汇述》、2013 年将《拣饮录》出版发行中文简体字版。未料《稀世珍酿》《酒缘汇述》中文简体字版出版后，立即获得了 2008 年在西班牙马德里举办的 "2007 年度世界美食美酒图书大奖"（Gourmand World Cookbook Awards 2007）中 "世界葡萄酒图书" 项目的首奖。这份殊荣对我而言，是一个意料之外的鼓励。

在《稀世珍酿》出版后的 15 年间，我在不少场合遇到读友与酒友，在厚爱及肯定之声外，更多人期待我介绍质优且价廉的好酒。诚然，近 10 年来，欧美顶级酒的涨势惊人，特别是波尔多的顶级名酒，其酒价之高，让一般爱酒之士望而却步。以《稀世珍酿》介绍的第一款酒——有法国勃艮第 "酒王" 之称的罗曼尼·康帝而言，撰写时一瓶普通年份酒在台北市价已高达 3.2 万元*，即约 1000 美元。但现在同样一瓶普通年份酒，至少 32 万元，即约 1 万美元，刚好是 10 倍。

其他顶级美酒的涨势虽然没有达到 10 倍，但三五倍是正常的。世界新兴国家富豪阶层的兴起，不可避免地也会带动名酒的涨势，假以时日，《稀世珍酿》中的 "百大" 势必成为富豪阶层的专用品。

上帝创造美酒，毕竟不是为了这些少数的富豪阶层，而是施恩泽于喜好美酒的平民百姓。不过，由另一方面乐观来看，名酒飙涨的现象并非全然是负面，也会带来正面的刺激效果——鼓舞广大的小酒庄主人与酿酒师努力提升葡萄酒的质量，或是铲除劣株，另辟良园，展开 "逐梦之旅"。近几年来，各地许多新兴酒庄与好酒如雨后春笋般地冒出，为美酒世界增添了无限缤纷，给酒友们带来了无止境的乐观与期盼！

因此，想要写一本专门介绍我心目中属于合理价位（以 2000 元为上限，必要时可容忍提高到 2500 元），既能突显各产地与葡萄品种特色，又能获得公允评价之好酒的专书，已经在我心中环萦多时，但屡屡因公务繁忙，不能动笔。而想想世界酒价一再攀升，若再不动笔，恐怕隔一两年，今日可购得之酒，到时价

---

* 本书如无特别说明，酒价单位均为新台币，1 元新台币 ≈ 0.2222 元人民币。

钱又已飞上青天了，我遂决定利用周末较空闲之时，着手撰写。撰写之初，本来打算针对每一个重要产区、品种写一款酒，共100款，随后于寻价时发现，各种酒输入台湾地区数量有限，如果每种酒只挑一款，极有可能向隅。故我每种增加两款：一为"延伸品尝"，取价格较为接近的一种；另一为"进阶品赏"，即价格较高，且质量理当较为优秀的一种。如此一来便可每种酒多两种选择，也更丰富了品赏乐趣。

最近读到英国史卡拉顿教授(Professor Roger Scruton)撰写的《我饮故我在》(*I Drink Therefore I Am*，2009 年出版)。作者以流畅与风趣的笔法，叙述了他的饮酒经历与哲学观。他特别提到："酒虽然是个绝佳的佐食之物，但更是一个佐思之物。"(Wine is an excellent accompaniment to food；but it is a better accompaniment to thought.)书名乃由笛卡尔的名言"我思故我在"而来，阐明了对美酒爱好者而言，培养出对美酒忠贞不渝的品赏乐趣，欠缺不了"思考"的因素。"饮"与"思"的密切结合，是造就美酒品赏世界的黏合剂。

我在《拣饮录》的前言中曾提到：在一日疲惫的公余之际，品赏到一杯美酒，翻阅到一些美酒信息，顿时会将疲乏身躯内的思绪拉到千里外的古堡与葡萄园之中。这一趟幻游驰骋的"异国神游"，将带来神清气爽的疗效。难怪史卡拉顿教授会将美酒视为"佐思"的圣品。

有一句常听到的话："凡走过必留下痕迹。"对一瓶好酒的品赏经验亦同。为了撰写本书，不少早已尘封在我脑海内的美酒回忆陆陆续续苏醒过来，好一个快乐的回忆过程！所以这篇前言就以"我走过的路"为题，希望读者参考本书之后，能够在这 300 款名酒中，挑中与您最投缘的几款酒，我相信这也是一个愉快万分的结缘过程！

本书能在有限的时间内完成写作与出版，应归功于铭传大学法律研究所林冠州同学的协助。林君热诚负责，前两年在铭传研究所我的课堂上，我并不知道他对葡萄酒已经产生了高度的热爱。两三年来他阅读了更多的品酒著作，对葡萄酒了解之深，远非同年纪的青年可比。有他在旁佐助及收集资料，让本书的撰写过程能够一气呵成。我必须对他的热情付出致以最大的谢意。

本书能够在很短的时间内完成，除了谢谢冠州同学的协助外，也蒙同乡前辈欧豪年大师特别为本书封面绘制一幅《红荔鸣蝉图》，并赐写书名；辅仁大学教授，也是酒学大家的杨子葆兄赐写序文；书中精美照片则出自艺术收藏家王飞雄兄之手。三位的高谊隆情，我亦应致上最诚挚的谢意。

陈新民
于 2012 年岁末

目录

意大利

西班牙

葡萄牙

德国

FRANCE

法国 ➡

① 天、地、人的完美结合
勃艮第杜卡·匹酒庄地区级酒

法国红酒博得举世闻名的两大功臣，正巧和德国汽车闻名于世一样，都是"双B"：后者是 Mercedes Benz 和 BMW；前者则是勃艮第 Burgundy（法文 Bourgogne）与波尔多（Bordeaux）。

勃艮第酒与波尔多酒有许多差异，正如同牛肉之于羊肉或是河鲜之于海鲜。套用一句英国著名酒评家诺曼（Remington Norman）的话："两者相差达 400 英里。"这句英文正贴切地符合中国的"相差十万八千里"。

除了风土条件的差异（波尔多靠近大西洋，容易受到海洋性气候的影响；勃艮第则无此影响）外，最重要的差别是葡萄品种与酿制方式。波尔多以 3 种葡萄为主：赤霞珠葡萄（Cabernet Sauvignon，也可译为卡伯耐·苏维浓），中国早在清末引进此葡萄时，以其鲜红色泽美如晚霞，故称之为"赤霞珠"，沿用至今；另外一款为赤霞珠的近亲卡伯耐·佛兰（Cabernet Franc），也有中文译名"品丽珠"，故本书采用此美丽译名；还有一款是梅乐葡萄（Merlot）。

同时酿造方式采取混酿，即按照各地区各种葡萄成熟的先后，依照其色泽、口感丰厚度及芬芳度等，以一定的比例调配，以求色、香、味都达到最好的标准。以波尔多左岸为例，便是所谓的"波尔多调配模式"（Bordeaux Blend）。依法律规定，可以 5 种葡萄来调配，且这种调配依各酒庄及各年份都有相当程度的差异，例如在梅多克区多半是以下述模式来调配：

赤霞珠（60%～70%）+梅乐（10%～20%）+其他小配角之品丽珠（Cabernet Franc）、小维尔多（Petit Verdot）及马尔贝克（Malbec）3 种各分配一定的比例。

至于波尔多的右岸，则为梅乐担纲主角，取代了左岸赤霞珠的地位，比例为：梅乐（70%）+品丽珠（20%）+赤

要找一张图片搭配杜卡·匹这位酿酒大师的杰作恐怕并不容易。我突然想起,我曾珍藏一幅中国缂丝大师,也是荣获 1988 年"中国工艺美术大师"称号的王金山所制作的《山茶喜鹊图》,大师对大师,正两相宜

霞珠（10%）。唯一值得一述的例外则是本地天王酒庄白马堡（Chevel Blanc）的逆势操作，以品丽珠（70%）+梅乐（30%），让标准配角的品丽珠翻身成为主角。

勃艮第酒区主要是沿着第戎（Dijon）往南绵延160千米的狭长地带，其精华区则是在北端，总共35千米长、号称"金坡"（Cote d'Or）之处。金坡又一分为二，分为"北红南白"：北边之夜坡（Cote de Nuits）以酿造红酒为主；南边之波恩坡（Cote de Beaune）虽然红、白酒皆酿，但以白酒扬名于世。葡萄种类上，红酒以黑比诺（Pinot Noir）为主，白酒以霞多丽为主，皆采用单一品种酿制。能够把全部鸡蛋都放进一个篮子，可见黑比诺与霞多丽都可酿出一流色泽、酒体强健、浓郁口感及芬芳至极的美酒。

另外，经营的方式也透露出两地区极大的差异。波尔多属于较晚成名的酒区，工业革命带来的财富与大规模资金操作的市场模式，让波尔多酒可以形成资本集中经营，故每个酒庄规模较大，且具有较强的销售（包括外销）能力。勃艮第则偏向传统农业，且属于标准的"小农制"。因为勃艮第早至17世纪便成为法国第一名酒区，有限的土地随着继承的分割一代一代传下来，造成各酒区小农林立，很多酒庄只拥有不到1公顷的土地。这种"百鸟齐鸣"的状况，让每个酒庄各有特色，自然能够吸引到知音；也因为产量太少（许多酒庄每年不过生产以百瓶计的数量），无法达到外销规模，优质的勃艮第酒往往成为行家们珍赏的对象。

因此，勃艮第酒（特别是著名酒区与酒庄的优质酒）在一个地区的销售标准，正可以作为检验该地区美酒水平的指标。台湾地区的美酒文化发展路程也印证了这个趋势：从浓郁且较为容易购得的波尔多酒开始，而后品酒界逐渐发现勃艮第酒优雅和稀有的吸引力，将品酒会的主角转向勃艮第酒。

勃艮第酒既然是小农制，各酒庄便各有存活之道，也各累积了数百年的酿酒工艺之经验。仿佛春天百花争艳一样，勃艮第酒具有诱人的多样性。价钱方面，依据市场供需定律，顶级的勃艮第酒区与酒厂的产品，其价钱多半高得吓人。例如每一年份全世界最贵的红酒当推罗曼尼·康帝（Romanée-Conti），最差的年份也要1万美元一瓶！

在此我们也要了解一下勃艮第产区的四级分级制度。勃艮第面积接近4万公顷，年产量可以高达3.3亿瓶。处于最高等级的顶级园区（Grand Cru）只占总产量的1%，共有33个酒园列入此等级之内（其中8个园区为白酒）。位居第二位的一级园区（Premier Cru）占总产量的11%，列入此等级的酒园则有684个。再下一级则为村庄级（Village），占总产量的23%。至于剩下的属于餐桌酒水平的地区级（Régionale），则占有总产量的65%。

如果要享受勃艮第红酒的滋味，自然要由一级园开始。如果要将勃艮第红酒作为一流的享受，当然是选择年份达到成熟期、出自顶级酒园的老勃艮第红酒，才能够真正体会出成熟黑比诺具有的熟透乌梅、蜜饯、鲜花甚至中药当归的不可思议的香气。但所有顶级园的新酒都极昂贵，超出了本书的选择门槛，更何况成熟的老酒呢？因此本书选择推荐的各款勃艮第酒，可能来自地区级、村庄级，最高只能出自一级园，但不减可获得的乐趣！

勃艮第酒之所以迷人，乃基于"新老各有韵味"。年轻的勃艮第酒色泽鲜艳油亮，有如石榴红般艳丽，入口则有樱桃、桑葚的特征；成熟的勃艮第酒色泽转为橙黄，变为熟梅、黄李子的香气，洋溢着花香。新酒的另一个诱人之处是价钱。故本书推荐酒友品尝勃艮第的新酒，如果要"惊艳"黑比诺葡萄的特色，当然要挑选出自一流酒庄者。套用一句俗语"强将手下无弱兵"，即使一流酒庄生产的最基本款地区级酒，也能把黑比诺的优点表现无余。

另一个值得注意的现象是，由于世界经济形势不景气，对于法国美酒的冲击甚烈。许多勃艮第酒庄也感受到了国外购买力的降低，因此转向由基层固本，加强了地区级酒及村庄级酒的质量。对爱酒之士而言，这无疑是一个令人兴奋的改变。现在许多鼎鼎有名的大酒庄，如卡木赛（Meo-Camuzet）、格厚斯（A. F. Gros）……的村庄级基本款都有令人耳目一新的成就。

作为本书介绍的第一款勃艮第酒，这一个"序曲"当由有勃艮第"新酒神"之称的贝纳·杜卡（Bernard Dugat）所酿出的杜卡·匹勃艮第地区酒来担纲演出。

本酒的特色　About the Wine

1973 年，在勃艮第日芙莱·香柏坛地区（Gevrey-Chambertin）——这里生产拿破仑最钟爱的美酒（见本书第 8 号酒），在此酿酒已经是第 4 代的皮耶·杜卡先生，给他 15 岁的儿子贝纳买下一片小小的果园，让他立业。2 年后贝纳酿出处女作，获得了成功的回响。而后贝纳陆续收购了 20 余处小果园，形成今日贝纳拥有的杜卡·匹酒庄（Dugat-Py）的规模（Py 是贝纳夫人的娘家姓）。

贝纳被公认为继勃艮第传奇人物、人称"酒神"的亨利·萨耶（Henri Jayer）后的另一个传奇人物，由此可知杜卡·匹在勃艮第酒坛的崇高地位。

在 2006 年去世的亨利·萨耶，其生前所酿制的遗作，每瓶都在拍卖会上拍出令人惊异的高价，例如其一级园区的克罗·帕兰图（Cros Parantoux），在最后一个年份（2003 年）之前，拍卖价都超过顶级园区的罗曼尼·康帝。所以对于萨耶酒，绝大多数的酒友只能遥想其滋味！

但幸好杜卡·匹酒庄的地区级酒多少可以弥补爱酒人

法国作家 Jacky Rigaux 于 2003 年出版的《赞颂勃艮第顶级葡萄酒》一书，封面人物即萨耶先生

的遗憾。本酒庄各款酒都是有机酿制，来自分散于 20 余处的园区。这些园区几乎全部少于 1 公顷，其中纳入顶级园的有 5 个（1款白酒），一级园的有 6 个（2 款白酒），村庄级的有 6 个（1 款白酒），地区级的有 3 个（1 款白酒）。看家本领则是香柏坛酒，由接近百年的老藤所酿成，年产量不足 300 瓶。这也是入选拙作《稀世珍酿》的一款酒，每瓶新上市高达 1500 美元以上。

至于量最多的地区级红酒，年产量也不过 6000 瓶上下，为顶级香柏坛酒的 20 倍，但分散到全世界，台湾地区每年进口不过三五百瓶。葡萄园区总共 1.4 公顷，葡萄树龄约

为 35 岁。葡萄采收后会醇化 12～18 个月，只有 10% 采用新桶。品尝时，刚开始有淡淡的咸味、苦味，夹杂着浆果、加州红肉李的淡甜与淡酸，但仍觉得有十分明显的酒精度，造成颇有生命力的感觉，仿佛酒液会跳动一样。这是一款会令人感动的好酒。

此酒每年仅有少量进入台湾地区，且酒商多半采取预售方式销售杜卡·匹酒庄的各款酒，酒友们如要体会贝纳大师的绝活，恐怕得勤于和酒商联系，争取这些瓶瓶得之不易的机会。

延伸品尝　Extensive Tasting

要找到一瓶能够 PK 贝纳大师的地区级酒，委实不容易。还好"酒神"亨利·萨耶有个好侄儿艾曼纽·胡杰（Emmanuel Rouget），他的酒庄也酿出了不错的地区级酒。

话说萨耶大师膝下只有 2 个女儿，都没有兴趣继承父业，反而是胡杰很早就在身边打杂，并学会了酿酒的技巧。大师在 1989 年宣布"金盆洗手"后，却退而不休，从旁协助侄

儿的酿酒事业，直到 1997 年为止。因此胡杰酒庄是名，萨耶酒是实，是标准的"萨规胡随"。

胡杰酒庄酿出的克罗·帕兰图酒，虽然没有萨耶的传奇酒般神妙，但也尽得了真传。每年只产 4000 瓶，出厂价约在 300 美元，但在台北市价至少超过 4 万元（2009 年份），它也被列入拙作《稀世珍酿》的世界"百大"行列。

本书推荐其酿制的地区级酒。这是一款可以代表勃艮第的优质新酒，且能够品尝出黑比诺新鲜酿成的滋味：优雅、带点酸味的樱桃与山楂味。颜色呈漂亮的深石榴红色，香气活泼但不深沉。陈年的木桶只有 25% 是新桶，对地区级酒而言已经难能可贵了。市价也很合理，在 1500 元上下。

其地区级酒中另有一款 Passetoutgrain，除黑比诺葡萄外，混酿了较为廉价、专门酿制薄酒莱酒的佳美葡萄，因此口感偏向甜美，酒体的扎实度也随之降低，似乎与胡杰酒庄纤细优雅的风格背道而驰，可以忽略。

胡杰的地区级酒，新鲜时品尝固然有其优美的风味，但缺点是无法陈年，超过 10 年，疲态毕露。对于顶级酒庄而言，即使地区级酒也应当起码具有陈年 10 年以上的实力。

为了弥补这个缺憾，本书打算破例多介绍一支"延伸品尝"酒。

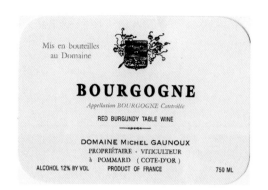

这一款出自于高诺酒庄（Domaine Michel Gaunoux）的勃艮第地区级酒，确有令人吃惊的陈年实力。一般爱酒之士，尽管对勃艮第酒颇有研究，一听到高诺酒庄，恐怕脑中也无印象。的确，这是一家成立才 20 多年的酒庄。1990 年，当今庄主米歇尔的父亲冯双（François）在波玛酒村成立了该酒庄，并在附近几个产区内买下 6 公顷园区。父子一起打拼，以酿制量少质优的酒为方针。本酒打出名声是以白酒为始。其在白酒的产区莫索区有 3 块一级园区，酿出的白酒可挑战顶级酒区的品质，很快便声名鹊起。

不过其红酒也相当优异。这一款地区级的勃艮第酒，上市后便有极为亮丽的深红色。我特别欣赏其陈年后的表现。在本书完稿前，我特别开了一瓶 1995 年份的地区级酒，来考验其陈年的实力。这款酒沉睡了 17 年后，有极为清澈的酒质，没有一丁点儿的沉淀；酒色呈漂亮的橘黄色，突出的乌梅味扑鼻而来，乃典型的勃艮第黑比诺迷人的香味。入口后有清晰的山楂、草莓与蜜饯味。酒汁残余杯中几分钟后，还可嗅到当归味,这是我在几乎所有一流的勃艮第酒,包括天王级的罗曼尼·康帝中,都会闻到的味道。

这瓶老酒居然上市时售价不过 1500 元上下,是可以和杜卡·匹地区酒并肩躺在您的储酒柜中,一起接受时间之神考验的不二选择。

进阶品赏　Advanced Tasting

上述杜卡·匹酒庄的地区级酒已经十分精彩。如果想要更上一层楼,价钱也合理,应当试试杜卡·匹的另一款属于单园酿造的地区级酒哈理那(Cuvée Halinard)。其出自仅有 0.4 公顷的园区,年产量为 2500～3500 瓶,树龄为 25～75 岁。陈年时间为 1 年半,橡木桶也只有一成为新桶。

哈理那虽为地区级酒,但已经有晋升村庄级的水平。其酒质比另一款地区级酒更为纤细,同时酒香也更为集中浓郁。本款酒甚至可以比其他普通酒庄的顶级酒还要出色。台北偶然遇见本酒,售价在 2000 元上下,刚好跨入本书拣选的门槛。年份好时,酒友为之多付 1000 元,我认为也值得。

铁娘子的坚持

乐花酒庄的红花与白花

勃艮第酒是小农制，红花绿叶各有欣赏的价值。但这也是一个崇尚英雄的领域，知名酒庄，尤其是传奇酒庄，都会出现一些响当当的英雄人物，不是庄主便是酿酒师。前一号酒提到的萨耶、贝纳或新一代的胡杰，都是以神妙的酿酒技术成为传奇人物。不让须眉专美于前，勃艮第出现了一位标准的铁娘子——拉鲁·贝齐（Lalou-Bize）女士。这位女士不仅了解酿酒技术，更了解如何经营酒庄以及包装、营销美酒这一行业的诀窍。

提到勃艮第的风云人物，类似萨耶等，他们只是行家圈子内的尊崇对象；但若论及名气，则拉鲁女士当居前茅。同样的，波尔多地区也出现了一位名气大、本领也大的菲律苹女爵，她正是木桐堡（Mouton-Rothschild）的堡主。

拉鲁女士早年曾经叱咤风云，作为1868年就成立的乐花（Leroy）大酒商的爱女，23岁就接管了庞大的祖业，并且在1974年代替父亲入主了天王酒庄罗曼尼·康帝，担任总经理。也因为强烈的自我意识与独断的行事风格，注定了与家人及事业伙伴拆伙的命运。1988年，她将乐花酒庄1/3的股份卖给日本高岛屋，一方面借此财源广购勃艮第名园，另一方面借此使罗曼尼·康帝与乐花酒庄的昂贵美酒能在日本市场所向披靡。但让日本人入主代表法国酿酒业骄傲的

拉鲁·贝齐女士（刘学涵摄）

罗曼尼·康帝酒庄,招致了广大爱国的法国人的抨击。终于在1992年,拉鲁的姐姐与康帝酒庄的合伙人联手将拉鲁逐出康帝酒庄的领导层。

遭此打击的拉鲁女士,反而在拥有共22公顷的几乎全属顶级园区的乐花酒庄上,全力施展其抱负,例如奇怪的自然动力法(Biodynamie),将天体运行、风水、五行……那一套似乎只是江湖术士唬人的把戏用到葡萄的种植之上,甚至用特殊的药草涂抹在修剪过的葡萄茎梗上,借以"减轻葡萄的痛苦"云云。旁人看来,拉鲁女士似乎疯了。

结果大大出人意料,邪门极了。拉鲁酿出来的酒几乎全部香味浓郁集中且飘逸至极,仿佛受到葡萄仙子的特别照拂般,神妙极了。目前总共22公顷的乐花酒庄(Domaine Leroy)共生产9款顶级酒、8款一级酒、9款村庄级酒,以及5款地区级酒。不论出自何种等级的葡萄园,拉鲁女士都事必躬亲,严格地管控其水准。其木西尼(Musigny)仅0.27公顷,年产量600瓶;伏旧园1.91公顷,年产量5000瓶;白酒

查理曼(Corton-Charlemagne),年产量1200瓶。这些几乎都是最贵的勃艮第酒,也都列入拙作《稀世珍酿》的世界"百大"行列。由乐花酒庄自身酿产的乐花酒产量极低,每公顷1500~2500升不等,是其他酒庄的1/4~1/3。这些自家酒从1988年以后都会以鲜红的封签标识,称为"红头乐花"。至于更早的乐花(1988年以前),以及现在拉鲁成立的乐花酒行(Maison Leroy),由外购葡萄所酿成的乐花酒,则会以白头封签,称为"白头乐花"。

红头乐花的价钱太过昂贵,我建议选择白头乐花来体会一下这位铁娘子的酿酒风范。当然这些由外购葡萄所酿成的地区级乐花酒,不论是红酒还是白酒,质量都较差,但挑剔至极的拉鲁已经严格地替其崇拜者把关,因此也算有一定的水准,而且价钱多半在1500~2000元之间。我们可以用一句话来比喻:吃手艺甚佳的大厨所做的拿手小菜!的确会有一番意想不到的惊喜。

本酒的特色 About the Wine

这款白头的地区级红酒,有淡淡如石榴红般的迷人色泽,比粉红酒稍微深一点。不仅是仅有5年陈的2007年份如此,本书在付梓前,台北有几家酒商适时引进了一批乐花酒庄的库存货,居然是1997年份及1999年份的地区级红酒。

由瓶身外观看，这批酒似乎已经达到了寿命的极限：颜色偏向淡橙黄色！我曾提心吊胆地各买了2瓶，小心翼翼地开瓶，结果这两个年份的老酒，不仅还在巅峰状态，而且不必醒酒便可直接享用。果然乐花酒都是经过"拉鲁严选"，铁娘子真是以"铁的纪律"来调教其手下的各款酒。

我印象特别深的是1997年份的地区级白头乐花。虽然酒体不澎湃强壮，开瓶后香气也不会弥漫袭人，但绵延的花香似有似无，仿佛漫步在夏夜的花园之中，令人沉醉。成熟勃艮第特有的熟梅子与山楂等干果味也甚突出。我认为1997年份的地区级酒比10年后的同款酒更见悠长隽永，也更为迷人。

12年是一段漫长的岁月，也是一般餐桌酒所无法忍受的长期酷刑，却对最低等级的乐花酒没有造成任何困扰，可知各个更高等级的乐花酒都具有甚长的陈年实力。白头乐花如此，红头乐花的耐藏力就更可以想见了。

延伸品尝 Extensive Tasting

地区级的勃艮第白酒比勃艮第红酒更为稀少，出自名酒庄的就更值得一试。

勃艮第可以在法国这个世界最著名的产酒区稳居龙头地位，是因其有波尔多力所不及的另一强项：亦能酿出全世界一流的霞多丽白酒。如同黑比诺一样，霞多丽（Chardonnay）葡萄也是在此地生长最好。即便此葡萄不似黑比诺般不喜迁移，能够在美国或澳大利亚寻获第二故乡，但勃艮第的霞多丽白酒，其丰厚的韵味、焦糖般的诱人口感，都是他国霞多丽酒所不能及的。这些霞多丽酿出了世界一流的梦拉谢、夏布利及莫索，都是"飞上枝头"的"凤凰级"白酒，本书都会一一介绍。

对于较低级别的地区酒，优质的酒庄会省略掉费时、费钱的新桶醇化工序，利用优质霞多丽成熟的风味，酿出气息清新、稍带酸度及爽口的佐餐酒。不要小看这些属于中低价位的霞多丽酒，如果仔细品赏其韵味，会有如嚼橄榄般生津止渴，可以佐餐，更可以佐谈。尤其在全球变暖趋势日渐严重之时，一杯冰凉的霞多丽好酒可以消去半日的疲惫。勃艮第白酒还是我最喜欢的酒款，我的储酒柜中随时至少有 10 种不同的勃艮第白酒待用，人生才真是美妙。

乐花酒庄生产 3 款地区级的白酒，比较常见的是勃艮第白（Bourgogne Blanc）。这款白酒看似纯白泛青，实则白中带黄，尤其是成熟后"黄化"更为明显。口感也由开始的淡似无味，逐渐有黄李与太妃糖的淡甜味出现。这是一款令人愉悦的中庸之酒，也是古人形容君子"暖暖内含光"的贴切写照。饮惯这种不含烟火般的美酒，一喝到美国加州或澳大利亚的霞多丽酒，一定会忍受不了其浓厚的橡木味（too oak）！

另外一款也是价廉物美的乐花白酒，则是 2004 年才上市的地区级酒阿里歌特（Aligote）。阿里歌特是勃艮第一种很谦卑、很努力生存的"二线葡萄"，由这种葡萄酿制的同名白酒，虽然上不了顶级的餐桌，却是勃艮第平民百姓所钟爱的一款平实酒。

当然，每个农夫都想种植高经济价值的葡萄，但毕竟风土决定了一切。因此在山之巅、谷之底等或缺水、或多水、或风强、或阳光稀少的自然环境艰困之处，阿里歌特犹如地瓜或马铃薯之类的能耐土地贫瘠的作物，养活了农民的一家大小。因此这种早见于 18 世纪勃艮第的葡萄，成为贫困的法国葡萄产区或东欧地区种植极为广泛的一种葡萄。

正如同前一号酒提到的勃艮第有一种红酒叫作 Passetoutgrain，是由昂贵的黑比诺与较廉价的佳美合酿而成，这里的白酒也许可阿里歌特中掺入霞多丽混酿，来丰富其口感。阿里歌特都是被酿成佐餐酒，各大酒商都有酿制，价钱便宜，在布热农（Bouzeron）产区酿制的水准最高。

乐花酒庄的阿里歌特口感比地区白乐花更为清淡，也更适合佐餐，价钱稍为便宜，年产量很少，不过 7000～10000 瓶（2008 年份产量为 9384 瓶）。

此亦是日本乐花迷最喜欢的一款酒，反而在欧美酒市难得一见，由产于自家酒园的葡萄所酿，园区仅 2.57 公顷，但没有冠上红头，而是黄头。每瓶在 1500 元左右。

同样的价钱可购得前一号酒所提到的胡杰酒庄酿制的阿里歌特白酒。以我最近所尝试的印象（2008 年份），似乎比乐花酒庄的阿里歌特更为浓郁与芬芳，只是较难有机会品尝。品尝阿里歌特会感觉到一股酸味，但醒酒后 10 分钟即消退。换言之，这款酒不适合太冰。

提笔至此，我不禁回想起我饮用阿里歌特印象最深的一次。那是在 2000 年前后，我第一次踏上越南的土地，前往河内拜访。我听说河内有一家著名的越南餐厅——兄弟花园餐厅（Khai's Brothers）。这是一个由中国富商府邸改建而成的餐厅，到处都装饰着中国古董木雕与石雕，当然是很高级的餐厅。我遂订了一张桌子，邀请河内越南社会科学院一位年轻教授共进午餐。我特别选了一瓶冰镇的路易·亚都酒庄（Louis Jadot）的阿里歌特。等到了约会的时间，一位瘦小、穿着紧身西装的中年男子来到我的面前，原来这便是阮教授。握手时，我立刻发现阮教授少了整只右臂，原来是在战争中被炸断了。我一面啜饮这款冰凉、暑气全消的阿里歌特，一面不禁想起他悲惨的经历：在教室上课时，好学的他正全神贯注于书本，没想到祸从天降……几乎毁去了他一生的幸福。如今我已经不记得当天午餐的美食与阿里歌特美酒的滋味，只是我这位同年纪的学界友人用一只断臂吃力地夹菜、骑车……使得至今我只要一看到阿里歌特，就会想起这位我再也没有联系过的越南"断臂教授"。

进阶品赏 Advanced Tasting

　　能否试试比地区级更高一级的村庄级乐花？在预购时或较差的年份时，可以在稍微超出本书选择门槛的 2500 元上下购得村庄级的白头乐花。

　　例如这款出自波恩坡的村庄酒（Cote de Beaune Villages）便是一例。村庄级以上的乐花酒，酿造的方式开始讲究起来，也和顶级酒一样，强调新橡木桶的比例，但两者的价钱还是相差 2～3 倍，已经开始能够体会出拉鲁女士酿酒的严格要求。这款村庄级的白头酒已经具有其他酒庄顶级酒的架势，同时也需要 10 年左右的醇化期，才能够达到其成熟的韵味。

我认为乐花酒庄的白头村庄酒，已经能够充分发挥出黑比诺的优点。这是拉鲁这位酿酒大师"牛刀小试"的成果。我愿意打一个比喻：意大利男高音歌唱家帕瓦罗蒂（Luciano Pavarotti）在世时，每场歌剧的价格都贵得惊人，年轻歌迷只能花小钱抢买彩排票，但是光是听到其天籁之声试唱几段咏叹调，就已经是过瘾万分，值回票价了。

提到乐花酒的红头与白头，请看左图这瓶 2004 年份的酒：标签上明明只标明勃艮第（Bourgogne），但既然是地区酒，理应是"戴白帽"，为什么却是戴着"红帽子"？莫非是假货？

非也，这是一个最特殊的，也是唯一可称为"顶级地区酒"的酒。话说 2004 年份的乐花酒在 2 年后打算开始分级装瓶时，铁娘子的先生过世了。可以想象，她的心情恶劣到了极点。因此她将几个一级

酒园的葡萄酒全部打入最低层的地区级。这些酒由出自于本园的葡萄而非外购其他园的葡萄所酿成，因此仍然挂上红头。

这批被刻意"降等"的地区酒，却有一级甚至接近顶级的质量。犹记得本款酒刚在台北上市时，约 4500 元一瓶，比其他最低款的红头乐花还要便宜一半以上，无怪乎可以用"秒杀"来形容爱酒者抢购之速度。随后价钱一路攀升至万元一瓶，但向隅者仍众，也难怪，其年产量只有 16200 瓶。

我曾经多次品尝这一款神奇的"超级普通酒"。颜色极淡，有点淡橙红色，类似 30 年以上的老勃艮第，令人以为本款酒早熟而不能经老。但一入口，极浓厚的花香优雅奔放而来，且酒体仍然十分结实，再陈放个 10 年也不成问题。台湾地区很快地售完此一年份后，我的老友贺鸣玉特地到上海去搜寻，很幸运地搜到了一两箱，但价钱也很惊人：每瓶已经超过 2 万元了。

如果真的想要借收集美酒之名来赚钱的话，乐花酒庄的红头货倒是一个很值得投资的对象：它具备所有美酒会增值的条件——数量少、质量一流、普受酒评界的肯定、酒庄主人的传奇性与严格、成名很早又持续很久……但最重要的是，红头乐花早已成为欧美顶级品酒金字塔顶端的品赏与珍藏对象。如今已经 80 多岁的铁娘子，我们祝她长命百岁、身体康健，继续为爱酒人士酿出一流的勃艮第酒。

饮中增德

勃艮第波恩及夜坡慈善医院酒

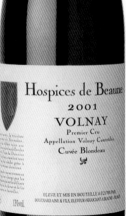

勃艮第酒是一种相信"商誉"之酒。相信并信赖著名酒庄与酿酒大师，才使爱酒人士愿意付出高昂的代价，且只要经济能力负担得起，这种信赖甚至多半是终身性质！许多老酒庄与老顾客的交情，是以"世代"，而不是以每一年份作为计算标准的。

但这些名酒的数量实在太少，价钱又太高，那么有没有一个比较具有公信力的评判机构来为消费者提供选择标准呢？答案是当然有，这便是每年在波恩镇举行的波恩医院拍卖会（Hospices de Beaune）和在历史名园伏旧园内举办的夜坡医院拍卖会（Hospices de Nuits），前者的影响力尤为明显。

勃艮第波恩镇（Beaune）是一个商业与观光小镇，位于勃艮第南部波恩坡的中心。靠着地理优势，每年吸引了众多北往南来的葡萄酒朝圣者，到此来用餐、饮酒或住宿。在这个酒的集散中心，早在英法百年战争快结束（1453年）前的1443年，当地一位领主的大臣罗兰（Nicolas Rolin）与妻子决定兴建一家慈善医院，罗兰捐出了自己的宅邸作为医院，称为"天主之屋"（Hotel Dieu）。这家医院一直经营到1970年才迁到他处，原地建成博物馆，成为波恩镇的第一旅游景点。

慈善医院成立后，陆陆续续接受各界捐赠的葡萄园，至今已达61公顷之多。医院聘请了专业酿酒师来负责酿酒事宜，并送交每年的拍卖。同时医院也接受各界人士、酒庄之赠，拍卖后支付一定的比例（例如11%）给医院。自1859年开始举行拍卖会，至今不断。拍卖会定于每年11月的第3个周日举行。以2009年为例，共有近800桶提供拍卖，计31款红酒、11款白酒，以及2款白兰地，拍卖约25万瓶酒。

拍卖酒虽然主要来自于医院的葡萄园，且多半是一级园与村庄园，但也有少数（8款）为顶级酒园，包括令人眼睛为之一亮的顶级的巴塔·梦拉谢（Batard Montrachet）与查理曼（Corton - Charlemagne）白酒、玛奇·香柏坛（Mazis - Chambertin）与罗可园（Clos de la Roche）红酒，这些都是被列入拙作《稀世珍酿》的顶级酒。

但绝大多数的医院酒都是中等质量，酿酒的讲究度也不及以营利为目的的私人酒庄，故其水平自然较为平庸。而且拍卖时离酿酒期不久，葡萄汁仍在桶中进行发酵。这些未

陈年之酒离成熟期尚远，因此买卖时有极大的风险。不过既然拍卖出于慈善公益之动机，底标也不算高，想要捞点便宜的机会总是存在的。例如以 2006 年的拍卖为例，一般波恩坡的红酒（9 款），拍卖的结果最低每桶（可灌装 300 瓶）2000 欧元，最高不过 4000 欧元，折合每瓶 7～13 欧元，即使另加 7％ 的佣金、桶费（500 欧元一桶）、窖藏费等，以最多 1 倍计算，每瓶也在 14～26 欧元之间，折合新台币 500～1000 元，并不算贵。

法国酒商颇懂得营销，每年拍卖会都请欧洲名流或影视明星主持拍卖，加上长年来此拍卖会已经树立的崇高使命与声誉，保障了酒质与来源的可靠，因此每年的拍卖会都非常盛大。得标的厂商可以在酒标上标上自己公司的名称，也算是营销手法的创新。

每款慈善酒不仅代表了品味、商誉，还代表了饮用者的善心大德，我认为任何一瓶这种善心酒，都会令人饮得心安与情愿，这也是"饮中增德"。

本酒的特色　About the Wine

这瓶产自波恩坡的一级园葡萄酒，由比秀酒商（Albert Bichot）标售。这个成立于 1831 年的酒商，不仅拥有庞大的酒园，也经营酒类拍卖。每一年的波恩慈善医院拍卖，比秀酒商都是最大的买主。我记得台湾地区最早进口波恩医院酒的孔雀洋酒，便有由比秀酒商提供的白酒（例如1994 年份的莫素）以及红酒（例如 1995 年份的波玛）。20 年前，台湾地区品酒水平仍处混沌之时，孔雀洋酒的曾彦霖兄便能进口此两款好酒，果然有了不起的魄力及眼光。

我愿意推荐图中这一款同样是由比秀酒商灌制，属于一级园的波恩酒，2003 年份正是成熟适饮之时。此种等级的

酒，以 2006 年的拍卖行情而论，每桶应当接近 4000 欧元，算是中下偏低的档次；最低的当属萨维尼（Savigny），每桶不足 2000 欧元。波恩医院酒有极为浓厚的樱桃果味，入口后味蕾有微苦但迅即消失，留下极为平衡的回甘。这是一款必须在 10 年内饮用的新酒。

我特别喜欢波恩医院酒的外观，标签左上角的蓝色盾牌，中间印有三枚金钥匙与一座城堡，整体看来简单又不失典雅。台湾地区可以购得的波恩医院酒，除了比秀及 Antonin Rodet 大酒商提供的属于较高价位者外，另一个大酒商路易·马克斯（Louis Max）也有提供四五款红、白酒，预售价都在 2000～3000 元之间。

延伸品尝 Extensive Tasting

另一个名气较小的夜坡慈善医院的拍卖，是在每年的 3 月底举行，地点就在勃艮第夜坡最有名的历史老园伏旧园（Clos Vougeot）之内。伏旧园是一个由及胸围墙环绕的老园，所产的顶级伏旧酒也是拙作《稀世珍酿》中的百大名酒之一。伏旧园区中有将近 80 个小酒庄，各领一小片园地，每一家酿制手法都不同，数量也有限。因为各有特色，且价钱都极高昂，往往令人觉得有"名不副实"之憾。香港地区著名酒评家刘致新先生甚至称呼伏旧园的酒为"地雷阵"。

我个人却喜欢试试各个酒庄的伏旧酒，尤其喜欢这些名酒背后的有趣故事。这个历史名园每年都会有一个骑士团品酒大会（见下一号酒），以及慈善医院的拍卖大会，是为盛事。

夜坡这所慈善医院称为"圣乔治之夜医院"，位于仅有 5000 人的圣乔治之夜镇内，很早（13 世纪）便成立了。本来是教会的医院与养老中心，至今已经变成当地的慈善中心，医病为辅，养老为主。此外，也接受外界捐赠葡萄园，总共拥有 12.4 公顷的葡萄园，是波恩慈善医院的 1/5。自 1960 年开始，也仿效波恩镇的慈善医院，每年举行拍卖会。不过每年拍卖量都在 150 桶上下，因此不论是规模还是价钱都比较逊色。例如 1999 年份的圣乔治之夜，欧洲市价约为 1500 元新台币，比同级的波恩医院酒要少上三至五成。

台湾地区很早就有人引进这款善心酒，我寒碜的储酒柜中目前仍存有两瓶孔雀洋酒当年进口的1992年份圣乔治之夜。这是一级园酒。为了撰写本文，我特别开启一瓶，试试这款已陈放达到极限年限的老酒有无变质。开瓶前我注意到，这款酒是由大酒商拉柏乐·拉(Laboure-Roi)所灌装，我心里倒抽一口凉气，因为这家酒商最近才被法国法院起诉，理由是"以次级品充高级品贩卖"。我心里纳闷，莫非这瓶酒也是以村庄级或地区级来冒充的？结果却令我放心。刚开瓶时，有颇沉滞的窖气，夹带一点点臭抹布的味道。但放在醒酒瓶中15分钟后，令人不悦的气息全部云散，此时极淡、仿佛无力升起的熟透梅子与干红枣味清晰可闻。这是一款令人心情如坐云霄飞车一般的惊险之酒。这也是喝老酒才会有的冒险乐趣。

进阶品赏　Advanced Tasting

波恩坡以酿制白酒而著名，但有两个产区的红酒也具有相当高的质量。一个列入顶级园区，即为寇东(Corton)；另一个较次的一级园区则为佛内(Volnay)。

寇东酒区所产的红、白酒都是一流水平，红寇东的评价还低于白寇东的查理曼酒。红寇东中的几个小园，例如寇东园及国王园(Clos du Roi)，被称为波恩坡最好的红酒，2006年的拍卖每桶5300～7000欧元不等；至于较便宜的佛内酒也有5款都是一级的佛内(其中2款为单园酿造)，每桶2600～4600欧元。平均下来每瓶基本价为9～15欧元。以欧洲的市价而论，此价钱乘以2，可算是优质的佐餐酒了。

但在台湾地区要购得此款酒至少要比欧洲贵1倍以上，算算最起码也要接近2000元，甚至更高。对许多进口商而言，这是一个冒险，进口一桶恐怕要卖上个10年。因此孔雀洋酒的彦霖兄，生前不止一次向我诉苦：医院酒曲高和寡！

我本想台湾地区饮酒文化的水平达到一定程度后，酒商对波恩医院的拍卖会可望会有更高的参与度，也会为美酒界带来更多样的选择。没想到10年来，这个期望还是落空了。反而是近年来深陷泡沫经济的日本，还很容易看到各式波恩医院酒，这更见证了日本葡萄酒文化的扎根之深。

我们当然不能单方面要求酒商冒着蚀本风险来进口医院酒，也希望台湾地区的酒友们加油，一起与勇敢的酒商撑起最起码的医院酒经销规模！

拼酒而不拼命

勃艮第品酒骑士团

另外一款属于有质量保证的勃艮第美酒，乃出自于"品酒骑士团"（Confrérie des Chevaliers du Tastevin）的推荐。品酒骑士团是全世界最有名、最有传统色彩与纪律的品酒团体，早在1703年便成立了，迟至1934年才开始正式使用此名称。本品酒团网罗了对勃艮第美酒"死忠"的拥护者，由政治、军事、经济、文化等领域的精英分子所组成。

所有团员在聚会时，必须身披红袍（仿效16世纪的博士袍服），悬挂会章（右下图），每个人手着白手套，行礼如仪，活像演一出中世纪的宫廷戏。我每次看到这种法国各个酒区的"骑士秀"，总觉得法国人血液中的演戏基因，一定比其他国家的人来得多，才会创出这些形式主义十足的"封爵秀"。

本品酒团像军队一样，分成4个阶层，由基层的骑士到最高级的"大军官"（Grand Officier），循序晋升。品酒团以维持勃艮第美酒的质量，发扬并保存勃艮第的美食、文化与艺术为宗旨，同时也要宣扬勃艮第的人文与风景，鼓励世界各国人士造访勃艮第。换言之，这是一个勃艮第美食与人文的"亲善大使团"。

每年的盛会在勃艮第金坡最有名的酒园伏旧园中举行，每次20场宴会，550人在一起大吃大喝。关于这个成立于12世纪的老酒园每年会在3月底举办一个慈善医院的拍卖会，已在上一号酒处提及。

品酒团每年的盛会，除了团员们的联谊外，还有一个重要的任务——评定优质的勃

艮第酒，并许可挂上品酒团的推荐标志（左图）。

这个品酒的重头戏虽由团员担纲演出、担任评审，但也会邀请其他社会人士参与。以2012年3月24日举行的评审为例，整个勃艮第酒庄共有7个产酒区送来1028款酒，经过由260个人组成的评审团严审后，357款获得认可，通过率为35%，属于相当严格的审核程序。

但品酒骑士团与其说是一个品酒的专业团体，毋宁说是一个社交团体。讲究质量与营销的勃艮第酒业，看中的恐怕是法国甚至欧美专业的品酒大师或是财大势大的各国酒商。因此对自家产品有信心的酒庄，不会送酒去凑热闹。反而是没有名气，或是名酒庄的低价酒，才会送去给这批"醉骑士"去评断。所以要购买地区级酒，最好看看有无经过品酒骑士团的认可，这至少可以多一层质量保障。对酒商而言，获奖可以增加销路，不获奖也在意料之中，所以在价钱上不会有太大的差别。品酒骑士团的认可，不会带来哄抬价格的后果，倒也是一个诚实的"评酒秀"。

本酒的特色　About the Wine

由勃艮第北边夜坡往南，靠近波恩坡不远处，有一个明星级的酒村——沃恩·罗曼尼（Vosne-Romanee）。莫看此酒村仅有123.5公顷大，分散着16座园区，居民人数仅500余名，勃艮第最著名的几个天王级酒庄都荟萃在此，其中就有被称为"天下第一园"的罗曼尼·康帝。123.5公顷中，顶级酒园有7个，总面积为25公顷，无怪乎这里是以寸土寸金来形容。

沃恩·罗曼尼酒村产的葡萄酒都有一定的水平，毕竟这里是黑比诺生长的最完美之处。试想一株位于罗曼尼·康帝酒园内的黑比诺树，一年可以结果酿出一瓶价值1万美元的罗曼尼·康帝酒，此葡萄不好才怪。在同样的风土大环境下，沃恩酒几乎没有廉价酒。

在这个酒村里有一家走中低价位路线的孟杰·慕内拉酒庄（Mongeard-Mugneret）。这个在此设园已经超过8代、拥有30公顷园区、包含23个不同产区的酒庄，可以酿造价昂且令人钦羡的李其堡（Richebourg，仅0.3公顷，年产量约

1000 瓶)、伏旧园(0.6 公顷)、大依瑟索(Grands-Echezeaux，1.7 公顷，年产量约 5000 瓶)，也可以酿造非常廉价、属于地区酒的 8 款红、白酒。若说本酒庄是一个大、小钱都赚的酒庄，一点儿都不为过。但本酒庄是走中低价位，其酿造的顶级酒，除了李其堡要破万元外，其他如伏旧园、大依瑟索，都不过 4000~5000 元，是所有其他酒庄类似酒中价钱最低的。甚至和康帝园、乐花园或美欧·卡木塞园等名酒庄相比，价钱只有其 1/4 以下，这也是想要品尝沃恩·罗曼尼顶级酒最佳的进阶酒。

在本酒庄 30 公顷的园区中，面积最大的当推酿制地区级红酒的上夜坡(Hauts Cotes du Nuits Rouge)，拥有 6 公顷的园区，每年可以生产接近 4 万瓶酒。这是本酒庄较新取得

的园区，葡萄种植不过 25 年，也是整个酒庄中最年轻者。2008 年，上夜坡酒获得了品酒骑士团的验证，在酒瓶颈部可以看到品酒团的标识，十分醒目。

这瓶只有 4 年的新酒，光从外观已可看到极淡的颜色，显示本酒已经到了适饮期。果不其然，这是一款极为淡雅、香气明显的酒。虽然只有七八百元，稍加冰镇后，却也是一款"百搭"的全能酒：既能够独饮，也能佐餐；既宜搭配海鲜，也宜配合肉食，甚至麻辣火锅。

而且尽管畅快淋漓地牛饮一夜，第二天醒来也不易上头，是适合北方男儿豪迈拼酒的极佳选择。我相信那些"下马拼酒"的勃艮第骑士，想要的正是这种"可以拼老命喝"的廉价好酒。

延伸品尝　Extensive Tasting

我在藏酒中还发现了一瓶 1993 年份的波恩村庄级红酒。这也是孔雀洋酒当年引进、由比秀酒商所灌制的，酒标上清楚地注明：本酒经 1995 年品酒骑士团认证。每瓶还有编号。对于村庄级的酒还比照顶级酒郑重其事地予以编号，实不多见。

这款酒和前一号波恩医院酒一样，由比秀酒商灌制。只

是前者为 2003 年份，且为一级园；本酒为 1993 年份，且为村庄级。由于本酒的等级低了一级，且年份更早 10 年，应当不能和波恩医院酒正值巅峰相比。

这款酒和前一号酒"延伸品尝"中由孔雀洋酒引进的夜坡医院酒(1992 年份一级园)在同一时间内引进，我也在品试夜坡医院酒时一并开启本酒。本酒毕竟属于村庄级，颜色

虽然仍保持枣红色泽，没有氧化的橙色，但酒质开始松松垮垮，香气被一股闷潮味掩盖，我不免失望。注入醒酒瓶一个钟头后，似乎酒质转变，香气开始复苏。到头来，虽没有顶级勃艮第酒成熟后的澎湃香气，但有特殊的老酒韵味，增加了我与酒友们的论酒素材，就此具有的"助谈引兴"功能，也值回酒钱了。

又，本书完稿前，偶在一个大超市中看到一瓶圣乔治之夜的品酒骑士团酒(见本书第6号酒)，贝多克乃阿洛·寇东(Aloxe-Corton)的酒商。

这是一款典型的勃艮第村庄级酒，加上了品酒骑士团的背书，每瓶都有编号，表示其质量获得了肯定。更吸引人的是价钱，不到千元。

伏旧园的入口

伏旧园内的黑比诺葡萄。由于疏果甚为严格，各株结果很少，多半在 4～6 串之间

产自黑比诺葡萄酒麦加圣地的沃恩·罗曼尼村庄酒

不知不可　Something You May Have to Know

在上一号酒已经提到了沃恩·罗曼尼这个世界红酒爱好者必须去朝圣的酒村。本村连接依瑟索，共有 7 个令人流口水的顶级酒园，此外还有 15 个一级酒园。尽管是一级酒园，但款款令人心动，售价也直逼 150 美元。若干著名的一级园，例如书秀园（Les Suchots）、黑雅园（Clos des Reas）或高地秀（Les Gaudichots）等，其实都具有晋级顶级的实力。品酒界颇多将之比拟为波尔多的"超级二等"（Super Second），

例如皮琼·拉兰堡（Chateau Pichon-Lalande）、帕玛堡（Chateau Palmer）等，具有进入一等顶级如拉菲堡排名榜的资格。特别是书秀园的园地紧邻着李其堡与罗曼尼·圣维安园区，三者的风土环境完全一样，书秀园的芬芳、细腻度也绝对具有顶级的架势，是所有一级园中最受青睐者。

这几款超级一级园，如果出自明星酒庄，动辄突破 1 万元大关，也毫不稀奇。

对本书读者而言，我们不妨挑些实实在在、能够完全体现在此风水宝地上成长的黑比诺的绝佳风味，且未增加荷包负担的好酒来。我们将目光锁定在村庄级即可。

本酒的特色　About the Wine

修得列·诺以拉酒庄（Hudelot　Noëllat）坐落在沃恩·罗曼尼稍北的著名产区，也是历史名园

的伏旧园产区内，成园历史不长，至今刚满50年。这个本来在伏旧园酿酒的酒庄，因为庄主娶了沃恩·罗曼尼酒园内一位酒庄(诺以拉家族)的女儿，她带来了几块园区内的好葡萄园当嫁妆，于是本酒庄开始酿制沃恩·罗曼尼酒。这种婚姻真是羡煞人，不是吗?

这样一个没有显赫家族历史、没有传奇酿酒师、庄主也平凡得很的酒庄，却很努力地遵守传统、规规矩矩地酿酒。总共拥有6.6公顷的园地，分散在沃恩·罗曼尼、香柏·木西尼或圣乔治之夜，庄主无不兢兢业业、全神贯注。6.6公顷中，竟有3款顶级园(包括昂贵的李其堡、罗曼尼·圣维安及伏旧园)，5款一级园几乎都是一流的一级园，2款村庄酒(包括沃恩与圣乔治之夜各1款)，以及1款最起码的地区酒。

修得列·诺以拉酒庄的园区都太精彩了，再加上庄主全家的投入，当然获得了应有的掌声。例如其执掌的明星酒园罗曼尼·圣维安便被认为具有挑战罗曼尼·康帝的实力，甚至在2009年纽约的勃艮第顶级酒品赏会中拔得了头筹。

故本酒庄已经开始掌握一流勃艮第酒的酿造诀窍，我们对其村庄酒也可以抱着乐观的期待。

这一款2005年份的沃恩村庄酒，有极为亮丽的深红色泽，标准的浆果、鲜花的优雅口感，没有强健的酒体，却是一款令人愉悦的好酒。在炎热的夏夜如稍加冰镇饮用，更可以突显其芬芳的果味。

延伸品尝　Extensive Tasting

沃恩·罗曼尼酒村中，除了天王酒庄康帝酒园外，还有一个名气大、家大业大的酿酒世家——格厚斯(Gros)。格厚斯家族目前已经如同一木分株成为4棵巨木，在沃恩酒村拥有4个酒庄，俨然形成巨室。

这个家族从1860年在波恩村买下2公顷园地开始酿酒，繁衍至今150多年，因为继承的分割，各家自立门户，形成4个挂着家族姓名的酒庄，令人眼花缭乱。这4个酒庄虽然在沃恩及附近著名酒村中各拥有或大或小的数块10余公顷园区，酿出各具特色的一流好酒，不过总的来说，

品酒界给予其中的格厚斯兄妹园（Gros Frere & Soues）的评价最高，价钱也最贵。至于家族长房的米歇尔·格厚斯酒庄（Domaine Michel Gros），也获得了甚高的赞誉。

米歇尔·格厚斯酒庄虽然也拥有部分伏旧园的园区（0.2公顷），但其最骄傲的原产乃是两块一流的一级园，即独家拥有 2.12 公顷的黑雅园（Clos des Reas）及部分的布吕园（Aux Brulees，0.6 公顷）。另外也酿制 5 款村庄酒与 3 款地区酒。

本书愿意推荐的是一款米歇尔园的村庄酒。这是酒庄用其在沃恩酒村内三块园区的葡萄混合酿成的，其中包括了少部分来自于黑雅园的葡萄。这款村庄酒可以让人感受到迷人的果香，也是体会这个黑比诺"麦加圣地"最好的媒介。

进阶品赏　Advanced Tasting

好一只吸睛的酒标！典雅的古代希腊酒杯，很难不让人联想到希腊酒神的盛宴。这就是前面所提到的格厚斯家族 4 个成员中最闪亮的明星——格厚斯兄妹园。

这个被简称为"金杯"的酒庄，拥有多达 20 公顷的园区，但分散在 12 个小区中，包括了昂贵地段的李其堡、大依瑟索、伏旧园等，每款年产只不过两三千瓶，上市后经常突破万元。至于最基本款地区酒，例如在上夜坡（Hautes Cotes de Nuits）拥有 6 公顷的园地所酿出来的地区酒，年产量可超过 5 万瓶，在台北市价约 1000 元出头，算是非常典型的勃艮第黑比诺新酒，和本书第 4 号酒介绍的孟杰·慕内拉酒庄的同款酒一样，都是值得作为入门者理解黑比诺个性的"教材"。

本酒庄的沃恩·罗曼尼村庄酒，园区面积有 1.95 公顷，年产量接近万瓶，葡萄树龄为 20～60 岁。虽然是村庄酒，但庄主仍然使用全新的橡木桶来醇化，唯有地区级的上夜坡才使用旧桶（1 年的旧桶）。同时，顶级的依瑟索园新栽的葡萄，如果未达满意的水平，庄主也会将之混入村庄酒之中。因此，金杯沃恩村庄酒可以显现出极完美的纤细感、中庸平衡的酒体，黑比诺年轻宛如豆蔻年华的风貌，在此可一览无遗。

6 想起"屠龙勇士"

飞复来酒庄圣乔治之夜

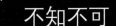

在沃恩·罗曼尼酒村的南方，正是圣乔治之夜的产区，夜坡由此得名。除了镇中有一家慈善医院每年3月底有拍卖盛会外，它还是勃艮第酒庄与酒商汇集之地，是夜坡的酒业大镇，成为仅次于波恩的勃艮第第二大酒镇。

圣乔治之夜的产区面积接近300公顷，但没有顶级酒园，而是布满着41个一级酒园，是勃艮第各产区中一级酒园数量最多的。可以想见，本产区是以中上质量的葡萄酒为主打，几乎产区各处都是一级酒园，总面积143公顷，占了整个地区面积的一半左右，无怪乎一两百年来本酒村便以优质酒出名。许多人想到勃艮第酒便会联想到本酒。依照天主教的传说，圣乔治是伟大的"屠龙勇士"，是欧洲骑士精神的代表人物，许多教堂内都装饰有圣乔治的油画，绘有持长矛的骑士刺中一条毒龙。不少博物馆的油画也以此为题材。

本酒村是否与此勇士有关？本酒带着强烈的天主教色彩，是否也保证了其质量不至于作假？我们不得而知。

许多大酒商当然垂涎本酒村的市场潜力，加上本酒村没有一个顶级葡萄园足以领导群伦，因此各大酒商莫不收购小葡萄园，贴上自己的标签来营销。如此一来，圣乔治之夜的质量即操纵在各个酒商之手，难免造成质量不一以及性价比过低的问题。

选择本地酒有两个诀窍：第一，看看出自哪个酒商；第二，如果要挑高档货，即要选择著名的一流园区，例如产自圣乔治园（Les Saint-Georges）、木格园（Aux Murgers）或裴利园（Les Perrieres）……价钱则多半超过100美元。

本酒的特色　About the Wine

圣乔治之夜是大酒商展现实力的大舞台。许多大酒商，例如比秀、布查父子(Bouchard Père & Fils)、乐花(Leroy)，殆不缺席。但最重要的代表，应推飞复来酒庄(Faiveley)。这个1825年成立的酒庄，在整个勃艮第地区拥有130公顷的园区，算是规模最大的一家酒庄。经过7代人的努力，扩张版图的结果，使得本酒庄在勃艮第各产区都有园区，由产自金坡内顶级的依瑟索、伏旧园、香柏坛以及查理曼白酒，一直到金坡之南、较次产区的夏隆内坡(Cotes Chalonnaises)，还有80公顷的园区，生产中低价位的勃艮第酒。同时飞复来酒庄也是一个精明的酒商，为了让客户有完整的选择(包括产区、价位)，飞复来不仅到处买果园，同时也用购买他园葡萄或是以物易物的方式，生产别款酒来填补自身酒园的不

足，此部分占了每年20%～30%的产量。

本园酿制的圣乔治之夜，共有9款，其中一级园有6款，村庄级有3款。村庄级中有1款为混园酿制，2款为单园酿制(Les Argillats 及 Les Lavieres)。村庄级酿制也不随便，醇化时间为14～18个月，橡木桶有2/3为新桶。上页图为单园酿制的沙吉拉(Les Argillats)，年产量仅为2800瓶左右；至于数量较多的混园酿制，每年也不过酿制6000～7000瓶，购得的机会并不是太多。不论是混园装还是单园装，各款酒都不适合早饮，最好能放10年以上，才能够欣赏到其绵厚的酒质魅力。我曾多次饮用本园酿制的年轻的圣乔治之夜，总觉得果香虽突出，但口感欠圆滑，入口有棱有角，无太多层次，看不出出自名家之手，饮用这款酒需要耐心。

延伸品尝　Extensive Tasting

大酒商比秀也提供了可靠质量的圣乔治之夜村庄酒。本公司拥有超过1公顷园区种植葡萄，生产此款酒。每年还

使用30%左右的新桶来醇化，时间为12～14个月。我最早品尝到本公司的圣乔治之夜是在1992年左右初识孔雀洋

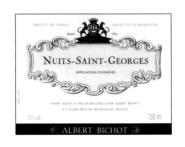

酒的曾彦霖兄时。孔雀洋酒那时进口了 1988 年份的圣乔治之夜，正是由比秀公司灌装，酒标还印着"夜坡医院"，明显是一款拍卖酒，而非由出自本园

的葡萄所酿制。再细看一下酒标，得知乃出自单一园区圣乔治园。我当时对这款酒印象十分深刻，主要还是对夜坡医院的拍卖酒及其故事产生了兴趣。

比秀的圣乔治村庄酒，采取年轻即可饮用的策略，因此果香十分浓厚，酒体也偏向中庸、清爽，颇适合搭配较为清淡的食材。但更合理的是其价钱，多半徘徊在 1500 元上下。

进阶品赏　Advanced Tasting

如果要品赏更强劲、风格特殊的圣乔治之夜，最好找找单园酿制。不过唯一的例外，恐怕是乐花酒庄的村庄级圣乔治之夜。这款村庄级的乐花（当然是白头的），有极为浓郁的樱桃、梅子及蜜饯香气，优雅的花香味尤其明显。我在拙作《酒缘汇述》中有一篇小文《踏进红酒的品味境界——乐花园的"夜之圣乔治"》，描述了我品赏 1985 年份乐花圣乔治之夜的心得。我认为这是爱酒朋友进入红酒品味世界的敲门砖。

这篇文章写在约 10 年前，当时我认为花上 2000 元，换来品赏一瓶乐花圣乔治之夜的机会，绝对值得，才会诚心诚意介绍爱酒的朋友们下手购买。10 年后重读斯文，不免感慨"三十年河东，三十年河西"。如今一瓶白头乐花圣乔治之夜，价钱已经攀高至少 3 倍，甚至好的年份已突破万元，早年下手的朋友当庆幸了。

不过我选择了另外 2 款在第 5 号酒提及的修得列·诺以拉酒庄（Hudelot Noëllat）酿造的村庄酒，其沃恩酒已在第 5 号酒中作为推荐酒。在此我也愿意推荐其圣乔治之夜。诺以拉酒庄酿制 2 款圣乔治之夜，一款为一级园木格园，另一款为村庄酒。村庄酒（Bas de Combes）口味极为淡雅，果香明显，有时会被误认为优质薄酒莱，台北市价在 1000 元左右。而其木格园则有令人回味再三的吸引力。此酒最好陈放至少 5 年后才品赏，较能够体会出其纤细的酒体，味蕾会有极大的享受。唯一的顾虑是价钱，一瓶木格园的价钱，经常要多出其村庄级 50% 甚至 1 倍。本酒也可轻易陈 20 年而不失风味。

香柏·木西尼

勃艮第的贵族品味

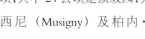

由沃恩·罗曼尼酒村往北，便进入了历史名园伏旧园区。这里托历史老园伏旧园之盛名，顶级伏旧园不说，就连一般的一级园或村庄级都极昂贵，且往往不值，我们可以略过。再往北就进入了伟大的可以和沃恩·罗曼尼产区相媲美的香柏·木西尼产区（Chambolle-Musigny）。

这个地区的名字美而好记忆，酒质更细致非常，尤其是芬芳、圆润与回香，往往被形容为"勃艮第的贵族品味"。一般优质且稀有的勃艮第酒已经被品酒界认为是品味的象征，而香柏·木西尼更是品味中的品味。

香柏·木西尼总共有176公顷，其中24公顷是顶级园，分为木西尼（Musigny）及柏内·玛尔

（Bonnes Mares）。这2款酒都有入选拙作《稀世珍酿》的世界"百大"行列。另外56公顷为一级园，共有24个一级园区，包括一颗耀眼的明星爱侣园（Les Amoureuses），及香末园（Les Charmmes）、美泉园（Les Beaux Bruns）等。

最值得注意的是爱侣园。本园位置与木西尼紧紧相邻，两者土地结构完全一致，本来便有顶级的实力，应当被升级才公允。但庄主迟迟不愿意申请升级，有人说是因为怕税金增加而影响销路。

爱侣园仅有5.8公顷大，却被10个酒庄分割，其中最大的一个酒庄格罗菲尔（Robert Groffier）也仅拥有1公顷而已。每年才产酿2万瓶的爱侣园，每个小酒庄的年产量不过数千瓶，当然十分昂贵，价钱可以比照顶级酒。拙作《稀世珍酿》所选百大葡萄酒的勃艮第酒中，爱侣园是唯一没有被列入

顶级酒园的。格罗菲尔酒庄的爱侣园，在台北市价接近 2 万元，尤其是日本漫画《神之雫》将此款酒列为"第一使徒"后，价钱更是只升不降，爱酒的伴侣们人人想一亲芳泽。

香柏·木西尼面积的一半是顶级及一级酒园，另一半则属于村庄级，所以很少酿制地区级，可见得此地乃"黑比诺宝地"，串串葡萄都宝贵。

本酒的特色 About the Wine

　　刚刚提到了日本漫画《神之雫》将格罗菲尔酒庄酿制的爱侣园列为"第一使徒"，显示了对本酒的重视，该漫画也同时大力介绍了一位日本酿酒师仲田晃司所成立的罗·都孟酒庄（Maison Lou Dumont）。仲田晃司出生于 1972 年，在东京上大学时爱上了葡萄酒。1996 年大学毕业后，有机会去波尔多及勃艮第参访 3 个月，让他大开眼界。回国后决定开始卖酒与酿酒生涯。1999 年到波恩市参加了一个酿酒训练课程，认识了现在的夫人韩国人朴小姐。2000 年在圣乔治之夜成立了这个公司，当年 28 岁。

　　对一位年少的日本人而言，无雄厚财力背景，当然无法在昂贵的勃艮第酒区购得葡萄园，罗·都孟酒庄得向各地果农采购葡萄酿酒，这就是我将本应称为"酒行"（Masion）的该公司称为"酒庄"的本意所在。3 年后酒庄迁到了日芙莱·香柏坛（Gevrey-Chambertin）。由于近水楼台之便，仲田遇到了贵人——人称"酒神"的亨利·萨耶。已赋闲在家的萨耶老

人，遇到执礼甚恭的日本邻居，很自然地愿意将酿酒经验传授给他。能够获得大师亲炙与点拨，可是难得的机会。加上日本人似乎天性就最适合扮演或师或徒的角色，仲田倒也扮演了 3 年用功弟子的角色，反而变成了萨耶老人的"外传弟子"。这般经历像不像中国的武侠小说？

　　目前本酒商每一个年份酿出 70 桶酒，可灌装成 2 万瓶左右的各式红、白酒，分成 22 款酒，包括顶级（4 款）、一级园（4 款）、村庄级（9 款）及地区级（5 款），后者还包括 2 款气泡酒。平均下来，每一款酒还不足 1000 瓶。仲田酿起酒来追求完美，连细节都不忽视，乃标准日本人的做事风格！例如，在醇化桶方面，仲田毫不吝惜花费在新桶上，顶级酒使用 70% 的新桶，一级园使用 50% 的新桶，村庄级使用 30% 的新桶，连地区级也使用了 15% 的新桶。

　　虽然名为罗·都孟，但仲田本人强调，酿酒必须结合天、地、人的因素，偏一不可，其酒标上也用毛笔书写着"天地

人"3 个汉字，台湾地区便习惯地将之称为"天地人酒庄"。相信仲田本人也会认可这个更为传神的名字。

台北是日本漫画《神之雫》的主要市场之一，反应灵活的酒商几乎同步引进了仲田酒。其各款村庄级的价钱都极为合理。以 2012 年初的市价而论，2008 年份的圣乔治之夜与沃恩·罗曼尼都不过 1600 元，而达适饮期的 2004 年份香柏·木西尼，也在 1500 元上下，"天地人酒庄"具有诚实与踏实的品性。

我试过的这款香柏·木西尼，呈漂亮的暗红色，有颇明显的草莓、桑葚与山楂味。虽然没有澎湃的酒体，恐怕没有太长的陈年实力，但酒质细致、入口均衡，可以说是一款中规中矩、不炫耀的平实之酒。

仲田也拥有日本商人的精明头脑，在各式红、白酒获得了包括日本在内的亚洲市场的欢迎后，他又趁势推出了气泡酒（Cremant）以及薄酒莱新酒。虽然两者数量都不多，例如薄酒莱销售至香港地区不过每年 96 瓶，台湾地区则尚未进口，不过酒友们的热情支持使其颇受欢迎。虽然质量平平，但价钱也诚实，例如其粉红与白气泡酒不超过 1000 元，尝鲜客不妨一试。

延伸品尝　Extensive Tasting

只要知道在 2009 年有一个欢度成立 150 周年的大酒商路易·亚都（Louis Jadot），便可知道这个以酿酒与卖酒起家的酒商绝对不是平凡之辈。其光在勃艮第的金丘便拥有 45 公顷园区，每年可以酿制 7 款顶级园、30 款一级园、11 款村庄级以及 5 款地区级，更不要讲在其他地方还有控股的酒庄。

这种历史名酒商，也是标准的精明生意人，对自家果园的经营与管理固然万分讲究，对收购他人葡萄的要求也不随便。对酿造技术盯得很紧，以保证收入的稳定。同时在营销方面更是专长，早已将营销触角延伸到全世界。其产品种类丰富，符合各方需要，且价钱也尽量合理压低，即便在较佳的年份，也不会为多赚一点钱而涨价，果然有大家的气派。无怪乎欧美与东南亚许多有水准的餐厅中，本酒庄产品随处可见。

本酒庄的香柏·木西尼，有漂亮的红宝石颜色，干果、蜜饯以及水果味颇为强劲，是一款可以轻易陈放 15～20 年的好酒。

在第 5 号酒中提到沃恩·罗曼尼村有一个米歇尔·格厚斯酒庄，所生产的香柏·木西尼也是村庄级，出自于一个仅有 0.7 公顷的小园沙吉利（Les Argilliers），葡萄树龄最老的已经接近 60 岁了。每年产量在 3000～4000 瓶，虽然被认为酒体稍微薄弱、层次较浅，但仍不遮掩其纤细、如丝绸上手般的柔滑与细嫩。这是一款普遍能感觉到高雅气质，令人一嗅再嗅的美酒。只不过价钱稍高，能够在 2500 元上下购得，便算是捡到便宜了。这也是一瓶值得放在储酒柜内，慢慢等待开瓶庆祝某个重要日子的"期待之酒"。

沃恩·罗曼尼酒村成为美酒朝圣客的"麦加"，引来大批游客。各名贵酒园没有铜墙铁壁，也没有恶犬来防止游客入园摘果，只有上述这种劝告用语，可见美酒界还是斯文当道

《小天使戏游葡萄园》

这是创作于 15 世纪的意大利的大壁毯，图中绘有一群小天使在葡萄园中玩耍。作者以高竿、果实累累的葡萄藤，对比出小天使的娇小可爱，小天使们的笑闹声似乎可以夺毯而出，整幅壁毯洋溢着青春与欢乐的气息。此件精彩作品现藏于葡萄牙首都里斯本的顾本疆美术馆（Calouste Gulbenkian Museum）。

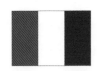

英雄已死，英雄不死

拿破仑钟情的日芙莱·香柏坛

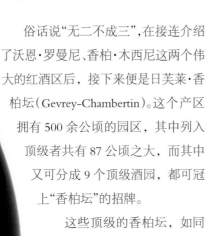

俗话说"无二不成三"，在接连介绍了沃恩·罗曼尼、香柏·木西尼这两个伟大的红酒区后，接下来便是日芙莱·香柏坛（Gevrey-Chambertin）。这个产区拥有 500 余公顷的园区，其中列入顶级者共有 87 公顷之大，而其中又可分成 9 个顶级酒园，都可冠上"香柏坛"的招牌。

这些顶级的香柏坛，如同前一号酒所提及的木西尼一样，最初都是以一个小园，例如木西尼园以及本处的香柏坛园而闻名。香柏坛园仅有 13 公顷大，却被 25 个不同的酒庄拥有，以总产量 4 万～5 万瓶而言，最大的酒庄，例如著名的卢骚园（A. Rousseau），也不过年

产 9000 瓶，至于大名鼎鼎的杜卡·匹（见本书第 1 号酒），年产量只有 300 瓶，其价格早已超过康帝酒庄的李其堡，我相信其迟早会比罗曼尼·康帝更贵。每次我的朋友（多半是这辈子不愁吃穿的朋友）想要购储名酒，求教于我，我建议的第一选择便是这一等级的香柏坛。

另外仅次于香柏坛的另一款顶级酒当是香柏坛·贝日园（Chambertin Clos de Beze）。这是比香柏坛稍大一点（15 公顷），年产量也稍多（6 万瓶），名气也不小于香柏坛的特级园。

也就是因为香柏坛园与香柏坛·贝日园，才将本地区的美酒抬到国家第一级美酒的排行榜上，这要归功于一位伟大的法国人——拿破仑。

文治武功一时的拿破仑，每于出发征战之时，必定携带整车的香槟与香柏坛随同出征。上有所好，下必从之，在拿破仑时代，香柏坛简直成为"皇帝御酒"。

拿破仑还讲出了一句脍炙人口的名言："没有一个东西能够让未来显得如此粉红，除非透过一杯香柏坛！"这里的"粉红"（rosy）是乐观、缤纷之意。拿破仑借着香柏坛来对未

来保持如此正面与健康的态度,岂不是对香柏坛最好的赞誉?

到底拿破仑中意的是香柏坛还是贝日园?似乎没有资料显示。不过这也不重要了,反正这2款酒在当时已被认定为法国第一美酒。

除了9个价格都高得吓人的顶级酒园外,本地区还有26个一级园,占地80公顷;以及11个村庄级、可称为日芙莱·香柏坛酒的酒园,共有330公顷之多;地区级有多达360公顷,已经足够提供数量充足、价格合理的优质香柏坛酒,来让人想象一下拿破仑当年喜欢的滋味。这里也是勃艮第黑比诺生长的最北边界,越过此区后,便很难酿出顶级及优质的黑比诺酒。

本酒的特色　About the Wine

酿制香柏坛的名园甚多,几乎著名酒庄除了酿制顶级、一级园外,也都会酿制村庄级的香柏坛,而且质量相当整齐。我倒愿意介绍另一家历史悠久的老园彭寿园(Domaine Ponsot)。这是一个建立于1772年的老园,但200年间发展十分缓慢,直到第二次世界大战结束后,也只有6公顷的园区;又经过60年的努力,园区不过扩大了1倍不到,只有11公顷。

但这11公顷中,有7个顶级园区,占地6.5公顷,占了所有园区面积的一半以上。另外本酒园还有3个一级园区、3个村庄级以及1个地区级园区。由于本酒庄可以酿制7款顶级酒(其中4款为香柏坛),且获得高度的赞誉,已经成为香柏坛的新秀代表。拙作《稀世珍酿》就选择了2款彭寿园的佳酿。故本酒庄的权威地位,已鲜少受到质疑。

彭寿园的村庄级香柏坛阿贝乐（Cuvee de l'Abeille）,面积只有0.5公顷,葡萄树龄都已经超过40岁,年产量在3000瓶上下(2008年份生产2411瓶)。既然本园以酿制4款顶级香柏坛闻名,那以精湛的手法来酿制水平稍次的村庄级,恐怕不能够用"大材小用"来批评,而应该用"名师出高徒"来看待。果然这3000瓶左右的一级园及村庄级香柏坛有极为强劲但不失中和的酒体,极为漂亮的樱桃色泽以及梅子、李子与山楂的香味,是一款出手不凡、令人惊讶的美酒。

　　有英雄气概的彭寿园日芙莱·香柏坛酒，曾经获得英雄拿破仑的青睐，青史留名。背景为2011年才过世的岭南艺术大师黄磊生教授晚年变法所绘的《春风又绿江南岸》。大师以岭南笔法，加上青绿泼墨，集抽象与具象、纤细与粗犷雄壮于一画，令人拍案叫绝（作者藏品）

比较起 1772 年就成立的彭寿园，200 年后的 1972 年，一位在日芙莱·香柏坛从事酿酒的酒农爱伦·布杰（Alain Burguet），也雄心万丈地建立了一个小酒庄。由于是田地打拼出身，标准的庄稼人，布杰对土地有特别的感情，他似乎听得懂土地的声音，因此他很早就崇尚自然与有机，大力排斥使用除草剂以及过度地应用化学肥料。

在 30 年之前，环保意识不如今天，布杰的先见之明反而引起了讪笑，但布杰不为所动。正如同今天不少宣扬有机农业的文章上，我们可以看到这些环保斗士们，在事业开始的前几年，无一不在破产边缘挣扎，挺得过去的方会成就今日的伟业，布杰也是这段困难过程的见证者。他与两个孩子独立负责一切栽种与酿造事宜，至今已经拥有 9 公顷的园区。除了顶级酒（3 款）是靠外购葡萄酿成外，其 9 公顷的果园中只有一块极小的一级园（0.2 公顷不到，年产量不过千瓶），其余绝大多数的园区都为村庄级，因此本酒庄倾其全力于酿制村庄酒。

这就是"行行出状元"的真谛。布杰先生真正地酿出了完美的村庄级香柏坛，其水平常常使行家误认为出自一级酒园，误认为出自顶级酒园者也不在少数。

布杰最得意的作品为 "我钟爱的老藤"（Mes Favorites Vielles Vignes）。其在 33 片村庄级的酒园中挑选出 22 个老藤上长得最好的葡萄，老藤平均都有 60 年以上，可以称为"老藤精选"。

本来似乎只有澳大利亚的巴罗沙谷比较喜欢寻找老藤，特别是用西拉葡萄老藤来酿制口感强劲的老藤酒，没想到勃艮第也出现了这款"老藤"黑比诺，果然香味浓郁、集中，具有顶级酒的架势。台北酒商报价，居然一瓶 2000 元不到，性价比之高，可令爱酒人雀跃再三。

中国有句老话："代代皆有英豪出。"彭寿酒庄在先，200 年后布杰酒园在后，我们何其幸运，可有此"延伸品尝"的享受！

此亦为更早的历史名园，也可说是勃艮第营运至今最早的酒园——1731 年便在佛内成立的布查父子酒园（Bouchard Père & Fils）。一直到 1995 年，布查家族将产业卖给香槟酒商 Joseph Henriot 前，布查家族经营本酒园已达 264 年之久！

1995 年后的新东家 Joseph Henriot 出身于香槟世家（1808 年成立的 Henriot 香槟），现在当家的 Joseph 是一位精明的企业家，本身是一个酿酒师，1962 年接管了本家族事业后，还先后担任了另外两个香槟大厂海德西克（Charles Heidsieck）及凯歌（Veuve Clicquot Ponsardin）的董事长。本家香槟厂在他的领导下，成功地开创了全球的市场，获利之丰

才让他在 30 年后有财力买下此勃艮第最大且历史最久的老酒园。

本酒园仅在金坡一地便拥有 130 公顷的园区，包括 12 公顷的顶级园区及 74 公顷的一级园区。目前本酒园每年在各园区的生产，共计 13 款顶级酒、48 款一级酒、25 款村庄级及 14 款地区级，若称之为"勃艮第的最大酒商"并不为过。

要掌控如此大的产业，每年产销达数百万瓶的规模，一定需要很强的领导阶层，否则事业必走下坡。布查家族便是一个鲜明的例子。20 世纪 90 年代以后，本酒庄的酒，特别是顶级酒，普遍被认为有降级的必要，公司的声誉急速衰落。幸亏新东家接手，迅速使本酒园获得了新机。

就以日芙莱·香柏坛而言，本酒庄系酿制香柏坛酒的高手，每年酿制 4 款顶级、3 款一级及 1 款村庄级的香柏坛。其一级园，例如卡撒提园（Les Cazetier），在台湾地区的售价经常在 3500～4000 元之间（例如 2009 年份），并不便宜。本书建议品赏其村庄级即可。

其村庄级香柏坛仍会使用 20%～40% 的新橡木桶，醇化期为 8～14 个月。这是一款价格适中，但香气十分迷人，也值得收藏的好酒。

BOUCHARD PÈRE & FILS

GRAND VIN DE BOURGOGNE

GEVREY-CHAMBERTIN

APPELLATION GEVREY-CHAMBERTIN CONTRÔLÉE

CHÂTEAU DE BEAUNE, CÔTE-D'OR, FRANCE

布查酒园位于波恩镇内,有一个漂亮的庄园,其屋顶上青黄相间的锯齿纹波浪,正是勃艮第传统建筑的地标。一个美轮美奂的庄园之下,竟有如蛛网般的隧道形酒窖,开放给游人参观。这些数百年的地窖,地板上渗着露水,昏黑的顶端密布着各式蜘蛛网。参观途中酒园的导游会很兴奋地指出一个角落:在"二战"中波恩地区即将沦陷时,布查酒园唯恐德军会将窖藏美酒劫掠一空,庄主遂连夜召集几个信得过的老工人,将最宝贵的老酒堆到该角落,而后用砖头砌起围墙,并将外表弄旧,果然唬过了德军,直到战争结束都安然无恙,但事过之后,连庄主都忘了此事,一直到几年前才无意中想起,并重新发掘出来……这是一个令人难忘的酒庄与酒窖之旅。

提起香柏坛,总不免令人想起拿破仑。拿破仑去世已久,其功业是非,早已盖棺论定,但是他遗留给法国勃艮第酒的美好回忆,真是"英雄已死,英雄不死"!

勃艮第的"杏花村白酒"

杰·莫尼尔酒庄的村庄级白酒"骑士"

浏览过一遍红酒园荟萃的北坡——夜坡后,往南进入了波恩坡。虽然波恩坡的红酒亦极优秀,但终究不敌其霞多丽白酒的盛名。勃艮第可以被称为"世界第一产酒区",便是因为其也能盛产一流的白酒,这是其他一流红酒产区自叹不如之处。

波恩坡的"白酒圣地"集中在南部,即在中部波恩镇以南。经过两个中等红酒区(波玛及佛内),就进入第一个白酒中心——莫索(Meursault)。世界上最好的霞多丽葡萄便由此开始,一路往南蔓延成长,一直到夏商·梦拉谢为止。

莫索地区是一个只有 1500 余居民的酒村,共有 440 公顷园区。这里并没有顶级园区,但有接近 1/3(132 公顷)的园区划入一级园区,共有 6 个,其他多数为村庄级。莫索酒的特色在于橡木桶的醇化。由于酿酒师对于橡木桶的醇化功夫已经出神入化,例如什么样年份的新酒应当用何种程度烘焙的橡木桶来储存、储存多长时间,才能够产生如奶油、焦糖、太妃糖及香草的香味……都能够应付自如,因此莫索酒能在爱酒人心目中立上一块金字招牌。

故本地区最高等级的一级园,当然成为市场的娇客。这 6 个一级园,价钱都超过 100 美元,口感比村庄级稍微浓郁一点。性价比上,选择村庄级,特别是质佳、名气不大的小酒庄生产者,往往会有意想不到的惊喜。

因此,爱酒人看到一瓶陌生的莫索酒,尤其价钱合理时,大都会充满期待:希望捞到宝!而且这种期待多半会实现。我想象这是勃艮第版本的"杏花村白酒",好酒就如同杏花村白酒一般。

本书介绍的这一款由杰·莫尼尔酒庄酿制的村庄级莫索酒,就是验证了我的期待的一个例子。

本酒的特色 About the Wine

没有上电脑查看杰·莫尼尔（Domaine Jean Monnier）之前，我对此酒庄并没有太深的印象。这也难怪，因为长年来勃艮第酒的外销都被几个大酒商垄断。如果没有独立酒商向勃艮第的小酒庄主动寻货，在勃艮第酒算是"小市场"的台北的确不容易有太多勃艮第酒的选择。勃艮第红酒的选择已经如此困难，更不要说仅有其约1/10量的勃艮第白酒了！

一查之下，杰·莫尼尔酒庄也是一个酿酒世家，早在1720年，莫尼尔家族便在莫索地区酿酒了，代代相传至今。其目前拥有16公顷的规模，算是中等丰厚的酒庄。目前负责人为杰·克劳德·莫尼尔，且自2001年开始，担任这个仅有1500余人小镇的镇长。本酒庄每年可以生产一级园4款红酒、2款白酒，村庄级2款红酒、4款白酒，另外各2款地区级的红、白酒。当然，红酒是由其在莫索区以外的园区葡萄酿制的。

当一品尝到本园2007年份村庄级骑士（Les Chevalieres）白酒时，我立刻放下酒杯，重新端详酒标。哇，好精彩的莫索！色泽是淡青淡黄，油亮亮的，但那股浓烈似蜂蜜般的奶油香气，像极了一流梦拉谢酒的风采，我相信一般有经验的品酒师，都会怀疑其为出自顶级的骑士·梦拉谢（Chevalier Montrachet）。刚好两者都有"骑士"之名，给我留下了不灭的印象。

我说过，陌生的莫索酒往往会带来期待与惊喜。这一瓶由网络上购到的莫索骑士酒，每瓶售价仅1250元，能不惊喜吗？

延伸品尝 Extensive Tasting

2012年3月16日下午，当我收到旅居日内瓦的指挥家汤沐海兄由音乐厅打来的电话时，我立刻约他吃个晚饭，为他洗尘。

我结识汤兄是在1979年底，那时我刚抵达德国慕尼黑，

准备攻读博士学位。我住在一个天主教的学生宿舍，不久迎来一批10人的大陆留学生，这也是大陆改革开放后第一批选送来德国进修的学生，其中便有汤兄。

在海外异乡的宿舍遇到中国人，总是十分亲切。年轻时我对西洋古典音乐沉迷至深，宁可饿肚子，也会省下钱来买唱片，故短短一两个月时间，我已经买了不少二手唱片。于是，正打算考音乐学院的汤兄，几乎每天晚上都会到我的房间听唱片，相互交换心得。一年下来，我们建立了深厚的友情。

汤兄出身于艺术世家，其父是有"中国战争电影之父"

美誉的汤晓丹大导演，一生导演了近50部电影。一年之后，我搬离原来的宿舍，迁到离学校更近也更安静的另一个天主教宿舍，汤兄也很顺利地考进音乐学院，攻读指挥。但更关键的机运，则是考进了指挥大师卡拉扬（Herbert von Karajan）的大师训练班，迅速地获得了卡拉扬的青睐，被收为入门弟子。

3年后，我学成返回台湾地区。汤兄继续追随卡拉扬大师，在欧洲开启了十分成功的指挥生涯，担任数个乐团的指挥，一度应邀回大陆担任中国国家交响乐团艺术总监兼首席指挥。我们很少来往，我只在唱片行内看到他的唱片，了解他已经成功了。我一直为他高兴。

此次他应台湾地区乐团之邀，将在次日客座指挥一场由谭盾谱曲的《西北组曲》等音乐会，邀我参加。晚上他在排演之前有一个半钟头的空当，我遂约他在仁爱路一家老牌日本料理"龙船"叙旧。

我刚购到了一瓶2009年份的仲田晃司酿造的莫素，想看看这位日本酿酒师酿出的莫素是否能恰好搭配日本料理。我们坐在料理吧台前，一面聊聊两人接近30年中各自的发展，一面品尝师傅推荐的生鱼片、烤红喉、北海道干贝……搭配这瓶村庄酒，可以发现仲田并不强调新桶醇化的功夫，整体的饱满度与奶油等丰厚口感，不如杰·莫尼尔等传统莫素酒强烈。我反而觉得这款酒有夏布利的甘冽，酒精感觉十分微弱，的确是一款十分适合佐食日本料理的美酒。

汤兄30年来穿梭于欧、美、亚各国，当也尝遍各国美食，但对这晚日本料理的雅致、食材种类的丰富与新鲜、莫素酒的爽口与宜人……留下了深刻的印象。他要求我，下次来台时，邀请他再试一次日本料理与莫素酒，还有一个此次他未能实现的愿望——泡泡台湾地区的温泉！

看来仲田晃司又遇到了一个知音。

前一号酒中提到的布查酒园,其生产的莫索酒也有相当不错的质量。在一级园区方面,布查酒园酿制的裴立尔园(Les Perrieres)获得甚高的赞誉。莫索有 3 个著名的一级园,分别是香园(Les Charmes,31 公顷)、吉内利尔园(Les Genevrieres,16.5 公顷)以及裴立尔园(12.7 公顷)。要品尝第一等的莫索酒,这 3 款酒当然是首选。但价格呢?布查酒园 2009 年份裴立尔园在 2012 年夏天的售价为 3200 元。如果我们退而求其次,其村庄级的钉子园(Les Clous)只要 1800 元,相差近 1 倍。

我一直认为,布查酒园的酒似乎是白酒远胜于红酒。不论是其顶级的 4 款梦拉谢还是查理曼白酒,都是一流的品质,因此我对它所有的白酒系列都有较强的信心。而该酒庄的新东家更是香槟世家,相信也是白酒的酿制高手。

美酒与艺术

葡萄马赛克瓷砖

这是葡萄牙首都里斯本的顾本疆美术馆(Calouste Gulbenkian Museum)所珍藏的一整片叙利亚葡萄图样的马赛克瓷砖,是 16 世纪的作品,出土于近年来战火肆虐的大马士革附近。虽然至今已有 500 多年的历史,但整个画面蓝底绿叶,颜色依然十分鲜艳,可见伊斯兰世界的马赛克瓷砖制作工艺精妙无比。

白酒小贵族

普理妮·梦拉谢

不知不可　Something You May Have to Know

莫索白酒已经享有盛名,但挑剔的酒客总是会嫌"没有顶级货"。要填补这个缺憾,只能继续往南进入到梦拉谢酒区。首先进入少女·梦拉谢(Puligny-Montrachet),再进入夏商·梦拉谢(Chassagne-Montrachet)。

这两个地区由接近 40 公顷的园区所构成。每一个葡萄酒爱好者一定要知道,所有的梦拉谢家族,都是其梦寐以求的对象。但经常缘悭一面!我们值得记住这个家族的 6 个成员:梦拉谢(Le Montrachet)、巴塔·梦拉谢(Batard-Montrachet)、骑士·梦拉谢(Chevalier-Montrachet)、比文女·巴塔·梦拉谢(Bienvenues-Batard-Montrachet)、少女·梦拉谢(Purcell Montrachet)及克里欧·巴塔·梦拉谢(Criots-Batard-Montrachet)。好累

人,不是吗?

即使懂法语的人,也一定会对上面这些用语感到糊涂,这些美酒居然使用"私生子"(巴塔)、"欢迎"(比文女)或"喜极而泣"(克里欧)这样的奇怪用语!

在 20 世纪初,通过当地最有名的两个酒商 Jacques Prieur 及 Vincent Leflaive 加以誉扬,有一个传说可以解释这个神奇的白酒名称为何会产生。

话说有一位年老的贵族,名叫梦拉谢,在勃艮第这片荒芜的山区买下了一片庄园,成为当地的显贵。梦拉谢爵士的爱子梦拉谢骑士,随着当时的贵族子弟出征去了,多年音信杳然。老爵士思念爱子,经常走到村外探听消息。有一天遇到了一位纯真"少女"(Purcell),后来少女便暗怀珠胎,产下一位"私生子"(巴塔)。之后爵士听到爱子阵亡的噩耗,便迎娶了少女。

少女正名后,光彩地回到村庄,当然受到村民的热烈"欢迎"(比文女),少女当时"喜极而泣"(克里欧)。果然,故事与名称环环相扣,这个传说不认为是真的也难!

这一片片酒村都连接在一起,价钱因产量的多寡、酒商的名气、口感浓郁高雅的程度而有极大的不同。大致上,是以梦拉谢遥遥领先,"少女"位列最后,其他4个小酒村居中,彼此在伯仲之间。

在这片梦拉谢家族所环绕的酒村,你会发现什么叫作"风土"(Terroir)。以号称"白酒天王"之首的梦拉谢而言,这个总共只有8公顷的顶级产区,各分一半在夏商村与普理妮村。但这一片连绵不断的梦拉谢,位于一个面向东方的缓坡,分别被近20个酒庄所拥有。每个酒庄不规则地平行地分割,而唯一分辨之处是在坡地的路边,会用简单的石头门或石牌标示其地界。

这一大串铜雕葡萄,正是普理妮与夏商酒村的界线

以外行人来看,这一片8公顷的坡地上,几乎是同样的葡萄种类、风土,采收期及挑选标准几乎一样,酿造方式大同小异,但这18家酒庄酿造出来的梦拉谢,居然口感与质量会有数倍的差异。最高价位的罗曼尼·康帝酒庄,一瓶2004年份的梦拉谢,一上市市价便高达4000美元。而最便宜的其他酒庄只有大概400美元。所以,曾经有人形容过:"罗曼尼·康帝的梦拉谢,诚然是百万富翁买的酒,却是千万富翁所喝的酒。"

如果不必执意品尝那6款昂贵的梦拉谢家族,用合理的价格仍可品尝到地道的梦拉谢本地酒,找找普理妮即可。普理妮酒区共有235公顷,除了少部分顶级酒园外,还有88公顷的一级园,分成17个酒园,所酿制的普理妮一级梦拉谢酒,口感较为清新,体态轻盈,像极了可爱的小公主,是最为典雅的白酒。其高雅程度可比拟红酒中的香柏·木西尼。我很乐意称之为"白酒小贵族"。

本酒的特色　About the Wine

勃艮第各大酒庄几乎毫无例外地,只要想赚白酒的钱,皆会酿制各款梦拉谢酒,而且多半是白酒中最贵的酒(有的仅次于查理曼)。据统计,2008年一级园及村庄级的普理妮酒共酿制150万瓶,故如能找到诚实的酒商或酒庄,普理妮酒并不难寻获。

1984年才成立的新酒庄奥利弗·乐弗乐尔(Olivier-

Leflaive），虽然历史不到30年，但其家族乐弗乐尔酒园（Domaine Leflaive）早在1717年就在此地落地生根，由不到5公顷的园区开始酿酒生意。如今拥有25公顷的园区，几乎都是梦拉谢的顶级及一级园区。这个酒庄的标签是两只公鸡隔着蓝盾牌相望，酒友们常简称之为"两只公鸡牌"，是梦拉谢酒最常见到的厂牌。

现任当家的奥利弗打算离开家族事业，自立门户，主要是买他人葡萄来酿酒。虽然仅有12公顷的园区，每年却能够酿制60款白酒及19款红酒，几乎所有勃艮第的红、白酒都能够酿制，似乎是一个成功的酒商了。

奥利弗·乐弗乐尔酒园的普理妮酒十分淡雅，淡青色的色泽，感觉到的是春天凉爽的气息。这款酒非常适合佐餐用。我记得数年前有一趟纽约之旅。我按照美食导览到中央车站内的生蚝吧，在享受海鲜大餐及生蚝时，特别点了一款本酒。记得当时的侍酒师还特别跑来我身边跟我大谈"酒经"，原来他认为我点了全部酒单中性价比最高的一瓶酒，把我当成了他的知音。

延伸品尝　Extensive Tasting

成立于1797年的路易·拉图（Maision Louis Latour）酒商，刚开始是用收购葡萄酿酒的方式起家的，经过了2个世纪的发展，俨然成为勃艮第信誉卓著的酒商。不仅拥有48公顷园区，而且都在甚佳的地段，例如白酒有骑士·梦拉谢，更有多达9.6公顷的查理曼，使得一般品酒人提到查理曼酒，就马上会想到量最大，同时价钱也最合理（100~150美元）的路易·拉图查理曼。

红酒方面，则有令人羡慕的香柏坛及罗曼尼·圣维安……都是打下本公司尊崇地位的顶级红酒。在收购他园葡萄酿酒方面，本酒园的本事更是惊人——每年可提供近百款的勃艮第酒，可以说是将勃艮第各产区一网打尽。

以普理妮酒而论，本酒园可以一口气提供9款来供消费者选择，无怪乎其博得了勃艮第"五大酒商之一"的称号。

尽管业务做得大，但本酒园的各款品质都甚为整齐。尤其令人佩服的是营销手法，几乎全世界的顶级餐厅内都可发现本酒园的产品。

以本酒园的普理妮村庄酒而言，便有中庸平衡的酒体，年轻时稍带酸味，但5年后可达到最适饮期，会感觉到熟透的西洋梨、香蕉的芬芳。上市时的价钱比一般小酒庄较贵，在2000元上下。

进阶品赏 Advanced Tasting

和奥利弗·乐弗乐尔的上款酒同样来自于普理妮一级园区的福拉替尔（Les Folatieres）园区，同时亦是成立不久的亨利·柏依洛酒庄（Henri Boillot），也酿出令人击节叹赏的普理妮好酒。

亨利·柏依洛出身于酿酒世家，1885年家族已经设厂酿酒。1993年亨利继承父业，2005年才将酒庄名称改为自己的名字。酒庄位于佛内地区，这里虽以酿出红酒出名，但亨利也在普理妮村各处拥有15公顷园地，酿出7款白酒、8款红酒。1996年起，亨利决定成立一个酒业公司，以收购优质葡萄的方式来酿酒。除了几款顶级酒外，亨利最擅长的是一级园的白酒，每年可以酿出数款质量很少令人失望的好酒。

亨利·柏依洛成功的诀窍在于：诚恳与实在。他会不惮琐碎，和果农沟通，以求得相互的谅解，并获得最理想的葡萄。同时在酿造过程中也决不马虎，采取单园酿造的模式酿出各款白酒，几乎都获得了行家的赞许。在几次评比中，甚至将老厂的梦拉谢酒打败。

评比中获得的佳誉，迅速地引起了各方的注意。的确，这款酒有极为浓厚的香味，除了苹果、柠檬、花香外，还可感觉到淡淡的橡木桶带来的焦糖味，入口十分平衡。本款酒唯一的缺憾恐怕是价钱。一款新到的年份（例如2010年份4款一级园普理妮·梦拉谢），经常要接近2500元，不免让人下手前还要经过一番内心痛苦的挣扎。最终总会得到一个结论：买下！这款"白酒小贵族"的确令人又爱又恨！

梦拉谢家族的另类子弟

夏商·梦拉谢红酒

普理妮·梦拉谢这个白酒的圣地与夏商·梦拉谢接壤,彼此犬牙交错,顶级的梦拉谢酒区也分散在这两个酒村之中。

虽然其区分十分复杂,令人眼花缭乱,但大体上普理妮酒比夏商酒来得高雅、浓郁,且价格较为昂贵。对顶级的夏商酒而言,其梦拉谢或巴塔·梦拉谢往往可以拿来作为 PK 普理妮酒的对象。以天王白酒产生之地的梦拉谢而言,仅有 8 公顷的园区,分散在夏商酒村与普理妮酒村各半,其中在普理妮酒村者有 5 个酒园,位于夏商酒村者则有 12 个酒园之多。所以要品赏梦拉谢酒,最好拿两个酒村酿制的同一年份酒来对比,更能够比较出所谓"风土"(Terroir)的差异。

夏商酒村和普理妮酒村的不一样之处在于:居然可以酿出红色的梦拉谢。一般人恐怕被梦拉谢白酒的威名所震慑,以为梦拉谢都是白酒。以普理妮酒村而言,总共 235 公顷的园区中,仅有 6.4 公顷种植红葡萄,比例只占 2.7%。但夏商酒村情况完全不同,有接近 1/3 是红酒,年产量接近 100 万瓶。

所以夏商酒村依然是黑比诺的天下,所酿制的红酒,酒精度甚至比白酒还低(约 11 度),属于淡口味,也多半不具备陈年的实力,唯有好的少数酒庄例外。

也因为梦拉谢的盛名被白酒掩盖,夏商红酒被边缘化,只是在当地消费,连法国他处都难见,更何况海外。名气带动买气,也影响价钱。

这款红色梦拉谢的价钱也很实惠,我很乐意介绍给读者。这属于"走在众人之前"的享受,可以赋予酒客们许多酒后闲谈的题材。的确,这是一款洋溢着青春色彩的红酒,好似普理妮小妹妹穿着美丽的红衣裳,在那里轻歌曼舞。

本酒的特色　About the Wine

前面提到的夏商酒村虽然风采都被普理妮酒村夺走，但本地还有几家著名的顶级酒庄，其中最重要的当为拉梦内酒庄（Domaine Ramonet）。本酒庄成园历史还不足百年（1920 年才成立），但经过努力，这个设于夏商酒村的酒庄，逐渐购到 15 公顷的园区，在夏商酒区各种等级的园区都购有产业。每年可以酿制 4 款顶级、11 款一级、4 款村庄级及 4 款地区级。绝大多数一级园以上者都集中在夏商酒区，因此绝对是夏商酒的代表。

在白酒方面，本酒庄的顶级酒，例如 4 款梦拉谢，绝对具有世界一流的水平。但年产量甚低，从年产最少的 500 瓶（骑士·梦拉谢），到最多的近 4000 瓶（巴塔·梦拉谢），都是消费金字塔上层竞逐的对象。在红酒方面，本酒庄酿产 2 款村庄级的红酒(共 2 公顷)，年产 1 万瓶左右。值得重视的是,夏商的村庄级红酒，葡萄树龄接近 40 岁。

酒庄每年的采收从老黑比诺开始，其次是霞多丽，以年轻黑比诺告终。将年轻黑比诺的采收置于最后，是希望年轻葡萄能够吸收最后两个星期的阳光，使糖分更为充沛。醇化时间为 12～15 个月，30%～40% 为优质的法国新桶。

我尝试过的本酒庄 2009 年份一级园柏迪欧特园(Clos de la Boudriotte)，便有极为迷人的浆果、樱桃香气。嫣红如蔻丹的色彩，增添了许多妩媚的娇气。这不是一款阳刚性十足的红酒，例如勃艮第夜坡的寇东(Corton)，而是女性化较为浓厚的优雅红酒，也是一款无须陈年即可享受的年轻之酒。年产量约 12000 瓶，售价在 2000 元上下徘徊。

延伸品尝　Extensive Tasting

由巴黎驾车前往勃艮第，是一趟令人心旷神怡的旅程。由巴黎往南的 A6 高速公路一直开到波恩坡的南端交流道，会看到一个名字很中国化的小镇张义(Changy)，开下交流道就进入了夏商酒村。村口矗立着一栋大房子，这就是夏商・梦拉谢堡（Chateau de Chassagne Montrachet）。这是整个夏商酒区的中心小村，只有 300 余人。本栋房子便成了整个小村最宏伟的建筑，村中各家举凡丧葬喜庆，都会在本堡举行。

乐善好施的屋主是米歇尔・皮卡（Michel Picard），也拥有同名的酒庄。皮卡酒庄本来是酒商出身，1951 年才在此地购入 2 公顷的园区开始酿酒。目前的庄主米歇尔为第二代，趁着法国战后经济复苏的良机，陆续收购良田，不仅在夏商酒村，甚至连夜坡也购有田地，总面积达到 125 公顷之多。

同时，毕竟是酒商出身，本酒庄也收购他园的葡萄酿酒，每年可以销售接近 150 款酒。游客们在其展销室看到琳琅满目的展品，都不知如何下手，可见其酿酒范围之广。

本酒庄根源于夏商，因此夏商酒酿得最为地道。其红夏商分为 2 款一级园及 1 款村庄级。一级园售价多半在 2500 元上下，村庄级接近 2000 元。皮卡酒庄并非走精品与高价路线，而是中级酒庄，故最能反映出勃艮第酒的本味。

就以村庄级的红夏商而言，以三成新桶醇化 13～15 个月，因此有漂亮的石榴红与绵绵的口感。我曾在 2007 年有一趟勃艮第之行，就品尝到 20 余款本酒庄的代表作，至今口齿余香。本酒庄在台湾地区已有固定进口商（山发公司），货源不断，也是台湾地区酒友有口福了。

进阶品赏　Advanced Tasting

吉拉丹酒庄（Jacques Girardin）虽不位于夏商酒村内，而在稍南不远的商特耐（Santenay）酒村内，却是颇具名气。这个家族虽然自 200 年前开始酿酒，但"二战"之后才独立酿酒。在庄主的父亲 Jean 时代达到相当的规模，但随着父亲去世，园产分给 4 个孩子继承，每个人都只有 10 公顷左右。庄主逐渐收购其他园区，再加上岳父退休后将其田产交给女婿，方达到今日 17 公顷的规模，算是本区较大的酒庄。

吉拉丹酒庄于 1982 年在夏商区的一级园区摩可（Morgeot）购入 0.36 公顷的葡萄园，种起黑比诺，至今约 30 年。目前每年可生产 2000 瓶左右的红酒。这些红酒属于一级园，会在橡木桶中陈放 15 个

月。我曾经在 2010 年品尝过其 1990 年份的红酒，当时觉得有标准顶级勃艮第老酒的特征——浓烈的梅子味，但酒体轻盈，芬芳宜人，不辱梦拉谢家族的声名。不过数量很少，有机会看到不应错过。这也是一款可以陈放 15 年以上的好酒。

12 鱼虾我所欲也

最宜搭配海鲜的拉罗史酒庄一级园夏布利白酒

勃艮第酒产区最北端，夜坡的西北角还有一个产酒区夏布利（Chablis），这里已经超出了红葡萄生长的极限，只有白葡萄仍能生长。葡萄种植面积约有 5000 公顷。

这是一个很大的产区，共分为 4 个等级：顶级（Chablis Grand Cru）、一级（Chablis Premier Cru）、村庄级（Chablis）以及小夏布利（Petit Chablis）。

顶级夏布利只有 103 公顷，占了全部产区的 2% 强，又分为 8 块小园区。顶级酒价钱较为昂贵，约在 100 美元，但一级（775 公顷）及村庄级（3055 公顷）的价钱就合适多了。

至于小夏布利（650 公顷），这是指生长在高原、含钙质石灰土壤较少的土地所组成的园区，被认为是最差的夏布利，多半数百元即可购得，属于佐餐酒。不过数量甚少，比一级园的产量还要少。

夏布利酒的特色在于其土壤。本地区原本是一片汪洋大海，地层变动后，上升为陆地，故土壤中富含贝类化石，使得土地钙质石灰比例特高。连带的葡萄酿酒后也沾染上浓厚的海味——略咸，有海藻及矿石味。

传统的方式也促成了夏布利的特征：冷峻、爽口与甘洌。使用不锈钢桶来酿造，并不置入橡木桶来陈年，省却了昂贵的新桶费用。这是夏布利与金丘白酒（特别是莫索与梦拉谢）的最大差别之处。当然，顶级夏布利例外。8 块小园区中，共有 40 余个小酒园酿成顶级夏布利，年产约 60 万瓶。这些顶级夏布利便是用优质新桶调配出的风味更复杂、口感更丰厚、兼具吐司味与海味的另一款式霞多丽。

由于夏布利极干，20 世纪末流行的养生之道，造成夏布利大行其道，种植面积从 1950 年开始至今增加了 10 倍之多，年产 1300 万瓶，多半价廉物美。夏布利一直被认为是搭配海鲜的不二之选。法国菜中的海鲜，主要以冷盘为主，于是，冷虾、冷蟹、生蚝、冷螺……自然必须搭配海味重、可去腥及冰镇的夏布利。特别是生蚝，故夏布利也有"蚝酒"之称。

我认为，这款酒也颇适合搭配日本料理，例如各式生鱼片，甚至腥味甚重的生海胆，光凭温和的日本清酒恐怕压不住，不妨试试夏布利吧！

本酒的特色　About the Wine

若要试夏布利酒，可以选择一级园，最好的选择乃本地最著名的酒庄——历史名园拉罗史（Domaine Laroche）。这个成立于 1850 年的酒庄，目前的庄主米歇尔为第 5 代掌门人，园产也由当年的 6 公顷发展成今日的 100 公顷。这 100 公顷的夏布利，有 6 公顷为顶级园区，30 公顷为一级园区。本酒庄每年生产全部 4 个等级的夏布利，成为酿造夏布利最权威的酒庄。

最令人羡慕的是，顶级的拉罗史夏布利，在顶级中的明星酒园布兰硕（Les Blanchots）便拥有 4.5 公顷园区，占了该地 1/3 以上。而全夏布利最昂贵的修道院珍藏级（Reserve de l'Obediencerie）仅有 0.8 公顷，全部在拉罗史的布兰硕园区之内。这款被称为"修道院夏布利"的酒每年仅有 2000 瓶上下的产量，也进入拙作《稀世珍酿》"百大"之列，是"百大"中最难收集的一款。

拉罗史酒庄产酿的一级夏布利共有 3 款。每款的风味、价钱都没有太大的差异。以这款维龙老藤园（Les Vaillons Vieilles Vignes）为例，这是一个 104 公顷的一级园区，这款酒有爽口的水果、矿石味与淡淡的花香，是一款口味颇为中和的夏布利。为了添加复杂的风味，据说会有 12% 的新酒放在全新橡木桶中短暂地醇化，而后掺入全部酒中。

这款拉罗史口感与质量甚为理想，价钱也十分合理，上市后台北市价都在 1200 元上下徘徊。以台湾地区享受海鲜风气之盛，我相信夏布利应当大有商机才是。问题只在于：千里马所在多有，伯乐难寻。

威廉·飞佛黑酒庄（William Fevre）也是一个酿制各款夏布利的好手。成园至今已过250年，算是本地区的元老酒园。一个酒园能够延续至今，且是家庭式经营，一定具备酿制好酒的手艺。其在夏布利拥有的47公顷果园中，超过15公顷为顶级园，12公顷为一级园，优质酒园超过所有园产的一半。1997年，本园易主，但庆幸的是，新东家正是拥有勃艮第第一大酒商布查父子酒园的香槟巨子Joseph Henriot。在这位精明的行家老板指导下，本酒庄业务蒸蒸日上，同时国外市场也开始畅通，一跃成为法国夏布利海外市场的代表之一。

的确，我试过2009年份的2款一级园（Les Lys）以及维龙园（Vaillons），都极为清爽，没有任何令人想起奶油脂肪类的甜腻感，是一款十分扎实的夏布利，我觉得比起拉罗史的一级园更为细致。市价在1500元上下，顶级园的价钱在2500元上下。

奢侈一下如何?既然最高等级的夏布利,价钱也才略超过本书的最高选择门槛（2500元），如果有特殊场合,比如说有好事要庆祝,或是要去个好的海鲜餐厅,与其携带一瓶不怎么样的香槟或白酒,不如趁机犒劳自己一下,带一瓶顶级夏布利。

前面已经提到,顶级夏布利共有8块小园区。由于顶级夏布利产量很少,为了保证质量,酿制顶级夏布利的酒庄特别成立了一个"顶级夏布利联盟"（标志如下页右图）,规定了许多严格的条款,例如新栽葡萄树每公顷最大的密度为8000株,有机栽培,每公顷的树芽不能超过78500个,必要

公顷)、Les Preuses（11.44 公顷)及 Les Clos(26.05 公顷)着手,因为名气大,外销机会多,也比较容易寻得。我最近访价的结果,2009 年份的顶级园 （William Fevre、Les Preuses 及 Les Clos)为 2500～2800

时应摘果，以及仅能手工采收……以维系顶级夏布利的名声,故顶级夏布利的水平都很整齐。

　　我建议不妨先从几个最著名的小园 Les Blanchots(12.72

元;至于拉罗史最得意的明星酒园的 Les Blanchots,就超出 3000 元了。

秋风乍起薄酒莱
乔治·杜宝夫酒庄的薄酒莱新酒

勃艮第波恩坡之南，有一块贫瘠的石灰地，不适合黑比诺的生长，却适合一种产量大、酒体薄且酸度较高的佳美葡萄（Gamay）生长。所谓"一方水土养一方人"，千百年来，此地的果农利用这种廉价葡萄酿出便宜的日常用酒。

这种酒在台湾地区有一个中文译名"薄酒莱"（Beaujolais），比香港地区流行的译名"宝祖利"更加贴切，因为香港译名让人觉得好像是一款跑车的名字。薄酒莱酒精度极低（9～10度）。拜法国先进的酿酒科技之赐，很早就发明了浸皮发酵法，并且打入二氧化碳，让酒汁保持诱人的鲜红色。在采收后6周即可完成酿酒过程，消费者可以在当年享受到秋天收成的葡萄所酿的酒，因此也称为"薄酒莱新酒"（Beaujolais Nouveau）。

倒入杯中的薄酒莱，散发着红宝石色泽，酒精度低，不论任何食材，都可以搭配，价钱又极为低廉，当然受到经济能力较弱的年轻人及中产阶级的欢迎。

薄酒莱每年可以生产接近9000万瓶。经过官方与业者的努力，形成了每年11月的第3个星期四全球同步品尝新酒的惯例，这一世界性美酒庆典大大促进了薄酒莱的生意。许多赶时髦的年轻人呼朋引伴，大吃大喝，没想到便迷恋上了葡萄酒。薄酒莱新酒庆典上，很容易让这些快乐的年轻人体会到美酒加派对的气氛是如此迷人。

虽然有3000多家酒庄生产薄酒莱，但主要是由10余家大酒商包揽营销到世界各国。这些营销力、组织力及宣传力高强的酒商，在法国政府的大力协助下，能在很短的时间内，将薄酒莱新酒运送到世界各地。

薄酒莱产区总面积约有18000公顷，分散在96个酒村，共分成12个产区，都有不同的风味。薄酒莱酒主要分成3个等级：薄酒莱（新酒）、薄酒莱村庄级（Beaujolais Village）以

及薄酒莱特级(Beaujolais Cru)。

造成热潮的薄酒莱,主要是指新酒。共有 60 个酒村酿制,年产量高达 7500 万瓶之多,一般价格都很低。尽管质量差异不大,但我们仍可以找到质量公认最高,也是号称"薄酒莱之王"或是"薄酒莱教皇"的乔治·杜宝夫(Georges Duboeuf)酒商所酿制的薄酒莱,这是最好的选择。

本酒的特色　About the Wine

酒商主人乔治·杜宝夫出生在薄酒莱北方,属于马贡区(Maconnais)产白酒闻名的普伊·富赛(Pouilly-Fuisse)酒村,家里也酿制霞多丽酒。由于父亲早逝,杜宝夫 6 岁时就在酿酒房边帮忙,18 岁开始骑摩托车给饭店送酒,渐渐地与各小酒庄建立了交情。1964 年,他 31 岁时成立了名为"乔治·杜宝夫之酒"(Les Vins Georges Duboeuf)的酒业公司,事业就此开始蓬勃发展。

至今"乔治·杜宝夫王国"每年生产 250 万箱酒,约 3000 万瓶。产品虽然包括薄酒莱、马贡、南北罗讷河……但无疑是以薄酒莱为重心。乔治·杜宝夫生产 3 个等级的薄酒莱酒,其中出自本园且最受人欢迎的是"花系列"(fleurie)。来自 12 个酒村不同的薄酒莱酒一字排开,像鲜艳缤纷的 12 朵鲜花,立刻牢牢地吸引住酒客的眼光!另外,既然是酒商,杜宝夫也严格挑选了本地优质的小酒庄,酿成 31 款各种等级与产区的薄酒莱,且用不同的城堡作酒标,一样别具特色。另外,唯有在最好的年份(2000、2003、2005、2009 年份),本酒庄才会生产 5 款限量级的顶级园薄酒莱,称为"权威级"(Cuvée Prestige)。

就以当家货薄酒莱新酒而言,每年都使用极为绚烂、色彩丰富的酒标,年年不同。不管图案如何,似乎都找色彩专家咨询过,无不让人马上感受到庆典的气氛!杜宝夫先生果然是一个雄才大略且营销手法一流的企业家。法国薄酒莱酒上市至今已成为世界性的节庆,杜宝夫先生便是幕后最主要的推手。

薄酒莱新酒既然是一个充满欢笑与无拘无束的派对用酒,也是一种"应景酒",如同过年时吃块年糕、中秋节尝尝月饼或文旦,都是很好的"时节享受"(日本人喜欢称为"旬之味")。中国有个成语"曲高和寡",换到薄酒莱而言,一瓶好的薄酒莱,如乔治·杜宝夫,可真是"曲高和众"。

这是发挥品牌效应的极致表现！既然薄酒莱属于市场用酒，也是供应平民日常消费的廉价酒，上了年纪的饮客自然不会太在乎薄酒莱的上市与否，当然也不期待其质量的改进与否。而那些有钱有闲的阶层，难免会在有"应节应景"的念头时，要挑一瓶符合品味，但价钱又不能太便宜，换言之，要有"顶级品"来与芸芸众生享用的薄酒莱有所差距，于是勃艮第最贵酒庄之一的乐花酒庄也应景地推出价格昂贵的薄酒莱新酒。

乐花的薄酒莱是村庄级，而非特级园区。此薄酒莱村庄级共有 39 个酒村，是由拉鲁女士从若干酒村中挑选出来的葡萄所酿成。佳美葡萄能否在"黑比诺圣手"拉鲁女士的巧手调教下，由乌鸦变成凤凰而飞上枝头，这是每个爱酒人士看到乐花酒庄酿出村庄级薄酒莱的第一个疑问。自负且气傲万分的拉鲁女士，当然知道外边想看好戏的人太多了，因

此实行了极为挑剔的筛选过程，每年酿出不过数万瓶。对其他国家的进口商而言，拉鲁更是一个难以应付的庄主。11 月初，当其他酒商都已经忙着要准备第 3 个星期四举行的薄酒莱上市庆典时，拉鲁女士还没有告知其薄酒莱的价钱，更不要讲要为乐花薄酒莱举行上市宴了！所以厂商们对她又爱又恨，因为薄酒莱的热潮很短，往往只有两三个月，只怕等到乐花薄酒莱运到时热潮已过。但更大的痛苦则是价昂！一瓶乐花薄酒莱的价钱多半在 1200～1500 元之间，是同级薄酒莱的 2 倍，但还是比最便宜的白头乐花勃艮第（地区级酒）低一些。

然而看中乐花酒庄名气的人还是不少，加上能进入台湾地区的不过 300 箱，几乎一上市即被抢购一空。而在乐花最受欢迎的日本，听说此酒几乎没有零售，全部被预订光。

不可否认，朽木恐怕还是难雕。乐花薄酒莱酒体偏薄，酸度偏高，新鲜的水果香气也不明显，若以性价比而论，此村庄级（而非特级园）的高价位，恐怕尚输于乔治·杜宝夫或是路易·亚都（Louis Jadot）或是莫门桑（Mommensin）。而唯一的优点，则是此园颇长寿，至少来年薄酒莱上市时，前一年的老酒风味似乎也没改变太多。

最高等级的特级园薄酒莱主要产在北部,土壤结构偏向板岩及花岗岩等,酿出的酒质较为复杂且富矿石味。这是一款可以陈年(大约5年,如果储藏得宜,且出自名厂,可陈放10~15年)的老年份的特级薄酒莱,口味很容易与勃艮第混淆。

特级园薄酒莱总共有10个产区,都会在酒标上标明。例如杜宝夫酒园,其"花系列"就酿制了10款特级薄酒莱;又如产自风车磨坊(Moulin-A-Vent)者,酒标上会很清楚地看到。根据规定,这10个特级园不能酿制薄酒莱新酒。一般的酒庄在酿制此种等级的薄酒莱时,大多也避免标上"特级薄酒莱",以免和薄酒莱新酒混淆而影响其市场行情。因为一般的薄酒莱新酒,如果采收自较成熟的葡萄,酿成的酒精度超过10.5度(比一般的多0.5度)时,就可以标上"特级薄酒莱"(Beaujolais supérieur),是否很容易和"特级园薄酒莱"(Cru Beaujolais)鱼目混珠?

尽管是特级园,但其价钱都很实惠,即使杜宝夫酒庄的"权威级"薄酒莱,一瓶在台湾地区的售价也不过1500元上下,每年都生产且数量更多的"花系列"则在1000元以下。这2款酒颇像勃艮第黑比诺的新酒的口味,介于地区级与村庄级之间,果香味十分浓厚与集中,陈放3年后,更觉梅子、樱桃与草莓味,是一款口感十分中庸平衡,且适合搭配几乎所有肉类食材,也是省钱的好酒。

> 勃艮第酒让你想到傻事,波尔多酒让你谈论傻事,香槟酒则真的让你干出傻事。
> ——萨瓦兰
> (J. A. Brillat-Savarin,法国18世纪美食家)

勃艮第粉红酒

格厚斯兄妹园粉红酒

看到一瓶 2009 年份的粉红酒，居然出自于极为昂贵，也属于顶级勃艮第酒庄的格厚斯兄妹园（Domaine Gros Frere et Soeur），心中确实一振。有没有搞错，这个大大有名的酒庄居然玩起了雕虫小技，酿造没啥学问的粉红酒来？

说起粉红酒，它一直是饮酒世界的末端，仿佛是小菜般，只是作为引入正餐的开胃菜而已，可有可无。在这种"宿命论"的决定下，粉红酒卖不上好价钱，酿酒人当然也不会费心，结果经济学上的定律"价格决定质量"便在粉红酒上无情地显现出来。

粉红酒同时也变成天气的附属品。炎热的地区人们胃口较差，对美食的期盼度降低，葡萄酒的口味与厚重也跟着降低，粉红酒变成佐餐与解渴两相宜的最好选择。

自从养生的风潮席卷全世界后，人们普遍认为淡酒可以减轻身体负荷，于是讲究健康的人士纷纷摒弃烈酒及红酒，粉红酒开始流行起来。许多名酒庄也业余性质地凑上一脚，不管是出于自用还是实验性质，或是走在潮流之后，都使粉红酒世界增加了更多的色彩。

勃艮第早在 1937 年就由官方公布了勃艮第粉红酒的法定名称。但是这种规定是很松散的，任何只要在勃艮第产区生产的葡萄，不论是红葡萄还是白葡萄，只要酿成粉红酒，就可以挂上此名称，也不要求葡萄种类以及单位面积产量限制等。不过长年以来，勃艮第因为酿制红酒与白酒太精彩了，价钱与产量也甚高，相形之下，粉红酒更是被挤压到"等而下之"的地位。

无怪乎，当一般酒客看到大名鼎鼎的格厚斯兄妹园竟然也生产粉红酒，不免一惊！

我曾经询问过一位勃艮第的酒庄主人，为何有些有名的酒庄也开始酿制这种平价的粉红酒？据告知，除了庄主可以全年自用，省却一大笔开销外，如果遇到年份不好时，葡萄的质量太差，经常酿不出果味集中与酒体扎实的好酒，此时在酿造过程中必须"放血"，一开始就让部分果汁流出不用，让剩下较少量的果汁与葡萄皮一起发酵，来加强浓度。

这些被舍弃的葡萄汁，弃之可惜，仍可以用酿白酒的方式，酿成粉红酒。

我听了以后，恍然大悟。无怪乎近年来已经有数个有名的酒庄开始酿起粉红酒，格厚斯兄妹园便是一例。

本酒的特色　About the Wine

本书在第 5 号酒介绍沃恩·罗曼尼村庄酒时，已经介绍了该村的酿酒大户格厚斯 (Gros) 家族，也介绍了其中最活跃且酒标是亮眼的"金杯"、令人印象深刻的格厚斯兄妹园。该酒园能够酿出最高水平的各个等级的黑比诺，且都获得极高的赞誉。

颇令人惊讶的是，本酒庄也勇于创新，最近才诞生一个

"小妹"——粉红酒。这款酒虽然没有其"顶级大哥"的雄壮气势，也没有"优质二哥"（一级园与村庄级红酒）所具有的浓厚樱桃果香与较浓烈的口感，却有相当优雅的丹宁，也有一点点的苦味与涩味，加上不到 30 美元的售价因素，整体而言，本粉红酒可取代白酒，视觉上亦可取代粉红香槟，适合佐伴海鲜，或是在夏天搭配重口味的肉类。

延伸品尝　Extensive Tasting

除了格厚斯兄妹园外，本书第 8 号酒中介绍的另一个

成园于 1772 年的彭寿园 (Domaine Ponsot) 也酿制粉红酒。

彭寿园在勃艮第的黄金地段里共有 8.7 公顷的园区，分散在 10 个不同的产区，其中有 5 个位于顶级酒区内，羡煞许多酒庄。

彭寿园所包含的 5 个顶级酒园中，面积最大的要数荷西园（Clos de la Roche）。这是一个极优秀的顶级产区，有 17 公顷之大，但由 40 个不同酒庄拥有，每个酒庄拥有的面积可想而知，每年不过一两千瓶的产量。彭寿园却拥有 3.15 公顷，每年能够生产 7000～8000 瓶，成为酿制荷西酒的最大酒庄。拙作《稀世珍酿》也将荷西酒列入世界"百大"（年产 6 万～8 万瓶）行列，其代表作正是彭寿园。

彭寿园的顶级酒都贵上天，一般都从 200 美元起跳，好年份的荷西酒至少万元，因此售价仅在 800～1000 元之间的粉红酒就显得非常便宜。

我总觉得粉红酒就是这种水平，好也如此，坏也如此，总差不了太多，只不过来自于名厂、大厂者，看着酒标，感觉此酒"出于名门"罢了。其实说穿了，评判一瓶酒，也不常是"心理因素"吧？

进阶品赏　Advanced Tasting

好事成三，我发现又有一家勃艮第的名酒庄加入了酿制粉红酒的行列。

1365 年由教会成立的兰布莱园（Clos des Lambrays），法国大革命以后被分成 74 个小园，而后又被一位热心的 Joly 收购回来，以后陆续转了几手，1979 年卖给了沙耶兄弟财团，让本园恢复生机，1981 年进入了顶级行列。

兰布莱园的顶级酒每年生产 3 万～4 万瓶，本来被列入《稀世珍酿》的世界"百大"行列，但其表现颇不一致，在 20 世纪 80 年代最为明显。例如 1983 年份，帕克居然评了 55 分；1986 年份及 1988 年份也只评了 71 分。不过 1995 年份以后开始恢复正常，帕克评分超过了 91 分，以后每年几乎都在 93 分上下。

帕克的分数是否过低？以我数次品尝 1988 年份的经验，除了层次较单纯、单薄外，却有非常优雅的酒质，怎么说也

不会跌到 71 分。帕克可能喝到坏酒了吧!

就在 1996 年,德国建筑商弗洛伊德(G. Freud)夫妇(都是 20 年勃艮第品酒骑士团成员)不忍本园的沦落,于是斥资买下。没想到前一年酿出来的酒却出奇的好,为本园易主带来一个好彩头。现在本园每一款酒包括各 1 款的顶级、一级园(2000 瓶)及村庄酒(6000 瓶),都有相当不错的评价。价钱分别为 150 美元、80 美元及 40 美元。至于粉红酒,则是利用淘汰的葡萄所酿成,一般不超过 30 美元,年产量接近 5000 瓶。

我也曾经写过一篇《寂寞的勃艮第贵族——兰布莱园》(刊载于拙作《酒缘汇述》),对本园的由盛转衰不胜唏嘘。没想到在写本文时,特别查阅了相关的资料,才发现本园已经遇到了伯乐。能够得到一位爱酒、识酒、精力充沛的新东家,本园的荣景已经呈现。趁着本园酒价仍极度偏低之时,我认为本庄的顶级及一级园都是值得珍藏与投资的对象。

美酒与艺术

《酿酒房内的儿童》

两位嘴馋的儿童,抵挡不住满桶熟透葡萄的诱惑,大快朵颐一番。红、白葡萄的色泽十分写实与迷人。作者为奥地利人华德米勒(F. G. Waldmüller),作品绘于 1834 年,现藏于维也纳下奥地利州博物馆。

15 嗅觉调配的艺术

波尔多顶级酒庄拉兰昆堡

要说撰写本书最困难的部分，莫过于波尔多了。作为世界上最著名，也是引领全球酒市风骚的波尔多酒，尤其是顶级酒庄，不论是 1855 年就已经列入 5 个等级的 61 个顶级酒庄，还是日后被公认为顶级酒庄者，相关信息很多，每个年份的价格有一定的国际行情，酒友们去酒行买酒，不会有价格上的大惊喜或大失望，因为只要上网，国际行情一目了然。偶有漏网之鱼似的捡到便宜，恐怕是厂商拿到了便宜货，或是由预购价买入，减少利润的特别营销所致。

近几年波尔多酒价节节上升，乐了新富阶级与暴发户，却苦了真正的酒友们。就以本书订下的选酒门槛（2000 元），要在波尔多酒区觅得，其难度非常高，不像其他较为冷门的产酒区，我们只要细心与认真搜寻，都不会空手而归。波尔多好酒且价廉者无不已经"罗掘殆尽"，就好像饥荒时灾民把可寻得食物的田地挖掘一空似的！

我内心一直挣扎，是否要放弃介绍波尔多酒区。但如此一来，除了会破坏本书的完整性，还可能会让读者感到失望。许多酒友之所以对葡萄酒产生乐趣，也是因为迷上了波尔多酒的圆润、饱满的口感，才会产生继续探索美酒世界这块美丽与神秘领域的雄心与壮志！

所以我决定套用一句德国谚语"凡有原则必有例外"（Keine Regel ohne Ausnahme），将本书的选择门槛由基本原则的 2000 元，除了"通常例外"可提高到 2500 元左右外，也"特别例外"地再提高到 3000 元，这实在是不得已之举。幸好适用的范围极窄，只用在为数不多的波尔多酒之上，相信更能邀得读友的支持。

波尔多总共由四大产酒区所构成：梅多克（Medoc）、彭马鲁（Pomerol）、圣特美浓（Saint-Emilion）及格拉夫（Graves），

波尔多老式顶级酒的代表
玛歌区的普利尔·立欣酒堡

不知不可 Something You May Have to Know

梅多克地区的玛歌酒村位于圣朱利安酒村之南，占地 1300 公顷，乃梅多克地区四大酒村之首。它也是 1855 年排行榜的最大赢家，共有 18 家酒庄入选顶级酒庄。若称波仪亚克的好酒最纤细，玛歌地区的好酒最多，并不为过。

玛歌酒村还有一个优点：名字好念、好记。法国大文豪大仲马的一部名作《玛戈王后》(La Reine Margot)，讲述了 16 世纪法国公主的感情，穿插着复杂、高潮迭起的宫闱斗争，是很好的电影题材。1994 年由法国当红女星伊莎贝尔·雅斯敏·阿佳妮 (Isabelle Yasmine Adjani) 主演的电影《玛戈王后》轰动一时。法文中玛歌酒与玛戈王后虽然拼法不同，但发音完全一样，很容易让玛歌酒蒙上一层浪漫的历史色彩。

又，美国大文豪海明威的孙女，也取名为玛歌(Margaux Louise Hemingway)。这是因为其父亲(海明威长子)与母亲饮用一瓶玛歌堡后，当晚便受孕了，便以此酒为名以示纪念。这位玛歌女士后来成为著名演员，可惜在 1996 年 7 月，祖父自杀 35 周年之际，这位与祖父感情甚好的女星服药自杀了，享年才 42 岁。

玛歌地区共有 80 个酒庄，接近 1/4 可以列入顶级酒庄之列，故本地的酒质普遍水平属于中上。年产量达 950 万瓶之多，足以造福天下酒客。

玛歌酒一般被认为层次感比较多、结构复杂，需要更长的时间来陈年。成熟的玛歌酒有极为芬芳的花香和巧克力与矿物、皮革混合的气息，有令人难以忘怀的魅力。

长年来在西方的餐厅里，玛歌酒不仅代表了波尔多，甚至代表了整个法国酒。若说哪一个酒村是真正的波尔多的皇冠，恐怕玛歌区可以争得最前面了。

本酒的特色　About the Wine

本书愿意介绍代表玛歌区美酒的酒庄，是已经被人遗忘且情况没有改善的普利尔·立欣酒堡（Chateau Prieure-Lichine）。我生之也晚，喝酒的历史更短，没有看到它起高楼，却目睹高楼慢慢倾斜……这便是此酒庄的写照。

在美国帕克大师还没出道之时，论起世界一流的葡萄酒专家，当推阿勒克斯·立欣（Alexis Lichine）。这位在第二次世界大战结束后，由美国来到波尔多发展的俄裔酿酒师，不仅从美国加州带来许多新颖的酿酒观念，也趁波尔多在战后民穷财尽之际，低价收购了几个重要的葡萄园，例如先购下了著名的第二等级拉斯孔酒庄（Chateau Lascombes），

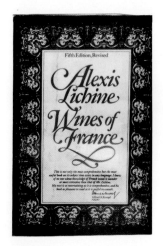

而后在 1951 年购入了玛歌区的普利尔酒庄（Chateau la Prieure）。

普利尔酒庄本是由圣本笃的神父与修士在 15～16 世纪所开辟的葡萄园，16 世纪才变成酒园。法国大革命时，自然被充公拍卖。转到民间后，也一再易主，不过还能够保持欣欣向荣，1855 年荣登第四等级。

一直到了 1951 年，遇到了行家阿勒克斯·立欣后，本园才又开始风光起来，2 年后改名为 Chateau Prieure Lichine。阿勒克斯·立欣的确是一个雄才大略的酿酒大家。他收购、代理波尔多好酒输往美国，成为出口商，更因为美国在"二战"后的超级繁荣，引发了美国人生活水平的国际化，法国波尔多美酒的销量大增，让立欣的荷包赚得满满的。此外他出版的《法国酒》（Wines of France）一书，成为全世界爱酒人士手中必备的宝典，也是一版再一版地增订，其影响力有如今日的帕克。

在酒庄的经营方面，立欣更是大力开疆拓土，将园区逐步扩大。由原本的 11 公顷，扩张到 19 公顷（20 世纪 60 年代），一直到立欣 1989 年去世时，达到了 58 公顷的规模。

立欣凡事事必躬亲，身兼数职，引进了许多新颖概念，例如"观光酒庄"的概念便由其引进波尔多。本酒庄特别成立访客接待中心，每周 7 日都开放给游客参观，并经常举办品酒会，把美国大公司做生意那一套公关策略搬来保守的波尔多。

大人物在 1989 年去世后，儿子沙夏（Sacha）接管了园务 10 年。虽然有父亲的好友、号称"飞行酿酒师"的米歇尔·罗兰（Michel Rolland）的协助，但大木已倾。须知 58 公顷的园

区不在同一个地区，葡萄种类又多，年岁不一，光是采收的人力调配就是一大问题，更不要说判断各种葡萄的成熟时刻都需要极专业、体力负担又可达到极限的庄主，才能胜任斯职。10年后，少庄主把酒庄卖给了Ballande集团，自己逍遥去了，直到2006年在普罗旺斯买了一个267公顷的大酒庄，酿起了粉红酒，又开始了酿酒的事业（见本书第30号酒）。

本酒庄目前拥有的77公顷中，有70公顷葡萄园，其中一半以上为赤霞珠，梅乐也在45%以上，其他为小维尔多。每年一军酒使用较多的赤霞珠，一般在60%～65%之间，其余为梅乐，小维尔多只占很少的比例。橡木桶陈年为1年半，新桶的比例不一，每年都在40%～50%之间。

虽然本酒庄在名气上已经不被酒市看重，爱酒之士除了有些上年纪的还记得立欣这号人物外，也不会注意到此酒庄。但本酒庄毕竟是有扎实基础的好酒庄，庄主低调地酿酒，以平实价格营销，倒也经营得稳稳的。不仅有二军酒，本酒庄还有三军酒以及白酒，可见生财有道。

本书推荐的一军红酒，分数都不差，除了2007年份被帕克评到88分以外，其他每年都超过90分，水平算是十分稳定。但价钱都很少超过2000元，是一款不被时尚人士所吹捧、不被投机客所炒作的诚实酒，我认为也是一款被低估的波尔多顶级酒。我之所以称之为"老式波尔多的代表"，多半也带着赞同本酒庄不瞎起哄涨价的美德。

延伸品尝 Extensive Tasting

1855年的梅多克官方排行榜，在相当程度上决定了酒价，排在第一等级的"五大"固不论外，排行第二等级的14家酒庄，价钱也很可观，似乎都已远超过本书的选择标准，即使是"特别例外"的门槛，也超过甚多。

第二等级似乎与本书无缘？非也，有一个争议非凡的杜佛·维恩酒庄（Chateau Durfort-Vivens）却在本书的价钱容许范围之内。

这个酒庄在12世纪便由贵族杜佛家族（Durfort de Duras）所拥有，达700年之久。杜佛家族同时也拥有附近不少田产，包括今日玛歌堡的前身。到了1824年，本酒庄易主，新东家姓维恩(Vivens)，名字便更改为今日之名。

也应当是经营得很好，因此在1855年的官方评定上，本酒庄被列为第二等级。14个列为二等的酒庄中，玛歌地区占了5个，算是不错的成绩。

俗语说："人怕出名猪怕壮。"本酒庄获得了第二等级后，有没有兢兢业业，保持质量，可是人人都张大眼睛来看的。偏偏本园的庄主似乎都神经大条，一切都随随便便，本园的名声便开始下降。

到了第二次世界大战后，由于美国市场对波尔多顶级酒的需求，开始挑剔各个成名酒庄的风气也蔓延开来。立欣出版的《法国酒》，便对1855年的排行榜重新考察，首先对本酒庄"开刀"。立欣认为本酒庄仍然可以列入顶级酒的行列，但第二等级的宝座必须让位，排到第三等级。同样地，帕克也将本酒庄贬到第五等级。这两位大师的"毒舌"评判，似乎给本酒庄判了"死刑"。

本酒庄在1961年售给了本地赫赫有名的酒庄主人鲁顿（Lucien Lurton）。不要小看了此号人物，其拥有同样是第二等级的Brane-Cantenac（下述），整个家族至今拥有11个酒庄，其中包括在苏玳地区非常有名的克里门堡。这一家族主人鲁顿有10个孩子，这些产业都交由孩子们来管理经营，1992年以后，由儿子刚札驹（Gonzague）负责。

本园易主入了鲁顿家族后，外界以为本酒庄即将展开新生命。但外界失望了，酒质与酒价依旧平平。理由大概是，作为波尔多地区最大的酒业集团，其经营方针为薄利多销，以量取胜，故鲁顿家族不像彭马鲁区拥有天王酒庄彼德绿堡（Chateau Petrus）的木艾家族（Christian Moueix）一样，尽管手下也有几个平价酒庄，但把彼德绿堡当作质量的招牌样板，衬托出木艾集团的酒质量都是一流的。所以本园还是随遇而安，虽然具有酿出顶级酒的水平，但不要求更上一层楼。

我们必须承认，钟鼎山林，各有天性。杜佛·维恩堡虽然已被批评名不副实，应当降等，但本酒的价钱也没有比照真正的二级酒庄，而是以五级酒庄甚至更低的价钱来提供美酒给消费者品赏，何罪之有？

本酒庄目前共有55公顷，其中赤霞珠占70%，梅乐占24%，品丽珠占6%，葡萄树年龄平均已超过50岁，正值黄金岁月。醇化期会在各种木桶中进行，其中四成为新桶，醇化期为22～24个月。年产量可望达8000箱，约10万瓶。而二军酒（Le Relais de Durfort-Vivens）则以年轻易饮、价格便宜为诉求，乃由本园年轻葡萄所酿成，欧美市场市价在30美元上下。

一军酒在台北的价钱相对便宜，每个年份在1500～2000元之间徘徊。本酒虽然略带酸味，但经成熟后有极优美的莓果香气和蜜饯的甜味，十分雅致。我认为本酒的价钱合情合理，管它什么"降级之说"！

这又是鲁顿家族的产业！酒庄所在地康特样（Cantenac）是一个产酒的小村，地质甚好，附近也有几个挂上村名的酒庄，例如康特样·布朗（ChateauCantenac-Brown）及包伊·康特样（Chateau Boyd-Cantenac），都是三级酒庄。第三个挂上村名的酒庄布兰·康特样（Chateau Brane-Cantenac）则是二级酒庄。

这三个"康特样家族"，酒质都在伯仲之间，帕克的评分也都在 90～94 分之间打转，大致上没惊喜，也没悲哀，价钱也都在 2000 元上下徘徊。不过，"等级差异"反映在市价上，二级酒庄究竟要比三级贵个一两成，让布兰·康特样成为三兄弟的大哥。

布兰·康特样酒庄虽然早在 18 世纪便已建立，但在 19 世纪以后才遇到了一个酿酒大师布兰男爵入主本园。布兰男爵酿酒一流，曾经有一段时间拥有当今木桐堡的园区，该园区称为"布兰·木桐堡"。后来男爵卖掉了这块园地，1833 年买下了本酒庄。在这位有波尔多"葡萄酒的拿破仑"之称的男爵的领导下，本酒庄成为本地区最有名的酒庄。

既然是贵族出身，政治乃耳濡目染的每日素材，男爵的公关手段也是一流，不输木桐堡或拉菲堡的历任堡主，也是长袖善舞的人物。本园在 1855 年荣登第二等级时，流言蜚语纷纷，都指明本园上榜乃幕后运作所得。

男爵去世后，酒庄也开始慢慢地走下坡路，一直到 1922 年才被鲁顿家族购入。1992 年，当家的 Lucien 将本园交给儿子亨利经营，同年也将杜佛·维恩堡交棒给另一个儿子刚札驹，已经在上文提及。

本园共有 94 公顷的园区，属于梅多克区最大的酒庄，葡萄树年龄超过了 40 岁，其中 60% 为赤霞珠，33% 为梅乐，其余为品丽珠，年产量达 3 万箱、35 万瓶。另外也生产二军酒布兰男爵。

本园的评分都在 90 分上下，价格波动甚大。例如 2007 年份帕克评了 88 分，台北市价也就跌到 2000 元上下；次年度帕克评到了 92 分，市价也升到近 3000 元；2009 年份评到 95 分，市价立刻破了 3000 元大关。

但大多数的年份都很便宜，例如我 2011 年在台北的某大超市看到本园 2003 年份与 2004 年份的特售价,居然只有 1999 元及 1569 元。我当时的确拿出手帕,擦了一下眼镜。

像 2007 年份这种不好的年份,刚上市即来品尝的话,这款酒的香度与复杂度、饱满度等的确令人遗憾。不过时间之神会否眷顾此年份?这种可能性并非不存在。我犹记得当 1996 年份的木桐堡一上市时,几位爱好艺术的朋友了解到该年份是第一次采用中国画家古干的画作为酒标,因而迫不及待想品尝,没想到都失望极了:毫无顶级酒的滋味。但 12 年后我们再开此瓶时,印象完全转变了。所以要不要学习股市高手之"逢低买入"?恐怕要依个人的判断了。

2011 年 11 月在香港地区有一个 "酒市论坛"(Wine Future),帕克也应邀演讲,他提出了一份"波尔多 20 家未来明星酒庄"的名单,震惊酒市,久不被看好的布兰·康特样居然榜上有名。看样子本酒的价钱,今后不升也难。

> 一桶葡萄酒,可以比一座充满圣人的教堂创造更多的奇迹。
>
> ——意大利谚语

天使飞来复飞去

彭马鲁的发耶堡

整个波尔多地区，尽管五大产区都酿出了令人赞叹的美酒，但多多少少还是要先看产区，再看看个别的酒庄，才敢断定有没有买到平庸的酒。只有一个地区，只要葡萄酒产自该处，就已经挂出了保证书，这便是彭马鲁区（Pomerol）。

波尔多绝大多数的酒区，都在所谓的左岸——吉宏河（Gironde）的支流多栋河（Dordogne）的左岸，这里是以赤霞珠为大宗。至于右岸，则有彭马鲁区以及圣特美浓（Saint-Émilion）区，是梅乐的天下。

整个彭马鲁地区不过784公顷，而整个五大产区的葡萄园总计超过2.5万公顷，彭马鲁地区仅占3%左右。而本地又都是小酒庄，共有185个酒庄，平均每家拥有葡萄园不过4公顷，甚至少到一两公顷的都有。这些小酒庄每年不过数千瓶的产量，没有能力花钱去宣传、包装产品，甚至连外销的本事也没有。这情形如同勃艮第一样。也正是因为这种"小农林立"，许多酒庄的产品只能够在当地买得到。经过数百年的产销历史，人人都知道，波尔多好酒出在彭马鲁。尽管彭马鲁与圣特美浓等右岸地区没有在官方1855年的顶级酒分级排行榜的评鉴名单范围之内，但并不妨碍本地酒的崇高声誉，以至于任何酒款只要印上"彭马鲁"，除了质量保证外，也是价格保证！

彭马鲁仅产红酒一种，所种植的葡萄压倒性的是梅乐，其他葡萄，例如赤霞珠等纯粹作搭配之用。本地酒农酿制梅乐酒的手法早已登峰造极，酿出的梅乐酒多半圆融滑润，丝绸般细致，几乎感觉不到丹宁，有丰富的果香及花香，最挑剔的酒客也常常不忍对之责备。不少酒评家也称之为"波尔多的顶级勃艮第酒"。

无怪乎波尔多最贵的红酒都出于此区，如有"波尔多天王"之称的彼德绿堡（Chateau Petrus）、富贵万分的花堡（Chateau Lafleur）、乐邦（Le Pin）……每瓶上市后都轻易地跃过 1000 美元大关。花堡的香气之高贵、气宇轩昂，枣红偏深红的色泽，入口香气的集中，我个人认为在所有波尔多美酒中无出其右者！

在完全竞争的国际葡萄酒市场中，彭马鲁酒节节上升，能否找到如本书希望的"进阶款"彭马鲁美酒?我寻了又寻，价钱比了又比，终于松了一口气，找到了！

本酒的特色　About the Wine

我收到孔雀洋酒 Monica 寄来的 E-mail，得知他已经引进了图能旺酒庄（Thunevin）新酿的一款"小天使"，我马上查阅这个图能旺是否为"Jean Luc Thunevin"。果然不错，我立刻信心大增，约了朋友一起去品赏。这位图能旺先生可是近 20 年来最受爱酒人谈论的人物之一。就在距今 20 多年前的 1991 年，一位名不见经传的图能旺先生，在波尔多的圣特美浓酒庄内，以很简陋的酿酒设备（仅有 0.6 公顷的酒园），纯手工酿出了第一个年份的手工精酿酒，年产量不过 3000～4000 瓶，第二年（1992 年）甚至只有 1500 瓶。不要小看这个举动，它开启了法国，甚至是整个酿酒世界的观念革命——所谓"车库酒"（Garage Wine，指在车库般的小酿酒房内酿酒）或是"膜拜酒"（Cult Wine，指这些酒太贵，只适合膜拜，而非为饮用所酿）的兴起。

这个革命也是伴随着其 1991 年份的酒——称为"瓦伦德罗堡"（Chateau de Valandraud），在 5 年后伦敦苏富比的拍卖而兴起的。当时每瓶拍出了 1000 美元的高价，连续两三个年份的瓦伦德罗堡都拍出一样的高价。瓦伦德罗堡迅速变成了世界各国美酒收藏家最好奇也最热衷收藏的对象。

虽然本堡风光几年以后开始有退烧的趋势，但是"百足之虫，死而不僵"，本堡每年上市后，动辄也卖到两三百美元以上。因为正牌供不应求，本酒庄虽逐渐扩充，到最后也仅有 2.5 公顷的园区，所以也推出二军酒及三军酒。换句话说，本园所产的葡萄从头到尾都管用。这一来显示葡萄好，二来显示老板图能旺的赚钱本事。

在圣特美浓酒酿制成功、荷包满满后，图能旺便和同个地区的一家优质酒庄多米尼克（Dominique）合作（见本书下一号酒），进军彭马鲁。他们在一个名叫拉兰·彭马鲁（Lalande de Pomerol）的小产区买下一个仅有 4 公顷大的葡萄园，并

图能旺酒庄的小天使酒，背景为本书作者收藏的唐卡《四手观音》。这是藏传佛教里最受人欢迎的守护神，代表慈悲与闻声救苦。本唐卡为清末左右作品，观音慈祥、典雅。笔者故意将西洋小天使置于其旁，寓意宗教应无国界与畛界，都以讲善慈悲为宗旨以两个主人的名字成立了新酒庄——发耶·图能旺酒庄（Chateau Fayat-Thunevin）。葡萄树龄约 35 岁，可以说是酿酒最好的年岁。2006 年酿出了第一个年份，由 90% 的梅乐、10% 的品丽珠酿成，并在全新的法国橡木桶中醇化 1 年半。我在 2012 年 4 月份品尝此酒时，明显地感受到彭马鲁的梅乐酒那种纤细的口感，是一点淡淡的甜味以及蜜饯和巧克力味。那天搭配了清淡的意大利面条，外面温度接近 33 摄氏度，这是一款十分令人畅快的优质佐餐酒。我相信这款酒再陈放个五六年，会有更优美的滋味。

本酒庄既然是两人合作，便选用了两个小天使的 logo，

拉斐尔的名作《西斯廷圣母》

小天使挺面熟的，查了一下，原来是出自文艺复兴时期伟大的画家拉斐尔的作品《西斯廷圣母》。这幅画目前藏在德国德累斯顿的古代大师绘画馆（Gemälde Galerie Alte Meister），乃镇馆之宝。我曾经参观过两次，此为德国两大绘画博物馆之一（另一个为慕尼黑的老美术馆），其收藏之丰，每次都令我流连忘返。

恐怕是每种行业的合伙人都会面临的问题吧，发耶·图能旺酒庄合作了 4 年后，终于拆伙。2009 年份酿成后，劳燕分飞，图能旺退出了酒庄，名字也改成了发耶堡，图能旺继续担任酿酒顾问。2009 年份被帕克评了 92 分，算是踏出成功的一步。

西洋神话里面的小天使，例如丘比特，都是很顽皮的，飞来复飞去。发耶·图能旺酒庄正好像顽皮小天使的兴起之作。我刚喝到了酒庄第一个年份酒，不久又知道了散伙的消息，心中自然只剩下一个不得已的期许：继续维持酿出平价又能表现出彭马鲁经典梅乐的一流好酒，这年产 2 万瓶的好酒能让真正喜好彭马鲁美酒、阮囊又嫌羞涩的酒客，能有一展欢颜的机会！终于在本书繁体版付梓之际，第一个年份的发耶堡已登陆台湾地区，售价 1800 元。

延伸品尝 Extensive Tasting

上一号酒写到杜佛·维恩堡的新东家鲁顿家族时，已经提到了木艾家族，这也是一个实力不逊，甚至超过鲁顿家族的酿酒世家。其历史要由一位传奇人物杰·皮耶·木艾(Jean-Pierre Moueix)来书写。这位1923年迁到波尔多，1937年开创了木艾酒业公司的木艾老先生，本来只是卖酒而已，但看准了波尔多酒的前景，于是趁着"二战"后地价最便宜之时，开始了并购酒园的事业，于是一连串的著名酒庄，例如彼德绿(Petrus)、拓塔诺(Trotanoy)、马德莲(Magdelaine)……都已一一纳入囊中。

彭马鲁地区最好的地段是在北方的一个矮高原，木艾也特别留意该处。1953年他购进了一个名为"拉格瑞吉"(Lagrange)的小酒庄，仅有4.7公顷大，虽名不见经传，但木艾相信他做对了一个选择。

木艾集团一路扩张势力，2003年，在老木艾撒手人间、得年90岁之时，已经看到木艾王国的规模：在圣特美浓区拥有2家酒庄，在彭马鲁区拥有10家酒庄，另外代理16家酒庄(酒款)的全球销售业务，在美国加州也有一个名气较大的多名奴斯(Dominus)酒庄，成为整个波尔多地区呼风唤雨的人物。其二公子克丽斯汀(Christian)自1970年开始便实际接管园务至今。

为了有别于另外一家位于圣朱利安区、获得1855年分级三级酒庄、同名的拉格瑞吉堡(Chateau Lagrange，见右上图，这个酒庄现在由日本三得利酒业公司所掌控)，本酒庄的名称必须注明乃彭马鲁的拉格瑞吉，变成"拉格瑞吉·彭马鲁堡"(Chateau Lagrange Pomerol)。

　　本园只有 4.7 公顷大,95%为梅乐,5%为品丽珠,年产量可达 2000 箱(2.5 万瓶),算是很迷你的酒庄。木艾的当家人克丽斯汀认为,没有必要采用如"飞行酿酒师"罗兰那样强调"重口味"的新潮酿酒方式,一副要陈上 20 年的架势,把酒酿成浓郁粗壮的"黑酒"。木艾认为"自然最美",红酒一定要带有轻盈优雅的身段与芬芳迷人的气息,这才是"红酒"而非"黑酒"。

　　本园遵循木艾的哲学,醇化期会在 30%~60% 的新桶中度过 18 个月。本酒十分低调,价钱亦然,上市时,一瓶在 1500 元上下,几乎是彭马鲁酒的最低报价了。

进阶品赏　Advanced Tasting

　　戈昌酒庄(Chateau Gazin)出产我认为值得推荐的另一款价格"合理"、产品可靠的彭马鲁酒。戈昌酒庄的历史可以追溯到 13 世纪,当家的庄主苏阿勒家族(Soualle)在百年前买下本园后,至今已经传承了 5 代,属于彭马鲁地区最负盛名的酒庄之一,尽管不能排入前"十大",但挤进前"二十大"不成问题。

　　我查了一下戈昌酒庄近年来的评分,以 2008~2010 年份为例,帕克都评到 94~96 分,2007 年份最惨,也得到了 89 分。价钱则是戈昌堡最吸引人之处。2012 年在撰写本文时,酒商对 2011 年份戈昌堡的预购价为 2200 元,这几乎是整个彭马鲁著名酒堡中售价最低的。当然如有极高评分时,动辄超过 100 美元,但是徘徊在 2000 元则是一般年份的常态。

　　戈昌堡自 1986 年起也推出了二军酒戈昌之盛情(l'Hospitalet de Gazin)。对葡萄的选择也不马虎,只是橡木桶不像一军酒使用一半的全新橡木桶,二军酒则全部使用旧桶。口味较为清淡,但也极为芬芳,仍属于 A.O.C.的水平。戈昌堡每年约产 10 万瓶,其中一军酒 6 万~7 万瓶(2009 年份为 6.6 万瓶),二军酒占 1/3 左右。园区共有 26 公顷,属于中级规模,葡萄树龄平均为 35 岁,算算也是在 20 世纪 80 年代开始栽种,已值巅峰期。本酒庄的价钱恐怕日后有攀升的趋势,特别是中国市场兴盛后,彭马鲁酒势必成为有钱阶层的囊中物。每想到此,我都极力劝告爱酒的朋友们,尽可能收购一些彭马鲁的好酒,以省却几年后徒有"望彭马鲁兴叹"之憾!

几年前,有 5 个雄心勃勃,分布在波尔多的酒庄,结合成一个"五酒庄联盟"(Les Cinq)。它们都具备了进入顶级酒庄行列的实力,只不过名气稍弱,如果互相提携,可望提高知名度。这个小联盟来势汹汹,气势不凡,酒市也冠予一个可爱的名称"五小虎"。当然,这 5 家酒庄 Chateau Smith Haut Lafitte、Chateau Gazin、 Chateau Canon La Gaffeliere、Chateau Branaire Ducru 以及 Chateau Pontet Canet,各个都实力强大,但居首的应当是 Chateau Pontet Canet 及 Chateau Smith Haut Lafitte,前者价格都已破万(2009 年份)。戈昌酒庄也是其中一员,不过外界都认为,其他四虎将都锐意革新,表现在价钱的飙涨上,只有戈昌老神价格水平一如往昔。

《圣母与圣子》

这是德国文艺复兴时期著名画家老卢卡斯·克拉纳赫在 1520 年所绘。画中圣母与圣子的手中握着一串葡萄,背景则是十字架上缠绕着葡萄藤。有人统计,《圣经》里出现"葡萄树"或"葡萄酒"的文字达 441 处之多,显示出基督教与葡萄美酒千丝万缕的联系。现藏于俄罗斯莫斯科普希金博物馆。

尽展右岸圣特美浓区的风采

多米尼克堡

不知不可 Something You May Have to Know

波尔多右岸的另一个主要酒区圣特美浓(Saint-Emilion),虽然仍以梅乐为主角,但不像彭马鲁区梅乐葡萄占了压倒性的优势(九成以上),圣特美浓 70% 的葡萄为梅乐,25% 为品丽珠,另 5% 为赤霞珠。占地 5500 公顷,年产量可达 3600 万瓶,远非占地仅有 784 公顷的彭马鲁区可比,因此右岸的灵魂是在圣特美浓。

本区自 1954 年开始建立评鉴制度(原则上每 10 年更动一次),分为 4 个等级,每 10 年更动一次。这些名单数量多,名字又难记,常令酒客却步。依据 2012 年 9 月 6 日最新发布的官方评比名单,其第一等称为"特等顶级"(Premiers Grand Cru Classé),又分为 A、B 两等,其中的 A 等包括人人

熟知的欧颂堡、白马堡(都列入《稀世珍酿》"百大"之中)以及新增加的金钟堡(Chateau Angelus)、帕威堡(Chateau Pavie),B 等则有 14 家。

第二等称为"顶级"(Grand Cru Classé),有 64 家。第三等应当称为"优级",但名称上仍然使用"顶级"(Grand Cru),超过 200 家。至于最基本的第四等,则可挂上"圣特美浓"的名称。

上述连第三等都使用"顶级"(Grand Cru)的字眼,这在勃艮第乃至高荣誉的等级;第二等使用的"顶级"(Grand Cru Classé)用语正好和左岸的梅多克区最高的等级(1855 年的排行榜上只有 61 家)用语完全一样。也因此在圣特美浓挂上"顶级"(Grand Cru)的酒,只能算是中上等级,有将近 300 家酒庄,的确会混淆消费者。但也靠着这种雄伟的标识,让圣特美浓酒近年来价钱日涨,快要变成彭马鲁第二了。本书所挑选的酒,都在第二等的排行榜上。

　　本书在上一号酒介绍彭马鲁图能旺酒庄时，已经提到了多米尼克酒庄（Dominique）。这个被列入第二等级的"顶级"酒园，没有什么骄傲的过去，只是地理位置非常好，就位于圣特美浓区的代表酒庄白马堡的旁边，隔着北边边界即进入彭马鲁地区，与几个知名酒庄遥遥相望。

　　至于用了一个天主教圣人的名字为庄名，是否原本为天主教的教产？非也。这是当年庄主购下本园，新盖酒庄时，想到其购园建庄的本钱乃赚自加勒比海，因此想到了其常去的一个岛屿多米尼克（即现在的多米尼克国），遂以之为名，以示不忘。我不禁怀疑，庄主有可能是海盗出身，与本地另外一个知名的酒庄加农堡（Chateau Cannon）一样，都是靠着海上无本生意，以劫掠英国船等致富，也算是效忠法国的"好海盗"，金盆洗手后，就安心在法国酒庄安享天年。

　　除了地理位置好，本酒庄的地质也甚佳，理应种出好葡萄与酿出好酒，但直到 1969 年，现任的庄主法耶（Fayat）入主后，才终于遇到明主。法耶投下巨资，将酒庄装修一新，拔掉了园里的烂葡萄，重新改种，立竿见影。连帕克都认为自从法耶力图振作后，本园的分数几乎都在 85 分以上，甚至 90 分。帕克因此认为，本园虽然只是第二等级，但应当晋升到"特等顶级"之中。帕克认为，没有晋级的好处是可以给消费者提供更廉价的好酒来欣赏。

　　本园的改革主要借重罗兰的酿酒哲学，口味的强劲、果香的浓厚与集中，是可想象的。24 公顷的园区中，86% 为梅乐，12% 为品丽珠，赤霞珠与马尔贝克只有很少的比例。葡萄树龄超过 30 岁。新酒会在 70%～80% 的新橡木桶中醇化 18～24 个月。年产量在 5 万～6 万瓶之间。本园也生产二军酒圣保罗，年产量稍逊一军酒，在 4 万～5 万瓶之间。

　　本园一军酒在台北的售价接近2000 元，每年波动不大，大型商场超市逢年过节时也会特卖，价格低得惊人，只略超过 1000 元，算是上天给爱酒朋友的年节贺礼吧！

延伸品尝 Extensive Tasting

这个上榜"特等顶级"的酒庄科邦堡(Chateau Corbin)，虽然酒庄的历史可以追溯到15世纪，却没有留下太多的历史可供追怀。唯一的线索是本地乃14世纪初英法百年战争中英国著名将领爱德华王子(Edward of Woodstock)在波尔多的根据地。

本园所在的地理位置和上一款酒一样，都是北方紧邻彭马鲁，当然也可想象是优质地段。

1924年，现任庄主(Anabelle Cruse-Bardicet)的曾祖父购下本园后，一直维持着家庭企业式的经营模式，没有什么大起大落，算是保持着中等质量，代表圣特美浓酒的典型：温柔滑润，酒体不会澎湃雄壮，梅乐葡萄高度展现其甜美、纤细的特质，一般在10年前后便可以达到酒质的最完美状态。

本园拥有13公顷园地，其中80%为梅乐，20%为赤霞珠。葡萄树年龄平均为30岁，年产量约4000箱，5万瓶左右。本园也出二军酒，名为"科邦之××"，名称怪异，甚至不雅。至于口味如何，我只能够想象罢了。

本园价格比较便宜，上市后台北的市价在1000～1500元之间。现任庄主Anabelle乃酿酒学系毕业，长得漂亮典雅，似乎是波尔多酒市的耀眼人物，且专精酿酒技术。相信在她的领导下，本酒庄的荣景即将到来。

进阶品赏 Advanced Tasting

这是一个有600年历史的老酒庄，就像上一款酒科邦堡可以与中世纪某位战争统帅(历史上称为"黑王子")的史

迹沾上关系那样，大曼恩堡（Chateau Grand Mayne）可追溯其成园历史至 1685 年，且成园时园区达 136 公顷，其中光种葡萄的园区就有 36 公顷。园主卢瓦（Loveau）显然也是地方"一霸"，否则不会有"葡萄园王子"的称号。

高楼起起落落在所难免，本园成立以后的四五百年间屡屡易主，也没有创造出金光闪闪的招牌。倒是在 1934 年，一个酒商诺里（Jean-Piere Nony）出资购买了此园，让园主得以解决濒临破产的财务窘境。

此后本园就一直操纵在诺里家族手中，并一直都维持在"顶级"的荣誉与质量之中。23 公顷的园区中，75% 为梅乐，15% 为品丽珠，赤霞珠占了 10%，葡萄树龄超过 35 岁。相对于赤霞珠在其他酒庄最多只占 5%，许多酒庄甚至连 1% 都不到，似乎透露了本园庄主企图加重本酒的酒体与风味，让酒质更为澎湃与浓稠。

新酒会在七成新的法国橡木桶中醇化至少 16 个月，视年份不同，可能延长至 2 年，因此在木桶醇化的讲究上，本酒庄已经尽其所能。年产量约 5000 箱，6 万瓶左右。帕克在近 10 年给本酒庄的评分在 87～93 分之间，但多半在 91～93 分，算是不错的成绩。

帕克也认为本酒庄可惜在"质量不稳定"，否则它应当具有进军"特等顶级"的潜质，正如同他对多米尼克堡的期许一样。在帕克评分较普通时（例如 2008 年份），本酒市价在 1500 元上下，评分较好时（例如 2005 年份）就飙涨到 2500 元上下，都勉强在本书选择的门槛之内。

美酒与艺术

《酒桶上的小酒神》

这是瑞士画家安曼（Jost Amman）所绘制的《酒桶上的小酒神》木版画，刊于 1578 年。这幅距今超过 400 年的木版画，生动地描绘出小酒神的神态。现藏于德国某图书馆。

强将手下无弱兵

看柯斯酒庄的二军酒"宝塔"大展雄风

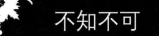

不知不可　Something You May Have to Know

二军酒相对一军酒而言,是用不合乎一军酒酿制水平的葡萄酿制的较廉价酒。有些人认为使用"一军"或"二军"的用语,未免太军事化,充满杀伐之气,会影响饮酒气氛,不如改为"正牌"或"副牌"为佳。不过我本人无所谓,只要"心中无甲兵",即使饮酒趣味中出现兵戈用语,例如形容某人喝酒有大将之风,或批评某酒质凌厉坚硬、有如刀刃……我也会持赞同的态度。

二军酒的风气,虽然最早溯源自玛歌堡,早在 1908 年,玛歌堡便推出了二军酒红亭(Pavillon Rouge),但形成风潮是在 20 世纪 80～90 年代。特别是坚持不酿造二军酒的木桐堡,也不得不从 1993 年开始酿造二军酒"木桐堡的第二款酒"(Le Second Vin de Mouton-Rothschild),后来改称为"小木桐"(Le Petit Mouton de Mouton-Rothschild)。似乎每个顶级酒庄如果不酿制二军酒,便会被怀疑其品管不严(会将不合格的二军葡萄当作一军葡萄来使用)。

而从经济上考虑,原本酒庄只酿一军酒时,年轻的葡萄树(多半在 20 岁以下)摘下的葡萄都卖给其他平价酒庄去酿酒;而醇化一军酒要使用大量的新橡木桶,用过一次后,除了少部分自用外,其他旧桶也要卖掉。葡萄、旧桶的廉价出售都获利有限,何不拿来酿制二军酒?

波尔多的情形反而和美国加州常常颠倒而行。美国许多大型酒庄,往往以酿造平价酒获得巨大利润后,才专心酿制少量的顶级酒,作为品牌的象征,Gallo 便是一例。

不要小看这些二军酒,由于其一军酒如日中天的声誉与高价位,由二军酒的韵味已经可以摹想、体会出一军酒的风韵,甚至有比其他顶级酒还要迷人的酒质,故许多二军酒的价钱已经高不可攀。最明显的莫过于在大陆被昵称为"小拉菲"(香港人则称为"拉菲仔")的拉菲二军酒卡绿雅德（Carruaddes），年产量高达 28 万瓶，每瓶一上市后（2009 年份，帕克评 92～94 分）在台北的售价便超过 1.6 万元。紧随其后的则为拉图堡的二军酒堡垒园（Les Fort），帕克评到 95 分之高，售价也在 1.2 万元上下。至于评到 93 分的玛歌红亭与 90 分的小木桐，售价都在近 7000 元。早知道二军酒价格能如此之高，这些顶级大酒庄恐怕早就应酿制二军酒了。

俗语说："严师出高徒""强将手下无弱兵"。除了上述五大酒庄的反常情形外，其他不少顶级酒庄的二军酒都是价格平实，一丝不苟的酿酒过程值得我们慢慢品赏。一军酒价钱之高，追逐者众，我们不妨避开这些风头，享受一下二军酒"平静中的绚烂"。

本酒的特色　About the Wine

这款柯斯酒庄的二军酒便是"平实的好货"。这款 2009 年份的柯斯酒，帕克居然评到 94 分，比小拉菲、小木桐等 4 个天王级酒庄的二军酒评分还高，但台北市价居然可以在 2000 元左右，真是不可思议。柯斯酒庄的一军酒柯斯·德图耐拉堡，产于梅多克区圣特斯塔夫酒村（St-Estephe），是当地最具代表性的酒，也入选拙作《稀世珍酿》之中。

本酒庄有一个东方式建筑的外观，三座类似中国宝塔的塔楼，环绕着印度式的围墙，成为本地最有名的地标，观光客络绎不绝。本酒也有一个有趣的传说：听说 1843 年马克思结婚时，收到友人恩格斯送来的礼物，竟然是一箱本园的佳酿。

本园一军酒上市后的价钱在 150～200 美元之间，并不算被炒作的对象。也幸亏如此，二军酒才可以合宜的价钱，提供给酒客们欣赏。这款酒可以欣赏到圣特斯塔夫酒村葡萄酒的特性。该酒村拥有 1300 公顷的园区，却是上梅多克区 4 个最重要的酒村中最贫瘠与评价最低的一区，不像波仪亚克、玛歌……处处有名园。这里地区偏北，气候较寒，土质含黏土多，排水不易，使得葡萄生长较差，连带的酒也生涩、酸度高，矿物质、皮革味重，属于有棱有角的个性酒。

但如果酿造得宜，例如加大梅乐的分量，可以将酒质变为柔顺并引进甘甜味。本园的二军酒便是赤霞珠与梅乐的比例各一半，才会调配出令帕克打出 94 分高分的好酒。

2012 年是帕威堡（Chateau Pavie）扬眉吐气的一年。该年 9 月 6 日最新发布的官方评比名单中，其第一等称为"特等顶级"（Premiers Grand Cru Classé，又分为 A、B 两等）中的 A 等，本来只有欧颂堡、白马堡长年霸占擂台，但 2012 年开始将金钟堡及本堡纳入，这是自 1958 年圣特美浓区举行官方评比以来，第一次将"A 等特等顶级"由 2 家开放为 4 家，证明了 50 年来这 2 家酒庄励精图治的结果。

帕威堡虽然历史可以追溯到 4 世纪，和本地区最重要的酒庄欧颂堡一样，但以前成绩平平，都是 80 多分，20 世纪 80 年代开始提升为接近 90 分。伯斯入主后，迅速地获得了帕克的赞许，2000 年份（评 100 分）至 2009 年份（评 100 分）之间，多半达 95 分上下。

帕克的大力揄扬是否言过其实？2003 年份的评比就产生了一个火花。英国重量级的酒评家罗宾森女士（Jancis Robinson）批评了帕克当初评了 100 分（后来改为 98 分）的本园：有极为浓厚的氧化味，类似过熟的美国金粉黛酒，而颜色深褐色，如同波特酒一样，不应该获得太高的评价〔其实这也是帕克在本园易主给伯斯之前，在《波尔多》（1990 年版）一书中对本园的评价，他同样认为酒偏向深褐色与早熟〕。因此罗宾森评了这款酒为 12 分（满分为 20 分），相当于百分制的 60 分，显然是要拆帕克的台。

帕克反击的理由却是：罗宾森对庄主个人的成见所致。罗宾森的辩解乃是蒙瓶测试，不可能有先入为主的偏见。律师出身的帕克则驳斥：因为该款酒瓶与众不同，罗宾森女士当然可能先"瞄了一眼"，足以造成偏见……

这段插曲，说明了帕克对本园的厚爱。本园的价钱当然会随之飙升，2012 年 9 月的"晋级"，恐怕也和帕克的影响力有关。

无论如何，帕威堡的成就有目共睹，酒价之高，以近 10 年的市价为例，最便宜的 2007 年份，市价也要 7000 元；最贵的 2009 年份，则为 1.5 万元。

二军酒帕威之香气（Aromes de Pavie），是以 10 岁以下的葡萄所酿成，醇化期 2 年，都在用过 1 次的旧木桶中，不像一军酒会在全新的木桶中醇化 24 个月之久。但葡萄比例类似：70% 的梅乐、20% 的品丽珠及 10% 的赤霞珠。帕克评过 2 次，在 86～90 分之间，算是中等以上的成绩。一军酒年产量为 8 万瓶。

我试过这款 2005 年份的二军酒，有极为迷人的香气，

虽然稍微严肃，开展不了，但我相信储放个 5 或 7 年，一定会灿烂无比。看到帕威价格如此之高，5 或 7 年，值得我等！

进阶品赏　Advanced Tasting

玛歌地区的玛歌堡大名鼎鼎，而敢觊觎其"第一名堡"地位的酒庄恐怕就只有"帕玛堡"（Chateau Palmer）了。

跟投波堡（见本书第 15 号酒）一样，本酒堡也是以一个英国将军的名字为名。帕玛将军是威灵顿大将的部下，拿破仑帝国垮台之际，将军率军进占波尔多，随后买下一个庄园，便以自己的名字命名。由于本堡使用了英文名字，对英国消费者而言极有吸引力且好记忆，因此本酒庄后来虽频频易主，但无损于本酒的名声，甚至在 19 世纪，本堡和玛歌堡一直竞争价位最高的纪录。

帕玛堡虽然在 1855 年被评为第三等，但不少酒评家认为本酒有至少第二等甚至第一等的实力。帕玛酒是一款结构扎实、香味集中的好酒，由 50% 的赤霞珠、40% 的梅乐、7% 的品丽珠与 3% 的小维尔多酿成，完整地构架出本酒的陈年实力。例如，本酒在 1961 年被帕克评了 100 分，2005 年在澳门地区的葡京饭店中尚有 400 瓶此一年份的藏酒。2006 年，酒庄特地派人去更换这批酒的木塞，没想到仅有 4 瓶出

现氧化，"阵亡率"为 1%！本酒的陈年实力可见一斑！

1983 年开始，本酒庄推出二军酒"将军珍藏"（Reserve du General），1996 年改名为"第二个我"（Alter Ego）。这是一款果香十分浓郁的好酒，年产量达 10 万瓶。这也是普遍被认为最能够陈年且在结实酒体中还能够感觉到青春与浪漫气息的好酒。一瓶售价在 2000 元左右，能够以如此价位（除非在很好的年份，如 2005 年份）购买到一瓶可以轻易储放 15 年的好酒，实在是"将军万岁"！

还我平民本色

无忧堡的"布尔乔亚级"美酒

不知不可　Something You May Have to Know

有顶级酒庄,就有非顶级酒庄,如同挤上了公交车的人心满意足,挤不上公交车的人希望能够等到下一班车。波尔多1855年的顶级排行榜情形也是一样。这个排行榜公布至今,已经超过150年。法国也由当时的帝制(拿破仑三世)变更为民主体制,且改朝换代到了第三个共和时代。但这个"帝制产物"只变动过3次:一次是在1856年,将遗漏的Chateau Cantemerle补上为五级酒庄;第二次是在1973年,将木桐堡由第二级改为第一级;第三次则是将三级酒庄 Chateau Dubignon 并入 Chateau Malescot St. Exupery。目前整个上梅多克地区有多达 400 家酒庄,当年排入顶级酒庄者只有 58 家。150 年来,是否早就应该重新排名,才会符合公平的法治国家原则?

早在 20 世纪 50 年代,立欣先生撰写的《法国酒》一书就已经大力提倡要么废止此分级,不然就重新分级。他也和日后的帕克一样,把这些老分级重新排列。但这种改革会碰到巨大的既得利益集团的反击。诚然,波尔多酒靠着此分级才将国内与国际的行情确定下来,如果随便变更,价钱势必大乱,既影响酒庄的收入,也影响法国的税收,因此牵涉利益之大,使得任何的改革之说,都如同画饼充饥。

于是另起炉灶的努力便是推行所谓的"布尔乔亚级"(Cru Bourgeois),这是以"市民阶级"(Bourgeois)为诉求对象,有别于"顶级"是以贵族、富商阶级为销售对象。一般酒市将之翻译为"中级酒庄"倒也贴切。

在推行"中级酒庄"的倡议下,早在 1932 年,已有 444 家酒庄登记参选,也选出了一批包括 6 个特别级的酒园在内。但当时欧洲经济衰退,政局动荡不安,随着第二次世界大战爆发,一连串的国内外忧患导致无法再进行评选。20 世纪 60 年代,许多酒庄都要求设立此制度。经过多方的努力,

2003年6月13日，法国政府以行政命令（部长命令），终于公布了第一代的"中级酒庄"。大体上仿效圣特美浓的分级制，247家酒庄报名参加，结果分成三级：第一等为"特别级"（Cru Bourgeois Exceptionnel），共有9家；第二等为"超级"（Cru Bourgeois Superior），有87家；第三等为"一般级"，只称为"Cru Bourgeois"，有151家。

几家欢喜几家愁，公布的结果引起了被评为二等或三等酒庄的不满，于是许多酒庄便向法院起诉，指摘评审委员中有不当利益往来……几经缠讼，法院2007年2月宣布废弃此一分级，甚至考虑废止此一制度。利益所在，于是中级酒庄组成联盟，再度申请重新评判，终于获得共识。从2010年开始实施新的分级制，只有晋级与不晋级两种结果。所有位于梅多克地区的酒庄都可以申请评鉴，及格者授予"中级酒庄"（Cru Bourgeois）的称号。这种评鉴是作为质量的保证，不是对酒庄的肯定，故每一年份的评鉴会在2年后公告。由于不再区分为特级或超级，各酒庄的酒标也不能标明这两个等级的名称。例如2008年份有290家酒庄申请，在2010

年宣布有243家获得许可；2009年份有304家申请，在2011年11月宣布有246家获得认可。而且今后每年都要举办这种评比，似乎以后人人都有机会了。

大致上，这些酒庄中，质量优秀者有之，平平者亦有之，优秀的价格常常不低，可以购买第四等或第五等的顶级酒了。但是中级酒庄等级的产生既然是要填补1855年分级的不合时宜，消费者如果可以用较低价钱买顶级酒庄，就不愿意花钱去买中级酒庄。这情形也在台湾地区发生，所以台湾地区的市场里，较优的中级酒庄销路普遍不好，便是坏在这个"中级"的名称上。

我们仍可以由中级酒庄挑选出合乎本书标准的好酒。在这种纷纷扰扰的评比下，许多对自己的酒质有信心的酒庄不胜其扰，因此在2003年第一次被评为"特别级"的9家酒庄中，有6家出来组成一个"特别级"（Les Exceptionnel）联谊会，而且不愿意再参加每年的评比。这个联谊会在国内外到处营销，甚为风光。这6个天之骄子之首，恐怕是名气最大的无忧堡，值得我们注意。

本酒的特色　About the Wine

　　夏莎·史培林堡（Chateau Chasse-Spleen）虽然法文有"驱逐困惑"之意，但幸好有了一个传言：英国诗人拜伦1821年造访这个酒庄后，喝了一口本庄佳酿，就脱口说出"Quel remede pour chasser le spleen."（真是驱除忧郁的良药！）因此本酒堡就有了这个"无忧"（Chasse-Spleen）堡的名称。

　　饮酒可以解忧，中外文人早已有诗为证。曹操的"何以解忧？唯有杜康"是流传甚广的好诗。德国腓特烈大帝在柏林近郊兴建的无忧宫（Sanssouci），除了巴洛克的建筑外，大帝在宫殿外墙旁种满了葡萄，至今还可以用来酿酒。可见得无忧必须靠酒。

　　无忧堡早年的历史可追溯到16世纪，但一直没有什么杰出的庄主，也就没有什么赫赫的名声。不过持续地酿出好酒是事实，不然拜伦也不会造访此园，留下那句赞颂的话。1855年官方评鉴时，本园所在的地方是梅多克区的慕里村（Moulis en Medoc），它位于玛歌村之北、上梅多克之南，不属于被评鉴的区域范围，因此没有被评上顶级酒园。但帕克认为，本堡已经酿出好酒达300年之久，有入选第三等顶级酒庄的实力。帕克在20世纪90年代将本酒庄评上"优秀"，相对地将帕威酒庄只评上低一级的"非常好"，可以知道帕克对本酒庄的器重在20年前还是高于帕威酒庄的。本酒庄目前拥有80公顷的园区，算是大规模的酒庄。其中73%为赤霞珠，20%为梅乐，7%为小维尔多，树龄平均超过30岁。新酒会在40%的新橡木桶中储存12~14个月。

　　本堡虽然被列入中级酒庄，也可称为中级酒庄之首，但其具有第三等顶级酒庄的地位，早已是酒评界的共识。本酒极为高雅、纤细，入口后变化万千，时而巧克力、咖啡，时而浆果、奶油，颜色深红透彻，迷人之至。价钱却没有第三等顶级酒的牌价，多半在1500~2000元之间。

安格鲁迪堡（Chateau Angludet），其字面意义是"高地天使"，想必本园是建在较高的平原之上。的确不错，本园确实位于玛歌区西北一个名叫培珠的高台上。它算是玛歌地区成园较早的酒堡之一，可以推算到 1150 年，由一位骑士贵族所拥有。酒庄成立可推到 17 世纪。本来这是一个盛大的产业，有 130 公顷之大，其中 55 公顷种有葡萄。而后整个分给 4 个儿子继承，交叉分割之时，正值 1855 年的评鉴，本堡因此无法以一个完整规模的酒庄参选，故没有获得顶级酒庄的资格。不过后来的庄主总算兢兢业业，在 1932 年第一次举办中级酒庄的评鉴时，本园被评为 6 个"特别级"之一，所以本园的资料上会很得意地注明这个荣誉。

本堡在"二战"后也走上衰运，到 1960 年时达到谷底，竟然只剩下 7 公顷的园区。幸而次年本地区最大的酒商西谢集团（Sichel）买下本园，不惜血本地将本园翻修一新，使本园重现生机。

西谢集团不仅代理波尔多顶级酒庄的外销事宜（共有 150 家酒庄交由本酒行代理外销），本身也是大庄主，拥有共 350 公顷的园区，其中 26 个酒庄是独资或拥有部分的股份，包括明星酒庄帕玛堡在内。所有西谢独资的酒庄中，本堡是其中最重要的一个，也是本集团的"掌上明珠"。

本堡目前共有 35 公顷的园区，其中 60% 为赤霞珠，30% 为梅乐，其他则为小维尔多与品丽珠，葡萄树龄接近 30 岁。每年酿制约 12 万瓶的一军酒。新酒会在 70% 的新橡木桶中储放 14～16 个月。本园也推出二军酒安格鲁迪之珍藏（La Reserve d'Angludet），年产量只有 3.8 万～4 万瓶。

西谢集团是一个外销的大公司，台湾地区早在 20 年前就有西谢集团的出口货。最出名的当然是帕玛堡，本堡也自然来台销售。我喝过甚多次本堡，都对本酒的颜色深沉，口感沉重、略酸、干枣味，留下十分深刻的印象。本酒最好储放 10 年以上，可以将玛歌酒的优美特性发挥无遗。近年来似乎比较少见，但我相信迟早还是会重现江湖。

贝南·西谷堡(Chateau Phélan Ségur)位于圣特斯塔夫。在 1810 年，一位来自爱尔兰的移民贝南(Bernard Phélan)，在波尔多落脚经营酒业，并认识了一位著名酒商的女儿，结婚后通过岳父的关系，知道了本地酒园的买卖机会。他先买下一个小园(Clos de Garamey)，5 年后，他又将一块卡巴那·西谷园(Ségur de Cabanac)买下。这个西谷园可大有来头，它是西谷公爵(Nicolas-Alexandre de Ségur)的产业之一。这位大公爵在 1718 年曾经买下木桐堡，以及另一个较北、位于圣特斯塔夫酒村的卡农堡(Chateau Calon)，后者遂改名为卡农·西谷堡(Chateau Calon-Ségur)。连同 1675 年祖父买下的拉菲堡与

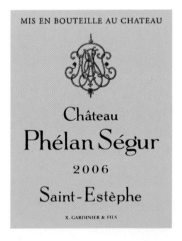

1695 年妻子带来的嫁妆拉图堡，西谷公爵一人拥有 3 个天王酒堡，因此拥有了"葡萄酒王子"的称号，连法王路易十四都对他嫉妒万分。

西谷公爵说，他虽拥有拉菲、拉图与木桐三堡，他的心却是在卡农·西谷堡。以后此堡便以一个红心作为标志(见下图)，没想到这个被评为第三等的顶级酒，日后却成为"爱情酒"的象征，每逢情人节都销路大增。

卡巴那·西谷园的位置就在卡农·西谷园的东南方，在大公爵时代属于西谷园的一部分，以后便分开了。贝南买下后，将两园合并成一园，并兴建起一栋美轮美奂的酒庄，成为当地最气派的酒庄。不过接下来的经营并不算成

功，1855 年也没排上榜。一直到了 1924 年，被本地一个著名的酿酒世家狄龙家族(Delon)收购。狄龙同时也负责圣朱利安区二等顶级酒庄李欧维·拉斯卡斯（Chateau Leoville-Las-Case)的管理经营。虽然已经兴旺起来，但无法持之以恒，到 1960～1980 年，不可避免地走了下坡路，一直到 1985 年转到迦迪尼尔家族(Xavier Gardinier)名下，才开始走上正轨。

目前本酒堡有 70 公顷之大，以其位置濒临卡农·西谷堡以及列入拙作《稀世珍酿》"百大"之选的二等顶级酒孟特罗斯堡（Chateau Montrose），理应土壤优异。在园主的呵护下，55％为赤霞珠，45％为梅乐，葡萄树龄平均为 35 岁。一军酒年产 2 万箱，共 25 万瓶，醇化期为 18 个月，其中一半为新桶。自 1986 年起，推出二军酒法兰克·贝南（Frank Phélan），由年轻葡萄酿成，醇化期为 12 个月，产量为 1.2 万箱，约 14 万瓶。另外本园还酿制三军酒 La Croix Bonis，还有 2 款粉红酒。

本酒在 2003 年获得了"特别级"的评鉴，帕克也认为它应当在第四等或第五等的顶级之列。本酒口味丰沛，果香迷人，酒友间或有批评稍酸，且酒体不够强壮，但价钱十分合宜，经常在 1500～2000 元之间，果然是中产阶级可以安然付出而不心疼的酒。

 不知不可　Something You May Have to Know

波尔多与勃艮第虽然是法国"双 B"明星酒区,长年来互争第一,但品酒界投票多半属意勃艮第。理由是:波尔多只擅长红酒,勃艮第则红白皆强,而其白酒的天王地位举世无匹。

的确,波尔多红酒拥有一片灿烂的天空。白酒很少,但也不能忽视,波尔多干白也有值得称赞的佳作。

首先可以举几个名酒厂的例子,其酒园中可能有若干片园区不适合种植红葡萄,于是改种白葡萄酿酒。既可以试试酿酒师的手艺,顺便也可以作为庄主自用,或作为员工福利,一举数得。例如木桐堡的银翼(Aile d'Argent Blanc)、玛歌堡的白亭(Pavillon Blanc)、柯斯酒庄的白柯斯(Cos d'Estournel Blanc),都

是如此。这些白酒的价钱受到红酒的牵引,都超过 100 美元,且产量不多。此外,这些大酒庄经常举办品酒会,多半会以本酒庄白酒作为前导酒,因而在外面不容易购得,也是其价格昂贵的理由之一。

波尔多的白酒除了上述酒庄附带酿制外,主要集中在波尔多南部格拉夫(Grave)产区。

格拉夫位于波尔多东南方、加隆河的左岸,是波尔多最早的酿酒区,输往英国的酒最早就来自此地区。"格拉夫"一语乃源自"砾石"(gravel),可见得当地地质是以砾石出名,夹杂着少量黏土,使得葡萄的矿物质成分甚重。格拉夫有 7 个产酒区,可酿制红酒、干白及甜酒。甜白主要产自苏玳,干白主要产自贝沙克·雷欧南(Pessac-Leognan)。整个贝沙克·雷欧南仍以红酒为主,总面积 1288 公顷,年产量达 1 亿瓶(7000 万升),其中 1000 公顷为红葡萄,288 公顷为白葡萄。

这里有 3 个明星白酒酒庄,其一是酿制红酒出名、为梅多克地区五大酒庄之一的欧布里昂堡(Chateau Haut-Brion);其二是其姊妹园教会堡(La Mission de Haut-Brion),

也能酿出一流的白酒,且被列入拙作《稀世珍酿》的"百大"行列;第三个明星酒庄为骑士园(Domaine de Chavelier)。这3个酒庄都是以红酒为主,白酒为辅,虽不能说"白出于红",但白酒有可一搏的实力,却是不假。

长年来格拉夫"三雄并立"的情形,近年来变成了"五雄鼎立",增加了史密斯·欧·拉菲(Smith Haut-Lafite)及克莱蒙教皇堡白酒(Pape Clement Blanc)。2009年份的史密斯·欧·拉菲红酒,帕克评了100分,白酒评到了98分,使其声名大噪。至于最早在波尔多成立酒庄的克莱蒙教皇堡,其2009年份的白酒也评到了100分,红酒稍逊,只评到95分。这两家新杀出来的"拦路虎",炒热了格拉夫白酒的行情。

白酒"五雄"的价钱都超过了本书的门槛。以2009年份的史密斯·欧·拉菲白酒为例,2012年夏天台北市价即在4000~4500元之间。

本地区白酒的产量接近3000万瓶,亦不会有遗珠之憾。本地区的葡萄主要以白苏维浓与赛美容为主,可以酿出口感丰沛、有熟透果香(如土产番石榴)及青草香的白酒,辅以妥善掌控其在全新橡木桶中熟成的时间,也讲究新橡木桶烘烤的长短……都可以让本地白酒酒庄酿出十分饱满圆润、让人不忍释手的干白。

本酒的特色　About the Wine

卡本尼堡(Chateau Carbonnieux)的历史可以明确地追溯到1292年,可知其是历经沧桑的老园。当初由两位来自波尔多的圣本笃神父所开辟,而后成为教会的产业。英法百年战争过后,这块教产流落到民间。之后的500年间,有起有落,我们可以不必去深究。目前由1956年入主的裴汉家族(Perrin)经营,传承至第三代。

卡本尼堡拥有将近90公顷的土地,成为本地区最大的园主。其中红葡萄园面积(47公顷)较白葡萄园(43公顷)稍大。本酒庄每年可产红、白酒各3款,分别是顶级的卡本尼堡、二军酒雷欧南之塔(Tour Leognan)与复古性质的卡本尼十字架(La Croix de Carbonnieux)。

顶级的卡本尼堡,不论红、白,皆会在新橡木桶中陈年达18个月之久,而且产量惊人,红酒年产2.5万箱,白酒为2万箱。一般是以白酒评价较高,年产量达到了25万瓶的规模,价钱自然不会太高,以台北的市价而言,都在2000元以下。帕克的评分也不差,近10年来的表现,九成以上都超过了 90 分。

我曾多次试过卡本尼白酒，有极集中与强劲的香气，但不夺味。我多半是携往日本料理的餐会饮用。本酒属于阳刚性质，不适合生鱼片等需要柔弱的伴酒的菜肴，而搭配烤鱼，尤其是腥味较重的鳗鱼、青花鱼或鲣鱼，却几乎是无可取代的。

延伸品尝　Extensive Tasting

另外一个在格拉夫超过 300 年的老酒庄飞柔堡（Chateau de Fieuzal）所酿制的白酒，也有令人难忘的滋味。飞柔堡没有显赫的家世，乃纯朴的酒庄。1980 年以前质量平平，属于中上水平，不过 1990 年以后，质量改变甚多。

本酒庄仍是红多于白。总共 48 公顷园地中，有 39 公顷为红葡萄园，另外 9 公顷为白葡萄园。红葡萄中 60% 以上为赤霞珠，30% 以上为梅乐，其余为品丽珠与小维尔多，很标准的"波尔多调配比例"。

白葡萄则是白苏维浓与赛美容各半。每年产量红葡萄酒高达 1.3 万箱，白葡萄酒则有 4000 箱、约 5 万瓶。

评分方面，则红葡萄酒略逊于白葡萄酒。本园白葡萄酒的帕克评分都在 90~92 分，价钱也徘徊在 2000 元以下，算是价位合理。口味极为浓烈，展现出格拉夫的特色：赛美容特殊的哈密瓜、橘子果酱夹杂新橡木桶的奶油香味，以及白苏维浓带来的较为明显的酸度、青苹果味与青草的气息，好像徜徉在充满芬多精的山林草地上。本酒庄在台湾地区还算是冷门酒庄，虽然品酒专家认为性价比很高，但红酒常见，白酒则偶尔一见。

Brion），2009 年更名为"欧布里昂之亮光"（La Clarte de Haut-Brion）。这是由欧布里昂堡与教会堡中比较年轻的葡萄采收酿制而成，但酿造过程也不马虎，会在一半新桶、一半旧桶中醇化 9～12 个月不等。虽然没有一军白酒那么浓郁复杂，但比上不足，比下绰绰有余，尤其是多半由赛美容葡萄酿成，果香十分集中。年产量在 12000～15000 瓶，每瓶上市价在 100 美元上下，若逢有预购、特价或是年份稍差时，在台湾地区 2000 元左右即可购得。

前已提到格拉夫区的天王酒庄欧布里昂堡及其姊妹园教会堡，也能酿出一流的白酒且列入拙作《稀世珍酿》的"百大"行列，但是其产量之少与价格之高，都令人望而却步。以欧布里昂堡白酒（Chateau Haut-Brion Blanc）而论，年产量仅有 1 万瓶上下，一上市后美国市价达 820 美元（2005 年份），比市价 800 美元的同酒堡的红酒还贵。至于教会堡的白酒拉维堡（Laville Haut-Brion，2009 年改名为"教会堡白酒"），年产 1.2 万瓶，美国市价往年都比欧布里昂堡白酒少一半左右，但碰得好年份（如 2010 年份），则价格超过 1100 美元，简直不可思议，成为整个格拉夫地区最贵的葡萄酒。

以欧布里昂堡白酒的天价，要品尝显然不容易，但幸好本酒庄也有副牌——欧布里昂之幼藤（Les Plantiers Haut-

2012 年 11 月初我曾与来访的庄主卢森堡王子（Prince Robert de Luxembourg）一起品尝改名后的第一个年份——2009 年份欧布里昂之亮光。据庄主说，之所以改名，是因为以往的名称太难念了，国外消费者不易了解。目前欧布里昂

堡与教会堡的白酒，产量比以往更少，约在 500 箱（6000瓶），因此才会推出副牌白酒。据进口商透露，每年进入台湾地区的此款白酒仅有10 箱（120 瓶）的配额，进口商也担心僧多粥少，万一大客户得知，想要"垄断"，他们都不知道该如何婉拒。该款酒清澈无比，不温不火，虽有将近 1 年的入桶期且一半为新桶，但带有很淡的橡木香气，也没有明显的焦糖与香草气，据庄主说，这是故意要和正牌的白酒有所区分。

事过 3 天后，我刚好有个机会试了一瓶 2004 年份的"幼藤酒"。它和 2009 年份有着完全不同的风味：颜色已呈现成熟的黄金色，焦糖与太妃的甜香味强调了新橡木桶的醇化功能，让人仿佛品尝到顶级巴塔或骑士·梦拉谢的韵味。这才是我印象中的欧布里昂白酒的独特品味。

法国式的甜蜜
吉荷酒庄的苏玳甜白酒

波尔多五大产区最南端，也是最小的苏玳区（Sauternes），是整个波尔多甚至整个法国酿制甜酒的中心。这个广达1800公顷的产区，因为有条加宏河（Garonne）流经，以及其支流西宏河（Ciron）的交汇，带来了丰沛的水汽。

一般葡萄产区如果清晨水汽环绕，中午能获得充沛的阳光，晚上又经受冷风吹袭，很容易感染一种灰白的霉菌——宝霉菌（noble rot，台湾地区流行日本的译法"贵腐菌"）。由感染宝霉菌的葡萄酿成的葡萄酒，有一股特殊的熟透水果、蜂蜜的香味。苏玳区正是有此天赋的地区。世界上有三大酿制宝霉酒的地区，除了苏玳外，还有德国莱茵河及其支流地区，产出所谓的德国枯萄精选（TBA）或逐粒精选（BA）以及匈牙利的托卡伊酒。它们各有千秋，本书都会一一介绍。

但名气最大的仍属苏玳。这有三个原因：第一，产量最大。苏玳甜酒年产量达450万瓶，几乎垄断了全世界宝霉酒市场的90%～95%。第二，成名最早。早在1855年，法国政府已经注意到苏玳酒的营销秩序与梅多克酒的评比一样，官方评定了3个等级的苏玳酒。第三，乃是法国菜的世界声誉，已经与苏玳酒紧紧结合在一起，甜点固然不论，连法国餐中最奢华的煎鹅肝，也非指定苏玳不可，酷爱美食、美酒的大作家巴尔扎克（Honoré de Balzac）便是这套搭配法的支持者。

本地区的葡萄主要是赛美容（Semilion）以及白苏维浓（Sauvignon Blanc）。这两种葡萄成熟时，能散发出十分浓烈的香瓜、柠檬等成熟果味。苏玳宝霉酒的酿制也和德国、匈牙利不同，会在橡木桶中发酵与醇化。优良酒庄还会讲究使用全新橡木桶，所费不赀，但酿出的新酒含有更复杂的橡木香气及香草味。

但如果葡萄感染宝霉菌的情况不严重，甚至没有感染时，酒农弃之也可惜，此时可酿出干白。苏玳干白含有浓烈的果香，很多带有干果的气息，尝起来有明显的残糖味，口感比别的干白要丰富且多层次，只要酒精度达到 12.5% 以上，就可以以苏玳干白的名义产销。名酒庄的干白也因此极受欢迎，例如狄康酒庄酿成的"Y 酒"、优赛克酒庄(Rieussec)酿成的"R 酒"，都是行家选择的日常用酒。

另外一个理由是：这些名酒庄既然卖昂贵的宝霉酒获利，自然不会想去赚干白的小钱。由于园大葡萄多，每年难免会有一大批未感染宝霉菌的"下脚货"，此时拿来酿制干白，既不费工也不费钱，酿成自用、馈赠客户，或作为员工福利享受(例如当成员工的日常用酒)，无不相宜。因此这些干白价廉物美，值得品尝。但狄康酒庄例外，它那款"Y 酒"一上市也要 100～200 美元，成为最贵的波尔多白酒之一。

苏玳区共有 5 个产酒区，所产的酒都可挂上苏玳的大名：Barsac、Sauternes、Bommes、Fargues 以及 Preignac。大致上，酒评家会认为巴萨克(Barsac)的酒质较为温和、中庸，香气集中，价钱也较高。但这种些微的差异，非行家很难区分出来，反倒是 1855 年的官方排行榜作为评判酒质的标准，还比较中肯些。

1855 年的苏玳排行榜分为三榜。状元榜只有 1 家——狄康堡(Chateau d'Yquem)，的确是本酒区闪亮至今的天王酒庄，也是拙作《稀世珍酿》最新版本中唯一入榜的苏玳酒。第二等榜眼榜有 11 家酒庄，第三等探花榜则有 12 家，都提供了合理价位的选择。

本酒的特色　About the Wine

吉荷酒庄(Chateau Guiraud)在 1855 年被列为当时 9 家第二等级的榜眼酒庄之一。这也是一个成立于 1766 年的酒庄，之后虽历经数代，但都由吉荷家族经营。1855 年获得了殊荣，让本酒庄度过了一段辉煌的岁月。目前，本酒庄占地达 128 公顷，几乎占了整个苏玳产区 1/10 弱的面积，无疑是苏玳区最大的酒庄。

在这 100 多公顷中，65% 为赛美容，35% 为白苏维浓。尽管园区甚大，园方仍实行精酿制度，让每株结果甚少，葡萄感染霉菌的挑选也十分严格。每年产量约有 10 万瓶。也因为数量够，本酒的价钱十分合宜，以一瓶 2007 年份为例，上市后在台北的市价在 2000 元左右，正符合本书挑选的基准线。

吉荷酒显现出漂亮的金黄稻草色，油晃晃的酒质，入口稍带点苦味与酸味，颇似初恋，难怪有人称呼此酒为"初恋酒"。

除了吉荷酒外，本酒庄还出了一款二军酒，称为"小吉荷"（Petit Guiraud）。另外，本酒庄还有 15 公顷的园区，可生产干白，称之为"G 酒"。似乎所有的苏玳干白都是以酒庄名字的第一个字母为名，口感方面也多似曾相识，差异不大。

本酒庄在 2006 年易手，由法国大汽车厂标志公司（Peugeot）的总裁等买入。新东家入主后，带来了全新的经营理念。例如将 3 个年份的苏玳，分装在 3 个 100 毫升的试管形酒瓶中，外加漂亮的礼盒。这可供品酒客一次品尝 3 个年份，如果人少，一次品尝一管即可。这是高招，因为苏玳太甜了。如果两人上馆子，点上一瓶苏玳一定太多，而半瓶装的苏玳又不是随处可见，酒客往往就会放弃点酒。这个新的点子，相信可以给本酒庄带来丰厚的利润。

延伸品尝　Extensive

优赛克酒庄（Rieussec）也是 1855 年的榜眼榜酒庄。长年来酿制的酒几乎十分容易和天王酒庄苏玳搞混。这个酒庄在法国大革命之前也属于一个天主教会的教产，法国大革命以后被充公、拍卖，成为民间产业。之后 200 年的岁月中迭经易主，虽然 1855 年的光荣肯定了本酒庄的成就，但似乎一直没有遇到真正的伯乐。

到了 20 世纪 80 年代，本酒庄的作品一直徘徊在中等质量，帕克的评分都在 80 分出头，看样子本酒庄已经走到了光荣的尽头，下一步便是衰败。1984 年，拉菲堡入主了，本园仿佛老树重生。新东家正是 1982 年伟大年份的受益者、全世界仰望的红酒王，于是本园的复兴几乎是火箭一样的速度。在 1990 年以后，特别是在 2000 年以后，帕克的分数都在 94

分以上。

目前优赛克酒庄可以列入整个苏玳地区的前5名。本园110公顷的园区中，有超过一半种满了葡萄，其中85%以上为赛美容。园主对酿制过程讲究非凡，酿成后会在55%的新桶中存放18～26个月。每年产量最高可达6000箱、7万瓶；最差时（如2000年份），则只有3000箱、4万瓶。

本酒价钱波动很大。普通年份在台北的市价多半在2500～3500元不等，已超过本书选择门槛。其半瓶装则一定可在2000元内购得（例如2002年份的半瓶装，在2012年中秋前夕，台北特价为1000元左右），也勉强符合本书的选择标准。本酒庄也出二军酒，称为Carmes de Rieussec，十分清淡，也不太甜，但价格十分便宜。另外其干白"R酒"算是本地区干白的先驱，亦甚有名。

进阶品赏 Advanced Tasting

库德酒庄（Chateau Coutet）位于巴萨克酒区（Barsac），在13世纪是一个英国军队的堡垒。在1643年改变成一个酒庄，为当地的一个贵族所拥有。法国大革命开始后，贵族产业被没收，当时的主人被斩首。产业被拍卖后，为狄康酒庄主人的家族所拥有，一直到1923年为止。新主人Henry-Louis Guy是来自里昂的做液压压榨机的企业家，至今仍掌管着酒庄。

本酒庄也算是历史名园。美国开国元勋杰斐逊在担任驻法大使时，曾畅游波尔多各大产酒区，也造访了本园，认为本园生产出了最伟大的苏玳酒。

本酒庄有数十年归狄康酒庄所有，两家酒庄共享同样的空间与设备，制酒的know-how也不至于藏私。虽然1923年后分家，但本酒庄自可酿出一流的苏玳酒。目前本酒庄共有35公顷的园区，其中75%为赛美容，25%为白苏维浓。新酒会在全新法国橡木桶中醇化达18个月之久，年产量4万瓶。

质量与评价都接近狄康酒庄的库德苏玳，价格却远比狄康低廉。以最近上市的2008年份为例，牌价在3000元上下，但偶有帕克评分较低者，如2007年份及2011年份（也评到 94 分之高），可望在 2000 元左右购得。此种机会应当不要放过。

二军酒库德之黄绿（La Chartreuse de Coutet），价格为前者的六成左右，也是爽口清淡型的苏玳酒，入口微苦。至于本酒庄最得意的杰作，当是"夫人级"（La Cuvee Madame）。这是本酒庄极有人情味的一个传统。本园在葡萄采收到最后一天时，特地留下两片最老的果园（都是赛美容），都是 60 岁以上高龄的老株。庄主夫人让采收工人自由采收，酿成的酒归他们所有。这些葡萄已达到最成熟阶段。为了感念庄主夫人的善意，用这些顶级葡萄酿成的酒，便称为"夫人级"。"夫人级"不是每年都有酿制，1980～2012 年的 30 余年来，总共只酿成 8 次，最近的 2 次为 1997 年及 2001 年。库德"夫人级"苏玳是所有苏玳酒中最难寻获的珍品，市价经常超过 300 美元。

1994 年开始，本酒庄与木桐堡订约，由木桐堡负责本酒庄的营销事宜。以木桐堡的国际宣传与营销手法，本酒庄欣欣向荣的前景当是乐观的。

> 岁月对四种东西最好：老柴易烧、老酒好饮、老友可信及老书好读。
> ——Robent L. Bancon
> （美国银行家）

《终南道士倚醉图》

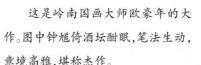

这是岭南国画大师欧豪年的大作。图中钟馗倚酒坛酣眠，笔法生动，意境高雅，堪称杰作。

㉓ 力抗"帕克魔咒"的朗格多克区野马
多玛·卡萨克酒庄

不知不可 Something You May Have to Know

法国最南端的葡萄酒产区,东有朗格多克(Languedoc),西有鲁西荣(Roussillon),构成了整个法国甚至全世界最大的葡萄酒单一产区。总共多达 28 万公顷的园区,酿制大量的葡萄酒,红、白、粉红、气泡……无一不备。产量之多占了全法国葡萄酒产量的 1/3,甚至比美国全国的产量还大。

理论上这里应当是法国葡萄酒的重心之一,各种品酒会上当不乏此酒,酒文信息也有很多介绍,其实不然。这里是被品酒界遗弃的世界。原因无他:此处都是酿制粗劣、廉价的日常用酒。

这也难怪,此处已经是典型的地中海气候,夏天干燥异常,气温很高,葡萄普遍过熟,酿出的酒酒精度甚高;酿制过程中往往气温太高,一般酒农又装不起昂贵的空调,酿出的酒很快就氧化变质了。一般的家庭餐厅也没有空调,酒很快就氧化了,保存不久。

故本地的风土不容易酿出顶级酒的水平。尽管本地许多葡萄都是老藤,但无法改变自然环境的严酷,因此本地的酒业持续不能复兴。换句话说,本地是一个没有希望的葡萄酒产区。

但这个现象终于被一位执着的老人所打破,他就是艾米·吉贝(Aime Guibert)。

本酒的特色 About the Wine

1972 年来到朗格多克这个仅有 2400 位居民的安尼安那(Aniane)小镇[行政区域属于合诺区(Hérault)],在此种下葡萄并设立了多玛·卡萨克酒庄（Mas de Daumas Gassac）的吉贝先生，本来是开手套工厂的生意人，中年转行种起了葡萄，并获得了当时波尔多最出名的酿酒大师，也是波尔多酿酒大学的皮诺（Emile Peynaud）教授的指导，在 1978 年酿出了第一个年份的酒。

吉贝不相信本地区不能酿出顶级酒，即所谓的"帕克魔咒"——帕克、罗兰等著名酿酒师都认为本地区没有踏入顶级酒俱乐部的命。难道本地的酒农只能接受命运的安排而自怨自艾？

吉贝认为，只要善用土壤的特性，选择好要种的葡萄，如果单一葡萄酿制不好，就采用混酿，即能酿出符合地方特色的好酒。自信心极强的吉贝，代表了"风土说"的传统见解。而帕克或罗兰强调的是"口味国际化"，即强调酒体澎湃与果香浓稠，也就是时下所称的"新世界酒"，入口一股甜糖果味，不多久就会让人生厌。"国际化"的结果，也就是所谓的"帕克化"（Parkerization），更容易造成财阀垄断的局面。这就是为什么吉贝会在一部著名的纪录片《葡萄酒世界》（Mondovino）中讲出一句名言："葡萄酒已死！"（Wine is dead!）这句话引起了相当的震撼，让我想起了尼采当年的一句名言："上帝已死。"

吉贝的成就有目共睹，他让 50 公顷的园地开出了灿烂的花朵。本园产品全部是法国酒中最低等级的佐餐酒，称为"合诺区佐餐酒"（vin de pays de Hérault），正如同意大利最有名的索拉亚酒庄（Solaia），也是不理会意大利的官方分级，而

直接标为最低等级的餐酒"Vine da tavola"。

本园的葡萄酒分成优质系列（Mas de Daumas Gassac）及平价系列（Moulin de Daumas Gassac）。优质系列又分成红酒、白酒、粉红酒及特别级红酒 4 种。

优质系列中最特别的一种称为"皮诺级"（Cuvee Emile Peynaud），这是为了纪念皮诺教授（1919—2004）所特别酿制的。本款酒全部由赤霞珠所酿，葡萄种植于 1972 年，至今已有 40 余岁。1公顷收获量才 2500 升，酿出 3000 瓶左右，是一般酒庄的一半不到。醇化期 2 年，一年在全新的法国橡木桶中，另一年在用了 2 年的旧桶内醇化。年产量仅有 2000 瓶（6 桶），市价经常超过 200 美元，是全世界最贵的佐餐酒。

白酒年产量可达 4.5 万～6 万瓶。粉红酒则介于 8000～12000 瓶之间。本书愿意推荐优质级的基本款红酒多玛·卡萨克酒（Mas de Daumas Gassac），其中 80% 为赤霞珠，其他则混了 10 余种葡萄，俨然教皇新堡酒的翻版。醇化期为 1 年至 1 年半，年产量 12 万～15 万瓶。售价出人意料地合理，平均 2000 元左

右。本酒颜色深紫,有梅子般的香味,颇类似灌木林的芬多精气息。以这种价钱来品尝此位酿酒天才的手艺,颇为值得。帕克评分近几年来都在84~89分之间,似乎他们两人已经结了梁子。

本书第17号酒《天使飞来复飞去 彭马鲁的发耶堡》中提到,主角图能旺先生不仅在彭马鲁地区有兴建酒庄的兴趣,甚至将眼光看到了朗格多克这个地区。2000年,他与一位名叫卡卫(Jean Roger Calvet)的酿酒师在鲁西荣区一个名叫毛利(Mauri)的地方买下一个50公顷的小园,以两人的名字为庄名(Domaine Calvet-Thunevin),开始了酿酒生涯。

本酒庄每年产6款酒,分地区酿造,所用葡萄比例并不一致。本书愿意介绍的是因其位于康斯坦斯村附近而得名的康斯坦斯酒(Cuvee Constance)。

本酒的葡萄60%为歌海娜,30%为西拉,10%为Carignan的本地种葡萄。本酒庄所产都是"本地货"。树龄平均已达45岁,是标准的老藤。新酒会有14个月在新橡木桶中陈年,而后会有1年或1年半于瓶中醇化,因此本酒酿造的方式与波尔多不同,反而偏向罗讷河。年产量为13万~15万瓶,帕克的评分近几年来都在90分左右,比吉贝酒还高,成绩与质量算是十分稳定。

这是一款极为便宜的优质佐餐酒,有柔顺的口感、樱桃与山楂般的果香,可感觉得出酒精度的活跃,而价钱更是迷人,不到千元。

若说在整个朗格多克产区出现的顶级酒庄,除了第一匹黑马多玛·卡萨克的"皮诺级"外,另外一个持续酿造且顶级款数较多的酒庄,当推得拉内里堡(Chateau de la Negly)。

4年前我有一趟上海之行。白天忙着在大学做研究与访问,有天晚上,居住在上海的老友阙光伦兄,也是著名的葡园酒窖的主人,刚由朗格多克考察回来。他郑重其事地向我推荐一款他在当地"挖到的宝"。我一看,名字陌生,是来自于得拉内里堡的"天堂之门"(La Porte du Ciel,见右图)。我们立刻品尝起这款 2005 年份的陌生酒,看它是否真正能开启天堂之门。

深紫色,稠稠的酒质,原来是由 100% 的西拉葡萄酿成,并经过 2 年新桶的醇化,先入为主地让我觉得这仿佛来自澳大利亚巴罗沙河谷,或是美国近年最红的辛宽隆(Sine Qua Non)西拉酒。入口后十分醇厚,雪茄、浆果与橡木味……大家都哇了一声,果然是顶级酒的气派。再查了一下帕克的评分,每年都在 94～96 分之间。市价也都超过 100 美元,果然证明了朗格多克酿得出顶级酒。

退而求其次,我们再试了本酒庄的优质基本款"悬崖"(La Falaise),温和淡雅许多,西拉的比例已经减少到 45%,慕合怀特(Mourvèdre)占 38%,剩下的 12% 为 Carignan。这一款果香味亦足,不知名的花香十分迷人。售价更是合理,是"天堂之门"的 1/5 左右。我建议可以试试这款酒,大致可了解每年只产 250 箱、3000 瓶的"天堂之门"的优雅。帕克评分一般在 88～92 分之间。

本酒庄几十年来都由罗赛家族(Rosset)所拥有,本来是一个乡村别墅,供度假用,周遭有广阔的葡萄园(50 公顷),种有各种葡萄。没想到本地土质特别好,葡萄产量甚大,加上园主家境不错,葡萄卖得便宜,于是本园葡萄销路甚好。

一直到了 1992 年,现任庄主的父亲去世后,儿子发现酿酒比卖葡萄好赚钱,于是找到了好的酿酒专家,把园中没用的葡萄全铲除,重新种植,并采取以质制量的方法,1996 年推出第一批 3 款优质酒,马上成名。

德裔法籍的阿尔萨斯雷司令
葡萄溪酒庄"个别珍藏级"

不知不可　Something You May Have to Know

德国与法国东北部有长达 140 千米、宽数千米的边界，成为酿制葡萄酒的重心，这就是阿尔萨斯。葡萄种植面积约 15300 公顷，有 9200 个酒庄，年产量高达 1.5 亿瓶（2006 年统计），其中 90% 为白酒，1/4 外销。

略知欧洲近代史的人都知道，1870 年普法战争以后，德国与法国先后占领此地。此地的建筑、生活方式受到德国的影响甚大，本来都酿制德式葡萄酒，现在也已经"本地化"，形成了独树一帜的阿尔萨斯酒。

最明显的特征在于葡萄种类与酿制方式。葡萄种类多为雷司令，也难怪，这里与雷司令的故乡莱茵河、摩泽尔河甚近，雷司令的移植很早就开始了。另外有"德国葡萄之后"之称的西万尼本来也种植甚多，但现在已经被灰比诺与香特拉民（Gewürztraminer）所取代。

酿制方面，德国的雷司令酒仍以甜白占主流，干白数量日益增加，也可能在近几年内会超越甜白，不论是质量的优越、高价位还是外销的主力，都在甜白之上。然而阿尔萨斯的雷司令酒都是干白。与德国雷司令干白会含有明显的糖度、强烈的柠檬酸及高出 1%～2% 的酒精度不同，阿尔萨斯雷司令干白似乎感觉不出雷司令葡萄特有的硝石、矿物味（有人称之为汽油味），反而像是灰比诺或白比诺等的混酿。同样也不讲究在新橡木桶中醇化，和德国一样，不是在旧的大橡木桶中，就是在不锈钢桶中醇化。

和德国雷司令的相同之处则是能酿造出一流的宝霉酒。不像德国的迟摘级属于中价位，阿尔萨斯的宝霉酒，包括最基本的迟摘酒（Vendange Tardive）以及逐粒精选（Selection de Grains Nobles，简称 SGN，类似德国的 BA 宝霉酒，见本书第 70 号酒），价钱都极昂贵，动辄超过 100 美元。酒精度一般为 10.5%～11.5%，比德国宝霉酒高 3%～4%，口感更为强劲。

本酒的特色　About the Wine

若要找出一家酿制香特拉民酒最有经验的酒庄，莫过于雨格酒庄（Hugel & Fils）。这个名字的德文意思为"山坡"，显见也是德国后裔。创立于 1639 年，至今已有近 380 年的历史，传承至今已经是第 12 代。

在长达 300 多年的历史中，一个酒园，特别是规模不大的酒园（只有 25 公顷），能够操纵在同一个家族的手中，委实不易，特别是在拿破仑公布了《民法法典》之后。

1804 年，拿破仑推翻了以往长子继承的制度，规定遗产必须分配给所有子女（拿破仑的伟大由此可见），因此导致遗产被分得越来越细，最后形成"小农林立"，勃艮第便是典型的例子。

但雨格家族确立了严格的传统：有能力且愿意在自家酒园工作的子弟，才会有继承的权利。这似乎是利用了分股的制度且不能外卖的条款约束，才会贯彻此"祖产不分家"的传统，真是令人佩服的卓见。而能够实施 300 多年的毅力，更是值得佩服。

距离阿尔萨斯的首府斯特拉斯堡南方不过 40 分钟车程、60 千米处，有一个 6 万余人口的小城科玛（Colmar），这里被称为"阿尔萨斯酒之首府"。可见得周遭都是葡萄园，且是雷司令与香特拉民集中之处。科玛镇中有一个著名的小博物馆"菩提树下"（Unterlinden，这个名称也是德语，会让人联想到柏林市最繁荣，也是最重要的菩提树下大道 Unter den Linden），以文艺复兴以前的绘画出名，以往是一个建于 13 世纪的道明会的女修道院，1849 年才改为博物馆。特别之处是本馆保存着完整的老式榨酒机与酿酒设备，俨然是一个葡萄酒博物馆。我在 1980 年的夏天曾来此参观，至今印象深刻。

离科玛 10 余千米处，有一个建于 16 世纪的小镇席格维（Riquewihr），人口只有 1300 人，多半务农，但观光客甚多。这里原汁原味地保留着 16 世纪建筑的风貌，被法国选为全法最美丽的村庄之一。来阿尔萨斯游览的客人，以及很多专程去科玛参观菩提树下博物馆的游客，都会顺路参观此小镇。

雨格酒庄便位于这个风景如画的小镇，25 公顷的葡萄园每年生产达

11万箱、130万瓶之多。更令人惊讶的是,其中90%皆出口,达100个国家之多。台湾地区最早进口的阿尔萨斯酒就来自雨格酒庄。可以说雨格酒庄占了整个阿尔萨斯酒出口量的一半以上。

雨格酒的种类分为甜白与干白。甜白有3款:稍带甜的"致敬级"(Hommage)、迟摘级及逐粒精选。干白也分为3种,第一种古典级(Hugel Classic)是由外购的葡萄所酿成,第二种传统级(Hugel Tradition)是由4种顶级葡萄所酿成的混酿型,第三种庆典级(Hugel Jubilée)则是由本园25公顷园区中一半以上列入顶级园的葡萄所酿。

雨格酒庄的价钱十分划算(甜白的宝霉酒例外),古典级或传统级售价都不超过1000元,因此不妨品尝较为昂贵的庆典级。传统级会用黑底白字、镶红边来标示。古典级与庆典级的标签都是黄底,没有特别注明,只能注意庆典级在酒标上方有一个金底的框框注明,这要特别注意。其一瓶在台北的市价为1500~2000元。

这是近几年才在阿尔萨斯冒出的明星酒庄。不像雨格酒庄有300多年的历史,马赛·戴斯(Domaine Marcel Deiss)酒庄虽然可以追溯到1744年,但真正的兴盛历史在"二战"后才展开。本园的起起落落反映出阿尔萨斯酿酒业的历史。作为中欧前往西欧的必经之路及德、法两个陆路强权的摩擦地,阿尔萨斯自古以来便是兵家必争之地。欧洲大陆每有战事,阿尔萨斯几乎都是首当其冲之地。战争带来了毁灭,果园沦为厮杀场所,酒农更易成为炮灰。所以论到战争之苦,阿尔萨斯的果农体会最深。

1947年由战俘营返回的马赛·戴斯,开始重整家园酿酒。1973年,其孙子,现任庄主杰·米歇尔(Jean Michel)在大学学完了酿酒,回家接管园务后,开始以新的观念来酿酒。改革的想法包括了尽量摒弃化学肥料,以及1998年开始实施时髦的自然动力法(和勃艮第乐花酒庄的拉鲁女士一样),这些在当地都被视为离经叛道之举。

另外,他认为风土是决定葡萄酒质量的一切因素之首。各种葡萄都有其特色,如果太强调单一种葡萄,会牺牲掉其他种葡萄的调和功能。所以他努力试验调配，例如将 4 种法定顶级葡萄同时采收、同时发酵后，再调配、陈年一阵子才装瓶。

他这种勇于改革的想法也挑战了当时的法令。本来依据顶级园的法令，酒标上必须注明酿制的葡萄种类，这也是阿尔萨斯酒的传统，但杰·米歇尔大表反对，后来说服了官方，因此自 2005 年开始，由顶级酒酒标上必须标示葡萄品种，改为自由而非强制规定。

目前本酒庄拥有 26 公顷的园区，酿出 3 种不同的酒，年产量达 1 万箱。第一种为入门酒果酒级（Les Vins de Fruits），是由本园的单一种葡萄所酿；第二种风土酒（Les Vins de Terroirs），是由不同的顶级园区内的葡萄混种酿制而

成，这是本园的拿手绝活，上市后每瓶都在 60 欧元以上；第三种时节酒（Les Vins de Temps），这是"看天吃饭"才酿出的酒，明显是指宝霉酒。

本书介绍其香特拉民酒，则属于第一种的果酒级，有极为清澈、干爽的酒质，热带水果如荔枝、柚子及黄柠檬的味道淡淡不绝。这款在台湾地区价格约在 1000 元出头的酒，乃最近一两年才进入台湾地区。2008 年出版的法国最权威的《法国最佳葡萄酒》（Les Meilleurs Vins de France）评鉴书，将法国酒分等，最高等级的三星级共有 49 家，阿尔萨斯有 3 家上榜，分别是葡萄溪酒庄与信德·洪伯利希特酒庄（在本书前一号酒已介绍），以及本酒庄。

 进阶品赏 Advanced Tasting

葡萄溪酒庄可以被认为是阿尔萨斯最有人文气息与历史背景的老酒庄，所酿出来的几款酒都令人爱不释手，除了本书前一号介绍的"个别珍藏级"雷司令以及顶级园区的"圣凯瑟琳"雷司令外，本酒庄酿制的香特拉民酒也不应被忽视。

本园酿制的香特拉民酒，主要来自 4 个园：一是提欧级

（Cuvée Théo），由产自本酒庄的招牌老园卡普桑园的香特拉民葡萄酿成；二是劳伦斯级（Cuvée Laurence），由产自于一个名叫"老堡"（Altenbourg）的园区外的山坡葡萄园中的葡萄酿成；三是老堡劳伦斯级（Altenbourg Cuvée Laurence），由产自老堡园区内的葡萄酿成；四是伯爵园区之劳伦斯级（Grand Cru Furstentum Cuvée Laurence），由产自顶级园伯爵

山的葡萄酿成,此园区和老堡园区一样,都可以酿制一流的宝霉甜酒。

如果要找最有特色的香特拉民酒,应当试试卡普桑园的提欧级。但这种老园及老藤酒价格都不便宜,台湾地区几乎难得一见,比较可能找到的当是劳伦斯级以及老堡劳伦斯级。这 2 款酒都是颜色青绿带黄,浓郁但轻柔、活泼,很适合年轻时饮用。超过 10 年则转变为深黄,干果味十足,甘油味也很迷人。市价都在 2000 元左右,帕克的评分在 88～92 分之间。

除上述 4 种园外,劳伦斯级还有产自漫堡(Mombourg)的,这是属于顶级园区,价钱应当和伯爵山园区差异不多才是(市价 100 美元),但台北的行情令人不解——价钱和老堡区没有差太多(例如 2003 年份,台北市价差 100 元左右)。台北的酒价像极了台湾地区夏天的台风,捉摸不定。

 **26 罗讷河的隐士之酒**

安内酒庄的贺米达己红酒塔拉贝园

 不知不可　Something You May Have to Know

不让法国产酒区的两个"双B"老大哥专美于前，特别是世界酒坛影响力最大、人称"葡萄酒王国的皇帝"的帕克，近几年来几乎迷恋上这块产酒区，使得这个号称"法国酒第三势力"的罗讷河谷成为品酒界的新宠儿。

罗讷河（Rhône）发源于瑞士阿尔卑斯山，绵延800千米，向南流经勃艮第，穿越罗讷河谷地，最后在马赛西边流入地中海。罗讷河谷地是一片广阔的谷地，早在公元前4世纪，罗马就已经在此驻军，整个高卢地区，以本地历史最为悠久，到处可以看到罗马帝国的遗迹。例如在橘镇（Orange）便可以看到一个较小型的凯旋门，虽和罗马的凯旋门不能相比，但雕刻精

致，结构完整，是罗马帝国凯旋门遗世的珍品。橘镇也有一个古罗马剧院的遗迹，大致上完整，夏天经常有音乐会在此举办。

正如同德国莱茵河与西班牙东海岸一样，凡罗马军队所到之处，丛林都被砍伐变成葡萄园，罗讷河谷地也是如此。如今共有8.4万公顷种满了葡萄，比勃艮第多1

本书作者摄于贺米达己产区山坡地，地上石块累累

倍，是波尔多的2/3。超过6000家果农，以及1800多家小酒庄，还有100余家酿酒公司，每年生产多达4.2亿瓶葡萄酒。其中仍以红酒为最多，占了九成。

罗讷河谷地区可以以其系大陆性气候（较冷与干燥）还是地中海气候为界；还可以由蒙特玛（Montelimar）为南北分界线，往北到维恩（Vienne），共有2000公顷的产区，称为北

罗讷河区。北罗讷河区虽然只有整个罗讷河河谷 1/35 的园区,但葡萄酒的质量比南罗讷河区高。此地区重要的产区,例如罗帝坡(Cote Rotie)、克罗采·贺米达己(Croze-Hermitage)、贺米达己(Hermitage)、恭得里奥(Condrieu)与圣约翰(Saint Joseph),都酿制出相当优秀的红酒与少量白酒。

北罗讷河区最著名的葡萄当是西拉、慕合怀特、歌海娜,酿出的酒酒色深紫近黑,浆果皮革与咖啡等味十分浓郁,属于强劲口味以及很能陈年的强壮之酒。除了几个明星酒庄外,北罗讷河酒的价钱还算平实,喜欢重口味的朋友,北罗讷河酒是值得推荐的。

本酒的特色　About the Wine

自古以来,名酒区只要历史够长,多多少少都会有一些真实的或是穿凿附会的传说,把那地区的酒捧上天,罗讷河区也不例外。这里的传说发生在本地区的一个酒区贺米达己(Hermitage)。

贺米达己的法文意思为"隐居地"。1230 年,一位战争归来的骑士史特林堡(Sterimberg),因为不堪悍妻的骚扰,一个人跑到北罗讷河附近名叫"唐"(Tain)的山上隐居起来,并且用岩石砌盖了一间小教堂作为祈祷之用。之后此地就被称为"贺米达己",面积有 125 公顷之大,以红酒最有名(也被称为"隐士酒")。

这个园区又分为 17 个小酒区,以小教堂(La Chapalle)的所在地最为宝贵。当地最有名的三大酒庄——安内酒庄(Paul Jaboulet Aine)酿的小教堂红酒、夏芙酒庄(Domaine Jean-Louis Chave)酿的凯瑟琳级(Cuvee Cathelin)及夏坡地酒庄(Domaine M. Chapoutier)酿的隐士园(L'Ermite),都是入选拙作《稀世珍酿》"百大"的名酒。

在贺米达己周遭环绕着 10 倍大的酒村克罗采·贺米达己,虽然质量稍逊于贺米达己,但地理环境的差异也不至于影响酒质太甚,如果遇到一流的酒庄,即能酿出代表北罗讷河的好酒。

安内酒庄酿制小教堂酒举世闻名后,成为本地区成名最早的园区之一。本酒庄成立于 1834 年,不仅是酒庄,也经营收购葡萄酿酒的酒行生意。目前在整个罗讷河地区共有 64 公顷的园区,光在贺米达己便有令人羡慕的 25 公顷,其中 15 公顷酿制红葡萄酒,7 公顷酿制白葡萄酒。本酒庄每年酿制 13～14 种酒,年产量高达 150 万瓶,六成以上外销。

故安内酒庄对酿制隐士酒并不陌生。其在克罗采地区，自 1834 年就在一块有 40 公顷大的塔拉贝园区（Thalabent）内拥有一块葡萄园，并由此园区的葡萄酿成一款塔拉贝园酒。葡萄全部为西拉，且年龄达 40～46 岁。这款酒只在大橡木桶中陈放 1 年。

可能由于西拉葡萄的成熟与质量优良，此款酒有极为

细致的口感，入口如油膏入喉般地滑顺，果香特别是樱桃与草莓的香味十分突出，帕克给了 95 分的评价，市价则在 2000 元左右。帕克随便就给了这款严格意义上不能称为本地区顶级酒 95 分的高分，看样子此款来自较有名酒庄的北罗讷河酒，价钱不可能再如此保守，我担心以此价钱买本酒的机会恐怕不多了。

延伸品尝　Extensive Tasting

在南罗讷河区有一家完全特立独行，不理会当地行之数百年的混酿方式，而只用歌海娜一种葡萄酿酒的拉雅堡（Chateau Rayas）。其酿出的这款异类的教皇新堡酒，价格高昂，也是拙作《稀世珍酿》的"百大"之选。

拉雅堡的主人雷诺家族（Raynaud）在 1880 年买下本园

后，未雨绸缪，为了使两个孩子都有继承酒园的机会，遂在 1935 年买下了塔堡（Chateau des Tours），之后又陆陆续续地买下两个酒庄。在现任堡主艾曼纽的主持下，本酒庄每年推出数款红、白酒，价钱都不便宜。除了一军的拉雅堡外，其余的价钱都在 40 美元以上。

但是其位于北罗讷河的塔堡，没有赶上这种高价的列车。此园区共有 40 公顷，其中 60% 以上为歌海娜，25% 为神索（Cinsault），15% 为西拉。由本酒使用高比例的神索，可知庄主想要让酒质变得更圆润、柔和，去除歌海娜与西拉带来的沉重口感。果然本酒十分甜适，香味扑鼻，帕克评分徘徊在 89～91 分之间，年产量约 6 万瓶。

本园算是拉雅堡这个南罗讷河酒界大厨的"小菜之作"，却也可洞见大厨的功力与风范。在后者的"风范"方面，由本酒价钱之低廉即可验证：一度特价只售 800～900 元。爱酒的朋友，不妨赶快买一瓶试一试。如果合意的话，多选购几箱，本酒超过 5 年以后，更见妖娆迷人！

进阶品赏 Advanced Tasting

除了大名鼎鼎的贺米达己产区外，北罗讷河河谷另一个明星酒区当是罗帝坡。罗帝（Côte）的意思为"烤过"，似乎本地像火焰山，大地被炙阳烤焦一样。这是以土地的颜色形容阳光强烈罢了。这里又以土质（石灰土）的颜色深浅区分，北坡颜色较深，称为"褐坡"（Côte Brune），葡萄酿出的酒质较为粗犷，成熟期较长；南坡颜色浅，称为"金坡"（Côte Blonde），较为典雅、温和。一般酒庄都是将葡萄混酿以求平衡。

另有好事者杜撰了一个故事：在中世纪时，本地是一个贵族的产业。贵族去世后，分给两位女儿来继承。大女儿分到北坡，因为她有美丽的褐色头发，故称为"褐坡"；而一头金发的小女儿所分配到的南坡，便称为"金坡"。

罗帝坡的面积接近 250 公顷，目前有 130 家酒农，其中 50 家自行酿酒出售，其他的则将葡萄卖给大酒商。年产量可达 10 万箱、120 万瓶。本地区所产全部是红酒，没有白酒。

本地最有名的酒庄，当然是积架酒庄（E-Guigal）。它酿制的 3 款顶级罗帝酒、大名鼎鼎的"拉拉拉"——拉杜克（La

Turgue)、拉慕林(La Mouline)及拉南多娜(La Landonne),都被列入拙作《稀世珍酿》"百大"之中。而更著名的一句话出自帕克之口:"我在人世间能喝的最后一瓶酒,我要挑选1978年份的拉慕林!"

价钱合宜、质量也属一流的罗帝酒,不妨挑挑克里昂酒庄(Yves Cuilleron)。这个拥有56公顷园区,园区分散在6个地区,每年可以生产6红7白,产量达30万瓶的中型酒庄,庄主是一个腼腆、木讷的人,外表像一个果农,且一句外语都不懂,却能酿出令人惊讶的好酒。美国2011年11月份的《酒观察家》杂志便以3款"伟大的北罗讷河酒"来作封面,居中者便是本酒庄的罗帝酒。

本酒庄其实是以酿造白酒著名,但其所酿造的红酒中,有3款获得了极高的赞誉。本园在罗帝坡拥有7公顷的园区,分散在金坡和褐坡,将采自于金坡只有1.5公顷园区的葡萄酿成一款巴瑟农级(Bassenon)。以西拉为主,再加入5%的维欧尼(Viognier)白葡萄来中和,而后会在全新的橡木桶中陈年18个月,年产量只有8600瓶。这被认为是本酒庄最得意的作品。

美国《酒观察家》杂志给了这款酒93分的高分(2009年份),美国市价为82美元。中国台湾地区能购到的2006年份,价钱在2500元上下,与美国相差不大。此款酒颜色颇深,果酱与咖啡的香味十分突出,是一款值得等待10年以上再品赏的好酒。

罗讷河的贺米达己白酒
塔都·罗兰酒庄

不知不可　Something You May Have to Know

　　北罗讷河虽然是红酒独擅天下，但白酒也不容小觑。就以贺米达己这个明星酒区而论，其1/5的面积种的是白葡萄胡珊与玛珊。当然，这些白葡萄并不是为酿造白葡萄酒栽种的，而是为了调味——将西拉葡萄的沉重、高涩度及深黑近墨的颜色加以软化与柔化。这和南罗讷河的教皇新堡酒用另外13种葡萄来调配，原理是相同的。

　　所谓"入芝兰之室，久而不闻其香"，这两种在西拉领土内生长的白葡萄，也都是口味浓厚与果香浓烈的品种，酿出的白酒也是体格强壮的一群。特别是15或20年以后，其他白酒都已经老朽、氧化时，正是胡珊与玛珊风华正茂之时。

我想起了黄巢的一句咏菊之诗："待到秋来九月八，我花开后百花杀。"

　　这里最有名的白酒当推夏坡地酒庄的罗蕾（L'Oree，意思为"林边"），另一款为云雀之歌（Chante Alouette）。年产量都不过万瓶左右，质量足以媲美勃艮第的梦拉谢，市价多半在200美元。其名称优美，令人遐想到西湖柳浪闻莺的美景。

　　大多数的北罗讷河白酒还是价格偏低。此种白酒会有焦糖、蜂蜜、果酱及葡萄柚等十分复杂的口感，且酸度很低，优质的老酒尝起来颇类似老勃艮第的霞多丽。我建议酒柜里不妨保留几瓶陈年用。台湾地区以前进口很少，近年来已稍多，要把握机会。

本酒的特色　About the Wine

　　塔都·罗兰(Tardieu-Laurent)是个1994年才成立的新酒庄，由两位人士共同创建，一位是塔都(Tardieu)，另一位是

122 |罗讷河的贺米达己白酒　塔都·罗兰酒庄

罗兰(Laurent)。塔都先生是南罗讷河人,从事过许多行业,包括公职及餐饮工作,后来到北罗讷河收购酒并贩卖。罗兰先生来自勃艮第的酒行,由于其收购的酒质量都很好,塔都先生当年在餐厅时,便持续向其购买,两人成为好朋友。后来两人决定合作。由于两人对于葡萄的质量以及酿酒过程经验老到,眼光奇准,加上品管严格,很快声誉鹊起。但不久后因为勃艮第的业务繁忙,罗兰退出经营,保留30%的股份,园务则由塔都负责。

本酒庄目前所有的酒都是采购酒农的原酒,以整桶送到酒庄地窖后,再分桶陈年。庄主塔都对木桶与陈年的过程十分看重,因此本园每年可以酿制老藤级(V.V.,指葡萄藤达50岁者)计有白酒6种、红酒18种,大房级(Grandes Bastides)7种。特别的是,本酒庄还可以给客户"定制化",应客户的请求代为找酒与酿酒。每年大概可以酿制9万瓶的各式葡萄酒,外销美国很少,绝大多数是国内消费。庄主塔

都也是一个标准的"反帕克"人士,对帕克的独断往往不假颜色地批评。本酒庄的酒,目前不论红、白,都维持着非常合理的价钱。

本书愿意推荐其"老藤系列"的贺米达己白酒。

这款酒采用70%的玛珊、30%的胡珊,都是50年以上的老藤。发酵会在老橡木桶中进行,而后在部分新橡木桶中醇化达2年之久。目前在台北的市价为2000元出头。如果嫌太贵,本酒庄收购自较差产区的圣约瑟夫、恭得里奥(Condrieu)或柯那(Cornas),都很可口芬芳,适合夏日饮用。

延伸品尝 Extensive Tasting

上一号酒介绍的克里昂酒庄(Yves Cuilleron),提到了本酒庄是以酿制白酒闻名,且价格都很便宜,不试一试未免太可惜了。

在罗讷河的右岸,有了一个贺米达己的显赫园区,连带着右岸的园区都变得昂贵起来。但一河之隔(不过10米之宽),一样的地理环境,地价差得甚多,此处的柯那、圣约瑟

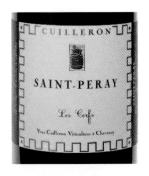

夫，还有一个圣裴瑞(Saint-Peray)产区，都酿出很好的红、白酒，价钱不能与质量成正比。

这里的酒农与小酒庄，很多都是传统主义的维护者。6年前我曾拜访此地，在克罗采·贺米达己酒村唯一一个餐厅中，刚好邻座只有一个客人，遂攀谈起来。原来他在圣约瑟夫开了一个小酒庄，典型的家族事业。由于聊得很融洽，于是邀请我们饭后前往酒庄品酒。酒庄内仅有6个3000升的橡木桶。我们尝到一款由将近百年的老西拉葡萄所酿成的酒，甘醇异常，且香气如潮水般不绝。我问庄主有无特别装瓶出售，答案是：这种质量最好的老藤酒乃作勾兑之用，不会单独装瓶贩卖，否则"对不起"其他较年轻的酒。好一个"对不起酿酒哲学"，让我对圣约瑟夫酒产生了兴趣与敬意。

在圣约瑟夫之南有一个35公顷大的圣裴瑞产区，生产著名的气泡酒与白酒。我曾在《拣饮录》中写过一篇文章《圣杯骑士的良伴——大作曲家理查德·瓦格纳与圣裴瑞酒》，记述了德国最伟大的作曲家瓦格纳在1877年撰写著名的圣杯骑士《帕西法尔》歌剧时，订购了100瓶的圣裴瑞酒，送到德国拜鲁特的家中去。想见在150年前，圣裴瑞酒已经是响当当的名酒了，不然大师不会千里迢迢地订购此酒，况且盛产干白的乌兹堡就在不远之处(刚好150千米)。

本来圣裴瑞只产干白，但自从1825年有一位香槟区的酿酒师来此访友，发现本地的白酒非常可口，于是自告奋勇地把香槟的酿法完全传授下来，3年后第一批本地气泡酒便上市了。这种圣裴瑞气泡酒(St-Peray Mousseux)被称为"法国第二种香槟"，名声超过了勃艮第、卢瓦尔河以及

1877年冯·赫克默爵士所绘的瓦格纳铜版画肖像(作者藏品)，右为2007年份圣裴瑞酒

朱哈地区的气泡酒。听说除了瓦格纳以外，酷爱香槟的俄国沙皇尼古拉二世，虽然以饮用顶级的侯德乐(Roederer)水晶香槟著名，但其平常饮用的则是此气泡酒。目前本地区每年酿酒30万瓶，算是很少的数量。其中六成是气泡酒，一成是白酒。

克里昂酒庄在圣裴瑞也有一个很小的园区，总共只有1.5公顷之大，称为"雄鹿"(Les Cerfs)，由50年以上的老玛珊葡萄酿成，每年只有4000余瓶的产量。这种酒有一点淡咸味，非常澄清的偏黄绿色，干爽、利落。一瓶在台湾地区的售价不过千余元，算是被美酒界遗忘的好酒吧！

北罗讷河最出名的人物，当然是隐居在此的骑士史特林堡。安内酒庄以酿制小教堂酒闻名于世界酒坛，也没有忘记这位骑士。

安内酒庄出产一款名为"史特林堡骑士"（Le Chevalier de Sterimberg）的白酒。这是一款在年轻时即可以饮用的白酒，用隐居地产区的白葡萄（都是接近 35 年的老藤，其中 65% 为玛珊葡萄，其他为胡珊葡萄）酿成。在橡木桶中发酵与陈年 1 年后才装瓶。这款酒有极明显的焦糖、熟透的哈密瓜、西洋梨等味道。

史特林堡骑士不是小教堂等级的白酒，另有一款才是。随着白酒热的兴起，安内酒庄也改弦更张，于 2006 年酿制出第一批小教堂白酒，也是由 50 年以上的玛珊葡萄酿成，一上市立刻创出每瓶 345 美元的高价，比起小教堂红酒的 240 美元高出近 50%，和同时上市的积架酒庄拉杜克等

"三个拉"一样价格，震惊了整个酒市。

史特林堡骑士也跟着小教堂白酒的高价而水涨船高。本来一瓶大概 2000 元左右的史特林堡骑士，也逐渐上升到 2500～3000 元（美国市价在 60～80 美元），台湾地区有时特价可在 2500 元左右买到，但仍值得一试。不过出口量甚少，以美国市场之大，每年进口不过 50 箱、600 瓶而已。史特林堡骑士本来的标签中有一个骑士的图像，但似乎四五年前，酒标新潮化，骑士的图案已经消失！何不恢复那有特色的旧版呢？

细酿美酒报主恩

佩高酒庄的教皇新堡酒

　　法国罗讷河河谷南端，有一个艺术中心亚维侬，每年夏天的艺术季吸引了数以百万计的游人，加上附近的观光胜地普罗旺斯正值百花争艳的时刻，吸引了众多的游客。这些游客也造就了附近一个著名的产酒区——教皇新堡的酒业。

　　离亚维侬北郊 25 千米处，有一个小村落。这里曾是 15 世纪时教皇的行宫，还有一个残留的宫殿，成为纪念馆。教皇新堡酒酒区有 3100 公顷。这里濒临地中海，气候极为干燥炎热。此地葡萄树大都长得矮大粗壮，往往只有半人高，树干虬节，地上卵石堆积，深刻地表现出酒农向天讨饭的艰苦模样。葡萄叶干枯，处处热气喷袭，此处看到的葡萄园，实在无法使人产生浪漫遐想！

　　本酒区将近 300 家的酒庄，也确实向天讨饭成功。本地的葡萄，以歌海娜为主，占了七成以上。这是一种颜色较红淡、丹宁弱，但酒精度较高的葡萄。另外，西拉葡萄也占了一成。第三位则是慕合怀特。大多数酒农都会实行混酿的方式，甚至混酿至 13 种葡萄，让葡萄酒的酒精度、色泽（例如慕合怀特与西拉会带来强烈的黑色素，让酒色变深）、酒体（西拉带来的复杂度与丹宁）、圆润度等获得最大的调和。故教皇新堡的酒农，个个都是"调味大师"。

　　教皇新堡酒走的是口感与酒体浓烈、爱憎分明、阳刚性十足的路子，似乎很符合帕克这种"重口味"型的评审标准，无怪乎帕克给此地酒的评分都高得离谱，动辄 95 分以上。这种殊誉在澳大利亚浓烈的酒款上，也频频出现。

　　由于天气炎热，本地葡萄容易过熟，酒精度经常高达 15 度以上，属于强壮型的酒款。在西方饮食配酒上，口味最重的肉食类，特别是野味烧烤（如烤野兔、野猪），建议一定搭配教皇新堡酒，尤以陈年教皇新堡酒为第一选择。原因无

　　坊间最流行的教皇新堡酒,应当是由安圣酒庄(Père Anselme)所酿造的、俗称为"歪脖子"的酒。此酒粗犷有力,很少有女士会欣赏。图中 4 瓶(2 瓶装)"歪脖子"上的彩绘,以及背后的作品《飞越时光》,都出自前几年过世的旅美现代艺术大师姚庆章之手。姚大师生前与我多次畅饮美酒,月旦艺事与时事,我对其正直、率真的人品与深厚的学养,都佩服万分。可惜天妒英才,他值壮年而逝他：这些野味的腥膻味，必须加上极重的香料，才可掩盖。唯有老教皇新堡酒才可有与之相互辉映的强烈气息。

教皇新堡一般价位中等，但本地也是老藤集中之地，有3个酒庄是本地的明星酒庄，都入选拙作《稀世珍酿》。第一家为布卡斯特堡佩汉酒（Chateau de Beaucastel, Perrin），这是一家成立于1687年的老酒庄，早年曾获得法王路易十四的赞赏。本酒庄最流行的基本款，年产量可达20万瓶，都由50岁以上的老藤所酿制。上市价格多半超过100美元，至于其

顶级的佩汉酒，每隔三四年才出产一次，年产不过5000瓶，市价动辄超过500美元。第二家为佩高酒庄（Domaine Pegau），本酒庄的珍藏级（Cuvee Reservee）本书将于下文介绍，作为本号酒的推荐酒款。第三家为拉雅堡（Chateau Rayas），这是一家十分特殊的酒庄，和教皇新堡酒采取混酿法不同，本堡实行单酿法，完全以歌海娜葡萄为主，每年酿制约25000瓶，基本上不能代表教皇新堡酒的特色。

本酒的特色　About the Wine

佩高酒庄也是一家本地老酒庄，成立于1670年，由斐洛家族所创设，传承至今。本酒庄虽然不像布卡斯特堡那么出名，但在近10年来已成为本地区最耀眼的新星。在1987年当今主人保罗的女儿劳伦斯参加酒庄管理经营之前，本酒庄卖酒给酒商，而没有自己的品牌。看中了本酒庄共有18公顷园区，最令人羡慕者，乃是有两片超过百年的老歌海娜葡萄园，劳伦斯开始励精图治，发挥了本园的所长。

本酒庄之酒90%以上是由歌海娜葡萄酿成，另外10%使用其他12种葡萄，每年酿制3款酒：最基本的珍藏级年产量75000瓶；较好的劳伦斯级（Cuvee Laurence），年产量

7000～10000瓶；以及顶级的卡波级（Cuvee da Capo）。卡波酒自1998年第一次上市后，至今只生产过5次（最近一次为2010年），帕克两次给了满分，另外两次也给出96～100分及98～100分，好一个"满堂彩"！这也是列入拙作《稀世珍酿》之酒。每次只有4000瓶的产量，一上市即超过500美元，与佩汉酒一样，互争本地区"第一红"。至于排名第二的劳伦斯级，也有顶级酒的架势与价格，产量很少，所以不易购得。例如台北可以发现若干瓶2005年份的劳伦斯级（帕克评95～97分），市价8000余元，酒商特价也卖到将近5000元一瓶。

本书推荐的珍藏级,虽属本酒庄基本款,但也有一流的质量。例如 2010 年份,帕克即评了 97～99 分;同样的佳绩,也表现在2003 年份的 98 分!其酒体虽然没有卡波酒来得强壮,但在橡木桶中储藏了 18 个月,酒精度高达 16 度,酒质浓稠为深桃红色,入鼻有一股强烈的蓝莓、浆果及淡淡的酒精味道,是一款非常华丽、有魅力的好酒。新上市时一瓶在 2000 元上下。成熟期需要 10 年以上,保存得宜的话,可以轻易存放 25～30 年。您的储酒柜中,恐怕必须为此款酒留下一些空间吧!

延伸品尝 Extensive Tasting

老东勇酒庄(Le Vieux Danjon)的成立历史并不长,迄今刚好半个世纪。1966 年开始酿酒,但自从现任庄主路西安·米歇尔(Lucien Michel)当家后,开始出人头地。本酒庄是一个尊奉传统的代表,拥有 14 公顷的葡萄园,只有 1 公顷是白葡萄。红葡萄中七成是歌海娜。许多新潮的教皇新堡酒庄,希望酿造出庞大宏伟、口感浓郁,至少要陈放 10 年以后酒体才能柔和入口,而且价钱奇贵的新潮酒,当然也会强调使用法国小而全新的橡木桶,来加强酒的层次感与芳香度。老东勇酒庄却不来这一套,醇化的木桶乃大型的老木桶。醇化期在 18～24 个月,酿出的老东勇酒强壮,但不失柔和。

这是一家诚恳且老实的好酒庄。每年酿制的红酒,平均在 4000 箱、5 万瓶出头,白酒约占 1/10,就是这 2 款酒而已。每年都会吸引一批死忠的粉丝,包括帕克在内。自然帕克也给予高分。以 2010 年为例,即评了 93～95 分。不过,值得庆幸的是,高分并未反映在价格之上。该年份上市台北后,一瓶售价约 2000 元。台北能够买到如此稀罕的教皇新堡酒,足以证明台北的品酒文化已经相当普及了。

这也是一款典型的代表教皇新堡的好酒。欧洲资深的爱酒人士，提到有品味的教皇新堡酒，一定会提到老电报局酒庄（Domaine de Vieux Telegraphe）。顾名思义，这应该跟一个电报局有关。没错，1898 年，布鲁尼尔（Brunier）家族在本地开始种植葡萄，并且将一栋原本是老电报局的机房改建成酒庄。这个机房已经有 100 多年的历史，1792 年法国电报发明者夏普（Claude Chappe）创建了此一现代通信设备后，本地区成立的第一个电报局即在此地，故远近驰名。酒庄援用此名，毋庸宣传，人人都知道其酒庄所在地。

老电报局酒庄至今已经传承了 4 代人，拥有 70 公顷园区，其中 26 公顷为红葡萄，少数为白葡萄。本酒庄的规模算是不小，每年可以酿酒将近 20 万瓶，其中一军酒可属于顶级酒，产量占全园年产量的 1/3 左右，即 6 万瓶上下，是以 70% 的歌海娜葡萄、各 15% 的慕合怀特与西拉葡萄酿成，葡萄树都是 60 岁以上的老藤。本酒会在水泥槽中发酵达 9 个月，而后置于大橡木桶中再储放 15 个月，装瓶后也不急着出厂，还会在瓶中陈年 2 年左右。本酒有极为熟透的草莓、薄荷、绿茶等香味，价格平均在 2000～2500 元。长年以来这是一款被认为能代表教皇新堡的传统酒，与布卡斯特堡一样。本书之所以未将布卡斯特堡纳入，乃因其价格过高。

本酒庄亦有二军酒，以往称为"教皇农庄"（Le Mas du Pape），现只简称"电报"（Telegraphe），数量比一军酒多 1 倍以上。这是由采收自本园 20 岁以下的年轻葡萄酿制而成，因此清淡、温和，很适合年轻时饮用。

老电报局是一款至少要陈年 10 年，才能够体会出这些"调味大师"们所精心调配的色、香、味俱全的好酒。

有人说，能在如此干旱与炎热的环境下酿出好酒，证明"人定胜天"。也有人认为，这是上帝的恩宠，因此酿酒人才会怀着虔敬之心酿出好酒，所谓"细酿美酒报主恩"。以本地的酒质，加上教皇新堡的宗教名称，这种说法恐怕还是有一些道理吧。

老树蝉声我意驰

蝉鸣酒庄的教皇新堡白酒

教皇新堡虽然以红酒为主，占了95％，但是每一个酒庄几乎都会留下若干片葡萄园种植白葡萄，例如白歌海娜、玛珊或胡珊葡萄。就像波尔多一样，虽然红酒居了主流，但白酒也有了不起的质量。

教皇新堡的情形也是一样，但不像波尔多那样享有盛名。教皇新堡酒跃居世界美酒行列是近20年的事，美国的罗伯特·帕克的吹捧之功，亦不可没。连红酒都成名得如此吃力，那么比例小的白酒就更默默无名了。

正好，爱酒人士可以捡到宝了！如同其红兄弟般，教皇新堡白酒也是口感浓郁，好像感情丰富的少女般，也更像比才歌剧里的

吉卜赛女郎卡门，敢爱敢恨，清晰了然。

本来台湾地区的教皇新堡酒极为少见，偶尔一见多半是红酒，现在白酒也陆续进入台湾地区，虽然多半只是惊鸿一瞥，酒商不过用来试试"酒市温度"罢了，但我相信以台湾地区天气之炎热，以及炎热时间之长，白酒的消耗量应当会随着葡萄酒风气的展开而成比例地增加。

帕克对顶级教皇新堡酒的揄扬，效果也达到白酒之上。现在顶级酒庄的白酒价钱已经高不可攀。例如布卡斯特堡（Chateau Beaucastel）的一款老藤白酒（V.V.），2009年份居然评到满分100分，定价虽为250美元，但市场上已经突破500美元了。另外拉雅堡（Chateau Rayas）亦有少数白酒，市价也在200美元左右。

因此顶级的教皇新堡白酒价钱已和红酒差异不大，要想品尝教皇新堡白酒，最好找名气还不太大，但以传统方式酿酒的酒庄为宜，方可品尝出本地白葡萄胡珊或玛珊的韵味。

炎炎夏天，忽然听闻一阵蝉鸣，立刻让人心中兴起一股凉意：不知道是躲到哪些绿丛深处的蝉儿，又在"高鸣"了！蝉声引人遐思，正印证了欧豪年大师的一句诗："老树蝉声我意驰"，多有诗意啊！

最近看到酒商的酒单上赫然出现了"蝉鸣园"（Domaine Chante Cigale），它立刻吸引了我的目光。好优雅的名称！这也使我联想到罗讷河北岸最有名的夏坡地酒庄（M. Chapoutier）最细致与最迷人的白酒"云雀之声"（Chante-Alouette）。这一款可以媲美勃艮第梦拉谢的美酒，一反常态，需至少10年才会达到成熟期，而且年产量不过数千瓶，价格也上逼万元，属于整个罗讷河地区最贵的白酒，而且可以陈年达50年以上！

我立刻买了蝉鸣园的红、白2款来体会一下。这是一个早在19世纪便已成立的老酒庄，本来在北罗讷河河坡，不在教皇新堡。2003年因为娶了本地一位酒庄的女儿，开始酿制教皇新堡酒。目前共拥有46公顷的园区，其中红葡萄占

了33公顷，树龄虽然只有45岁，但有些老葡萄都已经超过80岁。至于白葡萄，则有5公顷。

蝉鸣园每年酿制红酒达12万瓶，醇化期间70%在水泥槽内，30%在全新橡木桶中，为期15～18个月，时间不长。本酒也因此没有沉重迟滞的口感，十分轻盈、奔放，且呈现诱人的亮红色，价钱在1500元上下，是一款颇受年轻人欢迎的快乐酒。

本书则愿意推荐其年产2万瓶的白酒。这是由4种白葡萄平均酿制，例如胡珊、白歌海娜等，葡萄树龄平均为25岁。

白酒也会在旧的大橡木桶中醇化达18个月，而后装瓶。这是一款非常细致、优雅，有淡淡的橘皮、青草与柠檬味的好酒。价钱更是友善，往往才千元出头。我曾多次携带此款酒，冰镇后与朋友一起吃麻辣火锅，颇有"退火"的神奇功效。感想只有一句："美不堪言！"

2010年份的蝉鸣园白酒与2006年份的红酒。背景为乡兄岭南大师欧豪年教授特地为本书封面所绘的《荔枝蝉鸣图》，画中赋诗一首："荔枝南岭入君思，老树蝉声我意驰。留得青春能作伴，故山何日不念兹。"图中只见一大串红果上，攀附鸣蝉一只，正符合蝉鸣园之意

拉内德堡（Chateau La Nerthe）可以追溯到 1520 年，几百年来都酿出不错的酒，营销至英、德等国。但真正的发展是在 1985 年被一个酒商理查德（Maison Richard）买下后才开始。理查德在 1892 年即成立，以收购他园酿造的葡萄酒来贩卖。本酒庄目前拥有 100 公顷园区，红酒年产量约 30 万瓶，白酒年产量约 4 万瓶。

红酒以歌海娜为主，占了六成，西拉两成多，另外再加两种葡萄。葡萄树龄平均 40 岁左右。醇化会在六成大木桶、四成小的新桶中完成，为期 18～24 个月。红酒的品质甚佳，不属于强烈口感型，但也不是轻淡型，属于中度口感，市价也在 2000 元左右。常常在国际比赛中得到大奖，属于最受瞩目的后起之秀。在英国尤其受到欢迎，这也是一款持续上升、值得收藏与品赏的"明日之酒"。

本书更愿意推荐其白酒，它采用将近四成的胡珊葡萄，其他为另外 3 款葡萄，与本地白酒使用 4 款葡萄混酿的传统方式并无不同。酒酿成后，六成会在水泥槽内、其他在橡木桶内醇化。1998 年开始，本园即采用有机种植方式，显然在本地是为先驱。其口感非常突出，很明显感觉其劲头，回甘味甚强。其滋味久久令人难忘。

佩高酒庄的红酒十分精彩，但也不可忽视其白酒。白酒年产量仅为 3000 瓶，以白歌海娜葡萄为主，占了六成，加上另外 3 种葡萄所酿成。完成调配后会放置在法国小橡木桶中醇化短短 6 个月，其中有一部分是新桶。这款酒有极为优雅的花香味，入口有一点淡淡酸味及新木材味。颜色偏向稻草黄，中庸且平和。这是一款难得一见的好酒，在美国颇受欢迎，上市价在 40～50 美元。台湾地区偶尔一见，价格也在2500 元上下。我曾多次在香港地区购得此酒，多在港币 300元左右，折合新台币约 1300 元。但这一两年来，此款酒的价钱已非昔日可比。2011 年上市的 2009 年份，酒商报价一瓶为 2500 元；2012 年上市的 2010 年份，则已达 3000 元，即使打点小折扣，也已经超出本书的选择标准，且数量有限，进口箱数只在个位数。所以台湾地区对教皇新堡白酒的选择实在很少，希望台湾地区酒商再接再厉，努力争取配额吧！

如有酒友对于干白已燃起兴趣，想收集一款产自南、北罗讷河的值得"笑傲友侪"的白酒，我建议不妨狠下心来，购买云雀之声及佩高白酒，这是可以让世界级行家鼓掌的决定，可使你未来的品酒生涯增添一分奇妙的期待。

③⓪ 桃花颜色亦千秋
普罗旺斯的佩汉酒庄粉红酒

本书第14号酒提到了勃艮第几家老酒厂也开始酿起粉红酒，俨然已经"越界"，侵犯到粉红酒最著名的产区普罗旺斯了。

位于法国东南一角，紧靠着美丽的蔚蓝海岸，通过红透半边天的电影《香水》，普罗旺斯被描述成被一片片的薰衣草熏染成蓝海似的。的确，每年夏天，由巴黎，以及远至中、北欧涌来数以百万计的游客，把这个原本十分贫困、多山少水的山城挤得水泄不通，到处都是车与人，以及无风的酷热！

在这块炎热的土地上，早在罗马时代的驻军，便开始有了酿酒的产业，算算至今已经有了2300年无中断的历史。这里也可算是全世界葡萄酒文化之根扎得最深之处。

不过这里没有什么好酒，都是平价与简单、易饮的日用酒。普罗旺斯在阿维侬这个美丽城市的北方，有一个面积接近1000公顷的法定产区，称为塔佛（Tavel），这里便是生产粉红酒的中心。整个普罗旺斯有接近600个酒庄，每年生产1.6亿瓶葡萄酒，其中75%以上为粉红酒，另外20%为红酒，5%为白酒。法国每年生产的粉红酒中有接近一半产于普罗旺斯，而普罗旺斯最大的粉红酒产地便在塔佛，小部分来自南部靠近地中海的班多（Bandol）。

普罗旺斯的主要收入来自于观光旅游。除了夏天让本地各行业荷包赚满外，由于全年皆春，即使冬天也是旅客不断。光是应付全年旅客所需，已经使得粉红酒大行利市，仅有10%左右的粉红酒供外销之用，因此粉红酒可以算是典型的法国国内酒。

塔佛的粉红酒主要由歌海娜酿成，慕合怀特、神索、西拉都是主要的配角。和一般各地酿造的粉红酒差异较大之处，乃塔佛的粉红酒口味较重，层次也较为复杂。因为除了浸皮时间较短,以至于红色色素较淡外,其他过程与酿制红酒无异。尽管如此,比起正式的红酒,特别是当地流行的口味浓厚的教皇新堡酒,塔佛的粉红酒仍算是一种薄酒。

塔佛的粉红酒来自 3 个产区:普罗旺斯丘(Cote de Provence)、普罗旺斯迪新丘(Coteaux d'Aix-en-Provence)以及普罗旺斯华瓦丘(Coteaux Varios en Provence),口味上没有非常严格的区别。

本酒的特色　About the Wine

普罗旺斯不出产好酒,好酒都来自于隔壁的教皇新堡区。在教皇新堡区有一个极有名的酒庄布卡斯特堡(Chateau de Beaucastel),这是整个教皇新堡区最重要的酒庄,所产的各款酒都是一流的,也是最贵的。本酒庄的"教父级"庄主杰克·佩汉(Jacques Perrin),将这个成园于 1687 年,受到路易十四赏识的老酒庄推到历史的最高峰。本酒庄为了纪念这位雄才大略的庄主,自 1989 年开始,只逢好年份才会推出一款"向佩汉致敬"的顶级酒,不过 5000 瓶,却经常获得帕克 100 分的评价,也是入选拙作《稀世珍酿》的"百大"名酒。

除了 1909 年买下了布卡斯特堡外,佩汉像本地其他大酒庄一样,也会收购其他地区的园地并酿制各款酒,同时也向别的果园买葡萄,做起经销商,粉红酒便是一例。

佩汉家族酒庄(Perrin et Fils)的粉红酒用 4 种葡萄酿成,颜色十分美丽,有平衡的酸度及果香,是一款颇为典型的普罗旺斯酒。本酒必须冰镇后饮用,适合户外烧烤,尤其是在炎热的季节。本酒适合搭配几乎任何食物,也是可取代白酒及啤酒的不二选择。

除了塔佛因酿制粉红酒而成为法国的"粉红酒之都"外,普罗旺斯最南端、位于地中海之滨的班多区,也在 2000 年前便成为葡萄酒的中心。由于邻近大海港马赛(正如同意大利威尼托产区靠近威尼斯港口一样),班多酒很早就成为外销酒的来源,许多销往非洲,甚至远达印度的法国酒,便是班多酒。

班多酒主要由慕合怀特葡萄酿成,神索、西拉等普罗旺斯流行的葡萄这里也颇多。总面积达到 1000 多公顷,比塔佛还要大上 10%。每年生产的将近 500 万瓶各式酒中,红酒占了绝大多数,其他则是粉红酒与白酒各占 20% 左右。

班多的红酒果味较浓,香味也集中,是普罗旺斯地区最好的红酒。至于粉红酒,也是以慕合怀特葡萄为主,具有较强的香气。这里有一个皮巴侬酒庄(Chateau de Pibarnon)的粉红酒颇值得推荐。

这个在 1977 年才由一位圣维多(Henri de Saint Victor)先生所建立的酒庄,成园时间很短,但出自贵族世家的庄主厌倦了巴黎的生活,凭着对美酒与生活的爱好,很快地便将此 48 公顷的庄园打响了名号。本园酿出很精彩的红酒,粉红酒也不遑多让,有 15 公顷的园区专事生产粉红酒。年产量可达到 7 万瓶。台湾地区也购得到此款酒。

皮巴侬酒庄的粉红酒,由慕合怀特及以高产著称的神索各占一半所酿成,颜色呈桃红色,果香颇为突出,是一款比一般塔佛酒更为细致且有明显个性的粉红酒。台湾地区的交响乐公司曾有进口此酒,填补了台湾地区对法国粉红酒"进口空白"的缺憾。

> 一瓶葡萄酒无异于一首瓶装的诗。
> ——史蒂文森
> (R. L. Stevenson,苏格兰作家)

　　莫说普罗旺斯都生产廉价的酒，也不要一口说定粉红酒卖不出好价钱，孔雀洋酒的曾彦霖兄在去世前不久便打破了这一魔咒，进口了爱斯克兰酒庄（Chateau d'Esclans）的粉红酒，彻底地颠覆了台湾地区酒界对于粉红酒的僵硬与过时的误解。其中最高等级的"对话者"（Garrus），全由 80 年的歌海娜老藤葡萄酿成，年产量仅 3000 瓶，售价高达 5400 元；至于次高等级的"家族"（Les Clans），80 年老藤的比重降到一半，其他则为 50～70 的老藤，售价也要 3600 元；再次一等的"爱斯克兰"，80 年的老藤再降到 40%，其他为 30～50 年的老藤，售价接近 2000 元；至于最基本款的"天使的呢喃"（Whispering Angel），则由年纪较轻的 5 款葡萄所酿成，售价最便宜，1000 元上下。

　　这批进口的 2009 年份爱斯克兰酒庄酒，前 3 款都已经接近顶级酒的酿制标准，价钱也在中等之上，出人意料地很快销售一空。基本款的"天使的呢喃"也极受欢迎，有极清香的果味与花香，颜色并非粉红色，而是淡青色，是庄主将歌海娜葡萄去皮后酿制成的，因此颜色接近纯粹的白酒，令人耳目一新。

　　我看了一下资料，原来庄主沙夏·立欣（Sacha Lichine）有一位大名鼎鼎的父亲阿勒克斯·立欣（Alexis Lichine），在本书第 16 号酒里已经介绍了这位号称"葡萄酒教父"的人物。阿勒克斯·立欣于 1989 年去世后，将企业交给儿子沙夏。沙夏同时也创立了一家专门销售新派法国酒的公司，1999 年卖掉了普利尔酒庄。2006 年，沙夏看中了粉红酒的发展潜力，打算酿出世界一流的粉红酒，于是邀请好友，被认为是波尔多最著名的酿酒师、执掌木桐堡和加州"第一号作品"等酒庄酿酒事宜的理昂大师（Patrick Leon）来担任酿酒顾问。理昂大师牛刀小试，本可以将这批 80 岁树龄的老葡萄酿成结实、复杂且陈年 20 年以上的顶级红酒，但降低力道后，使本酒庄的粉红酒立刻挟带着顶级的口感，由"天使的呢喃"已经可以体会出大师"出手不凡"的震撼力了。

　　粉红酒，也有人称之为"桃红酒"。的确，曾经看过桃花满树的朋友，脑海中立刻会显现出那一抹春天才会有的美丽色彩。记得民国时蔡锷将军与小凤仙的传奇中，有一副小凤仙写给蔡将军的挽联，其中有一句话"赢得英雄知己，桃花颜色亦千秋"。粉红酒如果能够在葡萄酒界获得广大的知音，岂不也是"桃花颜色亦千秋"？

31 法国版本的绍兴酒
朱哈区的罗勒酒庄黄酒

不知不可 Something You May Have to Know

勃艮第的东边，靠近瑞士的边界，有一片地区的名字十分响亮：侏罗(Jura)。莫非它与恐龙生活的时代侏罗纪有关？不错，这里正是古代侏罗纪的地层。这里很早便是产酒区，早在 1 世纪，就有酿酒的记录，10 世纪时，已有相当的酿酒规模，甚至到了 19 世纪末，本地已有 2 万公顷的葡萄园。但随着葡萄根瘤病肆虐欧洲，本地葡萄也遭到荼害。直到"二战"前，本地才逐渐恢复生机，并在 1936 年获得全法国第一个 A.O.C. 的官方认证。

目前本地约有 2000 公顷的葡萄园，规模是 200 年前的 1/10。由于地处边陲，对于产酒大国法国而言，本地区毫无重要性可言，既没有国际化的名声，也没有明星酒庄，甚至其葡萄品种也很少听说过。只有一款法国少有的黄酒(Vin Jura)，才使本地酒能够登上法国的品酒单。

"侏罗"是本地地名结合地质学与考古学的译名，以示与侏罗纪时期有关。但其法语发音为"朱哈"，如果品赏此地酒时，我们称为"侏罗酒"，岂不败兴(朋友，你愿意喝"猪猡酒"吗)？故本书将它译为"朱哈酒"，比较斯文。说到这里，朱哈(Jura)的拉丁文刚好是指"法律"，德国也使用这个词，称为"尤拉"，所以每次我看到朱哈酒，第一个反应一定是"法律酒"。对了，英国苏格兰西边有个小岛也是同样的名字，出产很好的单一麦芽威士忌。

19 世纪末，当时本地种植的葡萄多达 42 种。但自1936年起，将主要葡萄局限于当地主要的 5 种葡萄，也唯有此 5 种葡萄所酿制的酒才可以纳入 A.O.C.的等级。5 种葡萄中，3 红 2 白，除了 1 红的黑比诺与 1 白的霞多丽是由近邻勃艮第传来，为大多数人所熟悉外，其他 3 种葡萄都是少见的。

其中的普沙红葡萄(Poulsard)甜度较高,颜色淡红,常常被用来酿制粉红酒;第二种为图鲁沙红葡萄(Trousseau),是一种深色的葡萄,丹宁强烈,具有陈年的实力;第三种为沙瓦酿白葡萄(Savagnin),是一种淡白似米色的葡萄,是酿造黄酒的主要原料。沙瓦酿葡萄据信来自匈牙利或是奥地利,和阿尔萨斯的特拉民葡萄有近亲关系,算是本地的特殊品种,也是所有葡萄中成熟最晚的,其他葡萄采收两个星期后才开始采收,故有极小的颗粒、很厚的皮,成熟度高,糖分甚足,是本地区种植面积第二大的葡萄,仅次于霞多丽。

本地区每年所酿葡萄酒中,白酒占 2/3;红酒占 1/3,主要由黑比诺酿成,普遍质量中等,介于佳美葡萄酒与地区级勃艮第酒之间。

200 个酒庄散布在 2000 公顷的园区内,平均一个酒庄刚好有 10 公顷,分成 4 个主要产区:阿伯尔(Arbois)、夏龙堡(Chateau Chalon)、乐拓瓦(L' Etoile)、朱哈坡(Cote du Jura)。朱哈酒以白酒为主,白酒中著名的黄酒类似西班牙的干雪莉酒费诺酒,酿造时会在酒桶内的酒液表面形成酒花(flor),阻绝空气的进入,使得酵母菌在酒汁内完全发酵,形成酒精而没有任何残糖。这是一种氧化味甚高的酒,有葡萄干的味道,也颇类似我国的绍兴酒。在欧洲的中国餐厅,如果想喝绍兴酒而求之不得时,找找费诺或黄酒都可以勉强充数。朱哈的黄酒(Vin Jaune),其名字正是"黄酒"之意,喝起来心里更坦荡舒服。

本酒的特色　About the Wine

朱哈酒即使在法国也不易见,属于冷门酒。不过,很幸运,在本书撰写过程中,居然得知台南有一家醇酿公司的杨先生,竟然一反市场潮流,逆势进口了一整套朱哈酒。我遂请友人邀集一个餐会,品赏了全套朱哈酒,得到最新的品赏经验,可与酒友们分享。

黄酒以夏龙堡最为出名,因其为原产地。从 1958 年开始,每年 A.O.C.官方都会去此地每个园区检查葡萄是否够水平。这里是以质量来拼其名声,也是重质不重量。此外,4个产区都可以酿制很好的黄酒,几乎没有质量上的差别。这要感谢一个阿伯尔人,此人是法国酿酒史上最伟大的人物,有号称法国"现代酿酒学之父"的巴斯德教授(Louis Pasteur,1822—1895)。这位教授是位细菌学专家,应当时法国国王拿

　　朱哈的黄酒有粗犷的酒质，女士一般都不会喜欢。氧化的味道带来了劲头，会散发出一些白兰地或烧酒的气息。背景为清朝著名白瓷艺术家王炳荣所制作的《童子砍柴图》。只见一棵老树上攀着一个拿斧的小童，下面有 4 个小童在指东指西，神态自然，果真是妙品（作者藏品）

破仑三世的要求，研究葡萄酒发酵与防止变酸的问题。1886年，他出版了一部《关于葡萄酒变质的原因、防治方法，以及保存与陈年》的专著，揭开了葡萄酒酿造的秘密。巴斯德是在阿伯尔土生土长的人，他大半的研究都在当地进行。至今他家的庄园还能酿酒，他实验的小酒窖也被保存下来，当作观光纪念之用。当地人都以这位"葡萄酒医生"为荣。他研究酒的素材，便是本地的黄酒。

本书愿意介绍侯勒父子酒庄（Rolet Père & Fils）。这是一个在20世纪40年代成立的酒庄，至今已经传承至第三代。共有60公顷的园区，分别分布在阿伯尔（35公顷）、乐拓瓦（5公顷）、朱哈坡（20公顷）。其中在阿伯尔以红葡萄为主，其他园区以白葡萄为主。所有的葡萄都运到位于阿伯尔的酒庄来生产，其中红、白葡萄所占比例约为45%和55%。年产量达35万瓶，算是本地大规模的酒庄了，因此能够提供各种朱哈酒，由气泡酒（Crémant）到草席酒，共有8款之多。

沙瓦酿葡萄酿出的黄酒，在本酒庄也十分出名。所有的黄酒都装在一个620毫升的胖罐子里，称为"克拉维兰"（Clavelin）。刚好只有620毫升是因为1升葡萄酒放在大桶中，一定要经过6年3个月的醇化，最后成熟时，刚好只剩下620毫升。黄酒便是以长年的窖藏与醇化闻名，故还有一个更漂亮的称呼"金酒"（Golden Wine）。

黄酒有非常漂亮的金黄色，虽然味道偏向绍兴酒，但比绍兴酒颜色来得澄亮，也没有绍兴酒（特别是年份不足的一般绍兴酒）那一股类似干咸菜的窖气，因此属于雅致型的重型干白，和西班牙最出名的费诺酒庄所产的唐贝贝非常类似。

延伸品尝 Extensive Tasting

除了由沙瓦酿葡萄担纲酿制出的黄酒外，在整个朱哈地区产量占第一位的霞多丽，除了酿制霞多丽干白、气泡酒，尤其是全由霞多丽酿制成的白中白（Blanc de Blanc），也会与沙瓦酿葡萄一起酿酒。这种"双人舞"，会标上"传统"（Tradition）的字眼。

当地每个酒庄几乎都会酿制这种传统酒，两种葡萄的比例也随着年份不同而加以调整。这是利用两种葡萄不同的成熟度、特性调配而成的。罗勒酒庄这两种葡萄的比例，以霞多丽为主，比例可以由50%到70%不等。醇化分别进行，霞多丽部分会在旧的橡木桶中陈年3个月，沙瓦酿葡萄

也陈年类似的时间，拿出一部分来与霞多丽调和后，2个月才装瓶，剩下的沙瓦酿则继续陈年3年，作为黄酒之用。

这是本地的特殊酒。不喜欢黄酒那一股浓厚氧化味的消费者，选择这一款调和的传统酒，能够体会出朱哈地区葡萄酒的特殊风味：淡甜，明显有干燥花朵、葡萄干

的香味，颇类似意大利圣酒（Vin Santo）的风韵（由风干后的葡萄酿成，但甜度甚低）。因为本款酒还能尝到黄酒的韵味，但程度较浅，因此也称为"小黄酒"。

不论由哪个酒庄酿出，传统酒也是一款价廉物美的地方名酒，市价都在 20～30 美元。

进阶品赏　Advanced Tasting

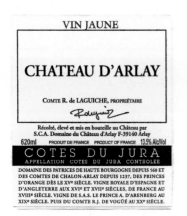

莫说朱哈地区是一个穷乡僻壤，本地区的酿酒历史也达千年。夏龙堡的黄酒既然是本地区的代表作，进阶品赏当以本地所产为宜。夏龙堡也有一个扬名在外的酒庄大莱堡（Chateau D'Arlay），不能不加以介绍。

1237 年，有一位名为夏龙·大莱的公爵在此建立了一个酒庄，将酒庄命名为"夏龙堡"。更特殊的是，本酒堡自此之

后，从来没有改变名称，至今已经有 800 年之久，也是世界上维持一个酒庄名字历史最长者。

本酒庄有一个辉煌的历史，便是"四国御园"——先后成为西班牙、英国、法国及德国腓特烈大帝等国王的御园。全世界这也是唯一的纪录。本地区出现这个光辉灿烂的葡萄园，说明此地酿酒业的繁盛与水平。

大莱堡在法国大革命后被拍卖，转为民间所有，一直到 20 世纪后，才由勃艮第顶级的酒庄卧驹公爵（Comte de Vogue）购入。本酒庄酿制的草席酒，年产量仅有 1200 瓶，珍贵异常，也列入拙作《稀世珍酿》的"百大"之选。

大莱堡拥有 25 公顷的园区，也和本地的酒庄一样，酿

制 8 款红、白酒,总产量为 10 万瓶。本园的黄酒也是成名作。我曾经在巴黎试过 2 个年份本堡的黄酒,但印象里似乎和其他酒庄没有太大差别。我想其理由不外乎太久的陈年程序,使各酒庄葡萄可能产生的细微差异,全部被浓烈的氧化味所笼罩,就像一锅浓酱汤汁,把各种食材混为一味。价钱方面,由于盛名所在,大莱堡黄酒的价钱自然也水涨船高,价钱一般比其他酒庄高出 1 倍,在 50～60 美元。

美酒王国的遗忘角落

朱哈区的矿石酒

上一号酒提到朱哈的代表作黄酒，本地区另外还有3款具有特色的酒：第一种是矿石酒，这是在白酒的酿制过程中，将矿石置于桶中，让酒液浸沁入矿石味；第二种为半烧酒，是在渣酿白兰地中加入果汁，调和白兰地的浓度，并储藏1年半才装瓶；第三种为草席酒，采用类似意大利阿马龙酒及圣酒的做法(见本书第44号酒及第50号酒)，将葡萄置于草席上风干而成。除了第三种酒在其他国家有类似的酿制法，较不稀奇外，前两种是本地特有的酒种，值得推荐给爱酒的朋友，以增广见闻。

这是一款强调矿石味的白酒。听说新世界国家酿霞多丽白酒时会有一些取巧的手法：为了节省购置全新橡木桶的昂贵费用(目前一个225升的法国新桶的价钱约在1000欧元)，有些财力不够雄厚的酒庄会将橡木块，更糟糕的是将橡木粉浸入酒汁内，来添加橡木味。所以当酒友们试到澳大利亚或智利某些酒厂的霞多丽时，明明是新酒，却颜色深黄，有十分浓郁的香草、吐司味，有时候还会觉得味道太重时，十之八九是用了"人工吊味"。我曾经在一个场合遇到一位朋友,他是专做塑料袋外销生意的。据他说,他每年卖很多装木块的袋子到澳大利亚等地,目的便是泡酒之用,可见传言不差。

不过将矿石浸到酒汁之中,倒是一件新鲜事。当然,许多人喜欢夏布利的白酒,便是爱上这种甘洌的口感。有人说,这是一种将冰过的汤匙放到舌面上的那种感觉。

夏布利的矿石味主要来自泥土中含有的大量贝类化石。透过神奇的葡萄树根,这种大地的化石气息便转换成葡萄汁的复杂化学成分。朱哈地区的酒农,别出心裁地想到把矿石浸到酒桶之中,也让酒浸染到丝丝的矿石味。

我所尝到的罗勒酒庄的 2009 年份老藤霞多丽所酿成的皮耶之石(Grain de Pierre Chardonnay V.V.),便有令人误以为夏布利的口感,也是一款可以取代夏布利的特色酒。这种矿石(Grain de Pierre,英文为 Grain Stone),中文翻译为"木纹石",外表看起来颇类似台湾地区花莲河流中经常可看到的大鹅卵石。

这就是所谓的"一方水土养一方人"。朱哈地区的矿石酒有一种"尝鲜"的乐趣,也说明了葡萄酒世界的广大与品赏各地酒的奇妙。对了,用矿石、沙石等不溶解物质来改善酒质,在中国酒中也有使用。茅台酒便是用河沙来砌盖酒窖,让新蒸馏出来的白干,能在河沙中慢慢地退去火气而变得干顺适口。矿石酒的价钱也不贵,约为 1000 元。

延伸品尝 Extensive Tasting

法国的白兰地,除了产在干邑(Cognac)的闻名世界外,几乎所有产酒的地区都可以酿制,只是名称不能使用"干邑"而已。除法国外,世界各国产酒区也都能酿造白兰地,例如德国莱茵河区的白兰地就称为"烧酒"(Weinbrant)。不少德国酒庄每年除酿制雷司令等传统白酒外,也会酿制少许的烧酒,供自用或贩卖。这种烧酒许多都是将酿制不佳的白酒淘汰,拿去蒸馏得来的。各个酒村都有类似合作社的组织,备有蒸馏的设备,提供给酒农轮流使用,酒农自己可不必准备"烧坊",这也算是产酒区的一种"副业"。

除了一般白兰地是使用葡萄汁来酿制外,葡萄压榨后,为了避免因榨汁过于干净彻底,使得果壳与果梗中的丹宁或其他带苦味的汁液被一起榨出,因而会在剩下的果肉、果皮中留下大量的汁液。节省的酒农从不会暴殄天物,他们会将这些外观类似稀饭般的汁液拿去蒸馏。此时果肉与果皮

会散出更多的风味。用这种方式酿榨出来的白兰地，称为"渣酿白兰地"。

酿制渣酿白兰地最出名的国家是意大利，他们将其称为"格拉帕"（Grappa）。意大利人在饭后习惯喝上一杯冰镇的格拉帕，据说可以帮助消化。在意大利用餐后，伙计都会询问客人要不要喝一杯格拉帕或是咖啡。格拉帕直接在蒸馏程序后即装瓶，不像法国白兰地要入桶陈年，使酒质沁入木色而变黄。格拉帕和高粱一样，纯净洁白，带着非常干脆、清晰的水果与青草味。

意大利几乎所有的大酒庄都会酿制格拉帕，例如歌雅酒庄便出产 3 款格拉帕。著名酒庄的格拉帕会比普通酒庄的格拉帕贵上 1 倍，但还算很便宜。例如歌雅格拉帕，一瓶市价为 2000 元，相较其酿制的白酒，如霞多丽的"歌雅与瑞"（见本书第 48 号酒）与巴罗洛的"Sperss"，价钱都只是其 1/5 或 1/7。又，2012 年夏天，当我访问德国老酒庄约翰山堡酒园时，居然发现其也酿制 2 款白兰地与渣酿白兰地，价钱出人意料地便宜，每瓶（半升装）居然才售 30 欧元左右，比该厂的迟摘级酒价钱还便宜。

法国也酿制格拉帕，特别是在勃艮第地区，法文称为"玛可"（Marc，即"渣"）。朱哈地区也是酿制渣酿白兰地的大本营，而且几乎每一个酒庄在酿制黄酒外，都会酿制玛可。

除了一般玛可外，朱哈还别出心裁地酿成半烧酒。这是将酿成的玛可，加入到 1 倍的葡萄汁中，杀死了葡萄汁内的酵母菌，使之无法发酵，保存着天然的甜味。这种原理和葡萄牙酿制的波特酒一样，只是波特酒是在发酵进行了一段时间，葡萄的糖分已经耗掉了一部分时才灌入白兰地，使得残糖量较低，甚至完全没有了糖分（干波特酒）。

这种玛可加葡萄汁的酒，法文称为"玛可泛"（Macvin，玛可酒），我权且译为"半烧酒"。两种汁混合后，还要继续在橡木桶中水乳交融 1 年半后（称为"结婚"，Merry）才装瓶。

以我试过的罗勒公司白半烧酒而言，是以 75% 的霞多丽与 25% 的沙瓦酿酿成，酒精度为 18 度。这是一款属于波特类型的饭后酒，淡淡的甜度，不至于太腻，比德国、法国的宝霉酒等饭后酒的酒精度更高，有促进消化的功效，也很适合搭配重油脂的奶酪。价钱也合宜，约在千元出头。

进阶品赏 Advanced Tasting

朱哈地区另一个在法国酒界闯出名号的杰作是草席酒（Vin de Paille）。这是将葡萄晾于草席之上，和意大利的圣酒一样，因此也被称为"麦秆酒"。

这是一款制作费心且费时的酒。葡萄必须质量良好，如果已经受到损伤或生长不良，晾干过程会使葡萄腐化变质，就只能丢弃不用。酿制过程必须谨防蚊虫、飞鸟，长达6周之久。一般都在圣诞节之后，1月中旬前才入窖榨汁。由于葡萄已经干枯，出汁率很低，经常是100千克的葡萄只能榨出15～18升的葡萄汁。在顶级的酒庄，例如本地最出名的大莱堡，其出汁率甚至仅有12升，因此非常珍贵。

经晾干的浓缩的葡萄汁，含糖量甚高，带有浓烈的蜂蜜、熟香瓜的香气，酒精度颇高，介于14～17度之间。果汁会在小橡木桶中继续醇化3年之久，因此会有相当程度的焦糖味，虽然使用的是旧橡木桶。

朱哈的草席酒，数量比北罗讷河区来得多，价钱也便宜甚多，很适合作为饭后酒的选择。朱哈的黄酒很长寿，人称可达100年！而本地的草席酒寿命也很长，动辄超过50年也不改其味。这是一款我建议酒友们可以花点小钱多买几瓶，以供今后10年或20年享用之需的美酒。

有法国"现代酿酒学之父"美誉的巴斯德教授，他是阿伯尔人的骄傲。图中是教授在观察一瓶葡萄酒的颜色

> 最好的酒园在您的酒窖里，最好的酒窖则在您的肚子里。
>
> ——雪莱
> （英国诗人）

法国后花园的绿叶

布尔乔亚酒庄的卢瓦尔河桑塞尔酒

不知不可　Something You May Have to Know

号称法国最美丽的区域，也有"法国后花园"之称的卢瓦尔河（Loire），每年既然能够吸引上千万的游客，表示本河谷一定有吸引人之处。的确，绵延1000千米的卢瓦尔河，贯穿了法国中部，留下了3000多座城堡。在法王路易十四兴建了凡尔赛宫，把皇家与贵族们狩猎、饮宴等移到巴黎近郊的新别宫前，卢瓦尔河百年来都是皇室与权臣们活动的重心。许多美轮美奂的古堡，如香侬索堡（Chateau Chenonceau）及香柏堡（Chateau Chambord）等，都向游人述说着几百年前宫闱内的恩爱情仇。这里也穿插了许多历史的典故与遗迹，最出名的莫过于圣女贞德在此遇见神迹，起兵抗英，被英国人烧死，骨灰撒进卢瓦尔河……

作为法国皇室度假胜地数百年来，很难想象本地不会酿出美酒。答案当然是否定的！卢瓦尔河可算是法国第四个重要的产酒区。这里离勃艮第不太远，很早就种植起黑比诺。只不过19世纪的根瘤病毁掉了红葡萄树，果农开始改栽白葡萄。现在卢瓦尔河虽然仍有部分红葡萄，但是主要为白葡萄，占80%以上。

卢瓦尔河的白葡萄酒分成2种：以白苏维浓（Sauvignon Blanc）酿成的干白，以及以白雪侬（Chenin Blanc）酿成的甜白，它们都有指标性的地位。本书打算分别以法国后花园的"绿叶"与"红花"，分两次来介绍。

先就"绿叶"而论。卢瓦尔河的白苏维浓，中国在清末移植后取了"长相思"的名字，我个人认为太过于抒情，好似怀春的少女或少男一样，故本书不采用此译名。用白苏维浓酿成的干白，和新西兰后起之秀所酿的白苏维浓酒，口感完全不同。后者含有浓厚的果香，尤其是台湾地区喜欢的红心番石榴的浓烈香气。"本尊"的卢瓦尔河白苏维浓反而少果香，而多花香及青草香。

　　整个卢瓦尔河地区又可分成安茹（Anjou）、梭密尔（Saumur）、普伊（Pouilly）及桑塞尔（Sancerre）等数区，都用白苏维浓酿成干白，口感上差异不是特别明显。较出名的产区，当然是普伊与桑塞尔两个 A.O.C.产区，值得推荐。

本酒的特色　About the Wine

　　作为较冷门的产区，卢瓦尔河酒与前一号朱哈酒是难兄难弟。但卢瓦尔河区酿酒历史较久，又是旅游观光胜地，产量远高于朱哈（年产量 5 亿升），海外市场也早已开拓。在台湾地区，卢瓦尔河酒能够选择的品项极为有限。不过也无所谓，卢瓦尔河酒的价钱都很实惠，和朱哈酒一样，都代表地方风味，各酒庄间的酿制手法与水平也大同小异。

　　先由占地达 2300 公顷的桑塞尔酒开始。很幸运地，台湾地区能找到一款桑塞尔酒的典型代表。本酒庄的名字十分好记：布尔乔亚酒庄（Bourgeois）。本酒庄也是一个颇有历史的酒庄，至今已经传承了 10 代人，算一算大概也有 200 年以上的历史。在"二战"结束前，本酒庄仅有 2 公顷的小园区，可见得历代都是小农。1950 年以后，开始扩张园区的版图，50 年下来，已经达到了 65 公顷的规模。

　　酒园所在地除了桑塞尔地区外，还扩张到普伊以及整个卢瓦尔河流域。近年来将园区开拓至卢瓦尔河之外，甚至远征到新西兰，酿起了新西兰式的白苏维浓酒。

　　毕竟 10 代人都酿白苏维浓酒，本酒庄的白苏维浓酒数量又多又好。除了最基础的小布尔乔亚级是以年轻葡萄以及简单酿酒手法酿出的廉价佐餐酒外，值得推荐的是其代表作布尔乔亚级（La Bourgeoise）。此级数还分成几种葡萄所酿成的酒，值得推荐的是其桑塞尔酒。

　　这款酒由园中老藤葡萄酿成，酒汁分在两种桶中醇化 8 个月：一种是不锈钢桶，占 70%；另一种是法国昂贵的新橡木桶，占 30%。而后将两种酒汁勾兑在一起，再放入橡木桶中继续醇化 4 个月才装瓶上市。由于混了两种桶，兼取了甘洌、花香与饱满的酒体，使其有特殊的水果味以及矿石、淡淡皮革与青草味。颜色浅黄带绿，入口有一股香槟气泡的感觉，十分爽口与醒神。这款酒最好搭配海鲜，不论是冷盘还是油煎类的鱼或甲壳类，也可搭配烤鸡或炖鸭等家禽类。

　　桑塞尔酒勾起了我的回忆。大概在六七年前，我有一趟日本名古屋之旅。当晚名古屋大学的老朋友鲇京正训及市桥克哉教授，特别在一家法国小餐厅替我接风。厨师是一个旅居当地30余年的法国人。主人和他大概提到我对葡萄酒稍有研究，没想到这位法国人立刻从里边拿出一瓶酒，酒外面包了一个纸袋，好家伙，要我来个蒙瓶测验，说出本酒来自何处。我试了一下，说出"桑塞尔酒"。侥幸猜对了，老板很高兴，因为他正来自此酒村。也因为猜对了，当晚有一位日本朋友一起随行，是顶级的日本大吟酿"兰奢待"的酒庄主人，他带了一瓶得意的大吟酿希望与我们分享，法国人居然同意了。据鲇京兄说，他认识老板近20年，从来没有听说允许大吟酿来搭配其手艺。没想到我蒙对的桑塞尔酒，促使老板开了个例。

延伸品尝　Extensive Tasting

普伊酒村所产的口味较重的酒有一个特别的名称"普伊·富美"（Pouilly-Fumé）。所谓的"富美"（Fumé），乃指"烟熏"之意，表明此款酒带有烟熏的味道。其实这并不精确。本地的土壤含有许多火燧石（打火石），很容易让葡萄酒产生突出的矿石味，所以不必像朱哈地区那样刻意加入矿石，自然有此味道。当地人形容这种矿石味，是在中午或下午时用水浇在晒热的石头上，会有冒烟水汽产生时的那股潮气。这在潮湿的台湾地区的森林中并不少见，我们常常美其名曰"山岚之气"或是"芬多精"。

普伊·富美以价廉物美的优点行销美国，变成法国酒的代表。加上好念，许多美国消费者认为此酒名字优雅，因此本酒也等同于干白。

提到这里，也要做一个澄清：许多人会将由白苏维浓酿成，且产于卢瓦尔河地区的普伊·富美酒，和产于勃艮第马贡地区（Maconnais）、由霞多丽葡萄所酿成的普伊·富赛酒（Pouilly-Fuisse）搞混，再加上有"美国加州酒教父"之称的罗伯特·蒙大维把其所酿制的白苏维浓酒称为"白普伊"（Pouilly-Blanc），便产生了"三普伊"间纠缠不清的关系。

本书要介绍的这个拉坡蒂酒庄（Domaine Laporte），成立于1850年，也算是个中等历史的酒庄。如同本地一般酒庄一样，也能酿制桑塞尔酒与普伊·富美酒。本园共有 25 公顷的园地，其中 20 公顷种植白苏维浓，另 5 公顷种植黑比诺，用来制造气泡酒。

　　本酒庄的拿手绝活产自仅有 1.2 公顷的布索匹（Beausoppet）园区。本园早于 1492 年就已经种起葡萄，且许多葡萄都已经超过 50 岁，算是本地最有价值的老藤。酿制的方式和前述布尔乔亚的桑塞尔酒并无不同，都是用 7:3 的不锈钢桶与新橡木桶醇化 8 个月，而后再调和半年才装瓶。虽然一般酒评家认为桑塞尔酒比较清淡，酒质也较温柔，不像普伊·富美酒的个性较为强硬，不过这是个人的口感问题，一般人恐怕没有辨别的本事吧。

进阶品赏　Advanced Tasting

　　桑塞尔酒也好，普伊·富美酒也好，都是廉价酒，没有真正的顶级酒，也卖不出什么好价钱。不过 20 年前，本地出现了一个酿酒怪才。从其许多的名称，例如"卢瓦尔河的狂人""坏男孩""卢瓦尔河的嬉皮"……大概知道此人可能不修边幅，衣着举止怪异。不错，这正是帝帝·达鬼诺（Didier Dagueneau）的写照。这位留着嬉皮长发、本是赛车手、没有学过任何酿酒知识的达鬼诺，在赛车时出了两次大车祸，必须终止赛车生涯，无奈回到老家开始酿酒。凭着一股赛车的疯劲，他由老家 2 公顷的园区开始革命性的做法：大量地疏果，让单位产量减到最低，使用马来犁田，不施农药，直到葡萄完全成熟才慢慢采收，并且不同的园区分开装瓶，甚至仅有几百瓶也无所谓。

　　结果果然酿出了他要求的酒——第一流的卢瓦尔河干白。帝帝酿出来的普伊酒，有甚为浓烈的柠檬酸、花香、干果、焦油的香气，但很沉闷，需要 2～3 个钟头才能醒来。有人认为其酒已经接近波尔多的干白，而和勃艮第的干白距离比较遥远。帝帝成功后，酒园跟着扩张，达到 12 公顷，每一款酒价钱都高，例如 2012 年秋天，其 2010 年份经典的"纯种"（Pur Sang）。这是一款以法国岩洞内一幅史前人类所绘的马为标签的酒，生动有力，一瓶预售价即达 3000 元，超过了本书的选择标准。更可惜的是，这位怪才在 2008 年 9 月

初驾驶轻航机失事，享年才 52 岁。

"纯种"已算是本酒庄价钱较低者，最低的一款当是白普伊·富美，其以帝帝写的一首流行歌曲歌谱作为标签。台湾地区已有进口，2010 年份预售价刚好为 2000 元，可惜数量甚少，一两天便被预订一空。台湾地区品酒界的识货行家之多可见一斑。

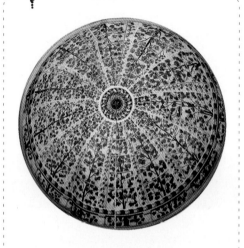

葡萄藤绘的穹顶

土耳其伊斯坦布尔托普卡匹皇宫内皇太后(苏丹母亲)宫殿餐厅上的穹顶。这幅布满葡萄藤与葡萄的彩饰绘于 16 世纪，正是拜占庭文化过渡到伊斯兰文化的见证。

法国后花园的缤纷红花

甜白酒圣手宝玛酒庄

不知不可　Something You May Have to Know

　　这朵法国后花园里的美丽红花，由白雪侬葡萄（Chenin Blanc）酿成。白雪侬的名字很好听，大陆的译名为"白梢楠"，这和台湾地区最好的木头梢楠木容易搞混。我音译的"白雪侬"，取其洁白似雪，恐怕更雅致吧。

　　白雪侬是一种"双色花"，既可以酿出颇受欢迎的甜白，也可以酿出一流的干白。

　　过去，白雪侬以酿造甜白出名。本地的白雪侬甜白产量大，价格便宜，比苏玳、北罗讷河的甜白有更大的市场竞争力。其质地细腻、酒精度温和，比朱哈的草席酒更受女士欢迎。因此在整个卢瓦尔河区，干白反而变成平价的日常用品，白雪侬甜白成为"特产品"，许多观光客离开卢瓦尔河时，都会带上几瓶白雪侬馈赠朋友。但近年来由于干白具有有益健康，不会导致糖尿病，且可保持身材的优点，引起全球性的干白热，德国的反应最为明显。卢瓦尔河的干白则在水平的提升上更进一步，现在本地区的干白也出现了顶级水平的作品，不让甜白独揽顶级的风骚了。

　　为了彰显白雪侬的"双色娇艳"，本书将会介绍其酿成的甜白与干白。

本酒的特色　About the Wine

　　酿制白雪侬酒最有名的酒庄当是宝玛园（Domaine des Baumard）。这个家族在约 400 年前的 1634

年便已经从事酿酒业。现任庄主的父亲杰恩先生，曾经是大学的酿酒学教授，也是卢瓦尔地区的酿酒学会会长。其所有的15公顷的园区，八成以上种植白雪侬。

本园酿制的白雪侬酒，视其所在的地区而有不同的口味，例如位于莱昂坡（Coteaux du Layon）或是尚（Chaum）的园区，以酿制甜白为主；沙瓦尼尔（Savennieres）园区则以酿制干白出名，例如产自于本区的蝴蝶园（Clos du Papillon）、非常特别级（Trie Speciale），都十分优良，在台湾地区的售价都在1500元左右，是法国干白中的佼佼者。

本园产在莱昂坡的金牌级（Carte D'or）则具有热带水果的香味，例如香瓜、水蜜桃及青芒果的香味，入口有蜂蜜及淡淡的柠檬酸味，十分优雅。价钱在1000元出头。

白雪侬的甜白有高贵的气质，它不像德国雷司令甜白有高度的酸味，喝多了会反胃、胃酸逆流或牙齿酸；不像苏玳会有些苦味；也不像圣酒或草席酒有时候会有氧化味。它是一款不会令人发腻、有纤细口感的美酒，仿佛法国美女般优雅。

延伸品尝　Extensive Tasting

提到卢瓦尔河的天才型酿酒师，除了前一号酒有所介绍的达鬼诺外，还有一个天才，比达鬼诺大10岁的裘利（Nicolas Joly）。与达鬼诺具有冒险性的个性不同，早年的裘利却是书读得很好的优秀青年，而非叛逆青年。

他毕业于美国哥伦比亚大学，而后在华尔街做事。1977年，32岁的他返回本地接管了家族的酒园。由于有一次在奥地利度假时读到了奥地利人Steiner所提倡的自然动力法，他上了瘾，1981年便开始试行这种方法，1984年在他的园区全部实施。而后他到处宣扬这种新式农法，摒弃了化学肥料，推行绿色环保农业。

裘利的酒庄赛洪河坡园（Clos de la Coulée de Serrant）仅有7公顷，历史可回溯至1130年，乃天主教会的田产。园中老藤片片，最高的近90岁。这里也是最早实施自然动力法之处。本园最得意的作品都是干白，其赛洪河坡园即位于沙瓦尼尔产区，共有3个园区。第一个园区是其代表作赛洪河坡园，不仅单位产量甚少，只及于法定产量（每公顷4000升）的一半，同时葡萄视成熟度分5批采收。当地的酒庄多半一次采收完毕，偶尔才分2次采收。本酒庄光是采收人工的费用，即是其他酒庄的三四倍以上，年产量2万～2.5万瓶。

第二个园区位于孟伊之石产区（Savennières Roche aux

锦上何妨再添花？
罗基德家族酿制香槟酒的震撼

不知不可　Something You May Have to Know

　　2009年对葡萄酒爱好者来说是一个令人惊讶的年份，它被普遍认为是自1982年这个传奇年份以来的第二个传奇年份！波尔多的左右两岸，纷纷开出了红盘，不少酒庄被帕克评为99分，甚至100分，每个酒商都赚进了大笔的钞票。

　　而在香槟区，还有一个小小的惊讶，在6月举办的波尔多酒展上慢慢地传开了：罗基德家族居然出了一款香槟酒。

　　大名鼎鼎的罗基德男爵家族（Barons de Rothschild）在波尔多分别拥有拉菲堡及木桐堡这两个天王级的酒庄。长年以来，特别在1973年木桐堡由二等升上一等顶级之前，两个酒庄在酒市的竞争上拼得你死我活。双方拼价钱，比面子，甚至有

不少好事者指证，说什么当年木桐堡在升级过程中拉菲堡拼命扯后腿云云，真所谓"兄弟阋墙"的法国版本。

　　现在，此两大酒庄居然携手合作，大概是过了2000年便展开了行动，同时把家族的另外一个小兄弟——1973年爱德华男爵所入主的历史老园克拉克堡（Chateau Clarke）拉入，一起酿制香槟，好一个"家族大团圆"！

　　拉菲堡及木桐堡固然没有酿制香槟的经验，克拉克堡也只是一个很平凡的波尔多酒庄。犹记得1983年，我返回台湾地区服务不久，曾在南昌街公卖局一个门市买到4瓶被"海关"没收的1980年份的克拉克堡，当时售价500元。试了以后，我觉得本酒几十年来没有什么进步，也一直认为爱德华男爵可能还是钟情于银行事务，没有其堂兄弟们对酒的热爱，才会有当年舍弃购入玛歌堡，却用巨资买下克拉克堡的令人惋惜的决定。

　　现在家族3个酿酒成员共同推出了香槟酒，显然是想利用家族在酒市显赫的金字招牌，也看准了金砖四国兴起后，尤其是俄罗斯、印度对于香槟酒需求的暴增趋势，可以

狠狠地赚上一票。我相信这个点子主要是出自木桐堡当家的菲律苹女士。

记得不久前与星坊酒庄的家宁、家昌兄妹聊天时，他们特别提到数年前美国加州"第一号作品"（Opus One）的全球经销权，由美方转给法方后，价钱立刻上涨近1倍，结果是酒庄笑嘻嘻，经销商却苦哈哈了。法国人做生意，特别是犹太裔法国人做生意，果然是快、狠、准。

本酒的特色　About the Wine

罗基德堡一口气推出3款香槟：无年份干香槟、粉红香槟及白中白。价钱也依次递升，在台北的市价分别为2000元出头、3000元出头及接近4000元。除了无年份干香槟和其他顶级的香槟相差不多外，其他2款比顶级酒少了一半左右。

乍看此款无年份香槟是清绿的酒瓶，类似佩绿雅·珠玉香槟，不过少了旁边花花草草的新艺术装饰，整个绿瓶子像极了汽水。加上黑漆漆的瓶盖封签，与克鲁格香槟那种金黄色泽的典雅、高贵相比，光看外表就知道本款香槟卖不上好价钱！

至于粉红酒的包装，也令人不敢恭维。透明的白瓶透出的淡红、粉红色泽，很容易让人联想到超市里廉价的水蜜桃汁或气泡酒。白中白是本酒庄最高级的香槟，但苍白的灰封签插在惨绿的瓶上，怎么看都高贵不起来。罗基德堡香槟的设计的确有待改进。

对酿造的过程本酒堡还是不敢掉以轻心的，除了所有的葡萄都购自列入顶级香槟区的白丘，也聘请有经验的酿酒师进行精细的调和……举凡该注意的都不忽略，本酒应当算是中规中矩的香槟酒。但究竟是新厂，不像老酒厂拥有多个园区所采收的口味繁多、年份多的老香槟可供勾兑之用。本香槟酒的层次一定是较为单薄，没有太大的复杂度。

怀着好奇心，我试了一下这第一个年份的基本款香槟，气泡还算绵密、细致。入杯半个钟头，仍有带状细泡源源而起。入口微酸，果香犹存，果然酒体稍微僵硬、直接，大致上和一般的法国香槟没有太大的差别。

2009年份的罗基德香槟，开启了香槟"战国时代"的第一页。在罗基德堡的品牌加持下，其无年份香槟竟然是一瓶木桐堡或拉菲堡的1/10，甚至1/15的价钱。想想在有开启拉菲堡或木桐堡的场合，即使爱面子、爱排场的主人开启一两瓶本庄香槟作为开场白，相信也不至于寒碜或被评为没品位。所以我相信本香槟的后势看涨，目前的价钱应当只是投石问路，甚至是吸引鱼儿上钩的诱饵。

延伸品尝　Extensive Tasting

作为延伸品尝的粉红香槟，和无年份香槟是由60%的霞多丽、40%的黑比诺所酿成不同，它是由高比例的霞多丽（85%）以及少许黑比诺（15%）所酿成。口感上会有一些涩味，这也是将产自于Verzenay的3年陈黑比诺酒短暂调配，以增加酒体的丰厚、复杂所带来的副作用。所有3款香槟都经过3年的窖藏期才上市。

本酒庄最高级的香槟白中白，自然是由纯粹的霞多丽酿成。这恐怕也是本酒庄最难的挑战。3个源于波尔多的东家，对于霞多丽是极为陌生的，连酿制一般霞多丽白酒都没有经验，如何用在酿制香槟上，且要保持霞多丽清新、果香饱满及馥郁芬芳的特征？

还好，这款白中白几乎没有酸与涩味，有淡淡的吐司香气，以及入口后类似顶级夏布利的甘洌口感，令人印象良好。

白中白可以说是香槟酒中的金字塔尖，一般香槟酒厂不太敢尝试酿制此种昂贵的香槟，担心陈年能力太差，会酸掉或氧化掉。因此白中白是一种需要强健体魄、能够挑战10年、20年，具备成为"老香槟酒"潜力的好酒。例如最有名的白中白香槟"沙龙"（Salon，也列入拙作《稀世珍酿》），便经常迟至10年后才上市，一上市在台北每瓶的售价没有不破万元的。

罗基德家族敢在香槟上市的第一年就推出这种能与岁月争锋的白中白，我们虽然拭目以待，但还是不能不对其雄心壮志表示钦佩。

我个人虽然不是品牌崇拜者，却不能否认品牌增值论，故对罗基德3款香槟的质量虽不敢妄加背书，对其具有增值潜力的品牌效应却十分相信。

ITALY

意大利 ➡

文艺复兴的联想

利卡索里男爵酒庄的经典香蒂酒

不知不可 Something You May Have to Know

香蒂酒区是在意大利文艺复兴重镇佛罗伦萨（Firenze）与南方宗教城市锡耶纳（Siena）之间约7万公顷的产区。香蒂酒必须使用八成以上的山吉士葡萄（Sangiovese）。这是当地人引以为傲的葡萄种类，虽较为酸涩，但酒体强劲而果味浓厚。为了中和其强劲的口感，使得酒酿成后能够立刻上市，此酒必须掺上一成至两成的白葡萄，使其口味柔顺。长年以来，其以价格低廉、口感平顺以及供货充足等优势，成为意大利酒的典型代表。同时为使运输方便，不至于破损，香蒂酒使用广肚细颈玻璃瓶，外边包上麦秆。这种被称为"非雅希"（Fiaschi）的草包瓶，还可以做成烛台，所以一瓶便宜顺口的香蒂酒，又

可废物利用成为浪漫的烛台，无怪乎香蒂酒是欧美许多年轻人爱上葡萄酒的入门酒，各国大学宿舍中，到处都可以见到此酒的踪迹。不过随着意大利手工的越来越昂贵，这类草包香蒂酒已经很少见，新式的香蒂酒都改成波尔多式包装，"草包香蒂"已成为欧洲上年纪的人对大学生活回忆的代名词。

香蒂酒是一种令人快乐的平价酒。由于价钱低，没有酒庄愿意花大成本与心思来酿造或改进其质量，所以是一种日常消费酒，谈不上收藏或品赏的价值。不过整个香蒂产区中，约有1/10中心点的园区被称为"经典香蒂"（Chianti Classico），这一块比法国波尔多右岸圣特美浓区（6000公顷）还多1000公顷的香蒂产区，却可以酿出意大利产量最大的一种优质红酒，总共有300～350家酿造经典香蒂酒的酒庄。

作为意大利经济、文化与政治重心的托斯卡纳地区，自文艺复兴以来饮馔文明的发达，造就了本地区酒业的勃兴。不少酒庄动辄传袭 10 代、20 代人，甚至有数家酒庄的历史由同一家族谱写达四五百年。例如本地的酒业大户安提诺里（Antinori），自文艺复兴开始前的 14 世纪末开始酿酒至今，已经传承了 27 代人。安提诺里酒庄酿制的数款经典香蒂酒都颇受欢迎，例如 Badia a Passignano Riserva 及 Peppoli，口感也多半中庸均衡，甜美的樱桃味是其特色。

提起经典香蒂，也不能忘掉一家比安提诺里家族有更久酿酒历史，也可以称为"世界酿酒第一家"的利卡索里男爵酒庄（Barone Ricasoli）。男爵酒庄的历史同样可上溯至文艺复兴时期。利卡索里家族乃官宦世家，早在 7 世纪就迁移到本地，又经过 7 个世纪的发展，家族势力庞大，在文艺复兴时期便和托斯卡纳的当权派麦迪西家族（Medici）结盟，可见其财富权重。家族定居在一个名为布欧里欧（Brolio）的城堡里，城堡外有优美的红砖墙，典雅非凡，故也被称为"红堡"。本园顶级的经典香蒂酒便被称为"布欧里欧堡"（Castello di Brolio）。

利卡索里家族在文艺复兴之后，不像其他显宦家族，例如安提诺里，转而从事商业或银行业，反而在酒业中延续家族的生计。在意大利统一（1871 年）而独立成立共和国后，第二任总理便是由贝替诺·利卡索里（Bettino Ricasoli）男爵出任。就是这位雄才大略且对农业栽种技术产生极大兴趣的男爵，早在 10 年前的 1861 年就发明了香蒂酒的配方（必须加一成的白葡萄酒），影响了香蒂酒酿造制度超过 1 世纪之久。这个配方后来成为法规，一直遭到许多酿酒业者的反对。自国际口味的葡萄，例如赤霞珠、梅乐等受到国际市场的肯定后，许多香蒂酒业者宁可用口感丰富的国际品种来取代白葡萄酒，以使香蒂酒的风味更加饱满。自 1996 年以后，这种强迫添加白酒的法规才告取消，10 年后则进一步禁止加入白葡萄酒，但 80% 必须取自山吉士葡萄的规定仍未改变。

对了，当年想到要将香蒂酒包上麦秆外销的主意，也是出自此号人物。

利卡索里男爵酒庄能在此地区生存活跃达 800 年之久，一定不会坐失购入好葡萄园的机会。经过几百年来的收购，如今本园已经成为整个香蒂地区最大的酒园之一，所拥有的 240 公顷园区都是绝佳的葡萄园。除了酿造一般的香蒂酒外，本园还酿造 4 款经典香蒂，其中除了一般等级的经典香蒂外，另外 3 款为单一园区的经典香蒂，分别是库其阿达岩石园（Rocca Guicciarda）、铁皮屋园（Colledila）以及旗舰作品布欧里欧堡。所有香蒂款的酒品每年产量超过百万瓶，但是单一园区的经典香蒂数量甚少，例如铁皮屋园年产1.4万瓶，布欧里欧堡年产5万～7万瓶。

一般等级的经典香蒂酒，八成为山吉士葡萄，另两成使用了梅乐葡萄，会在30%的新橡木桶中陈放1年，然后在瓶中陈放3个月才上市。至于顶级的单一园区经典香蒂，则使用百分之百的山吉士葡萄酿成，并在三成全新法国木桶中陈放1年半，然后在瓶中陈放1年才上市。本园的经典香蒂，特别是单一园区经典香蒂，果味浓厚且强劲，和一般无陈年实力的香蒂酒不同，年轻时樱桃味与浆果味十足，8～10年后有股陈年黑比诺才有的乌梅味，显现出另一股成熟的风韵。2012年4月3日，我在台北与第32代酒庄庄主

Francesco男爵一起品赏了2008年份一般等级及其他3款的经典香蒂。我对布欧里欧堡的扑鼻香味、浓厚的新橡木桶特有的花香印象深刻。随后味道中增加了咖啡、焦炭及烤熟吐司味，果然是经典香蒂的绝妙之作。

似乎意大利的酒庄庄主都是快乐人物。第32代的Francesco男爵一再强调该酒庄的产品都是"快乐用酒"，其本人也是整晚笑容可掬。庄主告诉我，1970年酒庄陷入财务危机，不得已转让给奥地利人，但在23年后的1993年，终于由他筹资将老祖宗的产业购回。言谈至此，得意之情溢于言表。我则报以肃穆的敬意！我相信一个家族能够坚持一个行业达30代人之久，大概"酿酒本事＋快乐人生观"是这个家族的遗传基因吧！

延伸品尝　Extensive Tasting

20世纪50年代，一位名叫德马西（De Marchi）的律师在香蒂区买下两个总共50公顷的葡萄园——伊索园与欧乐那园，将名字改为"伊索·欧乐那园"（Isole e Olena），开始了酿酒生涯。20年后，德马西家里出现了一个生力军——来自皮尔蒙特产区酿酒世家的东床快婿保罗。传承了3代酿酒

经验的保罗开始带领本酒园走上高峰，不但逐渐扩充酒园的规模，达到目前的300公顷，也酿出第一流的红、白酒。不少酒评家称他为"意大

利最有天分的酿酒师"。

本园的香蒂酒有一般级的经典香蒂及特级的经典香蒂塞巴瑞罗（Cepparello）。前者是依照经典香蒂酒的酿造法规，由80%的山吉士葡萄所酿成。酿造过程也中规中矩，和前述利卡索里酒庄的经典香蒂酒一样，1年在大橡木桶内熟成，3～4个月在瓶中熟成。果味清新，有中度但柔和的酸味，适合独饮，也适合佐餐。至于特级的塞巴瑞罗则采用100%的山吉士酿成，而后会在三成的新法国与

托斯卡纳地区的美食——烤乳猪

美国橡木桶中储放1～1.5年，在瓶中再陈放1年，也和利卡索里酒庄的顶级经典香蒂一样。塞巴瑞罗的口味极为丰富，多层次，可闻到咖啡、可可及浓厚的果香，往往被认为是整个香蒂酒区最复杂的好酒，年产量可达5万瓶。这也是欧美许多昂贵的意大利餐厅酒单上最受欢迎的一款酒。至于这个奇怪的"塞巴瑞罗"的名字，则是与流经园区的一条河流同名。

塞巴瑞罗为何不能冠上"经典香蒂酒"的名称？我向Francesco男爵询问，刚开始男爵顾左右而言他："您应当去问问他们，"但随后不久，他又小声地告诉我："恐怕是因为该园产酿塞巴瑞罗的葡萄不是全部出自划入DOCG的葡萄园吧！"本酒芳香、均衡且回味无穷，经常获得帕克的高分（95分，例如2006年份），爱酒人恐怕根本不在乎这个"名分"吧！

进阶品赏　Advanced Tasting

在锡耶纳旁边一个名叫爱玛(Ama)的小村庄里，10世纪时就已经种满了葡萄。1972年，现任庄主普兰提(Marco Pallanti)入主，这位曾经留学法国波尔多，并跟着木桐堡(Mouton-Rothschild)酿酒师学到酿制顶级波尔多酒诀窍的酿酒师，许下了要酿出"超级香蒂"的心愿，终于在10年

后得到了回报。爱玛堡250公顷的园地中有90公顷为葡萄园，共酿制4款香蒂酒，其中1款为一般等级的经典香蒂，3款为超级香蒂。

本书推荐本庄的主力产品——年产量18万瓶的一般等级经典香蒂。这款经典香蒂，帕克经常评分甚高，以2007

年份为例,即获得了 93 分。台湾地区也有进口,价格为 1950 元。

另外 3 款超级香蒂分别是 Bellavista、Casuccia 以及 Apparita。这 3 款酒有共同的特色:老藤(平均 40 岁以上),严选葡萄且低产量(每公顷 4000 升以下),全新法国橡木桶的醇化(用 40% 的新橡木桶醇化 1 年半),以及数量甚少(每年平均在 700 箱上下)。这种几近于膜拜酒的酿造方式自然可在其价钱上反映出来。目前此 3 款超级香蒂酒的市价动辄超过 200 美元,台湾地区进口价为 7500 元。帕克评分也在 94～96 分之间。一般等级香蒂的进口数量为 300 瓶,而 3 款超级香蒂酒则各只有 1 箱(12 瓶)的进口量。非捷足者,不可先登。

美酒与艺术

《踩葡萄的男人》

一望即知是出自埃及古墓的壁画。画中有 5 个奴隶在处理从水槽右边流出的葡萄汁。右上角是 4 个与人身等高的储酒陶瓮,最右边则是硕果累累的葡萄树。壁画很生动地描绘出公元前 1500 年左右埃及人的酿酒过程。

翡冷翠品味的唯一选择

卡萨诺瓦酒庄的孟塔西诺酒

39

不知不可　Something You May Have to Know

在文艺复兴的重镇，人文荟萃，文艺复兴带来科学的发展，也增加了财富的累积。有钱阶层当然无法以平民消费的香蒂酒为满足，比较精致、价昂且可陈年的顶级酒应运而生。佛罗伦萨往南 120 千米处有一个不高、海拔才三五十米的小山城孟塔西诺（Montalcino，西诺山），周遭酿制出极为优雅的红葡萄酒，迅速地获得了声名、赞誉与财富。

孟塔西诺地区种植的葡萄是山吉士葡萄的亚种，到 19 世纪 80 年代被本地的一位酿酒大师贝昂地·山第（见本书第 49 号酒）发现并且发扬光大后，才流行起来。当地方言称之为"小黑子"（Brunello，布鲁内罗），因此这种葡萄便入乡随俗，改称为"孟塔西诺之布鲁内罗"葡萄。

原先，一般等级的孟塔西诺需要先在大橡木桶中醇化 3 年，使得酒质变柔，再瓶中醇化 2 年后，才能出厂。此时，5 年的时光已经过去了，对于酒庄而言，这是一大资金上的考验。

现在政府体恤民情，将强制陈年的时间缩短成 4 年，即橡木桶与瓶中各 2 年。至于珍藏级，则需要在木桶中再多陈 1 年以上，甚至可以储藏更久。

这个著名的孟塔西诺很容易和本产区另一个也很出

孟塔西诺酒村的民居

快要成熟的布鲁内罗葡萄

远望孟塔西诺酒村

名但较低一等的孟塔普里希安诺（Montepuliciano）相混淆。该产区位于本产区南方，所种植的葡萄也是以山吉士为主，不过酿出的酒有一个名气颇大的名称"贵族酒"（Vino Nobile）。其实这种酒与"贵族"毫不相干，应当翻译成"宝贵或珍贵的酒"。约定俗成，姑且称之为"贵族酒"。贵族酒比孟塔西诺酒的要求较低，例如在大橡木桶中的醇化不需3年，2年即可。因此，贵族酒的价钱与质量都差孟塔西诺一大截，其标准大概和年轻的孟塔西诺，称为"孟塔西诺红酒"（Rosso Montalciano）的一样。

孟塔西诺酒比起北部的巴罗洛或巴巴罗斯柯更为优雅、轻盈与芬芳。虽然经过长时间的陈年，例如15或20年，巴罗洛或巴巴罗斯柯会散发出老勃艮第酒的花香与乌梅果香，迷人之至，这是老孟塔西诺所无法企及的，但未达到这种老年限之前，孟塔西诺酒宛如豆蔻年华的少女般，处处受到青睐与欢迎。

孟塔西诺周遭在"二战"后逐渐建立起本地名酒的声誉。40年前我在德国读书时，整个孟塔西诺仅有50家酒庄，年产量不过百万瓶。那时候我喝到的此酒只有乔宫达孟塔西诺酒（见本号酒的进阶品赏），但现在已经发展到有200家酒庄，年产量超过400万瓶。不过大部分属于中小型酒庄，年产量都在万瓶以下，价钱也都不便宜，超过100美元颇为正常。年产量超过10万瓶便属于大厂，只有个位数。

我打算在此介绍3款孟塔西诺酒，分别是新酒庄酿制、老酒庄新开发酿制及老酒庄的传统酿制3种。以下先介绍第一种的新酒庄新孟塔西诺酒。

本酒的特色　About the Wine

这个在1971年才由内里家族（Neri）所设立的酒庄——卡萨诺瓦·的·内里（Casanova di Neri），却有一个响亮、令每个男人都会心一笑的名称——卡萨诺瓦（Casanova），与大情圣卡萨诺瓦同名。意大利的名字一般又长又难念，"卡萨诺瓦"则不然。因此，如同皮尔蒙特地区的歌雅（Gaja），名称易记好念，是吸引饮客注意的一大优点。

本园位于一个小山坡的平顶上，酒庄就设在山坡平顶之下，颇像军队的炮台、堡垒。内里家族是本地的一个大地主，拥有 200 公顷以上的田地，种满了橄榄树及各类供牧业用的谷物，直到当今园主的父亲在 1971 年决定种葡萄才开始酿酒。刚开始只有十来公顷，每年产量不过几万瓶。逐渐扩充到现在的规模：55 公顷的葡萄园，年产量达到 25 万瓶。

本园获得成功的主要诀窍是信任酿酒顾问，并且严格实施质量管控，目前酿制的 3 款孟塔西诺都获得了甚高的评价。

本书愿意推荐其最基本款，也是所谓的"白标签"（不是珍藏级）。会在大橡木桶中熟成 42 个月，再在瓶中储存 6 个月才出厂，因此有极芬芳的特色，入口甚为平顺、优雅。在台北的市价约为 2000 元。

本酒庄酿制的珍藏级作品，例如新园（Tenuta Nuova），会在小橡木桶中熟成 30 个月，另在瓶中熟成 1 年半。市价在 150 美元左右。经典级的陈年时间更长，市价近 300 美元。

延伸品尝　Extensive Tasting

安提诺里酒庄是一个传承了 27 代人之久的酒庄，在介绍前一款香蒂酒时，就已经提到过这个令人钦佩的家族！

本家族是以酿制香蒂酒以及近 20 年来酿制"超级托斯卡纳酒"索拉亚（Solaia）而引领香蒂酒庄转型的一个大家族。索拉亚也进入拙作《稀世珍酿》的"百大俱乐部"行列。

自从推出索拉亚获得了满堂彩后，安提诺里酒庄便再接再厉地进军孟塔西诺产区。1995 年，一口气买下 160 公顷的园区，取名为"葡萄山原"（Pian delle Vigne）。这里已经种有葡萄，因此 2 年后的 1997 年便可以酿制第一个年份。没想到这个年份在 5 年后上市，即在 2002 年年底的《酒观察家》杂志获选为"年度百大"的第 7 名，评分高达 97 分，令人惊愕，也令人为之鼓掌！

我几乎在这款酒上市没多久就品尝了一次，立刻为其丰厚的果实味、不知名的花香及优雅细致的口感所折服。美中不足的是略带酸味，但这当是任何新的孟塔西诺酒所不可避免的。本款酒最好陈放 10 年以上再享用。台北的市价大约也是 2000 元出头，值得珍藏与收购。

现在应当轮到老主角出来演老戏码了。提到孟塔西诺，大概就必须联想起费勒思可巴第酒庄(Frescobaldi)。这也是一个历史悠久不让安提诺里，至今超过700年酿酒历史，传承已到第30代人的老酒庄，甚至在14世纪就供应欧洲各国王室用酒，本身便是一个欧洲近代史的陈列馆。

费勒思可巴第酒庄不是一个垂死的酒庄，仍欣欣向荣，目前旗下拥有220个葡萄园，横跨全国八大产区。所有酿酒葡萄自给自足，无须外购他园的葡萄，这是园方最津津乐道的。本园酿制的孟塔西诺定名为"乔宫达堡"。这是一个建于1100年的老城堡，过去为军事用地，后来变成了古迹。本酒庄在1989年将此古迹买下，作为本酒庄的纪念建筑。

费勒思可巴第酒庄在孟塔西诺拥有151公顷的园区，和安提诺里的"葡萄山原"面积差不多，年产量可达50万瓶。另外一个大厂邦费(Banfi)，是一个意裔美国人所投资的酒庄，每年也有类似的产量，但是一般而言评价较低。所以，本庄的数量算是足供美酒爱好者所需。

本园的孟塔西诺也分为珍藏级与一般级。一般级的帕克评分都在88~90分之间，台北的市价在2000~2500元。我经常认为，意大利酒的优雅风貌，不论陈年与否，都可以在孟塔西诺的表现上获得验证。

我特别欣赏乔宫达堡酒标的优雅，仿佛一位盛装的骑士，背后是蓝天古堡，颇像是一幅中世纪的壁毯画。整体画面构造出一种细致、古典的风格，很难不令人想象其酒也有浓厚的贵族气息以及温柔的丹宁。

若要找一款酒代表佛罗伦萨，或套用诗人徐志摩所翻译的名称"翡冷翠"的品味，那么只有唯一的选择——孟塔西诺酒。

费勒思可巴第酒庄的千年古迹

老干发新枝
托斯卡纳佛拉西内罗之岩酒庄的法式新潮酒

1979年，法国的木桐堡与加州的罗伯特·蒙大维合作，在加州设园，酿成"第一号作品"（Opus One），获得成功以后，大酒庄联合设厂似乎变成了一个时尚。例如1995年，蒙大维酒庄又与意大利的费勒思可巴第酒庄联合成立了Luce酒庄，生产孟塔西诺酒。这种属于新潮的孟塔西诺酒，虽然仍以山吉士为主体，但加上了部分的梅乐来使其更柔和，同时运用了新的法国橡木桶来醇化，使得果味更为芬芳复杂。本酒推出后反应甚佳，年产量约3万瓶，市价常逼近200美元。

Luce的成功，只是再度反映了一个现实：传统的意大利酿酒方式必须接受外来的酿酒文化，特别是国际葡萄品种、全新橡木桶的醇化及严格的摘果……换言之，国际风应当吹进意大利。

其实早在1971年，安提诺里酒庄就已经成功推出了以部分赤霞珠混入山吉士及使用法国橡木桶醇化的新型香蒂酒提格纳内罗（Tignanello），成为当时最受欢迎与最昂贵的顶级酒。

此后，在托斯卡纳，不少酒庄开始尝试这种新的酿酒方式。有些酒庄成功地酿制了所谓的"超级托斯卡纳"，例如安提诺里推出的索拉亚（Solaia）、圣贵多酒庄（San Guido）酿出的萨西开亚（Sassicaia）以及同属安提诺里家族的酒庄推出的欧纳拉亚（Ornellaia），都是进入拙作《稀世珍酿》的昂贵产品。

意大利托斯卡纳的确是酿酒文化与功力深厚之处，就如同功夫底子好的人，稍加点拨，功力必然大增一样。托斯卡纳酿酒老文化，经过新风一吹，如同老干发新枝一样，发出了许多美丽与健康的新芽。

相对美国酒庄的积极与雄心，法国顶级酒庄却很少有进入意大利联合酿酒的兴趣，恐怕是因为法、意这两个民族长年来彼此都瞧不顺眼的宿怨吧！蒙大维本身是意大利裔，除了赚钱的诱因外，对祖国的孺慕之情化为行动，也是可以理解的。

但是 2004 年，波尔多的拉菲堡竟然进军到托斯卡纳，找到卡斯泰利堡酒庄集团（Domini Castellare di Castellina），合作酿起了新潮的托斯卡纳酒。卡斯泰利堡酒庄集团算是当地的大财团，在全国拥有 3 大庄园，其中一个远在西西里岛。本庄酿制的 3 款经典香蒂，年产量达 20 万瓶，价钱与质量都属中等，酒标却是生动活泼的雀鸟。酒庄生产的 10 余款酒，酒标图案不是雀鸟就是花卉，很容易作出品牌的区分。

2004 年合作成立的酒庄佛拉西内罗之岩（Rocca di Frassinello），拉菲堡派出了当家的酿酒师前来，地主卡斯泰利自然也倾囊相授，法、意两个酿酒文明相互冲击与融合。在葡萄仅种下第 7 年的 2004 年，推出了第一个年份的产品。其中 60% 使用山吉士，另外各 20% 是梅乐与赤霞珠。橡木桶则是使用八成新的法国小橡木桶，熟成期为 14 个月，收获量为每公顷 5500 升……可见是中规中矩的波尔多模式。

大师出手定然不凡，每年 5 万瓶的佛拉西内罗之岩被认为是托斯卡纳新潮中的上升之星。我试过最近的 2006 年份，虽然年纪尚轻，但有极为甜美的浆果、巧克力、香草味及淡淡的酸味，十分适合肉类，特别是烤牛排等讲究纤细口感的食物。

这款酒之所以可以称为"上升之星"，是因为其葡萄树慢慢地迈向 20 岁左右的高峰期，质量会越来越扎实与醇厚。目前一瓶在台北的市价约 2000 元，我担心未来免不了有上涨的趋势。

托斯卡纳的大酒庄费勒思可巴第酒庄，在香蒂地区拥有广大的园区，就在其中的鲁菲那（Rufina）区，有一个小酒村，叫作"无井地"（Nipozzano，尼彭札诺），上有一个简易的军事碉堡，周遭都是葡萄园。本酒庄在附近拥有600多公顷园区，种植的以山吉士为主，也有各种国际与本土的葡萄。

挂在尼彭札诺招牌下的各款酒中，有一款国际品种——莫莫瑞托（Mormoreto）。其实早在托斯卡纳吹起法国风的120年前，也就是在1855年，本庄就开始采用波尔多葡萄来酿酒了，只是规模不大，没有成气候罢了。

20世纪70年代后，园方特别在本区划定了25公顷，全部种植法国品种葡萄，取名为"莫莫瑞托园"，1983年开始酿制装瓶。这款酒以60%的赤霞珠、25%的梅乐以及15%的品丽珠酿成，明显是波尔多左岸的模式。在法国橡木桶中醇化时间为2年，其中只有少部分使用新的橡木桶。

莫莫瑞托走的是中等以上的波尔多风格，尤其是未使用全新的橡木桶来酿出所谓的"大酒"，以便卖出超高价钱，可以看出酒庄的经营哲学。的确，综观本酒庄似乎没有刻意要在赚大钱上费尽心思，反而愿意在数量上以及质量上、合理价位上全方位酿出理智的好酒。这款莫莫瑞托在台北的市价徘徊在3000～4000元，这就是我所一再赞许的：贵族出身的费勒思可巴第酒庄，举手投足之间，还散发出令人景仰的欧洲老贵族的气息！

意大利阿尔卑斯山下的"酒后"
巴巴罗斯柯酒

42

不知不可　Something You May Have to Know

皮尔蒙特产区的"双 B"之一巴巴罗斯柯酒，是以巴巴罗斯柯酒村为名。巴巴罗斯柯酒村与巴罗洛酒村鸡犬相闻，所栽种的都是内比奥罗葡萄，风土没有太大的差别，一有影响葡萄生长的自然灾害，例如悲惨的 2002 年份，这两个酒村都会受到同样的影响。理论上这两个酒村的酿制工艺、酒农的经验……都没有太大的差别，酿出的酒味也应当没有太大的差别。但是在法规方面，巴罗洛与巴巴罗斯柯都必须至少具有 12.5 度的酒精度，以及至少要在橡木桶中陈年 1 年，巴罗洛还需至少 2 年的瓶中醇化，而巴巴罗斯柯仅需另外 1 年的瓶中醇化。

此外，一般认为巴巴罗斯柯比较圆融、清柔，可以在较年轻时享

用，且醒酒时间可较短。相反，巴罗洛则强劲固执，走阳刚一路。所以，巴巴罗斯柯可以称为"皮尔蒙特地区的酒后"。不过要区分这种差异，只有属于"饮中老手"的层次者方有可能。本地许多酿酒行家可以轻易地将这 2 款酒酿得不分轩轾。

酿制巴巴罗斯柯的葡萄产区有 500 公顷，约有 1000 家酒农，年产量可达 300 万瓶，是巴罗洛酒（800 万瓶）的 1/3 左右，但后者的价钱往往高于前者 30%。这恐怕是因为巴罗洛成名较早，以及普遍认为其较具有陈年实力、口味浓厚吧！故专家们建议品尝皮尔蒙特酒的程序，应该是先巴贝拉，其次巴巴罗斯柯，最后才进入欣赏巴罗洛的层次。

提到巴巴罗斯柯，自然也应当提到歌雅酒庄（Gaja）。这个位于巴巴罗斯柯酒村

巴巴罗斯柯酒庄一景

内的酒庄，酿制 3 款举世闻名的巴巴罗斯柯酒：提丁之南园（Sori Tildin）、圣罗伦索之南园（Sori San Lorenzo）以及柯斯塔卢西（Costa Russi）。这 3 款被公认为是最时髦、最昂贵的意大利顶级酒，也入选拙作《稀世珍酿》的世界百大葡萄酒。巴巴罗斯柯也是因为歌雅主人安吉罗的努力，才跻身世界名酒之林的。

本酒的特色　About the Wine

本书在选择撰写法国波尔多梅多克地区顶级酒时的梦魇，在此（以及在下一款巴罗洛酒）时，再度出现！巴巴罗斯柯酒年产量可达 300 万瓶，但价钱比巴罗洛酒低廉，口味没有相差太大，数量只是巴罗洛酒的三成，懂酒的意大利人早已捷足先登，因此即使在意大利周边的欧洲各国，好的巴巴罗斯柯酒都不易见，动辄接近 100 美元，在台湾地区找到价钱合适的巴巴罗斯柯酒就更不容易。

不过，老天究竟是乐于助人的。我不经意地在远企饭店超级市场中发现，竟有大名鼎鼎的"巴巴罗斯柯酿酒合作社"（Produttori del Barbaresco）的产品贩卖，真是出乎意料！

此酿酒合作社是 1894 年由巴巴罗斯柯地区一位酿酒师，也是阿尔巴镇内皇家酿酒学院院长卡瓦沙（Domizio Cavazza）创立的。当时本地酒农都将葡萄卖给酿造巴罗洛酒的酒商。卡瓦沙认为巴巴罗斯柯的葡萄酒可以自立门户，遂联合 9 个酒庄成立酿酒合作社，以严格的品管、精细的酿酒技术，迅速将巴巴罗斯柯的名声建立起来。20 世纪 20 年代，本合作社被法西斯政权解散，直到 1958 年才由当地的神父召集附近的酒庄恢复成立。

恢复后的酿酒合作社仍是以最严格的标准来维系名声。葡萄生长期不能施加任何化学药剂，单位产量比法定标准还低许多，葡萄一律依成熟度分批采收，装葡萄的篮子只能用柳条而不能用塑料篮，避免压坏了葡萄……目前共有 59 家酒庄加入此协会并自愿接受合作社严格的会章拘束。总共近 100 公顷的园区，每年能生产 40 万～42 万瓶各式红酒，其中 80％为巴巴罗斯柯酒，20％为一般的内比奥罗酒——郎格酒（Langhe）。后者类似前一款的巴贝拉酒，也是

以地名为酒名。

合作社酿制的巴巴罗斯柯，可分为一般产区与单园产区巴巴罗斯柯，产量各占一半。一般产区的巴巴罗斯柯还可分为一般级巴巴罗斯柯与珍藏级巴巴罗斯柯 2 种，差别是在总熟成的年限上，珍藏级会比一般级在瓶中的醇化期多 2 年，达到 4 年。

产自单园的巴巴罗斯柯共有 9 个酒庄酿制，都属于珍藏级的水平。

本合作社的巴巴罗斯柯需要超过 3 个钟头的醒酒时间，一般的巴巴罗斯柯也至少要 2 个钟头。那天我购到的本园 2005 年份一般级，经过 2 个钟头的醒酒后，酒气仍然闭锁不彰，只能再放上 1 个钟头，慢慢地，类似梅子、红枣及青苹果的味道涌现出来，甚为优美。手上若有闲钱，我建议买上几箱，可以给你带来许许多多快乐的夜晚。

延伸品尝　Extensive Tasting

台北的确是一个"令人惊奇的城市"。我偶然路过和平东路三段的巷子，看到一家小酒铺。多年来的习惯，我毫不犹豫地进去瞧瞧，立刻被酒瓶上简单优雅的酒标所吸引，也立刻被动人的价格所征服。这是一家典型的巴巴罗斯柯酒庄帕斯杰拉酒庄（Pasquale Pelissero）的代表作。这家成园于 1974 年的酒庄有 8 公顷的葡萄园。莫看仅有 8 公顷，以巴巴罗斯柯地区 500 公顷共有 500 个酒农计算，平均每个葡萄园仅有 1 公顷，也算是小农经营，与法国勃艮第差不多。本庄的 8 公顷园区都是好的向阳坡段，且有许多难得的老藤，老

园主帕斯杰拉致力于保持传统巴巴罗斯柯酒的口味，平日细心照顾，收成时也小心翼翼。本园位于酒村最高之处，酒庄的照片让我想起我曾两度造访这个酒村时，都曾对山上这栋漂亮的建筑瞄上几眼。本来以为是某位世家的豪宅，没想到竟是一个极为普通的酿酒人家！本园葡萄产量甚高，每公顷能够收成 8000 千克，是法国勃艮第或罗讷河地区顶级酒

庄单位产量的 1 倍或 2 倍以上，可见巴贝拉和此地的内比奥罗葡萄的确是易长的好葡萄。

本庄旗下 6 款酒，只有巴巴罗斯柯一款算是优质酒，其他都属于一般用酒，价钱平实，全年产量不过 12000 瓶。以我试过的这款 2008 年份巴巴罗斯柯而言，清甜的樱桃、草莓及加州李的感觉十分明显，有淡淡的甘草及中药味道，也可以感觉到有隐藏的酒精劲道，但不突出。至于评价，美国《酒观察家》杂志对于此年份的评分竟有 93 分的高分，而且我只付出 1000 多元的代价，换来 2 个钟头的期待与快乐，实在令人开心。

进阶品赏　Advanced Tasting

意大利人一听到"西泽"二字，马上就会崇敬三分。意大利有一个令人崇敬的酒园，正是以"西泽"为名，这就是皮欧·西泽酒庄（Pio Cesare）。

皮尔蒙特区的阿尔巴（Alba）小酒镇，也是全世界美食家心目中的圣地——白松露的集中地。阿尔巴酒村中有一座当地历史最悠久的酿酒房，西泽家族当时的当家人皮欧老先生创立了酒庄，并于 1881 年建起了酒窖，至今已达 5 代。130 年来，本酒庄财运亨通，陆陆续续收购了整个阿尔巴地区最好的葡萄园，面积总共达 25 公顷。同时也留心哪些葡萄园的葡萄最好，签下契约，提供葡萄给本酒庄来酿酒。这些契约果农往往世代相传，有的祖孙三代都提供葡萄给本酒庄酿酒。本酒庄果然可以称为阿尔巴酒镇"酿酒第一世家"。

本酒庄提供一系列的皮尔蒙特佳酿，除了巴罗洛与巴巴罗斯柯这两大绝活外，其他餐酒级的巴贝拉、内比

莫看这一片平凡无奇的石墙，这可是皮欧·西泽地下室酒窖中罗马帝国的建筑遗迹

奥罗都有生产，甚至年产量仅有两三千瓶的霞多丽（Piodilei）也十分精彩。我特别推荐其巴巴罗斯柯，可以体会何谓"典雅、雄壮"的巴巴罗斯柯！本酒庄每年产量约30万瓶，其中七成是外销。无怪乎在世界各地的意大利餐厅的酒单中经常可见到西泽酒，而且都印在"昂贵级"那一栏之中。

巴罗洛及巴巴罗斯柯都分一般园区与单园产区两种，后者较贵。以巴巴罗斯柯而言，一般园区价格属于中上，在50～60美元。其品质如何？帕克为2005年份、2006年份、2007年份分别给予90分、91分以及92分，应属于中上的成绩。至于单园区，例如"山顶区"（Il Brico），价钱则要多1/3以上，帕克评分也稍多1～2分而已。

目前当家的第5代庄主Benvenuto诙谐有趣，有数次来台的经验，对台湾地区的美食、品赏美酒的水平都有极深的体会。我于2011年夏天拜访其酒庄时，Benvenuto很得意地带领我们进入地下酒窖参观。酒窖中有一整片围墙，是公元前5世纪的古城墙。这片古城墙应当目睹了西泽大帝的丰功伟业与罗马帝国的凄凉沦亡。西泽酒庄酒窖内有此"西泽遗物"，果真是难得的巧合！

阿尔巴小镇中心

《倚醉图》

这是岭南大师欧豪年教授的《倚醉图》，与本书第103页的《终南道士倚醉图》有异曲同工之妙。图中老者酒酣耳热，真乃神仙中人。

意大利的王者之酒
李那迪·菲理酒庄的巴罗洛酒

不知不可　Something You May Have to Know

阿尔卑斯山下的"酒王"巴罗洛，以雄壮的酒体、浓郁的口感与坚强的陈年实力，百年来获得了意大利"王者之酒"的美誉。几乎每一个意大利人都知道，意大利最伟大的酒都来自于巴罗洛。比较好的人家在有喜庆之事时，主人会慎而重之地自酒窖中拿出一瓶陈年老酒来庆祝，不用猜，十之八九会是一瓶酒标已泛黄破损，瓶身布满灰尘的老巴罗洛酒。

巴罗洛酒代表意大利酿酒的传统、美酒的陈年实力，是意大利老酒客回忆、吹嘘其往年喝酒"盛况"的最佳见证。

年轻的巴罗洛酒扎口、粗犷，有棱有角，不适合独饮，配菜佐餐又怕夺味，仅适合搭配酱味重、膻味强的烤肉、炖肉类食物。超过 10 年的老巴罗洛，特别是完美陈年 20 年的老巴罗洛，却会散发出清澄的砖红色泽，并洋溢着浓厚的乌梅味，连饮中老手都会误认为"顶级陈年勃艮第酒"。

如果酒窖中没有购藏上一批老年份的巴罗洛，绝对无法冠上藏酒家的美誉。这是一个"培养耐心"的收藏。每位有志于"终身浸淫美酒"者，每年都要买进一批年轻且价钱还算公允的"幼齿巴罗洛"，为日后的美好时光打下基础。

本酒的特色　About the Wine

比寻找价钱合宜的巴巴罗斯柯更困难，总共 1100 公顷、750 个酒庄的巴罗洛产区，年产量高达 800 万瓶，但价格在 2000 元上下的巴罗洛的确难找。我勉强将价钱上调至 2500 元，总算还能够找到满意的酒品。我的第一选择便是李那迪·菲理酒庄(Francesco Rinaldi & Figli)的巴罗洛。

当我在台北远企购到这瓶李那迪·菲理酒庄 2007 年份的巴罗洛时，我立刻打开储酒柜，发现一瓶同酒庄 1987 年份的巴罗洛还"安详"地躺在那里，我会心一笑。

在亚洲国家，日本可能是最钟情于意大利酒的国家，特别是皮尔蒙特的优质酒。每次我有日本之行时，回家所携带的美酒，多半是在一些老酒铺中不经意购到的尘封已有二三十年，且状况仍颇为良好的"7"字头或"8"字头的巴巴罗斯柯或巴罗洛酒。当然价钱也不可思议！这瓶 1987 年份的巴罗洛，就是 5 年前我从日本名古屋一个很不起眼、灯光暗淡的小小酒铺中一位完全不懂英文、双手颤颤巍巍的店主手中带回的纪念品。

成立于 1870 年的李那迪·菲理酒庄至今已经有 140 余年的历史，算是历史悠久的老酒庄，比前述酒款的西泽酒庄还早 11 年。1906 年酿制了第一个年份的巴罗洛酒。一个家族对同一款酒，酿制了 100 年，酿酒工艺当然早已深植入心。拥有的 10 公顷葡萄园中，内比奥罗葡萄就占了 9 公顷。本酒庄最得意的两个单园产区卡姆比欧(Cannubio)以及布鲁特(Le Brunate)都只有 2.2 公顷，年产量各只有 1.4 万瓶及 1 万瓶，产量已经接近勃艮第顶级酒庄或是美国加州的"膜拜酒"。

我这瓶 2007 年份的布鲁特园巴罗洛，酿自平均年龄超过 30 岁，不少还高达 40 岁的老藤，产量自然较少。木桶内醇化至少 4 年，再加上瓶中醇化至少 1 年，即便如此，还要等

上 10 年才有品赏的价值。我之所以愿意等 10 年后再开此瓶享受，理由很简单：我的储酒柜里幸运地尚有几瓶已经陈年适饮的巴罗洛。

李那迪·菲理酒庄的名字很长，令人见而生畏，很难记忆。但我认为其酒庄产品款款有味，其基本款的内比奥罗及巴贝拉都个性十足，出手不凡，值得作为日常用酒。

提到了李那迪酒庄(Rinaldi)，不要忘了还有一家酒庄 Giuseppe Rinaldi，其庄主和李那迪·菲理酒庄的创园庄主 Francesco Rinaldi 为堂兄弟。1870 年家族设立酒庄后，1890 年 Giuseppe Rinaldi 便另行设园，让家族的酿酒事业做得更火红，成为巴罗洛酒村的酿酒大户。两个李那迪酒庄并没有相互竞争而反目成仇，反而是和睦相处，共同打拼，且互相交换酿酒心得，家族和谐难得一见。

Giuseppe Rinaldi 酿制的 2 款单园巴罗洛和李那迪·菲理所酿的名称几乎完全一样，分别是卡姆比(Cannubi)以及布鲁特(Le Brunate)，都获得帕克极高的分数(例如 2008 年

份前者为 92～94 分，后者为 94～96 分），台北的定价为 3500 元。至于基本款的朗格酒，2009 年份也获得 91 分，台北市价为 1350 元。

我建议不管是 Giuseppe Rinaldi 还是 Francesco Rinaldi，

都值得作为一探巴罗洛美酒世界的入门酒。两者的价钱虽有三成左右的差异，但假如您的品酒灵敏度够精确的话，其口感与层次的差别恐怕最多只有一成吧！

延伸品尝　Extensive Tasting

当我第一次在意大利看到一整个系列的史宾耐特酒庄（La Spinetta）皮尔蒙特酒时，视觉马上被吸引住。酒庄主人的营销策略果然高明。意大利酒标上的文字如同德国酒标一样，令人头痛。史宾耐特酒标上的犀牛（巴巴罗斯柯）及狮子（巴罗洛）异军突起，深深地印在了酒客的脑海中。

1977 年才开始在皮尔蒙特地区建园的阿根廷返乡侨民利瓦伊提（Rivetti）设立了史宾耐特酒庄（La Spinetta 意为“山顶”，可知酒庄位于山坡之上），开始了酿酒事业。次年先酿出白酒，1985 年开始酿制巴贝拉红酒，1996 年开始酿制巴罗斯柯，2000 年在巴罗洛地区买下 8 公顷的坎培园（Campe）开始成功地酿制巴罗洛。这款酿自 50 年老藤的巴

罗洛，用了黄底色、德国最伟大的画家杜勒（Albrecht Dürer）的素描狮子作为酒标图案，获得了极大成功。年产量只有 2 万瓶，帕克都评了甚高的分数（2006 年份、2007 年份分别为 93 分、95 分）。另外，本酒庄在 2006 年也推出了嘉瑞提（Garretti）巴罗洛。这是以嘉瑞提园区（仅 2.2 公顷）的葡萄为主，也采用坎培园及其他地方收购的葡萄酿成，树龄较年轻（30 岁）。为了与正牌黄标狮子有所区别，使用深红底色的狮子酒标，一样醒目，年产量仅有 8000 瓶。

本园的正牌黄标狮子巴罗洛，一上市便为各方所争购，原因是价钱比各老酒庄便宜近半，且口感较为轻盈，果味浓厚，不需陈年太久。尽管如此，也动辄超过 100 美元，至 150 美元不等。退而求其次的红标狮子巴罗洛，价钱可以低到前者的一半左右，风味不减太多，性价比是最大的吸引力。

此瓶 2007 年份的巴罗洛，开瓶后立刻可以感受其充沛

的活力，酸度颇为明显，但不至于掩盖其明显而突出的果味。我个人对此款酒能否越陈越香有相当的把握。能够体会年轻的巴罗洛，是本酒的特色。

本酒基本上仍属于强劲有力的酒款，品酒会上往往可作为压轴之用。狮子是森林的百兽之王，巴罗洛酒也被称为"酒中之王"，用狮子作酒标十分适当。酒标新颖，代表了本酒庄酿制的巴罗洛与巴巴罗斯柯是走时尚的路线，与波尔多的木桐堡似乎有异曲同工之妙。

史宾耐特酒庄继在皮尔蒙特地区成功发展后，又将版图扩张到中部的托斯卡纳地区，在 2001 年购下 65 公顷园区，使酒园总面积高达 165 公顷，成为意大利酒界的巨人。史宾耐特酒庄的雄心壮志，让我想起了加州罗伯特·蒙大维酒庄当年的攻城略地，结果造成帝国的崩溃。我希望史宾耐特酒庄勿蹈覆辙，好好把握质量。

进阶品赏 Advanced Tasting

在前一号酒中提到的皮欧·西泽虽以酿制巴巴罗斯柯闻名，但巴罗洛才是其成名代表作。其家族所在地就在巴罗洛产区的中心阿尔巴镇，可说无人不知、无人不晓。西泽先生长年也被酒界尊称为"巴罗洛先生"。西泽酒庄产制的巴罗洛分为一般园区与单园产区两种。一般园区巴罗洛使用的酒标和西泽一般园区巴巴罗斯柯一样，但在单园产区，例如欧那特园区（Ornato），就有另一款仿佛射箭标靶的标签，简单、醒目（见右下图）。但酒标会骗人，这款欧那特单园酒的酒质绝不如酒标那么单纯易懂。在中度烘焙且七成全新橡木桶中醇化 3 年之久的巴罗洛，还需要至少 15 年的陈年。我手上有一本德国 Heyne 出版社于 1996 年出版的《皮尔蒙特酒》(Jens Priewe 著)，这本德国最著名的介绍意大利酒的酒书特别提到，1986 年是此款酒第一个年份，但直到 1996 年，离此款酒的成熟期仍"为时尚早"！我曾在阿尔巴镇的西泽酒窖与庄主喝过十几个年份的老巴罗洛，只记得颜色仍然十分鲜艳，果香味仍足，没有成熟老巴罗洛酒应有的乌梅味，是一款考验耐力的酒。这款酒本应当列为本书巴罗洛酒的进阶款，但询价的结果，本款最低都要 3000 元以上，而本酒庄

一般园区的巴罗洛在2000～2500元之间。

本书因此找到另外一个极为优质的小酒庄——毛洛·莫里诺酒庄（Mauro Molino）。本酒庄位于巴罗洛产区的中心——拉摩拉酒村（La Morra），是量产巴罗洛的11个酒村中最出名的一个。庄主老莫里诺在1953年设立了此仅有8公顷的小酒庄。起初也是加入本地的巴罗洛酒合作社，混在一起酿酒。其儿子莫里诺博士在大学获得了酿酒学博士后，在一家很大的蓝布鲁斯科气泡酒公司工作了好长时间，负责酿酒与品管。直到1978年，老庄主退休，不想酿酒了，儿子才返回老家，独立创立品牌。

莫里诺博士和本地酿造巴罗洛酒的老式酒农不同，有全新的酿造概念，尤其强调低产量的哲学。把老园内的葡萄全部重新更换，并且实行分园酿酒的政策。1985年推出了第一个年份，没想到连最低等级的餐桌酒阿坎其欧（Acanzio）都获得了极高的赞誉，甚至被认为是本地区最好的餐桌酒。

本园推出的巴罗洛也很精彩。每年可以提供4款巴罗洛，包括一般园区1款及单园巴罗洛3款。不像一般园区产的巴罗洛，只在旧的大橡木桶中醇化2年，单园的巴罗洛都会使用30%的法国新橡木桶，醇化期为2年，故单园巴罗洛的质量与价格都高出不少。就以台北购得到的甘西亚园（Gancia）为例，此园仅有0.8公顷大，葡萄在1985年才种植，现在已经达到高峰期，年产量仅有4500瓶，台北市价在2500元左右；另一款Gallinotto园，面积大1倍，年产量也跟着多1倍，达9000瓶，市价2000元出头；至于一般园巴罗洛，只有1800元。

我在2012年10月与本园庄主的两位儿女Matteo与Martina一起品赏了3款巴罗洛（2005年份一般园与Gallinotto园、2007年份甘西亚园）。两位少庄主都是从酿酒学院毕业，一个规模不大的酒庄(现有12公顷)就有3位酿酒师任职，本酒庄的专业水平可想而知。我特别欣赏甘西亚园，有亮丽的红宝石色泽，扑鼻而来的乳香，青草地的芬多精与焦糖、黑糖的混合香气，尾韵绵长，芳醇至极。而Gallinotto园与一般园的巴罗洛，精细度稍逊，但一般酒友很难区分，价钱更见合宜。这是一场令人难忘的品酒之宴。在巴罗洛价钱一年数涨的今日，本酒庄仍以平实的价钱提供给旧友新知，我们应当以行动来支持与赞许。

> 品尝一瓶葡萄酒正如同欣赏一位女士，在乎其成熟，而非年龄（年份）。
>
> ——Cyrus Redding
> （19世纪英国作家）

爱情之乡酒更浓
贵里尼·理沙帝酒庄的阿马龙酒

由米兰的皮尔蒙特产区一路东行可到水乡威尼斯。离目的地约1个钟头的地方，便是一个著名的产区威尼托（Veneto），其中有一个小城维罗纳（Verona），就是流传千古的爱情悲剧《罗密欧与朱丽叶》故事的发源地。不要小看这个历史可上溯至中古世纪、人口只有26万的"爱情之乡"小城，它拥有一个2000年历史的古罗马斗兽场。2000年前落成时，可以容纳6万名观众在此观赏野兽与格斗士的血腥厮杀。此外，满城都是精品店，全年涌入数以千万计的游客。

在维罗纳城的东北方，也是一个重要的美酒产区——瓦波里西拉（Valpolicella），这里酿制一种特殊的用"风干"酿法制成的干红酒阿马龙（Amarone）。这是将葡萄采收后，放到通风的地方，晾3个月左右，等葡萄萎缩成葡萄干时，水分已变成原来的1/4不到，含糖量增加，果味也变成干果、蜜饯味后，才用来制酒。这种被当地称为"蕊恰朵"（Recioto）的酿制法，当是酒农因为本地的红葡萄科维纳（Corvina）酸度过高所做的补救措施，意外地创造出新的美酒款式。

酿造这种葡萄除了要晾干葡萄外，陈年的时间也多半需要2~3年，造成了此款酒的酒体极为雄壮，口感扎实，具有10年以上的窖藏实力。喜欢有葡萄干、杏仁口味，本身又酒量不错的朋友，多半会喜欢这种充满男子气概的阳刚之酒。故此酒的价钱一般都较昂贵，也是附近富庶之地威尼斯销售最佳的顶级酒。

瓦波里西拉这个产区的名字十分难念。这里还出产一款有名的瓦波里西拉超级酒（Valpolicella Superiore），是将科维纳葡萄按照一般酿酒方式酿出普通的瓦波里西拉酒后，再将酿制阿马龙的葡萄压榨剩下的残渣混入其中，二度发酵达2~3周，才酿造出新的"超级酒"。这种类似绍兴酒

"加饭双蒸"的酒,意大利称为"理帕沙"(Ripassa),口感较为强劲,也极甘洌爽口,适合搭配奶酪或口味强烈的肉食。

一般酿制阿马龙的酒庄也会酿制一般等级与超级的瓦波里西拉酒。

本酒的特色　About the Wine

要寻找这种地方特色的酒,不妨找找悠久历史的酒庄。两位贵族贵里尼(Guerrieri)及理沙帝(Rizzardi)在1900年以两家族的名字创立了一个酒庄。这个在本地区四大产区都拥有园地的贵族酒庄,生产极为典型的阿马龙酒。就在瓦波里西拉的产区内,理沙帝伯爵家族在17世纪末便拥有了葡萄园地,至今总共达22个之多。此地的葡萄生长情况甚好,每公顷产量很容易超过D.O.C.法定标准的1万升,因此有信誉的酒庄在采收葡萄时,就会将长得最高、最靠边,可以晒到最充足日光的葡萄,采收作为酿制阿马龙之用,以获得较高的糖度及酒精度。至于其他的葡萄,就用来酿制瓦波里西拉酒。

本酒庄酿制阿马龙的葡萄都已经达30岁,酒汁会在小的橡木桶中醇化2年后,再移到大橡木桶中继续醇化1年,所以能够酿出最典型、口味传统的阿马龙。

台湾地区已有酒商进口此款阿马龙。我试过2个新的年份,没有太多的差别,都是果味集中且葡萄干味道清晰可闻,值得称赞的是,并没有太多令人生畏的氧化味。尤其是价钱不到2000元,比在意大利购买的市价还少了几成,也增加了购买的吸引力。

在欧美的意大利餐厅内,阿马龙通常列在较昂贵的酒单之中,但比起顶级的皮尔蒙特酒或超级托斯卡纳酒动辄超过100美元,点一瓶阿马龙的确是最好的选择。其能佐搭几乎所有的意大利食物,亦是其优点!

随着意大利顶级酒的市场看俏，酿制阿马龙也越来越注重质量。以往农家式阿马龙的酿酒方法，是将葡萄吊在屋檐下自然风干，非常不卫生，容易引来昆虫、蜜蜂及鸟雀，使得阿马龙容易变质。新型酒庄采购了带有电脑设备的风干电扇，并建造了类似高科技工厂的风干室，酿造出既卫生又高级的阿马龙，其价钱当然不菲。

我曾拜访过的号称"天下第一阿马龙"的达法诺酒庄（Dal-Forno Romono），便有这种昂贵措施，每瓶售价高达400欧元，还一瓶难求！此款酒也入选拙作《稀世珍酿》世界百大葡萄酒之一。另外，价钱稍低但也差不了多少的关达内里酒庄（Quin Tarelli）的阿马龙，也是如此！

另外一家也有百年历史的老厂——1902年创立的汤马西（Tommasi），位于维罗纳市往西前往北意大利小湖加达湖（Garda）的正中间一个名为"彼得山"（Pedemonte）的城市，这里正是瓦波里西拉产区的中心点。此间传承了4代的酒庄，跨过了"百年老店"的门槛，被公认为代表本区的历史老

酒庄。

本酒庄目前拥有140公顷左右的总园区，在各个小产区内收购了最好的园区，酿成包括风干与平常酿制的各款式红、白酒。名字好念，加上酒庄营销手法及严格的质量管理，使其早已成为本产区的代表酒庄，且外销甚早，在欧美市场占据了一席之地。

本酒庄的成名作是阿马龙酒。本酒庄不仅引进了高水平的干燥设备，还特别强调木桶的储存功能。但本酒庄不采用当时流行的法国与斯洛伐克新的小橡木桶，这种木桶太"夺味"了，香草味会压过果实的香气。本酒庄的地窖中拥有一个号称全世界仍在使用的最大的橡木桶。这个被称为"雄壮"（Magnifica）的橡木桶重达5000千克，可以容纳3.3万升葡萄酒，是汤马西酒庄委托一个在1775年成立的老橡木桶公司加伯利托（Garbeletto）所特制，已经有近百年的历史。这个老橡木桶公司每年还继续为酒庄打造木桶，也是本酒庄长年合作的对象。

汤马西的阿马龙酒主要分成3款：代表作的基本款以及2款单园酿制阿马龙酒——芙诺瑞安园（Ca'Florian）和马苏山园（Monte Massur）。这3款酒的酿制过程只有些微的差异，除了所有葡萄会经过长达5个月的风干过程外（一般酒

庄大概在 2～3 个月),2 款单园阿马龙会在大的橡木桶
(3500 升)中醇化 2.5 年,剩下的 6 个月在 500 升的小橡木桶
中陈年,基本款阿马龙的 3 年醇化期则全在大橡木桶中度
过,但是口感没有太大的差别。

价钱方面,2 款单园价格较高,例如芙诺瑞安园新上市
(2008 年份)的欧洲市价约为 40 欧元(台北市价 2300 元),
马苏山园则为 35 欧元(台北市价 1800 元),基本款为 31 欧
元(台北市价 1500 元),都价钱合宜,是最高级的达法诺的
1/10 左右。本园的瓦波里西拉酒也相当不错,值得一试。

虽然本酒庄有 3 款阿马龙,但我认为品尝基本款便足
够了。我很欣赏基本款酒标的古色古香,颇有巴洛克的典雅
艺术风格,令人过目不忘。在德国读书时期,我就试过不少
次阿马龙,甚至每次去德国探望老师、朋友回来时,手上总
会拎着一两瓶阿马龙。

我觉得其葡萄干、桂圆、红枣等味道十分迷人,有时候
还有些淡淡的甜味及酒精味,但并不影响其口感的均衡。近
10 年以来,阿马龙酒庄都知道了现代人葡萄酒口味受到罗
兰大师所提倡的“果味丰富甜美”的影响,对“氧化”十分敏
感并退避三舍,所以现在的阿马龙越来越没有“古早味”,也
许新潮的阿马龙酒时代已经开始!

大致上汤马西的阿马龙比前款理沙帝酒庄的阿马龙口
味要重些,可能需要陈年的时间也更久。我认为最好陈上
10～15 年才开始品尝此酒,那时酒色已由开始的深橙色转
化成淡橙色,颇有老皮尔蒙特酒的韵味,香味虽不浓但极高
雅、复杂。这是一款需要有耐心才能够获得回报的好酒。

进阶品赏　Advanced Tasting

将阿马龙酒成功地打入美国市场,特别是意大利裔集
中的美国纽约以及芝加哥等地的顶级意大利酒消费中心的
先驱酒庄,是一家成立于 1883 年的波拉酒庄。一位名叫阿
贝拉·波拉(Abele Bolla)的小客栈主人,当年想要为住店客
人找寻好酒,而后决定在威尼托地区开设一个小酒庄,逐渐
发展、获得不少国际上的大奖后,打出了名号。

如今波拉已经成为一个大型的酿酒集团,在意大利全
国 5 个大产区拥有园地。除了本庄的发源地威尼托外,也能
够酿制典型的托斯卡纳香蒂酒、赤霞珠等,每年推出 10 余
种各式红、白酒。

波拉酒庄在 20 世纪 50 年代成功地将 1950 年份的阿马龙酒打入美国市场,成为美国人熟知的第一家阿马龙酒庄。波拉的阿马龙酒酿制程序与一般酒庄大同小异:葡萄会自然风干 4 个月,等到葡萄丧失了 40% 的水分后,才开始压榨酿制,葡萄汁会在老橡木桶中醇化达 3 年之久。

当我开始喜欢上阿马龙酒后,很快地就被本酒庄一幅漂亮的广告所吸引:一位村姑装扮的美女手捧着葡萄水果篮,篮中斜插了一瓶阿马龙酒,颇似一幅优美的油画。构图来自意大利文艺复兴晚期的卡拉瓦乔的名画,果然令人印象深刻。波拉酒庄的营销手法以及高雅的文宣,将阿马龙的典雅特性发挥得淋漓尽致。

宛如一幅优美油画的波拉酒庄广告

 美酒与艺术

第一次领圣体纪念证书

这是一份 1910 年 4 月颁发给德国巴伐利亚州帕绍(Passau)市一位天主教徒的领圣体纪念证书(作者藏品)。德国天主教规定,每位教徒受洗后,还要等到理解教义、发愿成为天主教徒时,才能领受圣体,成为正式的天主教徒,并且给予证书留念。图案为精美的新古典主义风格,耶稣手捧圣杯,周围环绕着两位天使及玫瑰、百合,优雅异常。

意大利美酒世界的大小金钗
莎维与瓦伦提里酒庄的阿布若白酒

不知不可 Something You May Have to Know

西洋绘画中出现的意大利酒神（Bacchus），大多是一个身材臃肿的中年男子，手中捧着酒杯，杯中多半是红酒，可知红酒一直是意大利酒中的要角。而酒神都绝对不是独饮的寂寞者，一定是环绕着众多酒徒，其中不可或缺的便是一群狂野喧闹的女门徒巴卡娜（Bacchanal）。就像宗教或学术圣人旁会有一批崇拜者跟前跟后，酒神身旁的这些巴卡娜，便是带动饮酒气氛的推动者，虽是酒宴的配角，却是点燃美酒魅力的引信。红酒既然是主角，那配角巴卡娜自然是白酒。

和台湾地区的夏天一样，意大利的夏天温度经常上探至40摄氏度。我在2011年8月的一天下午2

点由比塞塔赴米兰时，户外气温高达45摄氏度，道路上的柏油都在冒烟，车辆经过时产生滋滋的恐怖声响！

意大利的确是美食王国，足以和台湾地区一拼高下。但在气温如此之高，冷气又不比台湾地区普遍的意大利餐厅内享用美食，几乎没有人会想要点饮红酒，特别是味重体强的巴罗洛或巴巴罗斯柯，连一般较为顺口的香蒂酒也乏人问津。这时候一定要找清淡、冰凉，可以开胃消暑的白葡萄酒了。意大利到处都出产白酒，而且历史动辄过千年，当然有其受市场欢迎、适合搭配当地食物的理由。

意大利白酒中，哪一款酒可以充当这个巴卡娜的角色？可能要找个性温和的，那自然要找一款名叫"莎维"的白酒。如果要找一款可以长饮长闹，又清淡爽口，不会令人饮之生厌且果味明显的顶级酒，方能登上与酒神共饮共乐的大雅之堂，这款白酒恐怕必须是阿布若省（Abruzzo）的特雷比奥罗品种（Trebbiano）不可。

这2款酒可以称为意大利白酒的"大小金钗"，都各有迷人的风韵。

在前一号酒中介绍的"爱情之乡"维罗纳,周遭的葡萄园产区除了酿制一流且强劲的阿马龙酒外,也产清新可口的莎维白酒。莎维是一个产区,总面积达 4000 公顷之多。这里地处平原,土壤肥沃,因此葡萄产量甚大,每一公顷动辄可以收获 1 万升以上。葡萄品种主要是卡卡内卡(Garganega)原生品种,所酿制的地方性白酒,酒精度都在 10 度上下,较陈年的珍藏莎维可以高达 12.5 度,都可算是低度温和的佐餐用酒。

在前一号介绍阿马龙酒时,已经特别提到了酿造瓦波里西拉酒的历史老园汤马西酒庄,在其拥有的 140 公顷酒园中,也包括莎维产区的数十公顷园区,酿出十分清新可口的莎维酒。汤马西酒庄的莎维酒称为"经典莎维"(Soave Classico),也分单园(Le Volpare)与山坡园区的基本款,前者比后者在不锈钢桶内多陈放 2 个月,但口味没有太大差别。

汤马西酒庄的莎维酒,既然讲究清新顺口,当然不会经过橡木桶窖藏的程序,只在不锈钢酒桶中经过几个月的发酵与陈年即可上市,属于标准的普罗大众的日常用酒。意大利的炎热夏天经常长达半年,让莎维酒的"旺市"持续半年以上,也算是上帝的恩泽。

莎维酒除了炎热天气的促销因素外,也是一个搭配清淡美食的良选。我曾多次携带莎维酒或法国的夏布利酒来搭配台湾地区的菜肴,口感平顺的莎维酒既可以搭配口味较重的三杯菜色,也可以轻易地协调鱼腥味较重的烤虱目鱼肚,以及高雅的烤乌鱼子。相形之下,夏布利酒似乎就显出较有棱角、不易妥协的倔强,与酱味重的菜色如荫豉蚵或烤虱目鱼肚似乎不搭界。

对于风干酿法已经颇有心得的汤马西酒庄,也想到了用酿制莎维酒的葡萄卡卡内卡来酿制风干的莎维酒。

这款名为"十字山园"(Monte Croce)的莎维酒,酒标上标为 "葡萄干白"(Passito Bianco),这是仿效阿马龙酒的酿造方式所酿出的甜度高的白酒。意大利以香蒂产区最有名,酿出的酒称为"圣酒",本书将在第 50 号酒处介绍。本酒庄所酿产的十字山园,可以称为"北意圣酒"!这款莎维白酒,倒是由地方性名酒跃升为意大利最有名的日用酒了。

这些廉价的莎维酒,正像香蒂酒一样,适合作为年轻饮客

进入葡萄酒世界的 2 款"入门酒"。我记得我在德国读书时，宿舍旁有一家意大利家庭式餐厅 Mario，中型规模（30 张桌子），能煮出非常地道的意大利餐。这家餐厅连洗碗的工作都由意大利同乡来干，可见走的是纯意大利路线。我几乎每周都会报到一次，久了和每位跑堂都熟。每当天气热时，他们都一致推荐我点又可口又便宜的莎维。所以，冰冷的莎维酒给我的回忆，却是浓厚的热情。

可惜回到台湾地区后，红酒一枝独秀的市场上很难得看到这些最适合台湾地区炎热天气，也最适合搭配台湾地区海鲜的意大利干白酒。还好最近这种情况已经有所改善，葡萄酒进口商们逐渐分散进口来源，让产品多元化。最重要的是，台湾地区的爱酒人士已经有了"饮酒世界观"，更了解了美酒世界的缤纷与多样性。

延伸品尝　Extensive Tasting

前一号酒提到，1950 年份的阿马龙酒是第一款成功外销至美国的阿马龙酒，其推手为波拉公司。相对于阿马龙酒是高消费群的选择目标，莎维酒则是普罗大众的最好选择，波拉公司同样扮演了推动美国市场的主要角色。

波拉公司每年进口到美国的莎维酒达到数百万箱的规模。从 20 世纪 80 年代开始，在美国提到莎维酒，就会联想到波拉酒，因此"莎维波拉"（Soave Bolla）成为一个名词，可知本酒庄的重要性。

和上一款的汤马西的莎维酒相比，波拉的版本似乎没有太大的差别，价钱亦然。既然是日常用酒，就可以以这2款酒所构成的口味——清爽、顺口，来作为波拉的特点吧。

同时，这款酒也是走大众路线，价钱很低。我建议爱酒的朋友不妨把莎维酒拿来当作日常用酒，可以取代啤酒（避免产生啤酒肚这个可怕的副作用），也可以替代气泡酒。尤其是夏天的晚上要去吃海鲜时，携带冰后的莎维，不必讲究杯子，是搭配海鲜快炒的无上妙品。

本酒的特色　About the Wine

1999 年，天主教势力最大的意大利正在准备庆祝千禧年时，一个在托斯卡纳拥有 500 年历史的老酒庄安提诺里，在本地敲妥了一桩买卖事业：要酿出顶级的意大利气泡酒。

本书第 38 号酒介绍安提诺里酒庄（Antinori）时提到，1999 年，庄主看中了一个早在 12 世纪就已经成园的历史老园孟提尼莎酒园（Montenisa），便和园主马奇家族（Conti Maggi）合作，开始酿制孟提尼莎气泡酒。

广达 60 公顷的孟提尼莎酒园，目前只酿造气泡酒，共有 5 款。其最基本的干香槟称为孟提尼莎干气泡（Montenisa Brut），会在玻璃瓶中陈年至少 25 个月，香气微淡，但甜味与酸味都较为明显，入口后韵稍短，整体算是很平衡，气泡尤多，很容易被误认为来自于香槟区。

本款气泡酒的外形颇类似酩悦酒庄的顶级香槟唐·培里侬（Dom Perignon），十分典雅美观。我认为这款酒可搭配任何西式餐点，不一定非要搭配意大利料理，它都是绝佳的选择。而且价钱甚为低廉，低于 2000 元，何乐而不为？

延伸品尝　Extensive Tasting

前面提到了伦巴第生产的一种红气泡酒蓝布鲁斯科（Lambrusco）。这种味重、酒体结实的红气泡酒，刚好与顶级的意大利火腿"帕尔玛"（Parma）是同一产区，同时位于此地的城市梦迪那（Modena）也是意大利制醋最精彩的地方，果然是"一门三杰"，让伦巴第地区成为北意大利的美食重镇。

讲到欧洲的火腿，美食家们一定都会想到西班牙的伊比利黑猪。这种吃橡实长大的黑猪制成的火腿（Jamon，哈梦），有鲜红的瘦肉、雪白的脂肪和纤细的肉质，入口一咀嚼即融化，是以克计的昂贵美食。而伦巴第的帕尔玛火腿价格就低廉得多，但口感较为扎实，香气也不遑让。意大利餐厅里，一两片哈密瓜夹上薄薄的生帕尔玛火腿，几乎是意大利餐头盘的代表作。

至于可以被列为世界一流的醋——帕萨米科陈醋（Aceto Balsamico），也产在这里。老饕们在享受意大利沙拉，尤其是有绿叶、奶酪等田园式蔬菜沙拉时，一定会想要滴上几滴这样的顶级果醋，冠上地名"梦迪那"的帕萨米科质量最高，价钱也一定最贵。

这里生长的蓝布鲁斯科葡萄，是一种容易生长、结果量大的红葡萄。其酿酒历史至少可追溯到罗马帝国时代。考古学家甚至认为，罗马帝国的日常用酒可能就是由这种葡萄酿成。我们可以想象，荒淫的尼罗皇帝，一面饮着蓝布鲁斯科，一面欣赏着火焚罗马的场景；我们也可以想象，不可一世的凯撒大帝，左手拥着埃及艳后克利奥帕特拉，右手拿着盛有蓝布鲁斯科的酒杯，果然是"醉卧美人膝，醒掌天下权"！

蓝布鲁斯科历史悠久，种植范围很广，千百年下来，为适应风土，也衍生了许多亚种，达60余种之多。蓝布鲁斯科虽然可酿制红、白及气泡酒，却以红气泡酒最著名。这种红气泡酒不会使用费时费事的"经典制造法"，而是使用在不锈钢桶内二度发酵的"夏马式发酵法"（Charmat），这种方法也被称为"意大利酿造法"（Metodo Italiano），适合大规模生产使用。酿成的红气泡酒，以粗犷的日常用酒为取向，适合佐配脂肪重、酱味强的肉类食物，同时也带有神似薄酒莱的韵味与甜味。由于价钱太好了，许多意大利餐厅都会准备此款酒。二三十年前，这是意大利酒销往美国的最大宗，到处都可以看到鲁里特酒庄（Riunite）的本款酒。近10年来，由于重养生的概念兴起，不甜的灰比诺酒才逐渐取代了蓝布鲁斯科酒。

蓝布鲁斯科除酿制红气泡酒外，也是酿制帕萨米科醋的主要原料。酿成的帕萨米科还要在小橡木桶中陈放至少12年，越陈越香，当然也越贵。蓝布鲁斯科在伦巴第的重要性可想而知。

在进口税颇高、不尽合理的台湾地区，一般进口商不太愿意进口价廉、利润低的葡萄酒。而在炎热的夏天，胃口一般较差，最适合买瓶千元不到的蓝布鲁斯科酒，冰镇后搭配较重口味的食物。每家酒庄酿制这种酒的水平差异很小。最近偶然看到一款由Ariola Winery生产的蓝布鲁斯科，可以被评定为最优质的蓝布鲁斯科，我很佩服进口商的眼力。另一款由Medici Ermete & Figli酿制的甜蓝布鲁斯科，也才600～700元，甚为甘美柔顺。我常常觉得台湾地区20年来饮酒水平的跃升，这一大批默默耕耘的进口商实在功劳不小。

如果要在意大利找到一款可以真正挑战法国顶级香槟的酒，在质量的优秀以及价钱的吸引力方面皆然，那只有一家，就是位于法兰西亚科达产区的卡德·巴斯克酒庄（Ca'del Bosco）的气泡酒。我曾经在拙作《酒缘汇述》中写了一篇《意大利"第一白"——卡德·巴斯克的霞多丽白酒》。在这篇文章里，已经介绍了巴斯克园的气泡酒与霞多丽白酒，都有挑战意大利第一名宝座的实力。

园主查内拉（Maurizio Zanella）在 40 年前去法国勃艮第的罗曼尼·康帝酒园参观时，大彻大悟，回国后便一切以法国的精酿手法马首是瞻，立志酿出一流的葡萄酒。他终于成功了。

10 年后，他又成功地开发了气泡酒。他延揽了一位在香槟区工作了大半辈子的酿酒师杜柏阿（A. Dubios）担任酿酒总监，也使用标准的香槟酿造法，成功地"复制"出法国香槟，早期的酒标上还印着"香槟制造法"的字样。葡萄分散种在 134 个小葡萄园中，树龄平均超过 20 岁，其中 75% 为霞多丽，其他为黑比诺与白比诺各占一半。除当年采收与发酵的葡萄汁外，另外加入 20% 老年份的陈酒，瓶中发酵及醇化期约 2 年 3 个月之久。

我曾经在德国慕尼黑多次喝过本园的气泡酒，每次都觉得这款酒内敛、含蓄，但酒体不失轻快，不太像是出自热情的意大利人之手。帕克的评分大概都在 89～92 分之间，可以想见帕克不太欣赏其不够狂野、奔放及酒体浓厚的风格。

台北偶可见到此酒，定价都在 2000 元出头。其一般级的白酒，不论是霞多丽还是其他白酒，都在 1000 元出头，颇值得一试。

伦巴第地区的气泡酒除了大名鼎鼎的法兰西亚科达外，如果葡萄产自此地，但酿酒地不在伦巴第，就不能挂上"法兰西亚科达"的名称，因此有一款这类型的气泡酒便只能挂上"气泡酒"（Spumante）的名称。这个酒庄不是泛泛之辈，而是在巴罗洛可以呼风唤雨的布鲁诺·贾可沙酒庄（Bruno Giacosa）。

布鲁诺·贾可沙在 2012 年已经高达 83 岁，浸淫在酿酒业将近 70 年，练就了一身的酿酒功夫。帕克大师对布鲁诺·贾可沙酒有许多赞誉之词，例如"全世界只有一种酒，无须尝试就掏钱购买的，当是布鲁诺·贾可沙酒"，另外则是"如

果只允许我挑选一瓶意大利酒,那当非布鲁诺·贾可沙酒不可"。

布鲁诺·贾可沙的巴罗洛酒为其赢得了金字招牌。其白标的普通级已经十分杰出,年产量不过 1.5 万瓶,万方争购;而珍藏级的红标法乐托之堡垒(Le Rocche del Falletto),当是最受帕克心仪者,年产量 1 万瓶上下,经常评在 95 分以上,也入选拙作《稀世珍酿》的世界百大葡萄酒。

除了以上 2 款明星酒外,本酒庄虽然仅有 18 公顷的规模,但是长年来也利用外购葡萄的方式酿出近 20 款酒,占总产量的八成以上,形成了今日可年产 45 万瓶的规模,其中也包括气泡酒。

贾可沙的气泡酒"特干"(Spumante Extra Brut),便是采用其伦巴第东部产区一个名为 Oltrepo Pavese 的果园所产的黑比诺酿成,所以是所谓的"黑中白"(Blanc de Noir)。没有掺杂其他白葡萄,利用传统香槟法酿制,瓶中发酵期长达 4 年之久才会上市。

本酒有极为细致、绵密不绝的气泡,干爽的口感,以及熟透果香的风味,广受美酒界的赞誉。许多人(包括帕克在内)都认为本酒可与卡德·巴斯克的气泡酒并列为意大利两大气泡酒。台湾地区已可以购得此款气泡酒,2006 年份为 1200 元。

自 2007 年份开始,贾可沙又推出粉红气泡酒,嫣红淡雅的酒质,带酸但迷人的口感,贾可沙终于补足了其葡萄酒帝国欠缺粉红气泡酒的那一块拼图。

> 任何政府都没有办法离开香槟还能运作。香槟流入到了我们外交官的喉咙之中,正如同润滑油流进了齿轮。
>
> ——Joseph Dargent
> (法国葡萄酒作家)

实现"财富、希望与荣耀"三愿望

歌雅酒庄的"第二白"罗西莎

48

不知不可　Something You May Have to Know

与法国白酒圣地勃艮第虽然只有阿尔卑斯山一山之隔，但意大利种植霞多丽葡萄、酿制法国勃艮第口味白酒的历史并不长。法国勃艮第白酒的价格，特别是顶级白酒的价格固然早已为意大利酒农所钦羡，但这个酿酒历史已经超过2000年的古老国家，酒农似乎习于传统，更愿意酿造便宜且易饮的本地葡萄酒。

一直到1972年，才由一位名为查内拉（Maurizio Zanella）的青年，在意大利北部阿尔卑斯山麓的伦巴第区创立了一家卡德·巴斯克酒庄（Ca'del Bosco），全力仿效勃艮第的栽种与霞多丽酒酿制技术，酿出了勃艮第风味的一流意大利霞多丽酒。目前每年年产2万瓶左右的卡德·巴斯克酒炙手

可热，价格也居高不下。其气泡酒被称为意大利一绝，本书在前一号酒中已将它列入意大利气泡酒的推荐名单之内。

另一家也酿制顶级霞多丽的意大利酒庄则是有"意大利天王酒庄"之称的歌雅酒庄（Gaja）。本园以酿制一流的巴巴罗斯柯酒扬名在外。1979年，歌雅酒庄开始种植霞多丽，这也是皮尔蒙特地区的首例，只有3.6公顷，1984年酿成第一个年份，取名为"歌雅与瑞"（Gaia & Rey），是庄主安吉罗（Angelo Gaja）先生取其女儿与外祖母的名字而成。由于产量很低，平均每公顷在2500～3000升，每年生产1000～1500箱，因此售价极高，每个年份在200美元以上。帕克大师的评分经常超过90分（例如2006、2007年份都获得92分）。

歌雅酒庄自1984年起，开始在其他3个园区内栽种霞多丽，收成后混酿成一款廉价的罗西·巴斯（Rossj-Bass）霞多丽。罗西（Rossj）是安吉罗先生的小女儿胡珊（Rossana）的昵称，巴斯则是当地的一种鸟，酒标上便以两只蓝鸟为标志。这款歌雅酒庄的"第二白"，足以让爱酒人士体会出意大利的霞多丽已经走出勃艮第的影响，而有了自己的独特优美风格。

罗西·巴斯霞多丽的园区约有 10 公顷，每年产量比"歌雅与瑞"多 1 倍以上。既然要走较平价的路线，本款酒的醇化时间比较短，不像"歌雅与瑞"会在三成以上的新橡木桶中醇化将近 1 年，罗西酒会在旧橡木桶中醇化 6～8 个月。酿成后呈淡淡的青黄色，可以嗅到隐约的青草与花香，是一款颇适合佐清淡美食的好酒。价钱大致是"歌雅与瑞"的 1/3 左右，评分也不差，多半可获得 90 分以上（例如美国《酒观察家》杂志都给了 2007、2008 年份 92 分）。

歌雅酒庄的庄主安吉罗可以说是意大利酒界的风云人物，长年来在各国品酒会上宣扬其酒庄佳酿。意大利酒能获得今日的国际名声，此公功不可没。其酒庄各款酒酒价都极高昂，但

歌雅酒庄有一个漂亮的中庭

质量保证。安吉罗为人热诚、自负且自傲，的确有迷人的魅力。在擅长营销与公关方面，他与波尔多木桐堡的菲律苹女士、已故的加州罗伯特·蒙大维，可以并称为世界酒坛的"三大明星庄主"。

笑容可掬的安吉罗，手捧两本本书作者的小书，颇为愉快

安吉罗经常会津津乐道一件往事。在他 8 岁时，暑假跑到葡萄园玩耍，碰到了正在干活的老祖母。老祖母正经八百地告诉他，哪天只要他能将葡萄园管理得当，这一片葡萄园就会为他实现人生的三大愿望：财富、希望与荣耀。安吉罗谨记在心，成就了日后的"歌雅王国"。

我从安吉罗的口中证实了这一段故事，让我由衷地感到钦佩，遂以此"三愿望"为篇名。

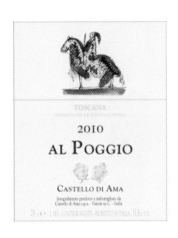

　　看到一个跃马骑士的酒标，即可知道其出自超级经典香蒂园——爱玛堡。爱玛堡庄主普兰提不仅成功酿制了经典香蒂酒，早在 20 世纪 80 年代就发现了当地种植的两种酿造圣酒之用的白葡萄玛瓦西亚(Malvasia)以及特雷比奥罗(Trebbiano)的生长情况不错，且石灰质地层与相当的坡度适合种植更高价位的霞多丽白葡萄，用来酿造圣酒稍嫌可惜。看准了霞多丽酒的风潮方兴未艾，1982 年庄主毅然铲除了 1.5 公顷园区的葡萄树，由法国勃艮第移来了树种，开始酿制霞多丽酒。1984 年又在一个名叫"坡吉欧"(Poggio，意思为"小丘")的小园区增辟了 4 公顷的园区全部种植霞多丽葡萄。1988 年第一个年份酿出后，迅速地获得了高度的赞赏。目前每年可以生产将近 2 万瓶的"小丘"(Al Poggio)霞多丽。这款酒的味道类似勃艮第优质酒庄出产的一级园白酒，没有强烈的橡木桶烘焙味，属于走优雅路线、可以细细品尝回味的一款酒。口味既不强烈，酒体也不够澎湃，自然无法获得帕克大师的青睐，常常只得到接近 90 分的评价（例如 2008 年份及 1998 年份为 87 分），但国际价格不过 50 美元，足以吸引爱酒人。

　　在酿制经典香蒂酒的著名酒商中，伊索·欧乐那园的庄主保罗是致力引进国际品种的成功例子。红酒的国际品种当然是赤霞珠，保罗将 1/10 的园区（5 公顷）改种此种葡萄，并且仿效波尔多顶级酒的酿造方式，使用全新的美国与法

国橡木桶,醇化 2 年之久,果然造就了深沉强劲的果味与酒体。年产量仅有 7000 瓶,市价动辄 300 美元以上,称为 "德马西珍藏"(Collezione de Marchi)。

白酒版本的"德马西珍藏"当然使用霞多丽。1987 年首次推出百分百的霞多丽酒,也采用勃艮第的陈年手法,适度控制新橡木桶的烘焙程度,酒液会在 1/3 的新桶中熟成 1 年左右。稻黄色的酒色,口味偏近梦拉谢,常常会被误认为普里尼·梦拉谢,在台湾地区的市价约为 100 美元。

这一款酒的确难得一见。如果在加州生产,一定会被拿来挑战一流的加州霞多丽,例如奇斯乐或马卡辛,且一定会飙到很高的价位。这一款也是我建议"见到就买"的稀有品。

巴罗洛酒村外一景

美酒与艺术

与第 208 页同样出自奥地利著名的葡萄酒杯生产商利德公司的作品。也由约瑟夫·利德所设计,但较为晚期制造,为 1893 年制作,透露出富贵奢华的风格。杯高 38 厘米。

意大利的浪漫色彩

49

贝昂地·山第酒庄的粉红酒

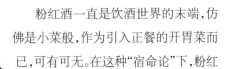

粉红酒一直是饮酒世界的末端，仿佛是小菜般，作为引入正餐的开胃菜而已，可有可无。在这种"宿命论"下，粉红酒卖不上好价钱，酿酒的人当然不会费心，结果经济学上的定律"价格决定质量"便在粉红酒上无情地显现出来。

粉红酒同时也变成天气的附属品。炎热地区的人们胃口较差，对美食的期盼及葡萄酒的口味与厚重也会跟着降低标准。粉红酒变成佐餐与解渴两相宜的最好选择。

对粉红酒的命运还有致命一击的是：欧洲酒客传统上有个偏见，认为粉红酒是女士的专利品。一位男士如果点一瓶粉红酒自饮，邻桌人很可能会投来一个诡异的笑容。虽然现在情形已经有所改变，但认为粉红酒"太娘了"的误解似乎仍未退尽。

自从养生的风潮席卷各地以来，淡酒被认为可以减少身体负荷，粉红酒才开始流行起来。许多名酒庄也业余性质地凑上一脚，不管是出于自用还是实验性质，或是走在潮流之中，都使粉红酒世界增加了更多的色彩。本书在第14号酒中介绍的勃艮第著名的格厚斯兄妹园，也在酿制一流黑比诺的经验上，增酿出勃艮第区的粉红酒，便是精彩的一例。

意大利更是一个需要粉红酒的地方，每年有甚长的炎热天气，酒精与口感较淡的白酒与粉红酒是最适合这种天气的酒款。同时意大利也是以海鲜、面食与蔬菜闻名的美食王国，更需要淡酒精与柔顺酒体的美酒来搭配。

贝昂地的粉红酒，两边为广东红木大对狮，是典型的广东狮子形象，类似可爱的哈巴狗，没有北方狮子的雄伟与威严（作者藏品）

意大利南北葡萄酒的两大要角，北边是皮尔蒙特地区的巴罗洛酒，在南区则是托斯卡纳地区的孟塔西诺酒。酿制孟塔西诺酒的葡萄布鲁内罗（Brunello），是通过一位天才的酿酒与育种大师贝昂地·山第（Biondi-Santi）而发扬光大的，本书已在第39号酒时稍微提到过。

贝昂地·山第也是一个酒庄的名字，本家族从18世纪开始酿酒至今。现任庄主杰可波（Jacopo）的曾祖父费鲁西欧（Ferruccio）便是在1932年成功地让官方正式将其所致力推广的纯种山吉士葡萄定名为"布鲁内罗"的英雄人物。

这样一个具有意大利酒史地位的酒庄，其酿造出来的布鲁内罗酒，质量当然不在话下，像其他享有"开创名园"美誉的酒庄一样，例如迟摘酒之出于德国约翰山堡酒园，也成为美酒家"必尝"、收藏家"必

贝昂地·山第酒庄入口有一排柏树，宽度刚刚适合一部游览车开过

藏"的对象。

但本书没有在第39号酒介绍孟塔西诺酒时推荐本庄佳酿，理由很简单：太贵了。本庄的正牌产品——珍藏级的布鲁内罗，出厂价经常超过500美元。以2012年上市的2006年份为例，台北预购价即达16500元。而次一等的普通级孟塔西诺酒"安那塔"（Annata），预售价也要3960元。珍藏级的贝昂地·山第成为最昂贵的布鲁内罗酒，也名列在拙作《稀世珍酿》的"百大"名单之上。

除了2款昂贵的红酒外，本酒庄也生产玩票性质的粉红酒（Rosato）。这款粉红酒不作商业用途，纯粹是酒庄酿来自用及招待宾客。每年产量在3000～5000瓶不等。本酒庄的粉红酒由布鲁内罗葡萄所酿成，不进橡木桶醇化，只在不锈钢桶中醇化18个月。

我喝过一瓶2006年份的粉红酒，本来以为这款出自布鲁内罗的粉红酒会有比较强劲或丰厚的口味，其实不然。本酒的颜色仿佛春天的樱花，特别像大片吉野樱盛放时，弥漫如瀑布般的粉红色泽。试饮当时，天气已超过35摄氏度，用本款粉红酒搭配意大利轻食，如意大利面、帕尔玛奶酪及沙拉，都是无上妙品。我们经常提到意大利是一个快乐的民族，我相信绝大多数的意大利人都能够在这些价廉物美的

白酒与粉红酒中找到快乐的源泉。

我查了一下，贝昂地·山第酒庄这一款近几十年来"最

新创作"的粉红酒，2006 年的产量为 5723 瓶。台北居然能够买得到，值得称赞！

延伸品尝　Extensive Tasting

邦费酒庄（Castello Banfi）应当是除了费勒思可巴第酒庄外，最容易买到的孟塔西诺酒，尤其是美国，几乎所有意大利餐厅的酒单上，邦费酒庄的酒都是必备品，这是因为本酒庄与美国有密切的关系。

邦费酒庄是由马利安尼家族（Mariani）于 1911 年创建的。当年的庄主约翰出生在美国，幼年时回到意大利，靠着姨妈邦费女士生活。邦费女士从小在一位神职人员家中长大，这位神职人员后来成为教皇庇护十一世，邦费女士也前往梵蒂冈担任教皇管家。因为对葡萄酒的热爱，约翰从小耳濡目染了葡萄酒文化。

成年后，约翰回到美国发展，建立了一家酒业公司，因进口意大利酒而致富。感于意大利的托斯卡纳酒质量太不

稳定，于是决定回乡设厂。一举投资了 1 亿美元，将母亲娘家的邦费酒庄接管过来，并且购下 603 公顷的园区，俨然成为整个孟塔西诺地区最大的酒厂，再加上在意大利其他各地另有 200 公顷的园区，让本酒庄能够量产许多款式的酒，年产量高达 600 万瓶。光是孟塔西诺酒，每年即可生产 50 万瓶之多。

本园量产的顶级酒主要是用布鲁内罗酿制的孟塔西诺珍藏酒，包括 2 款单园酿造的珍藏酒——金丘园（Poggio all'Oro）、山城园（Poggio alle Mura），以及 1 款混酿的"最优"（Summus），这是将各园区里最精彩的山吉士、赤霞珠及西拉混酿而成，已经不能算是传统的孟塔西诺酒。"最优"是本园的明星，多次获得国际评比的大奖。

本园也量产一种粉红酒，称为"深庭那（Centine）粉红酒"。本园的深庭那红酒、白酒及粉红酒都属于平价酒。粉红酒是以赤霞珠、山吉士与梅乐葡萄酿成，这 3 种葡萄也是酿成深庭那红酒的主要葡萄。本款粉红酒有极亮的桃红色，果味比较突出，略带酸性，市价多在 20 美元上下。

进阶品赏　Advanced Tasting

酱味较重的肉类菜肴,基本上已经脱离了淡酒的行列。

　　本款酒一般建议应当趁年轻时饮用,两三年内饮用完毕,若保存得宜,亦可存放 10 年而不变质。那时酒质会微带棕色,有葡萄干的淡淡氧化味,亦是另一种滋味。帕克大师对本酒的评价达到 91 分,可以说是整个意大利酒中评分最高的粉红酒,惜可遇而不可求。

　　若要找一款粉红酒,具有顶级的架势,可以陈放 5 年以上,必要时也可以搭配口味较重的食物,非本书在第 45 号酒中提到的瓦伦提里酒庄的粉红酒莫属。本酒庄不仅酿制一流的特雷比奥罗白酒及孟塔普里希安诺红酒,还能酿出一款粉红酒——切拉苏罗(Cerasuolo)。因为酒庄所在的阿布若省的方言将粉红酒"Rosato"念成"Cerasuolo",于是以此为名。

　　本酒由孟塔普里希安诺葡萄酿成,虽然没有红酒的强烈酒体,但也不是松垮、平淡的角色,仍然可以感觉到有结实的结构以及多层次的丰富口感。入口后,有极干的感觉,也有柑橘与葡萄柚的香气。这种粉红酒也可以搭配香味与

> 音乐是激发人持续进行创作的葡萄酒,我则是一位酒神,来为人类压榨出这些光辉灿烂的美酒,并使其在精神上能陶醉。
>
> ——贝多芬
> (德国著名作曲家)

意大利的"甜蜜生活"

圣酒

要用一句话，而且是很流行的意大利语，来形容喝了一口酒后可以感到上帝创造的人世间是很甜蜜、美丽的，这句话绝对是"Dolce Vitae"（念作"多切维它"）。自从意大利大导演费里尼导演了同名电影后，"狗仔"（Paparazzi）这个词就诞生了。

农夫都知道，吃不完的食物，可以晒干后储存，葡萄也一样。本书第44号酒提到意大利北部维罗纳附近擅长酿制阿马龙酒，即是将红葡萄晒干后酿制的强劲有力的干红。

同样的，在托斯卡纳，几乎从开始酿制普通酒时，就已经发明了由风干的白葡萄酿制甜酒。和阿马龙一样，这是待葡萄成熟采收后，用悬挂或平铺葡萄于草席或木板之上的方式，通过长达三四个月的风干，等到葡萄萎缩、果汁浓缩后，才进行榨汁与酿酒。

这种晒干法的好处是可以将生长情形不好或品种太酸的葡萄，通过浓郁的果味与甜味予以补救，让其拥有较高的酒精度、芬芳与复杂度。当然，糖度也加强了许多。在意大利，这是饭后酒的主要选择。

在酿制过程中，一般酒庄会采取类似西班牙酿造雪莉酒的"叠桶方式"，将每一次酿成的成熟酒保留若干比例，当作"种酒"，留待新酒勾兑。如此一来，每年酿成的酒中便会含有一定比例的老酒。新酒混上老酒后，会一起在桶中醇化5～6年之久，使得口味更加浓郁，如此代代不绝。

由于这些酒的酿制时间都在圣诞节前后，所以被称为"圣酒"（Vin Santo）。酒精度在14～17度不等。这是不产宝霉酒的意大利所能酿产的最优质的甜酒。

到意大利游览，人们会发现几乎所有卖酒的店铺无不贩卖当地酿制的圣酒。各种葡萄都可以酿制，价钱甚为便宜，本地小酒庄的圣酒只售几欧元而已，可见得这是一款"丰俭由人"的酒。

本酒的特色　About the Wine

从酿造的历史以及上市的数量来考虑,找历史名园酿制的圣酒绝对错不了。在意大利的名园,圣酒是代表庄主的浪漫礼物。名庄的宴会,不能不佐以最可口与顶级的餐后酒来搭配甜点,尤其是在美食王国意大利,因此名酒庄大都能酿制绝佳的餐后酒以及橄榄油。

在第 38 号酒中曾经提到的托斯卡纳传承至今已经 27 代之久的安提诺里酒庄(Antinori),不仅是香蒂酒的超级大厂,同时其圣酒产量之多,质量之优良与平稳,加上售价合理,一直是真正体会顶级圣酒的最佳选择。

本酒庄的圣酒,充满柠檬皮、柑橘、蜂蜜及哈密瓜的香气,体质轻快,甜度优雅,有时会嗅得到酒精,虽不复杂,却是一款令人愉悦的餐后酒。怪不得意大利女人几乎没有不爱圣酒的。

延伸品尝　Extensive Tasting

另一个香蒂大厂利卡索里男爵酒庄(Barone Ricasoli)酿制的圣酒,是充满贵气,实质上也是极贵的一款圣酒。比起前一款的安提诺里圣酒,本酒至少要贵上 1 倍,约 2000 元,是一款走高端路线的圣酒。

本圣酒由山吉士与一种白葡萄玛瓦西亚(Malvasia)混酿而成。经过长达 5 个月的风干程序以及 5 年的长期醇化,本款酒有轻盈的体态和丰沛的果香,会令人想到法国苏玳的狄康堡。

我在 2012 年 4 月初曾与本酒庄的庄主一起品尝了新到的 2005 年份的圣酒,虽然入口后还会感觉到一点点的苦回味,但一闪即过,让我对此款酒有了"意大利蝴蝶"的形容。

虽然整个托斯卡纳地区的每个酒庄都会酿制圣酒，但最出名的圣酒当产自锡耶纳这个历史老城附近的孟塔普里希安诺(Montepuliciano)产区(见本书第 45 号酒)。这里有一家亚维侬内斯酒庄(Avignonesi)的圣酒，恐怕具有争取意大利"第一圣酒"美名的资格。

这个酒庄取名为"亚维侬内斯"，意大利文意为"亚维侬人"，爱酒人士马上会想到，会否跟教皇新堡酒的产地法国亚维侬以及教皇有关(见本书第 28 号酒)?果然不错。就在 1377 年，有一批亚维侬的贵族，追随教皇结束流亡生涯，返回罗马居住，文艺复兴时期迁到了孟塔普里希安诺。其中就有一个贵族建立了此酒庄，延续至今。本酒庄拥有 225 公顷的总园区，其中 100 公顷种满了葡萄，分成 4 个小产区，年产量可达 40 万瓶，因此算是一个中等规模的酒庄。

本酒庄虽然也酿制本地出名的"贵族酒"，但精彩的还是其圣酒。其圣酒会在 50 升的特别定制的小橡木桶中醇化将近 5 年之久，因此有极浓厚的甜香味，口感丰富。意大利最权威的《红龙虾酒评论》杂志，曾经形容本酒庄的圣酒为"甜蜜得接近罪恶"!

意大利人果然是一个夸张的民族，连喝一口酒都会想到犯罪与罪恶，想来不试试这款酒怎行?台湾地区刚好有亚维侬内斯酒的进口商，却没有进口此酒。我应当马上问一问负责人雷多明(Dominique Levi)兄，何日此酒能够进口?届时务必通知一声。

老实说，圣酒没有德国宝霉酒来得稠密，也没有太浓烈的果香，更欠缺雷司令的酸度，同时也比不上加拿大冰酒的甜腻或匈牙利托卡伊酒的强劲，但是圣酒仿佛春天的花朵，柑橘与葡萄干的淡淡氧化味十分迷人。特别是较低的糖度，也符合现代人的健康要求。我一直认为一般的餐酒多流于甜而腻，会压掉甜点的纤细感觉。圣酒有一股朴实与内敛的个性，默默地扮演着配角，不喧宾夺主，这才是真正的"佐点心之酒"，而不是自己变成"点心酒"。

艳阳天下好风光

南意与西西里岛的美酒

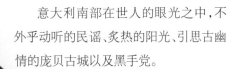

意大利南部在世人的眼光之中，不外乎动听的民谣、炙热的阳光、引思古幽情的庞贝古城以及黑手党。

的确，这些特征都是南意的写照。南意阳光普照、以农业为主的欧洲古老文明地区，至今还保持着极为纯朴的生活方式，和北意高度工业化形成巨大的差距。第一次世界大战后，当地居民大量移民美国，至今美国的意大利后裔绝大多数根源于此。

30 年前我在德国读书时，曾经看了两三遍的电影《耶稣只到爱伯里》（Christus kam nur bis Eboli），我愿意将它译为"化外之地"。这是由意大利著名小说家 Carlo Levi 所写的同名小说改编的，把 20 世

纪 30 年代南意贫困小镇的生活、朴实村民安于天命描写得入木三分，给人无比的震撼与感动。

有 3000 年以上酿酒历史的意大利，不可能有一大块地方不能酿酒，更何况这块罗马进入非洲的必经之路。南意也成为意大利的一个产酒区，包括六大产区，长年来都酿制平价性质的红、白酒。这必须归罪于阳光过于炙热，葡萄早熟、易腐烂，同时地方贫穷，酒农无力投资于酿酒设备，加之社会没有太高的消费能力，使得本地区几无美酒可言。

但一切都在近 20 年开始改变，逐渐有优质酒庄与雄心大志的庄主投身酿酒业。南意艳阳天下真有好风光，现在已经能喝到一级的好酒。这些好酒主要出自 2 个产区：第一个是距离罗马不远，附近有重要的观光景点拿波里与庞贝古城，不愁观光人潮不会带来丰沛购买力的坎帕尼亚产区（Campania），以及地处欧洲对非洲的前沿，几千年来交通繁忙、客运与货运业兴盛、商业繁荣的西西里岛产区。

本书将推荐 3 家著名的南意酒庄，其中 2 家位于坎帕尼亚，1 家位于西西里岛。

　　泰拉多拉酒庄 2004 年份的"时光之路",以一位罗马贵妇的画像作为酒杯,其人像造型我怀疑是取自庞贝古城内的壁画。我曾三度拜访此遗迹,在几个当年贵族宅邸的壁画中,都可发现类似飘逸的人物画。背景为清朝早期龙凤地毯,产自内蒙古自治区(作者藏品)

本酒的特色　About the Wine

首先登场的是泰拉多拉酒庄(Terredora)。这是一家创立于 1994 年的酒庄,更值得一提的是其"母庄"、号称"南意第一酒庄"的玛斯特罗贝拉迪诺酒庄(Mastroberardino)。这是多么难念的酒庄,我们不妨简称为"玛斯特罗"(大师),这酒庄有绝对值得一述的丰功伟绩。

玛斯特罗酒庄虽然 1878 年才正式成立,但早在 1750年,家族就开始从事酿酒行业,至今已经传承到第 11 代。"二战"之后,由于此地沦为战场,又历经葡萄根瘤菌肆虐,许多酒园都荒废,使得本地种植一两千年以上的原生葡萄都消失了。本园的庄主歌尔,致力了维护这些珍贵异常的老种葡萄,例如阿格尼亚里可(Aglianico)红葡萄,以及菲雅诺(Fiano)白葡萄,都是在罗马帝国时代之前,由希腊移民移入此地的原生种葡萄,甚至在希腊都早已绝迹。而在繁荣奢靡的罗马帝国时代,这 2 款葡萄是酿造整个帝国顶级红、白酒的原料。有足够的理由相信,当时罗马皇帝与贵族们,一面欣赏斗兽场内的血腥格斗,一面品赏的好酒,多半出自于此 2 种葡萄。

本酒庄也致力于发掘古罗马的饮酒文化,数十年来与庞贝考古团队密切合作,负责挖掘古城内的酒窖、葡萄园,分析酒瓮内残存的酒质与成分,甚至复制出当年酿酒的流程、种植的品种、密度、酿制过程……无一不复古重现,故本酒庄甚长的名称有一半为"大师"(Mastro)之意,果真实至名归。

特别是本酒庄堪称为时代先锋,其在坎帕尼亚产区内有一个小产区桃拉西园区(Taurasi),是位于拿波里东北方50 千米处的小镇,周遭仍有零星的阿格尼亚里可葡萄。本酒庄遂专心种植并酿制这一款桃拉西酒,命名为"拉迪西"(Radici),让本酒成为意大利最受瞩目的一款新酒。本书愿意推荐,于进阶品赏处再予叙述。

目前本酒庄年产量达到 15 万箱,成为南意顶级的酒庄。

经过了风风光光的设厂,100 年后的 1978 年,第 11 代的当家是瓦特与安东尼两兄弟。但两兄弟处得不愉快,终于导致了分家。哥哥安东尼取得了本厂的招牌与桃拉西园区,弟弟瓦特则分到了其他最好的园区,并于 1994 年挂上了泰拉多拉酒庄的招牌。

本酒庄和母庄一样都能酿制第一流的阿格尼亚里可红酒与菲雅诺白酒。由于要与母厂竞争,本

酒庄的价钱都比较低廉,比母厂低 10%～20%。2012 年台湾地区进口了本庄 2004 年份的桃拉西红酒。本酒使用了拉丁文"Pago dei Fusi"(时光之路)的名字,表明这也是一款复古的葡萄酒。我尝试了本酒,其亮丽的红宝石色泽,经过 3 个钟头的醒酒后,有类似波尔多波仪亚克的细腻,新鲜樱桃与酸梅的果味十分迷人,入口稍带酸味,丹宁无比柔和,果然是历史淬炼下的珍贵产物。但更令我惊讶的是,同酒庄 2009 年份的菲雅诺白酒(Fiano di Avellino),稻草黄的色泽,入口使人有普理妮·梦拉谢的错觉,有非常优雅但不夺味的烤面包与焦糖香气,没有一般意大利白酒的粗犷气质,简直令人不忍释杯!无怪乎被美国《酒观察家》杂志评为意大利最佳的菲雅诺酒。前 2 款红、白酒市价约为 2000 元与 1000 元,可谓良心价。

延伸品尝　Extensive Tasting

　　西西里岛,一个令人联想到"教父"与黑手党的岛屿,自古就有酿酒业。地方炎热,日夜温差达 20 摄氏度,白天气温可高达 35 摄氏度,葡萄树必须长得粗壮结实但矮小,方可避开热气。这和西班牙不少丘陵贫瘠土壤上的葡萄园一样,是酒农与残酷大自然搏斗的写照。

　　2012 年我尝到一款拉罗酒庄(Rallo)的"逃难夫人"系列(Donnafugata),我发现意大利的酿酒文化近几年突飞猛进的情形已经发展到西西里了。

　　为了凸显公司的特色,有 150 年历史的拉罗酒庄,在 1983 年决定推出一款新的品牌。当时想到,在法国大革命爆发后,拿破仑的威胁蔓延到了意大利,意大利王室的卡罗琳王后匆匆逃离罗马,一路南下避难到国界的最西边——西西里岛的西海岸。这里有栋小教堂,听说王后当时住在此地,这正是拉罗酒庄的所在地。于是"逃难夫人"的名称便定了下来。名称的怪异,以及其背后的故事,是吸引消费者的成功范例。

　　"逃难夫人"酒庄在西西里有 260 公顷的产区。其中距离西西里岛西边

海岸外 100 千米处的潘特里拉(Pantelleria)上产区,酿制了一款甜白酒——"风之子"(Ben Ryé,阿拉伯语意思为"风之子")。其利用类似圣酒的方法酿成,可以称为"南意第一甜酒",年产量约有 8 万瓶之多,帕克都评 90 分以上(2009 年份高达 93 分)。意大利北部的圣酒纵横意大利甜酒市场几百年的龙头地位,看样子遭遇到可怕的对手。

本园最得意的作品当是一款用西西里岛的土生葡萄酿成的"一千零一夜"。酒园中仍有许多超过 60 年的老株土生"黑大瓦拉"(Nero d'Avola)葡萄。这是西西里南端特有的品种,中等大小的果实,深色但皮厚,糖分颇高,喜欢生长在阳光充足的热带地区。本园倾全力酿出顶级的黑大瓦拉,人工精细采收特别强调醇化的程序。每年买入 1000 个新的橡木桶,且来源不一,以便勾兑时能够增加葡萄酒的风味。新桶醇化期 14~16 个月,完全是法国波尔多的顶级酒酿制标准。年产量约有 4 万瓶。2006 年份获得帕克 93 分,其他每年都有 90 分以上的佳绩。

当我试到 2006 年份以"一千零一夜"为名的顶级黑大瓦拉时,最令我印象深刻的是其干与涩味的美妙结合。本来干红都应当有相当程度的涩味,但自从帕克及罗兰两位大师提倡"丰沛果味"的潮流后,旧世界红酒的"涩味功夫"已经快要被淘汰了。我在这款红酒中重新回味到这种许久不见的味觉:咽下酒后,口腔内环绕着一股甘冽、微涩的感觉,顿时觉得口腔内清爽无比,同时又有一股红肉李、加州李及熟苹果的风味。深蓝色酒标上,金星与半月闪烁在一座教堂之上,这也是当年王后逃难的行宫,颇有阿拉伯风。教堂外一畦畦的葡萄树,真是一幅令人赏心悦目的画作。意大利果真是一个有品位、艺术性最高的国家。欣赏此款美酒,知道酒庄的美妙故事,会让人感到,美酒的世界是多么的绮丽与具有无穷的想象力!这一小段的美酒叙述,可以把我们的思绪拉到遥远的西西里岛,我感觉到来自非洲的海风已经吹拂到脸上了!

进阶品赏　Advanced Tasting

前已述及玛斯特罗酒庄在本地区的领先与前瞻地位,当 1990 年本酒庄推出这一款拉迪西(Radici,拉丁文意思为 "根源")酒时,整个桃拉西产区,仅有玛斯特罗酒庄一家。但短短的 10 年之间,酒庄已经增加了 293 家之多。扣除庄主弟

弟设立的泰拉多拉酒庄，增加了292家，也是一个惊人的膨胀率。

玛斯特罗的这款拉迪西珍藏级，依照规定应醇化4年才能出厂，本酒庄则在木桶中陈放30个月，在瓶中又醇化18个月之久，果然有一股甜红枣般的醇厚口感。我曾多次品尝2004年份产于桃拉西产区的此款酒，其使用100%的阿格尼亚里可红葡萄酿成（依规定，可容许加入15%的其他葡萄），比起同年份的泰拉多拉的"时光之路"，口感更为浓郁，感觉上酒精度更为活泼与明显，也有浓厚的黑枣气息。每年生产仅6000瓶，台湾地区的配额不过60瓶，难怪消息一上网，几乎在一两个钟头内即被识者捷足先登了。

美酒与艺术

香槟气泡中的天使

一瓶香槟酒据统计可以喷出2.5亿颗小水泡，这是一个惊人的数据，代表了香槟瓶内的无穷压力。香槟迷人之处，乃是开瓶刹那间气泡如万马奔腾般涌出，带来多少欢悦的声响与香气！这幅20世纪初的香槟广告，一位小天使扭开瓶盖后，四位小天使由泡沫中飞翔而出的快乐场景，可令人莞尔一笑。

SPAIN

西班牙 ➡

窦中无岁月
西班牙利斯卡侯爵园的老派里欧哈酒

不知不可　Something You May Have to Know

作为世界上葡萄栽植面积最大、葡萄酒产量却仅居世界第四位的国家（仅次于意大利、法国及美国），西班牙的酿酒历史超过 2000 年。早在罗马人在此半岛上与汉尼拔大帝争战得你死我活时，罗马军团已经砍伐了许多原本郁郁葱葱的山丘地，改种起了葡萄。如今西班牙到处是荒山一片，都是罗马殖民者早期滥垦的后果。

西班牙葡萄酒产区最著名的，当属西北方、邻近法国边界比利牛斯山脚下的里欧哈区（La Rioja）。这里共有 5.7 万公顷的葡萄园，葡萄酒年产量高达 2.5 亿升，其中 80% 以上为红酒。

里欧哈区距离法国波尔多不过 500 千米，占着地利之便。两地气候、纬度相差不多，两地酿酒文化也自然容易相互影响。特别在 1863 年，勃艮第爆发了葡萄根瘤病，流行时间长达 20 年，几乎毁掉了全法国的酿酒业，特别是波尔多的酿酒业。于是有些波尔多的酒农只能南下里欧哈"逃荒"，带来了更为先进的酿酒技术，包括葡萄酒调配技巧。里欧哈酒质的精进于是进入新的时代，发展至今已有 150 年。

里欧哈地区又分为 3 个次产区：上里欧哈（Rioja Alta）、下里欧哈（Rioja Baja）及里欧哈阿拉维沙（Rioja Alavesa），酒庄都可以将各地葡萄混酿，不似法国波尔多或勃艮第会对产区作更小的区分。里欧哈酒的特色在于"陈年功夫"的讲究。西班牙酒商似乎将"陈年"视为质量保证的良方，同时其卖酒哲学为"卖立即可喝之酒"，不像各国酒庄会急着把酿好的新酒售出。至于陈年的问题，便交给消费者去解决。

西班牙酒庄的酒窖也因此动辄储藏上百万瓶。这一大批等着"岁月之神"催醒的美酒，都是对庄主财力极大的考验。里欧哈的葡萄，主要是丹魄（Tempranillo）。这是一种颗粒

小、皮厚、味重、强劲有力的葡萄，也以粗犷出名。这种葡萄是一种早熟的葡萄。过去酒农怕收成时天气变坏，往往过早采收，加上西班牙过去的酿酒过程马马虎虎，炎热天气下生长的葡萄糖分足，酿出的酒酒精度极高，类似台湾地区的高粱酒，经过较长时间的陈年，才会使酒精的辣度降低，使酒质更为顺口。

里欧哈酒，除了新酒(Joven)类似法国薄酒莱，没有经过橡木桶熟成，或是只有短短的几个月熟成，属于一般佐餐酒外，较常见的另一款日常用酒——单纯的"里欧哈"，只在橡木桶中发酵成熟1年即装瓶出售。

值得品赏的里欧哈酒属于陈年级的里欧哈，总共有3种传统分类：

最基础的"克瑞安札"(Crianza)为2年陈，其中1年木桶醇化；"珍藏级"(Reserva)为3年陈，其中至少1年木桶醇化；"特别珍藏级"(Gran Reserva)为5年陈，其中至少2年木桶醇化。不过越是讲究的酒庄，越是将上述法定的陈年时间延长，特别是价昂的特别珍藏级，经常超过10年才离开酒窖，出厂应市。

里欧哈酒经过长年窖藏后，酒体强健，顺口又丰厚，成为整个伊比利亚半岛最受欢迎的葡萄酒，甚至在北非也流行，不免引起外地酒商的仿制。为了确保真品，里欧哈珍藏级酒以上的酒瓶，会用金属丝线(多半是铜线)缠绕。这是一个费工的程序，但可以防止不良厂商使用旧瓶来仿冒。现在已经很少有酒庄愿意如此费钱费时，少数还在坚持的例子可举典型、最老式的里欧哈酒庄——利斯卡侯爵园(Marques de Riscal)。

本酒的特色 About the Wine

利斯卡侯爵园在2008年推出了一款2001年份的特别珍藏级，这款酒的酒瓶上还有一个非凡的标识：150周年纪念酒。原来这一年是酒庄成立150周年，表明酒庄成立于1858年，比法国葡萄根瘤病风暴引起勃艮第、波尔多酒农"南下里欧哈"风潮还早上几年。

这位侯爵在酒庄成立20年前移居去了波尔多。1858年应西班牙地方政府的委托，聘请波尔多酿酒专家前来里欧哈，提升本地的酿酒水平。侯爵也因此还乡，并设立酒厂。随身还携回赤霞珠、梅乐等葡萄9000株，种在新成立的酒园之中。

目前利斯卡侯爵园总共拥有 500 公顷的葡萄园，另外有将近 1000 公顷为契约葡萄园，是西班牙规模最大的酒庄之一。酒庄地窖不仅有传承数百年的老地窖，近年来还花费巨资，引进最新科技，其规模之大，令人叹为观止。就以醇化珍藏级与特别珍藏级的酒窖而言，分别可以储放 400 万升及 350 万升的酒。

另外还有一个酒窖专门负责发酵作业，竟然可以容纳 157 个不锈钢发酵桶，每个发酵桶有 2.5 万升之大，且全部电脑控制，仿佛进入一个现代化的化学工厂。

这款珍藏级的里欧哈，酒体十分丰满、强劲。有不明显的干燥花香以及清新的山楂、乌梅味，似乎是专酿给男人饮用的。西班牙流行斗牛，到处都有雄赳赳的公牛像（Toro）。里欧哈也有一个昵称"公牛之酒"。

目前本酒庄已成为里欧哈的观光胜地，有极其花哨的现代风格建筑、服务周到的接待人员，已蜕变成为西班牙酒业迎接世界消费者的门户。

延伸品尝　Extensive Tasting

若要找一个绝对的"守旧派"，那么里欧哈这一家创立于 1887 年的罗培兹·贺瑞迪雅酒庄（Lopez de Heredia）一定当选。本酒庄设立时的老庄主，本来是跟着一位由法国波尔多迁移到此的酿酒师工作，学会了法国式的老式酿酒技术后，几代人遵循老法至今。一般人很难想象会有一个酒庄"怀古"到如此的程度：眷恋老式的储酒地窖——杂乱、蜘蛛网与霉菌蔓生，没有任何空调装置；维持古法酿造与醇化方式——采用 125 年历史的大橡木桶酿酒，不运用高科技的控温设备来掌控发酵过程；甚至连工人采收的桶子，也不使用较轻的塑料桶，而使用笨重的木桶……这一切复古的坚持，目的只有一个：要酿造出其祖父时代口味的老式红、白酒。

当然，老一代强调的陈年越久越好的"优良传统"，在此也奉行不渝：其阴暗的地窖中，还沉睡着多达 800 万瓶酒，每年只取出 30 万瓶上市！

2012 年夏天，台北上市了一批 2002 年份的本酒庄波司肯尼雅园（Vina Bosconia）的珍藏级，就是已经沉睡了 10 年才上市（其中在橡木桶及瓶中时间各半），比起法定的陈年标准，已经整整多了 1 倍，要挂上"特别珍藏

级"的资格，也绰绰有余。

就以这款珍藏级而言，这是本酒庄由 4 个园区所采收的葡萄酿成，年产量为 4.2 万瓶。我购得后，立刻开瓶试饮。果然本酒已经处于成熟适饮的状态：酒色深褐带橙红，入口有老普洱茶的韵味，毫无火气，且带有丝丝的乌梅味，也容

易让人想起这是一款老的意大利皮尔蒙特地区的内比奥罗葡萄酒。的确是一款怀古之作。

如此一瓶令人怀旧的年轻老酒，在台北售价仅 1500 元上下。人们常说：青春不是用钱可买回来的。相对地，老酒却是要花大钱买的。如今，我们用小钱可买老酒，岂不快哉？

进阶品赏　Advanced Tasting

另外一家也在里欧哈地区成立，同样庄主也是侯爵贵族出身，也约略同时建厂，百余年来常争夺龙头地位，但也赢得各方高度肯定的酒庄，便是慕尼塔侯爵酒庄（Marques de Murrieta）。本酒庄的庄主慕尼塔侯爵很早就钟情于波尔多葡萄酒。1852 年已经开始参照法国的技术，在本地酿酒。1878 年，他在一个名为"伊贵"（Ygay）的地方买下了庄园，并以波尔多的方式建筑酒庄，此后本酒庄酿出的酒也称为"伊贵堡"（Caslillo Ygay）。目前，本酒庄拥有 300 公顷的园区，走精致酿酒路线，只用自家园区的葡萄，只酿 4 款酒。

慕尼塔的特别珍藏级有一个极吸睛的酒标，是典型欧洲 20 世纪初的新艺术风格。鲜红色的"Caslillo Ygay"及"Rioja"十分显目，使人印象深刻。这也是一款经常在名酒拍卖会上出现的西班牙代表酒，而且陈年的实力甚长！

近几年台湾地区市面上突然出现一批 1978 年的伊贵堡（市价 6000～8000 元），这年份的酒一直到 1998 年时才装瓶上市。喝起来很像老勃艮第，温文尔雅，令人沉醉而不知。

新年份的伊贵堡价钱也甚高，在 2500～3000 元。但比起法国的顶级酒，其价钱就只有 1/5～1/2 不等，仍属中低价位。

至于本酒庄的珍藏级，则称为"伊贵园"（Finca Ygay），也有极为饱满、浓郁的酒质，酒香奔放，具有相当的活力。一瓶价钱在 1200 元上下。

53 春风吹进里欧哈
慕佳酒庄的新派酒

不知不可 Something You May Have to Know

有老就有新。老派的里欧哈被人诟病陈年过久,每瓶酒上市后,都已经老态龙钟。为什么不能酿出果香浓郁、生机盎然的年轻适饮的里欧哈? 于是在 20 世纪八九十年代,西班牙也掀起了一股酒类的文艺复兴,西班牙新派酒诞生了。最明显的特征在于观念的改变,不仅陈年时间缩短,也尝试引进国际品种的葡萄,同时也理解到新橡木桶可以让酒质更为复杂与芬芳。

另一股新派的作风,是注重"单园酿造",认为传统的混园酿造让里欧哈酒失去了特性,似乎每一瓶都是由同一个模子压印出来的印刷品。这种要求每一年份、每一产区都会有特色的新潮酿酒文化,让里欧哈增加了新面孔,也提高了许多里欧哈的价钱,似乎新派的酿酒文化,将会使西班牙葡萄酒产业脱胎换骨。

新派的里欧哈在外表上也很容易看出, 使用金属线缠绕瓶身的传统已告结束。新派酒庄产量一般有限制,庄主对于自家酒的质量甚有把握,不必再使用"老土"的防贼做法;酒标设计也走向时髦、简单,不再花花绿绿地使用文字或图片填满整个酒标;瓶身也趋向瘦长、波尔多形式,不再是矮胖、偏向勃艮第形状。新派酒已成为主流。

本酒的特色 About the Wine

1932 年成立的慕佳酒庄(Bodegas Muga)便是最早吹起改革风的一个酒庄。这也是整个地区第一个进口美国橡木桶作为发酵与醇化之用的酒庄。当然也不排斥法国橡木桶，因此很快成为新派的代表。

慕佳酒庄共有 132 公顷园区，可以酿出非常优雅的红、白及粉红酒。最受欢迎的当是红酒。本书愿意介绍其珍藏级的"特别精选"（Seleccion Especial）。它在美国橡木桶内发酵，而后在特别的橡木桶中储藏 28 个月，瓶中还需再陈年 1 年后才出厂。此款珍藏级具有新酒的劲头、香气，也有相当的成熟度，特别是果香的迷人，使得这一瓶 1000～1200 元之间的新型酒，迅速获得许多知音。

延伸品尝 Extensive Tasting

20 世纪末，在里欧哈产区出现了一位耀眼的酿酒大师，让欧洲品酒界惊讶万分，这便是本杰明·罗密欧（Benjamin Romeo）。

出生于本产区一个小酒庄，罗密欧从小就生活在酿酒的环境里。大学在马德里念的是酿酒，毕业后回到里欧哈产区，加入了一个由 5 位雄心万丈的小酿酒师组成的类似合作社的组织——阿塔地酒庄（Artadi），负责酿酒。1985 年开始，意外地酿出了令人惊艳的好酒，帕克对此酒的评分经常徘徊在 95 分上下。一颗里欧哈光芒万丈的酿酒明星于是诞生了。

10 年后，罗密欧打算开创自己的事业，同时父亲已年迈，希望他继承家业，因此他开始在老家（San Vincent de la Sonsierra）附近寻寻觅觅，希望找到满意的葡萄园。他先是买下附近一个在山腰中有数百年历史的老酒窖，他对酒窖长年的低温很满意；而后陆陆续续又买了 7 公顷的园区，其中

有一半是分散在 20 余处的老葡萄园，葡萄树龄都在 50～100 岁。

2000 年他正式离开了阿塔地酒庄，建立了自家的酒庄，名为"康塔多"（Contador），这个名称意为"唱反调"，恐怕表明了他行事作风不循常规、常有惊人之举吧。罗密欧对自有庄园花了极大的精力，也强调摘果除叶，让单位产量降到最低，而使葡萄不至于过熟，又长得饱满。他将阿塔地的经验复制出来，结果一上市就满堂彩，第一及第二个年份（2000 及 2001 年份）连续得到 98 分，第三个年份得到 96 分，第四及第五个年份是连续的 100 分……其他年份也都在 96 分以上，罗密欧成了西班牙最伟大的酿酒师。当然每瓶康塔多都超过 300

美元。另外，他还有 3 个小园区，年产量也都在 6000～7000 瓶，价格也都超过 200 美元。

为了满足较低价的消费市场，2005 年他开始推出"传教士"（Predicador），这是由较年轻的葡萄酿成，口感香气都较康塔多来得弱。它不像康塔多 18 个月醇化期都在全新的法国橡木桶中进行，传教士的 16 个月的醇化期是在 1 年新的法国橡木桶中度过。尽管如此，香气及酒体仍极为饱满充沛，已经可以明显地感觉出是出自大家之手。

比较起康塔多年产仅有 5000 瓶（2008 年份），传教士的产量（2008 年份）可达 10 万瓶，足供爱酒者一尝所需。价钱方面

也在 2000 元以下，我建议喜欢浓郁饱满口味的爱酒朋友，不妨买上几瓶，逐年品尝一瓶，看看这一瓶帕克评为 90 分（2006 年份）及 93 分（2005 年份）的好酒，值不值得付出此价钱。另外，2007 年开始他又推出了传教士白酒，年产量约 1 万瓶。

本酒酒标十分简单明了——一顶黑色高帽。乍看之下颇似魔术师戴的高礼帽，是否暗示庄主有变魔术的把戏？其实不然，这是一顶牛仔帽，乃罗密欧先生赏识的美国影片《苍白骑士》（*Pale Rider*）剧中所戴的帽子。

进阶品赏　Advanced Tasting

前面提到慕佳酒庄是第一家里欧哈的改革者，但是真正引起西班牙国内外重视这股改革风的，则是慕佳酒庄成功酿制的"慕佳塔"（Torre Muga）。

1991 年，庄主对本园内所有超过 50 岁的老藤，且全部是强劲的丹魄葡萄，进行了严格的挑选，并精心改革了酿造过程，其中 6 个月在大橡木桶中发酵及醇化，而后移入全新的法国小橡木桶

中醇化 1 年半，而后再于酒瓶中醇化 1 年。

很明显是运用法国的顶级酒酿造模式，并适度依照里欧哈的陈年规定，结果酿出来的 1000 箱慕佳塔很快获得了各地的掌声，甚至被称为"里欧哈第一"。例如美国的《酒观察家》杂志每年的"世界百大"评比中，本酒经常上榜。

这款酒正如同法国顶级酒一样，还需要至少 10 年的成熟期。即使开瓶后，也要醒酒 1～3 小时。醒过后，有极浓烈的浆果、可可、柠檬等香味，是一款值得收藏的好酒。价钱呢？稍微超过本书的门槛，在 2500～3000 元。

大都质优价廉。我对其中顶级的"胡桃木"(El Nogal)印象最为深刻。这款酒是以一棵巨大的胡桃木为酒标，原来在建立新的酒庄时，庄主刻意保留了庭院中一棵数百年的胡桃木，认为这棵数百年的老树可以带来视觉上巨大的享受，因此以其为顶级酒的标志。

"胡桃木"全由丹魄酿成，酿制过程完全使用类似波尔多酒的科技设备，例如在有控温设备的不锈钢桶中发酵、在全新橡木桶中醇化接近2年……使得本酒有极为细致的香气，虽然具有丹魄深黑的色泽，但仍有极温和、柔顺的丹宁，是很优雅的一款酒。台北的市价在2000元左右，相信本酒还可以给藏酒人带来至少20年的快乐时光。帕克的评分在92～94分(分别是2005年份与2004年份)。

进阶品赏　Advanced Tasting

3个斗罗河明星酒庄中最后成立的是平古斯酒庄，庄主彼得·西谢克(Peter Sisseck)是一位丹麦人，曾在波尔多学习酿酒，后来为了赶上西班牙酒业复兴的热潮，在1990年来到斗罗河区担任酿酒师。他在本地的行政中心拉侯拉镇(La Horra)附近发现一个5公顷的老园，丹魄葡萄树龄已达60岁。他立即买下，并以其儿童时的小名"平古斯"(企鹅)为名。当年(1995年)他才33岁。

基于在法国波尔多的经验，他把法国酿顶级酒的那一套功夫全部搬来这里。酒庄很小，空间亦有限，他的一切设备都像车库酒一样，放在狭小的空间内。1995年酿出了第一

个年份，共有325箱，约3900瓶。第一批900瓶于1997年11月运往美国时，因海难而全数奉献给了海神。第二批上市后立刻在美国获得了热烈的掌声。可能是因为过程太曲折，产量又少，帕克评了98分，一瓶居然卖上了500美元，打破了维加·西西利亚园的独一酒独占美国酒市场"西班牙第一贵酒"的垄断地位。此后每一年，不过6000瓶上下的平古斯，价钱都十分昂贵，都在1000美元左右。以台湾地区2012年夏天的报价，2004或2005年份一瓶的预售价分别为69000元(帕克评100分)及55000元(帕克评99分)。有现货供应的2006年份(帕克评96分)市价则为35500元。

我曾试过一次谜样的 1995 年份平古斯。那是在 13 年后,酒色呈现令人生畏的桃黑色,酒质稠密,仿佛宝霉酒,果香十分浓烈,如浆果、如薄荷、如咖啡……说真的,我是"品尝到",而非很愉悦地"品赏到"这一款神秘酒,我只能说:我提早了至少 10 年品尝这款还在沉睡之中的"巨酒"!

本酒庄除平古斯外,还找到了另一个 15 公顷、仅有 15 年树龄的丹魄葡萄园区,酿出了二军酒"平古斯之花"(Flor de Pingus)。年产量虽然可高到 4 万瓶,但价钱也不便宜,2008 年份(帕克评 96 分)台北市价也在 3500～5000 元。

看来酒友们很难试到西谢克的酒。幸运地,这位精力勃勃的酿酒大师也和本书第 55 号酒所提及的乔治·欧多内兹一样,对发掘西班牙老藤葡萄有极大的热诚。因此他在平古斯获得巨大成就后,也积极地将自身成功的经验与斗罗河的酒庄、酒农分享。近年来又大力推动有机种植与自然动力法,希望"斗罗河老灵魂"能够获得一个新的强壮身躯。

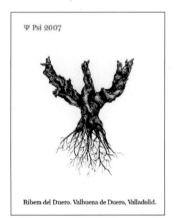

Ψ Psi 2007

Ribera del Duero. Valbuena de Duero, Valladolid.

在这使命感下,他在 2007 年推出了新款的普西酒(Ψ PSI)。这是他将一棵老藤的形状(标准的一干二枝),用希腊字母"Ψ"表示,念成"普西"(PSI),作为酒名。不明就里的酒客,会将其误认为海神使用的"三叉戟",所以也常常听到有人称此酒为"海神酒"或"三叉戟酒"。

这是西谢克收购不同葡萄园内的老丹魄酿成的。由于收购价甚低,因此酿制的成本也相对降低。这款酒年产量可达到 5 万瓶,有极为复杂的香气——皮革、咖啡、浆果等,丹宁相对温柔,酸度宜人。台北市价在 2000 元上下,是品尝西谢克酒绝好的机会。需要醒酒的时间稍长,请准备 4～5 个钟头。

当有酒的时候,人们就无须哭泣;即使有了烦恼的大军当前,您也毋庸抗拒之。您的嘴唇是青涩的,何妨再饮些酒,且趁着这青涩还在,何妨再饮些酒吧,任何人都必须一试。

——哈费兹

(Hafiz,老波斯诗人)

西班牙酒的"新贵"

鸟巢酒庄的克里欧酒

不知不可　Something You May Have to Know

西班牙酒业的复兴，酿造出进军国际葡萄酒市场的新潮酒，不仅发生在传统且出名的里欧哈酒区或斗罗河产区，此股现代化与精致化的风潮，也蔓延至东部原本极为贫瘠，酿出粗糙、扎口等低级酒的产区。现在这里已经成功地蹿出几匹身价不凡的黑马，昔日众人不屑一顾的穷小三，现在已经翻身成为贵公子。

这些西班牙酒的"新贵"，来自于两个地区：一是位于东北角邻近法国的加泰罗尼亚（Catalonya），即巴塞罗那南方的一个小产区普利欧拉多（Priorat）。1992年，一位27岁的天才酿酒师阿瓦洛·帕拉西（Alvaro Palacios）在此设立了一个仅有3公顷大的小酒庄，酿制一款拉米塔（L'Ermita），几乎被认

为是西班牙第一好酒，价钱被捧上500美元，拙作《稀世珍酿》也将此酒列入"世界百大"。阿瓦洛·帕拉西的成功鼓舞了当地的小酒农，纷纷向他学习。于是本地区许多酒庄脱胎换骨，酿出价格平实诱人的好酒。

第二个新贵产区位于西班牙东南角，也是土壤更为贫瘠、山陵更为荒凉的胡米亚区（Jumilla），在这个自然环境甚为恶劣的产区，10年来开始吹来一阵阵的春风，苏醒了濒临枯死的大地。现在本地区开始酿出令人惊讶的好酒。

这两个地区都不是热门的酒区，但无疑后势看涨。尤其是价钱目前仍然偏低，眼尖的爱酒人应当捷足先登。

本酒的特色　About the Wine

先由胡米亚区开始寻起。很难想象在此居然也能迅速　地出现一座堪称"世界级"的酒庄——"在鸟巢内"（简称鸟

巢)酒庄(El Nido)。能够在这个鸟不生蛋的荒漠地区,兴建起一流的酒庄,一定要有理想、有魄力的人来推动不可。这便是乔治·欧多内兹(Jorge Ordóñez)。

欧多内兹家族在本地区稍南的马拉加地区,经营食材与葡萄酒的批发事业。1987年与妻子移居美国波士顿,并在美国经营西班牙酒的进口。他代理40家酒庄、130款葡萄酒,成为美国最大的西班牙酒供应者。20年来的经历,让他为西班牙酒的境遇感到悲哀——为什么祖国的酒农会那么可怜,赚那么少的辛苦钱?于是,他下定决心,要找寻西班牙最好的老藤葡萄,酿出优质且价格合理的好酒。

几经奔走,他找到了9个酒庄,各分散在不同产区,却都有高龄的葡萄园区。在他鼓励下,2002年他们组成了"黄金酒联盟"(Orowines)。这是一个平台式的公司,享有共同的理念。他也邀请了著名的酿酒师前来传授酿酒诀窍,同时引进最新的酿酒设备以及打开国际市场等,于是形成了一股亮丽的风潮。

在胡米亚区成立的这一所鸟巢酒庄,礼聘了英国著名的Chris Ringland来负责酿酒,设备全自澳大利亚引进。胡米亚产区本来只有非常粗壮、皮厚色黑的慕纳特利葡萄(Monastrell)。这种葡萄在法国南部颇为流行,称为慕合怀特,常在罗讷河区与西拉葡萄以及歌海娜葡萄调配,在澳大利亚也是一样。

Chris Ringland将鸟巢酒庄经营得有声有色。此酒庄拥有64公顷的慕纳特利,且不少是1944年开始栽种的老藤;另外45公顷栽种于1979年的赤霞珠,也算是达到了生命力与质量最强劲的30岁。本酒庄每年只酿制2款酒:

一军酒"鸟巢"(El Nido),由70%的赤霞珠、30%的慕纳特利酿成。醇化期为22~26个月,全为法国及美国新桶。

二军酒"克里欧"(Clio),标签十分醒目,是一只小鸟,显然乃"鸟巢之内有小鸟"之意。这款酒刚好成分相反:70%为慕纳特利,30%为赤霞珠,醇化期、新桶皆与一军相同。

这2款酒都获得了帕克极高的分数,2005~2008年,分别为98、97、96、96分;至于二军酒的克里欧,分数也很耀人:2006~2008年,分别为95、94、94分。

在如此耀眼的分数下,价钱自然不便宜,一军每年5000瓶,市价很少低于200美元。但分数甚为接近的二军克里欧就便宜许多,在台北一瓶2009年份,售价接近2000元,理由很简单:产量为一军酒的8倍之多,达4万瓶。

以我试过的这瓶2009年的克里欧,一开瓶就被汹涌澎湃的浆果味、奶油、米糠与麦片味笼罩。入口不扎不涩,反有些甜甜的感觉,很容易被认为是加州的赤霞珠,显然是一款符合美国市场的新世界酒。不过,这的确是一款值得陈年与收藏的精彩之作。

前面提到普利欧拉多产区开始了新的时代，前后才10年左右，成果斐然，也使得本区由20年前的600公顷园区扩张到今日的1700公顷，足足有3倍之大。在山之巅、水之涯，经常是山穷水尽又一村。整个地区12个酒村，最精彩的当集中在格拉塔露布村（Gratallops）。

这是标准的小山城，人口仅有300余，全部是酿酒人，不然便是与酿酒有关。整个地区仅有20余个小酒庄，小村只有一条小路、一个附带贩卖本村酒的家庭式餐厅。就在小村进口十几米处，有一个朴实、石头盖成的小酒庄——巴特乐（Batllet），正是这种新潮普利欧拉多酒的代表。

马克·利波（Marc Ripoll）在2000年接管了家庭的酒庄。这个酒庄虽然拥有10公顷的园区，似乎有点规模，其实不然。其酒园中，70%是本地最流行的卡理内拉（Carinena），30%是格纳西（Garnacha）。这些葡萄都已经高达90岁，垂垂老矣，每株葡萄都长得矮矮的，又松散，结果也甚少。故10公顷之大，每年收获都不甚可观，园区主要分布在2个产区：格拉塔露布村及托厚哈村（Torroja），约10个小酒区，年产量约1.5万瓶。

不过利波知道这些葡萄都是生命力强劲，扎根地下数十米，应当能酿出风味复杂的好酒。于是，他开始采取精酿措施。他的酿酒房真是典型的"车库"，一个车库大小的空间，居然可酿出4款红、白酒来，分别是3红1白，白酒为绿标，红酒则以葡萄的年轻与老藤之差，酿成红标、蓝标及黑标。

我在2010年的夏天拜访了这家新兴的酒庄，马克很兴奋地带领我们去后院参观其家族的葡萄园，原来葡萄园延伸着45度角下滑的斜坡，园中到处都是板岩，给予葡萄强烈的矿物质。其酒庄最重要的为蓝色"巴特园"（Closa Batllet）。这是用采收园里面最好、接近90高龄的葡萄酿成，会在80%的法国桶和20%的美国桶中醇

放15个月之久，这些桶75%都是新桶。其中葡萄主要为60%的卡理内拉、20%的格纳西，另外有少量的赤霞珠、梅乐及西拉。年产量接近1万瓶。

我尝过这款2005年份的巴特园，有石榴红的色泽，入口有草莓、樱桃及糖果的感觉，十分柔和，不像一般由卡理内

拉酿出来的酒那样有股松垮、水气十足的劣质感觉。台北的市价也反映了这款酒受欢迎的程度：一瓶价格在 1500 元上下。帕克的评分，2004～2007 年则在 92～94 分。

2001 年份（第二个年份）上市后，在美国受到甚大的欢迎，权威的 *Wine Enthusias* 杂志赞誉有加，认为有法国波梅乐酒区天王级酒庄"乐邦"以及顶级加州酒的气韵与香气，很快本酒销售一空。到了上市第 10 年的 2009 年开始，本园改头换面，将所有旗下 4 款酒全部改标签，并一律标明为"村庄酒"（Vi de la Vila）。这是仿效法国勃艮第的制度，却是本地区顶级的标志：因为本地区（格拉塔露布）2009 年开始实施一个制度，在属于 D.O.Q.的产区中，挑出 12 个最优质的产区，且葡萄全部产于此区内所酿成的本地品种优质酒，才可以冠上"村庄酒"的标志。因此酒庄改采此标志后，依旧推出 3 红 1 白。最年轻的红酒为 Artai；其次为格拉塔露布村庄酒，这已经是以往蓝标加上黑标的水平，算是本酒庄的主力作品。至于顶级的则是托厚哈村庄酒（Torroja Roncavall），由百年老藤酿成，十分珍贵，产量也很少，以 2009 年为例，全年仅生产 269 瓶。

进阶品赏　Advanced Tasting

在巴特酒园往北的山丘顶上，耸立着一栋孤独的酒庄，似乎与隔邻的酒庄都互不往来，这便是大名鼎鼎，也是本酒村的英雄酒庄——阿瓦洛·帕拉西酒庄。

1993 年，本酒庄推出的拉米塔立刻轰动武林，同年其推出了二军酒"海豚园"（Clos Dofi），第二年改为西班牙用语"Finca Dofi"，一样获得了成功。

这一款酒友们昵称为"小海豚"，名字可爱，也表示出这款酒的体态轻盈、果香迷人，而且可以在很年轻的时候——五六年即可享用。不像拉米塔色泽深沉，一副拒人于千里之外的神气，你可以称为大家闺秀的矜持。"小海豚"则始终笑脸迎人，好像《西厢记》里的红娘。一瓶经常在 2000～2500 元，酒商偶有促销时，2000 元可得，我遇到这个机会，大都不会错失。用这款酒来搭配西洋式的生火腿，例如西班牙伊比利亚火腿（Jamon），或意大利帕尔玛火腿（Prosciutto di Parma），堪称一绝。

莫道素颜无娇色
西班牙"鼹鼠园"白酒的千变万化

不知不可　Something You May Have to Know

一般旧世界的产酒区,例如法国或意大利,大都不会只着重于红酒,反而会因为地理环境、气候等因素,酿出一批白酒。尤其是天气炎热的南欧,白酒成为中和暑气、促进食欲的绝佳饮料。西班牙亦然,一年有将近一半的时间,太阳把伊比利亚半岛的丘陵晒得冒烟,这时候有什么比一杯凉透的白酒更能让人心旷神怡?

西班牙的白酒本来和意大利一样,都是佐餐用的平价酒。随着红酒精致化的潮流涌进西班牙,西班牙的白酒也展现了千娇百媚的演变,让我们一起分享这一段神奇的幻化过程吧!

本酒的特色　About the Wine

和其他国家振兴酒业一样,引进"外国佣兵"来得最有效及迅捷。引进外国种葡萄,红的例如赤霞珠或黑比诺,白的当然霞多丽为主选。智利、美国加州,甚至老牌产区中的意大利,也都莫不遵循这个原则。

但西班牙好像毫不理会这种登龙之术。

整个里欧哈与斗罗河漫天价响地进行酒园的更新,但顶尖红酒仍然以丹魄葡萄为主,至今还没看出西班牙赤霞珠或黑比诺酒的能耐。白葡萄酒也一样,西班牙霞多丽似乎也没有令人印象深刻的杰作。

本书要再举另外一个例证：巴塞罗那往东便进入了加泰罗尼亚产区(Catalunya)，这里是西班牙酿制卡华气泡酒的大本营(见本书第 59 号酒)。酿制卡华酒的 3 种葡萄中，有一种香气最浓郁与高贵的莎蕾萝葡萄(Xarel-lo)，能够独立地酿出优雅的干白。

这本来是一个不足为奇的小酒庄，仅有 0.9 公顷大，位于加泰罗尼亚产区中最大的潘尼迪斯(Penedes)酒村里。园主乃标准小农，没有显赫的家世。但自从聘请了本地区极有名的女酿酒师伊斯特·宁(Ester Nin)负责酿酒后，一切改观了。

宁女士是一个自然动力法的支持者，她看中了本园都是超过 60 年以上的莎蕾萝葡萄，灵机一动，便用自然动力法来培养葡萄并酿酒。这在当地却是一个创举。想想看只有不到 1 公顷的小园区，再使用这种很难让葡萄有大产量的栽种法，不会亏本才是笑话！没想到一年上市仅有 250 箱，

3000 瓶不到的产量，结果一下子就销售一空。

伊斯特·宁成功地酿制了这款酒，酒庄也为之取了一个奇妙的名字"Nun"，起初我们以为是指尼姑或修女，最后才知道这是埃及的"万物之神"。酒庄的名字也很有趣，Vinya dels Taus 意为"鼹鼠园"(Vineyard of the Moles)，想必本园以前一定到处是鼠洞，难怪庄主在设计酒标时，故意在右下角处留下一个破洞，表明哪有老鼠不咬洞。

以我试过的 2008 年份为例，有非常新鲜的口感，入口令人精神为之一振，中度以下的新桶乳香味、太妃糖味、白花与葡萄柚，十分细致，也有顶级夏布利的神韵。当时我与几位酒友一起品尝台北龙都酒楼的片皮鸭，这道可以称为"台北第一烧鸭"的带皮鸭肉，配上一口此款飘逸的白酒，让我对广东烧鸭的配酒更多了一种选择。

一年只有 3000 瓶的产能，在台北售价不到 2000 元，购到的酒友真幸福。

延伸品尝 Extensive Tasting

在上文第 52 号酒介绍的 1887 年设立的罗培兹·贺瑞迪雅酒庄(Lopez de Heredia)，是存放红酒的超级老园。若要品尝老式的西班牙白酒，也一定非试本酒庄不可。

本酒庄拥有 200 公顷的园区，年产 30 万瓶。主要生产红酒，但也酿制 2 款白酒，一是产于格拉沃尼亚园(Vina Gravonia)，其会在老橡木桶中存放 4 年的新酒。另一个得意

"鼹鼠园"的白酒，十分醒目，一片蛋黄色，偏偏破了一个鼠咬之洞。背景为彩墨大家戚维义的大作《荷塘群鸭》，一片片五颜六色的杂荷塘中，被群鸭辟出一条水道，一群叽叽喳喳的鸭子悠游其中，好一片灿烂的景色（作者藏品）

之作，则为统多尼雅园区（Vina Tondonia）的白酒，会在橡木桶中存放6年才上市。葡萄是以90%的维欧纳（Viura）葡萄为主，加上10%的麻瓦西亚（Malvasía）葡萄。

我曾在2012年与老友贺鸣玉兄一起尝试了一瓶老酒，居然是1987年份，时间已过去整整

25年，其酒质已成琥珀色，除了一点点的氧化味外，本酒居然还可散发桂圆干、蜂蜜及葡萄柚味，的确不可思议。不过毕竟这是一种个性特别强烈、有棱有角、毫不妥协的酒，许多人会认为本酒的香气已过，甚至有令人不悦的窖气或氨气，只适合独饮。若是佐伴较为精致的菜色，例如腥味很少的蒸鱼或生鱼片，本酒会显得突兀与粗糙。因此西班牙的老式白酒，恐怕知音难寻。

进阶品赏　Advanced Tasting

本书第55号酒中提到的加泰罗尼亚产区中，有一个新冒出来的明星酒村——普利欧拉多（Priorat），生产了令人拍手击掌的好酒。虽然获得掌声的多半是红酒，但白酒也后来居上，不少庄主们都可以高歌一曲《掌声响起》了。

话说普利欧拉多的成功历史，要归功于来自法国罗讷河坡的巴比（Rene Barbier）。1989年，巴比说服了4位年轻的酿酒师，来到了普利欧拉多这一个沦落多年、荒僻至极的老产酒区，开创出一片美酒新乐园。并且约定使用法国勃艮第流行的"酒庄"（Clos）用语，以便打开国际市场。这4位酿酒师中，有一位当时才24岁的年轻人帕拉西（Alvaro Palacios），也设立了一个仅有3公顷大的酒庄，后来酿出的拉米塔（L'Ermita）成为西班牙最贵的一款酒，也进入拙作《稀世珍酿》的"世界百大"。

至于始作俑者的巴比，创立了"蒙加度"酒庄（Clos Mogador），表现也不凡，1991年第一个年份即获得帕克92分，次年稍差（89分），以后一路至今，都在90分以上，且多半在95分左右。而价钱很少超过100美元，只不过向隅者众。

蒙加度也生产少量的白酒内琳（Nelin），由50%的白歌海娜及其余约10款葡萄混酿而成，入口后没法分辨出一种固定的白葡萄风味，而是奇妙的混合：不像霞多丽的甘洌或饱满，没有德国雷司令的酸度与个性……但令人好奇、彷徨、忍不住试一口又一口，真是一款"奇妙又令人悬疑"的好酒。

圣诞歌声飘酒香

西班牙的雪莉酒"东印度"

不知不可　Something You May Have to Know

西班牙南部有一个美丽的名称——安达卢西亚(Andalucia)。这个自治区气候炎热,到处是干枯的丘陵地。这里曾是整个欧洲大陆距离非洲最近之处。此地曾在摩尔人的统治下达 800 年之久,留下了美丽绝伦的阿拉伯式建筑、畜养良驹与精良骑术,以及热情、乐观的民族性。

安达卢西亚的葡萄酒,以雪莉酒闻名。其产区是在伊比利亚半岛南端的西北角,一个有 20 万人口的小城市赫雷兹(Jerez)。这个城市的老名字"雪莉"(Sherish),即英文"Sherry"的来源。至于西班牙文的赫雷兹(Jerez),法文称为"Xérès",也变成雪莉酒的法语。

雪莉酒与里欧哈酒、斗罗酒,被列为西班牙三大名酒。但命运多舛,无法与另两者平起平坐。西班牙如此,欧美如此,在中国台湾地区更成为酒单上的"冷中之冷",极少有人会钟情于此款冷门酒。

除了南部西班牙人外,英国人是最捧雪莉酒的国家,一年要消耗 2000 万升,其次为荷兰人。美国人排名第四,但仅有英国的 10%。外销货多半为甜雪莉。英国的传统,圣诞节饮雪莉酒,所以雪莉酒也可称为圣诞酒。

但究竟是否真如人云亦云般,雪莉酒不值一顾?非也。雪莉酒真有迷人之处,酒友之所以称为爱酒之人,是能够在"平凡中发现不凡"、在"沙砾中找出宝石"。

雪莉酒最大的特色,是"酒精加烈法"。和波特酒在发酵过程即添加酒精,以杀死酵母来保留天然糖分不同,雪莉酒是在葡萄汁完全发酵后,才加入烈酒(故是不甜的),而后置于叠叠而上的橡木桶中(所谓的索勒拉 Solera),一面氧化一面陈年,并且混入每一年的新酒。几年下来,雪莉酒会有浓厚的氧化、特殊的干果香气。

雪莉酒虽然可以分为 10 多种,令人眼花缭乱,不过大致上可以分成两大类：甜雪莉与干雪莉两种。甜雪莉以甜浆（Cream）为主。干雪莉则是以费诺（Fino）与欧罗罗梭（Oloroso）为主,地区性的曼查丽娜（Manzanilla）较少。至于其他的分类,只有在当地才管用,也才有可能品尝到其不同的风味。

雪莉酒受到欢迎的主要是干雪莉。欧罗罗梭最为普遍,这是利用类似意大利阿马龙酒之风干葡萄方式酿成, 让果汁浓稠,同时会在橡木桶中醇化 7 年以上。因此口味浓厚集中,有焦糖、奶油及干烤核桃的香味。

欧罗罗梭的浓度与口味的复杂性甚高,因此酿过雪莉酒后,这种酒桶成为苏格兰威士忌上好储酒桶,七八年以上的储存,可让辛烈、呛辣味十足的威士忌新酒,培育出香甜、仿若香草、蜂蜜般的风味。财大势大的苏格兰威士忌酒厂,甚至将最优良的雪莉旧酒桶全部垄断下来,以保证木桶的

来源及威士忌口味的不变。

干雪莉费诺有一股浓厚的氧化味,与马得拉白酒（Madeira）、白波特及法国朱哈地区的黄酒颇为类似。干雪莉多半作为饭前酒。比较正式的英国式晚宴,此款开胃酒是颇受欢迎的一种。

前已提及,雪莉原本是干的,其中可以加入甜酒,就变成了甜雪莉。甜的雪莉反而适合东方口味,干雪莉那股氧化味不是人人喜欢。相形之下,甜雪莉酒可替代昂贵的德国枯萄精选（TBA）或是法国的苏玳酒,作为搭配甜食的很好选择。

作为冷门酒的代表,雪莉酒的选择性当然会降低不少。外销的雪莉酒主要操纵在几个大厂商手里,这些垄断的大厂商,深知存活之道,因此质量与价钱几十年来都维持合理的水平,反而成为最可信赖的酒商。

 **本酒的特色　About the Wine**

甜的雪莉酒甜浆（Cream）,主要市场为海外,因此厂商会贴上 "甜欧罗罗梭" ——意大利文 Oloroso Dulce 或英文 Sweet Oloroso。但自 2012 年 4 月开始,西班牙政府禁止这种标签,理由是容易混淆。因此酒标上必须更名为 "甜浆雪莉"

（Cream Sherry）。但是 200 年来的外销与海外市场习惯,这种改变相信并不受欢迎。另外这款酒以其颜色深褐,故也称为 "Brown"。另外有一个名称 "东印度"（East India）,则是指这些酒过去曾经远销东印度,会在燥热与晃动过程中熟成,也

带来特殊干果、咖啡等类似马得拉酒的风味,也有中度的甜味。

位于贺瑞兹市有一个成立于1896年的酒庄。一位法院的书记官José Ruiz-Berdejo在业余也兼营贩酒,到处收购小酒庄酿的雪莉酒,储放起来转售。这个家庭事业到了20世纪中叶,由女婿卢斯桃(Emilio Lustau)接管,70年代开始并购几家小酒庄,逐渐地在雪莉界闯出了名声,也吸引到了西班牙最大烈酒公司——Luis Caballero Group of Companies的注意,1990年被该集团并购。于是,庞大的资金投入了该公司,让该公司脱胎换骨,2000年又并购了4家历史悠久的

老雪莉厂,卢斯桃俨然成为雪莉酒的代表。

目前卢斯桃的酒园分布各处,共有30公顷,每种雪莉酒都能酿制。光是索勒拉叠桶,本酒园就有超过4000个之多,至于窖藏方面,更有2万桶,即可知其规模。

本书愿意推荐这款东印度之雪莉酒。经过索勒拉的调配后,有极浓厚的桂圆干、蜂蜜及蜜饯味。用于喝下午茶,吃蛋糕或是搭配江浙菜的甜点,例如枣泥锅饼等,都是很好的选择。尤其是诱人的价钱,一瓶多在1000元上下。

延伸品尝 Extensive Tasting

试过了甜雪莉,不妨试一试干雪莉。提到干雪莉,就不能忽视全世界最有名的干雪莉代表——冈萨雷斯·拜斯酒庄(Gonzalez Byass)的迪欧贝贝"Tio Pepe"。1835年,西班牙人冈萨雷斯来到了赫雷兹,开始了贩酒生涯。由于雪莉酒的外销主要还是英国为主,于是他找到了他的英国伙伴拜斯,一起组成公司,于是,两个人合股的名字诞生了。经营至今,超过150年,也打下了坚实的基础。

如今本酒庄主要是由冈萨雷斯的后代掌握经营权,经营的主力放在酿制干雪莉费诺上。因此今日提到费诺,就会让人联想到迪欧贝贝。

这款酒由Palomino葡萄酿制。酒精程度为15%,有淡淡的金黄色,有烤面包与杏仁、桂圆干味,加以冰镇后,可以搭配日本料理之生鱼片,亦可以适合台湾地区菜肴、麻辣火锅,是一款适应力强的佐餐酒。此种酒价钱便宜,仅700元上下,对保存环境的要求不高。家中即使没有储酒柜,只要不是在太恶劣的环境(例如日照或接近火炉),则该酒在室

温中存放两三年也不会变质。

我也喜欢在夏天时，放几个冰块，倒上大半杯费诺。这是一种消暑提神的饮料，可以取代香槟。

曼查丽娜雪莉酒是口味较强烈的干雪莉。曼查丽娜的最著名的代表作，产自西达歌酒庄（Bodegas Hidalgo）。这个酒庄在1792年即已成立，至今仍在西达歌家族掌控之中。本酒庄正如同冈萨雷斯·拜斯酒庄之于费诺，提到曼查丽娜，也马上令人联想到本酒庄的"吉卜赛女郎"（La Gitana）。

当然提到吉卜赛女郎，爱好音乐的人都会想起比才歌剧《卡门》。这一位敢爱敢恨的女人，演活了吉卜赛女郎的性格。也靠着这个狂野、令人遐想的名字，本酒庄的曼查丽娜，很快地加深了消费者的印象。

由于曼查丽娜酿制的地方接近海边，酒窖一般通风良好，使得海风可以日夜吹拂，在酒桶中醇化的酒汁，能在氧化过程中，靠着微咸海风与酒花氧化，造就出本酒特殊的淡咸味，以及由酒花形成的酵母菌的丰厚口感。这种强劲口味，也吸引了喜欢浓烈口感的西班牙酒客。故在西班牙，其销路甚至超过费诺甚多。据报道，近几年来，英国也开始兴起喝曼查丽娜的风潮，而传统干白酒，如白苏维浓、灰比诺……的销路，已经被瓜分一部分。

我建议不妨试一试这款干雪莉酒，让你的味觉增加多一份的刺激与体验。

> 我认为对葡萄酒如同奢侈品般地课以重税，是一种严重的错误。它正像是向国民健康所课的重税！
>
> ——托马斯·杰斐逊
> （美国开国元勋）

58　西班牙"甜蜜的山中传奇"
马拉加的甜白酒

不知不可　Something You May Have to Know

世界葡萄种植面积最大的西班牙，是全世界产量第四大的葡萄酒产国，本身也早就是老酿酒区，酿酒文化可以明确地回溯到罗马帝国时代，但没有酿出顶级、被世界酒市所赞许的甜酒，当然，雪莉酒例外。

这是一个令人百思不解的问题。西班牙的夏天既长，又干旱炎热。同样的炎热气候，意大利的酒农还会想到利用风干葡萄的方式来酿制圣酒，

为何西班牙酒农没有仿效？至于一般的甜白葡萄酒，西班牙也乏善可陈。一般干白也流于过度氧化。整体而言，过去西班牙酒都被列归在平价酒的层次。我曾三度旅游西班牙，其中两次将西班牙绕了一圈，也没有喝到令我回忆起的好的白酒与甜酒。

值得赞许的是，如同本书在前述关于里欧哈与斗罗河酒的叙述，西班牙酒的全面复兴已经开始。在甜酒方面，我也终于看到了一款令我惊讶万分的"惊奇之酒"——罗迪贵兹酒庄的"山之酒"（Mountain Wine），我姑且称之为"甜蜜的山中传奇"！

本酒的特色　About the Wine

这是一款由蜜斯卡（Moscatel）葡萄酿成的甜酒。蜜斯卡葡萄恐怕是全世界种植最广的品种，

酿酒的有之，生食的也有之，品种之杂，可以用"族繁不及备载"来形容。一种葡萄能够繁衍出那么多的亚种，能在那么多的地方繁殖，那一定有它特殊的专长。不错，这种葡萄容易繁殖，果香特别强烈，含糖量亦高，所以才酿酒、生食两宜。连台湾地区这个最不适合栽种葡萄的地方，蜜斯卡也有一个好名称——金香葡萄，可见得是一个受果农欢迎的葡萄品种。

不过，这种葡萄酿出来的甜酒，多半是平价性质的普通酒。也可能这种葡萄带有浓厚的水蜜桃、柑橘香甜气息，许多碳酸饮料都采用人工合成此种香气的方式，来大量制造低酒精或无酒精的消渴饮料。再加上像意大利皮尔蒙特地区流行价廉的 Asti 气泡酒，也选用此种葡萄，使得蜜斯卡香气与低俗、浓艳的脂粉味画上了等号，因此我从来也没有喜欢过任何一款蜜斯卡酒，无论甜与不甜。

但当我试过了西班牙里欧哈酿酒世家出身的罗迪贵兹（Telmo Rodriquez）酿制出来的蜜斯卡甜酒，我改变了成见。罗迪贵兹曾在波尔多酒庄工作学习 5 年，返回西班牙后，先是与朋友共同组成酒庄，发展自己的酿酒理念。他不赞同引进国际品种的葡萄，反而要注重那些早已习惯了西班牙风土条件的原生种葡萄，尤其是那些老株。他到处找寻这种原生葡萄，20 世纪 90 年代中，他在伊比利亚半岛最南端的马拉加（Malaga）山区，也是整个欧洲大陆离非洲最近的地方，发现了他心目中的葡萄，便用这种不值钱、真正酒客不放在眼中的蜜斯卡酿出毫不艳俗的甜酒。

罗迪贵兹采用了类似意大利酿制圣酒的方法，让葡萄在阳光下曝晒 10～15 天，让水分蒸发后再剔除不好的葡萄，再用传统压榨橄榄油的石臼，将这些所剩不多的汁液压榨出来。我试过的 2008 年蜜斯卡酒，橙黄透明，黏稠至极，感觉双唇都要被粘住了。其有极香的桂花、柑橘、蜂蜜及哈密瓜气息，我本来担心会有甜腻感，但虚惊一场。美中不足之处恐怕是尾韵的苦味。说来也颇有意思，本酒是甜中带苦。中国人常说"苦尽甘来"，本酒却是"甘尽苦来"，刚好可以平衡一下甜味的延续，尤其还带点酸味。本酒可称为甜、酸、苦的"三味并陈"。

罗迪贵兹认为这些原生的蜜斯卡葡萄长在山谷壁上，甚至猿猴都不易摘取，故称这些酒为"山中酒"。我则因罗迪贵兹的"鬼斧神工"奇技酿此美酒，才会称之为"甜蜜的山中传奇"！

此款称为"皇家磨坊"（Molino Real）的"山中传奇"，年产量仅有 6800 瓶，帕克评 2008 年份为 92 分，台北市价约在2000 元。

如同任何"传奇"一样，如果精彩的话，再产生一两件传奇，大家也不会反对。果然，罗迪贵兹的"山中传奇"还有续集，我们不妨称之为"小传奇"。

这一个甜美的"小传奇"，名字简单，是"皇家磨坊"（Molino Real）的简写（MR）。但在酿酒的哲学上，则和"大传奇"不同，葡萄经过同样的晒干、压榨程序后，不像前者是在小橡木桶中发酵，而后置于法国橡木桶中陈化20个月。此"小传奇"则全部放到不锈钢桶内发酵，易言之，乃求取清新、酒体较薄软的特性。这让我想起了在马拉加地区另一个开创酿制传统老蜜斯卡甜酒的乔治·欧多内兹（Jorge Ordóñez），本书在第55号酒介绍西班牙酒的"新贵"——鸟巢酒庄时，已经提到了这一位振兴西班牙酒业的大功臣。近十余年来，他和罗迪贵兹一样都抱着发扬本土葡萄酒的理念，因此也约在同时回到马拉加，酿制高质量的甜酒。为了提升质量，他不仅特别礼聘澳大利亚Ringland帮助鸟巢酒庄酿酒，也敦聘有奥地利"甜酒教父"之称的克拉赫（Alois Kracher）前来指导酿酒。Jorge Ordóñez利用蜜斯卡酿出的4款甜酒（分别定名1至4号），成为马拉加酒革命进展的里程碑。

克拉赫在其奥地利酒庄酿制的甜酒，区分为两大体系：分别是德·奥传统、用不锈钢桶发酵、并不浸橡木桶的"两湖之间"（Zwischen den Seen）系列，以及法国苏玳的入橡木桶陈年的"新风格"（Vogue Nouve）系列，并且以编号代之。

显然地，罗迪贵兹便是仿效克拉赫大师的两系列酿法。

我尝试了2009年份MR，立刻感觉到与"大传奇"的不同：体态轻盈得多，花香（特别是桂花）与柑橘味不减，没有任何苦味。但是多了明显的土番石榴味，这是令人惊讶的。这一款小家碧玉的甜美可口，获得了帕克90分的评价。年产量达1.8万瓶，价钱为"大传奇"的一半，1000元上下，也合美国市价约80%，可说是一款付钱买下，还会令人微笑的好酒。

酒可使人觉得很快乐，但并不是说，也使他人很快乐。

——Samuel Johnson
（18世纪英国作家）

西班牙的珠玉泡沫

黎卡雷多酒庄的"特别珍藏级"卡华气泡酒

不知不可　Something You May Have to Know

西班牙酿制气泡酒卡华的产区主要在东北角的加泰罗尼亚地区（Catalunya），虽然各地方都有酿制气泡酒，但还是以巴塞罗那周遭的地区为酿造的大本营。卡华（Cava）是加泰罗尼亚的方言，意即"洞穴"（Cave），这些酒原来储藏在洞穴之内。

随着世界气候暖化，天气越来越热，新兴国家的富豪阶层兴起，如印度、巴西等，都引发了香槟热。

香槟只涨不降，大大地鼓舞了意大利或西班牙的酒农们，也转而酿制法式的气泡酒。反正所谓的香槟酿造法，技术早已属于Low-End，没有什么诀窍。所以这些原本酿制低成本、低消费的气泡酒庄，也开始进军高级香槟市场。虽然顶级香槟仍有一定的地盘，不是三年五载可以取代，但中价位以下的法国香槟市场，无疑遭到了强烈的挑战。

西班牙生产卡华酒的面积达6.5万公顷，计300个卡华酒庄，年产量（2010年）达3.35亿升，可灌装出接近4.8亿瓶卡华酒的规模，也应当在世界气泡酒的俱乐部中，占有一定的地位。

酿卡华的葡萄品种都就地取材，以本地的3个品种Macabeo、Xarel-lo及Parellada为主，没有黑比诺或霞多丽等国际品种，这和意大利的气泡酒颇为相似。此外，卡华也同里欧哈酒等实行陈年分级制。除了瓶中第二次发酵至少须9个月外，凡是"珍藏级"（Reserva）必须窖藏18个月以上；"特别珍藏级"（Gran Reserva）则必须长达30个月以上。但一般优质卡华，窖藏时间远高于此法定要求。

香槟酒或气泡酒生产都是一个资本集中的行业。试想：要将许多年份、来自不同产区及由不同葡萄酿成的"基酒"窖藏多年，才取出加以调配，这需要多少资金及空间来储放?因此唯有实力雄厚的财团才能成功。西班牙的卡华酒正是这种情形。

西班牙气泡酒的创始人 Josep Raventos 在 1872 年时,将自己在法国香槟区学到的技术引进国内,并在老家康德纽(Codorniu)酿制卡华酒。以后此家酒庄便以此为名,而后成为一个最大的酿酒集团,年产 3000 万瓶卡华酒。另外一个产能更大的酒庄则为伏来希内(Freixenet)酒庄,年产量更高达 7000 万瓶。这些大厂都在海外拥有甚佳的销售渠道,也最容易尝试得到。

除了这些超级大厂外,有些小规模的厂家实行传统香槟酿法,酿制出风味隽永,可让一般法国香槟失色的"西班牙珠玉泡沫"!

本酒的特色 About the Wine

1924 年一位名叫约瑟夫的年轻人,接管了其父在 1878 年所设立的酒庄——黎卡雷多酒庄(Recaredo),开始了酿酒生涯。这位年轻人投下了所有的精力在酿制卡华之上。在当时,酿制卡华的酒庄不多,而且多半酿制甜卡华,同时也使用了水泥槽或老橡木桶来发酵与陈年。约瑟夫反其道而行,只酿造干型气泡酒,而且不使用添加糖分来发酵,称为"自然干"(Brut Nature)。经过 3 代人的努力,黎卡雷多的卡华酒成功了。目前拥有 50 公顷的园区,都环绕在酒庄四周。所有葡萄都采自本家园区,并在酒庄内部完成一切酿造程序。"特别珍藏级"会在瓶中第二次发酵,陈年长达 40 个月,因此出厂后,都处于最佳的状态。

罗伯特·帕克对本酒庄的气泡酒也不吝惜地给予高分:例如一款 2002 年份的"特别酿造的自然干珍藏级"(Reserva Particular Brut Nature Gran Reserva),帕克便评了 95 分之高,并且称呼为"全世界最好的卡华酒"。

2012 年 5 月初,我在台北有机会尝试了本酒庄上款 95 分的气泡酒,也一并品尝了另 3 款 2004～2007 年评分为 92～93 分的卡华,果然有超越法国顶级香槟的潜力。

这一款 95 分的卡华酒,市价多半在 150 美元左右,可惜不在本书的标准之内。本书愿意推荐的是其拿手的"特别珍藏级之自然干"。以 2006 年份而论,帕克评了 93 分,果然有极为清淡的爽口酸味,颇似柠檬、葡萄柚,又有太妃糖与烤面包的香味,其气泡开始时较为浓密而绵细,可惜 5 分钟后便消失大半。这恐怕是顶级卡华酒要拼过顶级香槟最难过的一道关卡。当时餐厅是用嫩煎北海道干贝来搭配，一淡咸 一淡酸，简直天作之合。

延伸品尝　Extensive Tasting

要在台北找到另一款优质的卡华酒还不是太容易。无意中，我看到有某家厂商进口了里伯酒庄（Giro Ribot）所酿制的卡华酒，兴冲冲地买来一试，果然物超所值。

里伯家族世代都从事酿酒业，但主要是一般葡萄酒与烈酒。到了 1990 年，法国酿造柑橘利口酒的大酒商，也是拥有著名香槟 Piper-Heidsieck 的君度集团（Remy Cointreu），寻求合作伙伴，便入股了本酒庄。之后的 10 年，本酒庄从合作伙伴的香槟厂，学习到了许多外人不得而知的技巧。10 年后，本酒庄买回了君度集团的股份，完全可以自主

地开展卡华酒的事业版图。

目前这一个拥有 100 公顷园区的酒庄，每年可以酿制 13 种不同的卡华酒，而且支支包装都十分鲜艳，明显是走时尚路线。

我建议品尝的是一款较为顶级的"前卫"（Avantgarde）。这是由 3 种 30～50 年的老藤葡萄酿成，其中 1 款为霞多丽，占了 40% 之多。发酵过程采取二段发酵：一部分在不锈钢桶内发酵，另一部分在法国新橡木桶中发酵。4 个月后，再将两者调和，装瓶进行第二阶段的瓶中发酵。如此一来，使得基酒的风味更为饱满。这让我想起了斗罗河的"西班牙葡萄酒教父"——费南德兹老先生在 1982 年酿出的"双面神"，也是采取这种酿制法。

"前卫"卡华酒在瓶中陈年 18～24 个月后才上市。此气泡酒有极优雅的熟水果、奶油及香瓜味，颜色呈淡黄色，十分爽口宜人。台北市价 1000 元出头。这也是一款获得多数国际大奖的杰作，值得多搜购几瓶。

进阶品赏　Advanced Tasting

20世纪80年代初,总部位于巴塞罗那的伏来希内(Freixenet)酒庄,年产量高达7000万瓶,成为世界上最大的气泡酒制造厂商,竟然收购了一个小规模但声誉甚佳的卡华酒庄赛古拉·维达斯(Segura Viudas)。原因很简单,伏来希内公司想要提升公司形象,故这一条"大鲸鱼"没有将这条"小鱼"吞进腹中,反而大力提供人力物力,让本酒庄继续酿出一流的卡华酒。

赛古拉·维达斯酒庄每年可以生产7种不同的卡华酒。价钱都很实惠,市价都在10美元上下。唯有一支较贵的顶级酒——赫里黛(Heredad),属于珍藏级,价钱达40美元左右,但有值回票价的质量。

本卡华酒虽然只由2种本地葡萄酿成,没有霞多丽等国际品种,但基酒由9种不同地区的基酒调成,各自发酵完成后才调配,以求口味的复杂与香气的多样性。瓶中发酵期长达30个月,而且都由人工每天转瓶,其劳动密集度可想而知。

本酒有极为浓郁的奶油、干果、柠檬酸以及熟透的香瓜与杏子味,十分优雅。酒瓶的设计令人赏心悦目:亮青色的酒瓶,令人想起罗基德堡新酿成的家族香槟(见本书第37号酒),但酒瓶标示的白锌材质、雕刻精美的logo及底座的酒庄名字,俭朴中透露着中古时代贵族的气息。光是这种外表,已经可以踏入顶级香槟消费市场的门槛。当然,卡华的泡沫来得粗犷、颗粒太大,且如骤雨般地来得快,去得也快,不似顶级香槟那样云涌泉冒、源源不断,且颗粒细如河沙,如泣如诉地丝丝不绝……一直到一杯将尽,泡沫似乎仍不舍离去,这才是法国香槟会有"爱情之酒"的美誉的原因:伟大的爱情岂止是轰轰烈烈地爱一场? 喜剧结局时的天长地久,或悲剧时的藕断丝连般依依不舍,方能诠释所谓的"爱情之力"。

> 任何事情都是适可而止,但唯有香槟酒例外。香槟酒是唯一越多越好的东西。
>
> ——海明威
> (美国大文学家)

PORTUGAL

葡萄牙 →

葡萄牙的新潮酒
斗罗河的美欧河谷酒庄

不知不可　Something You May Have to Know

　　位于欧洲西部的伊比利亚半岛最西一隅的葡萄牙，地理位置是欧洲的边陲之地，就产酒而言，也算边陲之地。葡萄牙酒除了波特酒独步酒林外，其干红或干白，都没有登上台面的本事。干红过去不用酿造波特酒的葡萄来酿造，但都粗粝狂野，不仅酒精度高，还涩口，往往氧化甚早。至于全国有超过 3 万家酒庄酿制且评价较好的干白——绿酒(Vinho Verde)，冰镇后搭配葡式海鲜冷盘，或是当地流行的炭烤沙丁鱼，都相当不错，且价廉物美，是葡萄牙人民的日常用酒。

　　20 世纪 80 年代中，随着军事政府的解体，民主化政权的建立与加入欧盟，葡萄牙逐渐地脱胎换骨。欧盟投入大量经济援助来更新葡萄牙的交通体系，许多偏远地区都有了先进的公路，人民生活水平逐渐提高，而过去地处山区野外的葡萄园，也有方便的公路出入。葡萄牙酒的国内市场也同时受到了法国、意大利及西班牙等国葡萄酒的侵蚀，葡萄牙酒业面临转型的危机。不过危机也便是转机，带动转机的正是几个最大的波特酒庄。这些大酒庄背后都有雄厚的资金、世界性的销售网及品牌宣传力，更重要的是已经累积了两三百年酿波特酒的经验。正如同制造卡车的大汽车厂开始制造小轿车，大致上是熟门熟路，水到渠成。

　　在大波特酒庄的带领下，许多小酒庄也跟上潮流，葡萄牙酒被迫转型成功了。葡萄牙已经能够酿制出一流的干红。

　　斗罗河在西班牙由东向西迤逦 100 千米，产区名园荟萃。往西进入葡萄牙后，山势陡峭，南北两岸的 23 万公顷的园区，形成葡萄牙酒业重镇，且是波特酒的天下。最能够代表葡萄牙酒业力破重围的例子，是传统产区斗罗河的美欧酒庄(Quinta do Vale Meāo)。

葡萄牙最大的波特酒商菲勒拉酒庄(A. A. Ferreira)是葡萄牙第一家波特酒庄,成立于 1751 年,至今已逾 260 年。目前拥有 520 公顷的园区,年产量高达 360 万瓶。举凡所有系列的波特酒都有出产,可称为是葡萄牙第一波特世家。

建立菲勒拉酒庄王国的最重要人物是安东尼奥·A. 菲勒拉夫人(Antonia A. Ferreira)。她出生于拿破仑军队退出葡萄牙的 1811 年, 被后人尊称为 "安东尼奥夫人"(Dona Antonia),凭着毅力与灵活的商业手法,在 1877 年买下一块 300 公顷的园区,把原有的小酒庄建成为今日的规模。在这个园区内上游有一个美欧河谷园区,因为有充足的阳光,葡萄长得特别好。1952

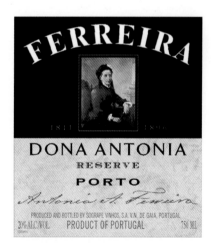

年开始,本酒庄每逢好的年份便会推出一款 "巴卡费亚" (Barca Velha) 的干红。巴卡费亚的意思为 "平底船",是斗罗河山区河流运送波特酒的传统小船。这款酒有极为强烈的

甜李、桑葚、蜜枣味,丹宁又极为柔和,曾经被誉为 "葡萄牙第一红酒"。我曾经从一位德国波恩大学政治学教授巴洛博士(Prof. Dr. Bahro)处获得一瓶 1985 年的 "巴卡费亚",据他转述,此瓶酒还是葡萄牙元首亲自赠送给他的礼物。

1994 年, 美欧产区由安东尼奥女士第 5 代子孙欧拉沙巴(Francisco J. d. Olazabal)获得全部产权后,独立出来,成立了自家的酒园——美欧谷酒庄 (Quinta Do Vale Meao)。在 1999 年及 2000 年还出了两个年份的巴卡费亚后,即不再生产此酒。算起来,本园总共出产了 12 次的巴卡费亚,遂成为 "广陵绝响"!

欧拉沙巴先生购得本园后, 自然不会放过本园曾经酿出一流干红的辉煌经历, 每年都推出的美欧园干红(Vinho Tinto),全部使用本地的原生种葡萄,包括两种土利加葡萄,其中 57% 的国产土利加(Touriga Nacional),另外 30% 也是法兰西土利加(Touriga Francesa),其他为少量的本地葡萄。酒汁会在 80% 的全新法国小橡木桶,另外 20% 用了 2 年的橡木桶醇化 18 个月以上,并在瓶中陈年 6 个月才出厂。因此酒质极为纤细。虽然没有巴卡费亚精彩,但是也都可以获得帕克评分 93~94 分,质量紧追在巴卡费亚之后,价钱在美国市价为 60~70 美元。

另一个也是属于波特老酒厂，文献历史甚至可以远溯到1615年，但至少在19世纪已经成为著名的波特酒商克拉斯多酒庄（Quinta do Crasto），在20世纪90年代开始酿造干红与干白，都有一定的水平。其干白价钱极为低廉且质量甚为优秀，而其"珍藏级老藤"（Reserva Vinhas Velhas），亦有令人难忘的风味，可让人惊讶葡萄牙人如何具备"调和鼎鼐"的功夫——如何将数十种葡萄酿进一瓶的绝活！

凡是老波特酒厂的葡萄园，都是东一块、西一块地分散在斗罗河的左侧、右侧，上游与下游。东边晒得到太阳，西边就吹得到西风……再加上过去百年来的果农也没有具备挑选优质葡萄树的本事与本钱，许多葡萄树能种活、结果就好了。因此波特酒园内充斥着各种品种、口味各异的葡萄。将这些五花八门的葡萄酿成酒精重、口味强与糖分浓的波特酒无所谓，但用到干红上，就要冒许多风险。例如所谓的"波尔多模式"，最多主要在3～4种中调调比例；而在大费周章的教皇新堡，则可用到14种葡萄，已令人大开眼界了。但比起斗罗河的混种调配，教皇新堡又是"小巫见大巫"，这里甚至有高达40多种葡萄的调配！就以本酒庄的"老藤酒"而言，也混用了25～30种的葡萄！

既然提及老藤酒（Old Vines），在西班牙、葡萄牙甚至澳大利亚，年限都比较严格，要超过60岁的老藤葡萄酿成，品酒界才可算数。像法国或德国的葡萄40或50岁以上就算进入老年，本酒庄的老藤都已经高达70岁了。年老葡萄单位产量甚低，每公顷几乎仅有2000～2500升。园主对这些珍贵的葡萄，会用85%的法国小橡木桶与15%的美国橡木桶来醇化1年6个月，结果造就出果味浓厚、集中，酒体澎湃的大酒。

以我最近品尝的2009年份为例，帕克给了93分之高。当我看到这款深紫色黏稠度甚高的老藤酒，心中马上产生了警戒：这是个硬家伙！没想到入口后我还是被呛了一下，果然是一个强劲有力、必须小心对待的老家伙！随着时间慢慢走过了2个钟头后，我将放到醒酒瓶内的老藤酒再试一下，没想到铁汉变成柔情汉，丹宁十分柔顺，当归、皮革及黑巧克力味十分浓厚，是一款可以喝得很久的酒。

除了此款令人动心的老藤酒外，本园也有 3 款单园与单一品种酿造的干红，以 2009 年帕克评分而言，都低于老藤酒，介于 90～92 分，但价格高过 30% 以上，至少 100 美元。所以我愿意推荐本庄的老藤酒，和美欧谷的干红作一个比较，便可以知道两种力道不同、体态不同的斗罗新酒，各有什么引领风骚的本事！

进阶品赏　Advanced Tasting

话说菲勒拉酒庄在 1994 年丧失了"掌上明珠"的美欧园后，会否就酿不出顶级的干红了？其实毋庸顾虑。菲勒拉酒庄成功酿出好几个年份的巴卡费亚酒后，已经对酿出顶级干红有极浓厚的兴趣。1978 年买下了一个 50 公顷的"丽达园"（Quinta Da Leda），打算酿造新潮的干红。

菲勒拉酒庄以一个希腊神话里面著名故事"丽达与宙斯"的女主角为名。这个在西方艺术史上经常出现的题材，都是一位美女伴随着天鹅，原来是爱慕美女丽达的宙斯，变身为一只天鹅，日夜依偎在丽达的身边，终于达到了与美人共度春宵的心愿。例如右图达·芬奇所绘的《丽达与天鹅》，构图重点不在美女，反而在人性化且情感丰富的天鹅之上。

丽达酒庄用了几个希腊美女作为标签，但可惜没有引入天鹅的主题，让本庄庄名与浪漫的希腊神话挂上美丽链条的机会白白丧失，颇为可惜！

丽达酒会在全新的法国橡木桶中醇化 1 年，所采用的葡萄也是以 2 种土利加为主，酒色较为澄清，但色素仍甚深、艳丽，入口有浓烈的乳酸甜味，生气蓬勃，明显的是一款走新潮路线的酒，也当是受到帕克或罗兰的影响，气质颇为高贵。2007 年份的丽达，帕克评为 92 分，欧洲的市价在 35～40 欧元。

61 试试葡萄牙酿酒人的"足下功夫"
都摩洛酒庄

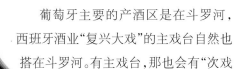

葡萄牙主要的产酒区是在斗罗河，西班牙酒业"复兴大戏"的主戏台自然也搭在斗罗河。有主戏台，那也会有"次戏台"，这个辅助性的戏台则搭在葡萄牙东南方与西班牙接壤的亚罗特哈诺（Alentejano）地区。这是一个相当贫穷的农业地区，也没有太多产酒的光荣历史，亦无太多值得一述的历史古迹与文化古城，所以一般旅客除非是要由里斯本前往西班牙南部游览，否则不会特地穿过这个地区。

我曾经在 1980 年夏天，随同一个德国神父率领的朝圣团行经此处。那时候赫然发现此穷乡僻壤，不少本地人居然打赤脚。我那时候真的不敢相信自己的眼睛：连台湾地区都已经不容易看到乡下人打赤脚至少有 10 年了，而在葡萄牙，还有人打赤脚？再看到处都是破败的房屋，果然葡萄牙是"欧洲第一穷"！

随着葡萄牙酒业复兴之风吹到本地，连续有好几个酒庄酿出了价又廉、物又美的好酒。而重要的是居然在台湾地区都可以购买得到。首先登场的是都摩洛酒庄（Quinta do Mouro）。

除了质量以外，这个酒庄有两个特点吸引了我的注意，也使我不容易忘掉它的名称：第一，这个酒庄居然还用脚踩的方式压榨葡萄！第二，酒庄的名字"都摩洛"，像极了福州方言。我以前经常喜欢开福州人的玩笑，说福州话"酱油都没有了"，可以念成"See you tomorrow"，"都没有"的福州话，便是"do Mouro"，福州人恐怕会以为本酒庄庄主为福州人，否则怎么会取一个"都没有"的庄名？

本酒的特色　About the Wine

有一位牙医楼罗先生(Miquel Louro)喜欢种种树、栽栽果等园艺。1989 年他在马德里东北方的一个叫 Estremoz 的村庄，买下了一块 6 公顷的葡萄园，开始与儿子一起酿酒。这里虽然是位于亚罗特哈诺地区，但是属于偏北，也是交通要道，生活水平和南部有很大的不同。葡萄品种大致上都是葡萄牙的原生种，包括 Aragones(在西班牙的里欧哈流域，称为丹魄)、Alicante Bouschet 及斗罗河流行的国产土利加(Touriga Nacional)。另外也种上了国际品种的赤霞珠作调和之用。随着酒庄经营成功，本园的规模也日渐扩充到 27 公顷，葡萄种类也更加多元，各种国际品种都有种植。

庄主知道要酿出质量好、单价高的红葡萄酒必须在质量上严加管控。由于当地酒农常常不控制产量，常常 1 公顷地收成达 1 万升，酿出的酒当然味薄气弱如白水。本庄严格管控，使得葡萄每公顷产量不过 3000 升。尤其特别的是，为了让葡萄能够很柔和地被挤破，不至于将苦涩的葡萄茎梗、葡萄核压破，酒质变苦，丹宁粗糙，本庄使用古法的人工脚踩方式，连续 2 天把葡萄踩碎。

这是标准的古法压榨，除了观光性质、取闹好玩的酒庄之外，也只存在于落后的产酒区——几乎只在山区，专门酿制廉价波特酒的葡萄牙小酒庄，才会使用的压榨方法，没有想到还会重现于此一流酒庄，太稀奇了！

经压榨后的葡萄酒汁会在一半是新的法国与旧的葡萄牙中型橡木桶(300 升)醇化 14 个月之久，装瓶并再陈放半年才出厂。

我试过这款被帕克评为 94 分的 2007 年份"脚踩红酒"，有极深的桃红色，入口后有极为浓厚的香水、铅笔芯、山楂果味及加州李的水果味，并没有十分强烈的涩味，丹宁也十分中庸，的确是一款令人惊讶的好酒。除了 2007 年以外，帕克每年的分数都甚为友善，在 90～94 分，售价在 2000 元左右。

为了试试其香气的持久度，我特地在开瓶后 4 个钟头再试一次，香气几乎全部转换为中药的当归以及干燥的山楂果味，依旧十分迷人。

274 | 试试葡萄牙酿酒人的"足下功夫"　都摩洛酒庄

争艳,何必独沽一味?我在台北酒商中发现了报价合理的酒庄。

1842年成立的尼波酒庄,由创始人的名字为 Franciscus Marius van der Niepoort,可知是荷兰人。没错,这位荷兰人在当年来到了波特港,正是打算做波特酒的买卖(不要忘了荷兰是仅次于英国的第二大波特酒消费市场)。于是创设了酒园,至今已经传承到了第5代。

尼波酒庄的产品十分醒目:漆黑的瓶罐,宛如用白漆写出来的字体。这可是200年前的酒瓶标示方法。10余年前,欧美品酒金字塔阶层对收藏这个酒曾疯过一阵子。美国开国元勋,也是爱酒人士的杰斐逊(Thomas Jefferson)收藏过1787年份的拉菲堡。有一本由本杰明·华莱士(Benjamin Wallace)写的小说——《百万红酒传奇》,叙述了拍卖这支酒的故事,十分有趣。这一款200多年前的拉菲堡,瓶子上的酒标方式,和尼波酒庄如出一辙。

尼波的年份波特,以2003年为例,有年轻波特酒的果香、轻柔的酒体,但又有陈年波特酒的稳重圆润,入口后没有酒精的负担,搭配奶酪,甚至独饮,无不适合。这一款酒虽已成熟,但绝不是成熟高峰期。我认为真正的成熟波特高峰期应当在20年以上。手上如有闲钱,不妨购买几瓶此种年份波特酒。

有位朋友喜获麟儿,想给儿子留下若干箱“洋状元红”。但一问有“陈年潜力”的干红,特别是波尔多顶级酒,高价位真的把他吓坏了。后来听从我的建议,买了几箱年份波特酒,总算了了一桩心愿。我相信再过十来年,这批酒将会给这对父子绝大的快乐。朋友脸上将会呈现那股骄傲与满足,我心中早已有了一幅美丽的画面。

> 由水面,你可以看到你自己,但由葡萄酒内,你可看到人心。
>
> ——法国谚语

63

斗罗好汉

葡萄牙酒振兴的新组合

不知不可　Something You May Have to Know

2004 年，葡萄牙酒界抛出了一个有趣的话题：斗罗河有 5 个重量级的酒庄，分别是美欧酒庄(Quinta do Vale Meao)、克拉斯多酒庄(Quinta do Crasto)、尼波酒庄(Niepoort Vinhos)、圣母玛丽亚酒庄(Quinta Vale Dona Maria)与瓦拉多酒庄(Quinta do Vallado)，组成了一个名为"斗罗男孩"(Deuro Boys)的策略联盟。

同样等级的酒庄结成一个小组织，除了平时可以增进交流、互换信息、保障共同利益，也有相互吹捧与市场区隔的宣传作用，成功的例子如德国的"德国优质酒庄联盟"(V.D.P.，见本书第 65 号酒)、法国 6 个最出名的中级酒庄成立的"特别级"(Les Exceptionnel，见本书第 20 号酒)联谊会，被认为是高明的策略。

之所以会选择这样一个类似摇滚乐队的名称——"斗罗男孩"，主要是 5 个庄主的年纪都在中年，且都是听摇滚乐成长的一代人，摇滚也代表了推翻传统的"反拘束"精神。我觉得用"男孩"这个字眼，还是不顺眼，还不如用"好汉"来得顺口，也颇符合台湾地区的饮酒歌歌词——"杯底不可饲金鱼，好汉剖腹来相见"，所以我译为"斗罗好汉"了。

"斗罗好汉"的主要目的是要改变外国酒客对斗罗河酒要么只是波特酒，不然便是质差价廉的日用酒的陈旧印象。5 个成员将互相督促，提升质量。为了加强宣传，5 个成员特地由 2005 年份的园区里挑出最好的一批葡萄（国产土利加）混酿成一款新酒，取名为"2005 年份斗罗好汉酒"(Deuro Boys Cuvee 2005)。只酿造 500 瓶，是双瓶装(1500 毫升)，并且不零售，只供拍卖。

这一个噱头果然是个大卖点，2007 年 11 月底，在斗罗河拍卖这几款酒时，全部售罄。每瓶定价 120 欧元，由 80 欧元起拍,落槌价都在 300 欧元左右,平均每瓶 150 欧元,换成平常瓶每瓶 75 欧元,不能算高,但也是斗罗河干红中极高的价位了。

另外,组合成立至今,这 5 个主要靠外销的成员,外销的成绩也飙涨:销量增长 5 倍,金额增长 7 倍。2011 年底的美国《酒观察家》杂志评选"世界百大",5 个成员有 3 个名列其中——美欧酒庄、克拉斯多酒庄及瓦拉多酒庄,其中瓦拉多还名列第七。

5 个酒庄中,瓦拉多酒庄、圣母玛丽亚酒庄尚未被本书介绍,至于尼波酒庄是波特酒的推荐名单,似乎也应介绍其干红。以下分别介绍此 3 款干红。

本酒的特色　About the Wine

瓦拉多酒庄(Quinta do Vallado)成立于 1716 年,至今接近 300 年,是个不折不扣的老酒庄。也因为成立后迅速成为出名的酒庄,以后便被雄才大略的菲勒拉夫人 (Antonia A. Ferreira,见本书第 60 号酒)收为囊中之物,变成了"菲勒拉波特帝国"忠实的一员,每年生产的葡萄,全部作为酿制波特酒之用。

一直到 1993 年,酒庄由菲勒拉玄孙女辈经营,决定改弦更张,转型成全方位酒庄,不仅继续酿制波特酒,还致力于酿制干红。

在斗罗河支流孔歌河(Corgo)两岸,本酒庄拥有的最好的 70 公顷园区中,有 50 公顷是新园区,葡萄是新栽的,多半是 20 岁以下,供应酿制普通级酒与波特酒用,另外有 20 公顷是本酒庄的宝贝,葡萄藤达到 80 年以上,是酿造当家宝的"珍藏级"(Reserva)之用。

虽然本酒庄 2008 年份的国产土利加是获得 2011 年美国《酒观察家》杂志评选"世界百大"第七名,但该款酒不是珍藏级,台湾地区售价在 1500 元左右,是一款超级廉价的好酒。本书愿意介绍其另一个拿手的 "珍藏级混酿"(Field Blend Reserva),这是由接近 70% 的老藤葡萄(共有 20 余种葡萄),30% 左右的约 15 岁的国产土利加葡萄酿成。售价还比前者单种土利加便宜两成左右。

这款珍藏级的混酿,会在全新的法国橡木桶中醇化 17

个月才装瓶，有一股浓厚的米糠、麦片粥的味道，也有一些咖啡、可可与皮革的坚硬感，但丹宁十分柔软，入口带着一点点的甜味与酸味，这是一款最好能够沉睡 10 年再饮用的美酒。我个人开一瓶试饮，其余的 11 瓶，全部塞进酒窖的最下层，让我 10 年之后也随时可以获得惊喜。

本酒庄目前由菲勒拉家族后人约翰（Joao Ferreira）当家，夫人则是克拉斯多酒庄庄主的独生女，两大酒庄既结盟又联姻，看样子葡萄牙还是处在讲究家庭门第的老式社会！

延伸品尝　Extensive Tasting

有一位留着大胡子、身体壮硕，外表很像意大利男高音歌唱家帕瓦罗蒂的范策拉（Cristiano van Zeller），本来在波特酒价钱最贵的诺瓦酒庄（见本书第 62 号酒）担任酿酒师，闻到了葡萄牙酒界开始复兴的气息后，在 1993 年年底毅然离开稳定的酒庄职位，想要改行自行酿酒。随后在 1994 年，他到了克拉斯多酒庄协助酿酒，在这一年中，他学到了酿制波特酒以外的其他知识，特别是利用老的波特酒酒桶来醇化干红，可以增加红酒的风味。1995 年他买下了一个小酒庄，但不太满意，紧接着在 1996 年，他太太的家族买到了一个 20 公顷的圣母玛丽亚酒庄（Quinta Vale Dona Maria）。这是一个 19 公顷的葡萄园，其中有一半以上的葡萄超过了 50 岁，正是范策拉梦寐以求的老园老葡萄。于是，他开始由老藤葡萄酿起。1996 年 9 月，推出了第一个年份的干红，仅酿制 2400 瓶，作为试探市场水温的样品，结果反应好得出奇，本酒庄开始了"黄金 10 年"的发展期。

本酒庄最初的园区成立于 1868 年，历代都酿制波特酒，传承 3 代后，才租给一家波特酒公司，因此本酒庄成立后，继续酿制波特酒，可以支撑本酒庄试酿其他新款酒，而不愁没有收入。所幸本酒庄的老藤葡萄甚好，每年可以推出 3 个等级：斗罗红酒级（Douro Red Wine），年产量在 2 万瓶左右；卡沙园（Casa de Casal），年产量在 2500 瓶；履历园（C. V.），年产量仅在 1500 瓶。后 2 款单园酒都在全新的橡木桶

中醇化将近 2 年。

本书愿意推荐其斗罗红酒级，此款酒在全新的橡木桶中醇化 1 年半，以求其复杂度。跟 2 款单园酒一样，都是由 7

种不同葡萄品种混酿而成。目前本酒庄干红的数量还较少，增加干红的产量是本酒庄的当务之急。

进阶品赏　Advanced Tasting

另一个波特大酒商尼波（Niepoort）的第 5 代传人迪克（Dirk），在 1987 年买下一个有 30 公顷大的拿波里酒庄（Quinta de Napoles），开始酿造新潮的红、白酒，当时这位少庄主才刚满 23 岁。这位在瑞士读书的青年，在苏黎世这个美酒与美食中心，体会到什么才叫作好酒，因此他继承家业后，雄心勃勃，决心酿出令人心动的葡萄牙新潮酒。

1991 年，酿出第一款拉多马（Redoma）红酒，这是由多

种老藤葡萄酿成，葡萄树龄至少 60 岁，同时其醇化是在全新的橡木桶中进行的，长达 22 个月。这是本酒庄酿制干红

的试验之作，也是成功之作，处女作至今刚好满 20 周年，值得为之庆祝。这款酒是本酒庄选送的用于酿"斗罗好汉"酒的原料。年产量 2578 箱，3 万瓶左右。

至于本酒庄还有 5 款红酒，例如 Batuta 园、Charme 园、Robustus 园，都是精选自 60～70 岁树龄的小园区葡萄酿成，年产量很少，都在 4000（Batuta 园）～9000 瓶（Charme 园）之间，售价多半超过 100 美元，帕克的评分也在 93 分上下，可以算是本园的桂冠之作。

本书愿意推荐的拉多马酒，有甚为轻快的体质与一点点波特酒的甜蜜回甘，台湾地区已有进口，例如 2006 年份的售价在 1000 元出头，比同酒厂的年份波特酒少一半以上。

本书介绍的这几款葡萄牙酒庄，已能酿出体质强劲但口味不失柔和与丰富内涵的红酒，我们相信葡萄牙的美酒前景将是一片光明。

GERMANY

德国 ➡

64

将雷司令葡萄发挥得淋漓尽致

伊贡·米勒酒庄最基本款的地区优质酒

不知不可　Something You May Have to Know

被世人认为最机械化、守规矩及严肃的国家——德国，居然也是盛产美酒的国家？世人恐怕不知道，就在第一次世界大战爆发前的 1900 年之前，英国伦敦最昂贵餐厅的酒单中，标价最贵的酒不是来自于法国勃艮第或是波尔多的红酒，而是莱茵河的顶级白酒。

其实德国酿酒的历史不晚于法国。早在罗马时代，罗马驻军已经在与日耳曼民族对峙的莱茵河谷地屯驻下来。经年累月的伐木开垦，种上葡萄酿酒以供罗马士兵饮用，2000 多年来，莱茵河谷地原本一片青葱的森林，早已被漫山遍野的葡萄园取代。数百年来，德国的农业几乎只有葡萄酒一枝独秀。如今全德国葡萄总面积为 10 万公顷，

略逊于波尔多的 12 万公顷，而酒农超过 10 万，虽然总产量仅为法国的 1/10，但德国过去几乎全都酿制白葡萄酒，特别是雷司令（Riesling）葡萄酒，被认为是全世界最优良的甜白酒。有这么一句话："法国红酒，德国白酒"，便是指德国白酒有一流的世界水平。但近年来（以 2011 年为例），其全国已有 1/3 葡萄园为红葡萄园。而全国白葡萄种植面积中雷司令仍居第一，占 22%，共 2.2 万公顷。

雷司令葡萄是一种酸度很高、成长不易、单位产量少的葡萄。它跟黑比诺一样，都是不易移植的葡萄树种。世界到处都有移植雷司令，但成功者很少，似乎仅有澳大利亚悉尼附近的猎人谷（Hunter Valley），有较为成功的酒庄，但仍无法与德国匹

莱茵河边高耸的岩壁及上方的城堡

敌。因此要品鉴雷司令酒，仍然必须找德国货。

德国人讲纪律，德国产品讲信用、讲可靠。德国法律也重视商人责任与消费者权益，故德国酒在管理与标示上，都有一套清楚可行的规范。德国葡萄酒是以葡萄成熟度为标准，区分为一般酒及优质酒。优质酒（Qualitätswein）又分为普通的地区优质酒（Q.b.A.），这是符合产区的规定，例如单一葡萄酿制、符合标示、酿造方式等，属于法定质量保证的中级酒；另外是属于分级的、法定的优质酒，不妨称之为"特级优质酒"（Q.m.P.）。

德国特级优质酒十分精彩，本书将分好几篇来介绍。在此先谈地区优质酒。

一般这些优质酒只是佐餐的性质，没有太多的品鉴价值，却是最普遍的德国酒，这必须归功于"圣母之乳"（Liebfraumilch）的推波助澜。

在德国葡萄酒产区中，面积最大的莱茵黑森共有2.6万公顷，比名园汇集的莱茵沟（3100公顷）整整大8倍，也比陡峭酒园环布的摩泽尔河区（9000公顷）大3倍。莱茵黑森有许多大厂，机械化与大规模的企业经营，不可能讲究慢工出细活，于是年产量动辄百万瓶。当然这些地区也有许多中小规模的酒庄，产出各款特级优质酒（例如枯萄精选），都要比其他地区（特别是摩泽尔河区与莱茵沟区）便宜得多。本地区属于德国的中低价位酒区。

在本区内有一个人口8万的小城镇——沃姆斯市（Worms），市中有一个圣母教堂。环绕教堂，周边分布着一些葡萄园。早在1744年就规定，凡是教堂阴影能够遮蔽之处，所产的葡萄酒就可以挂上"圣母之乳"的名称。这当然是教会为周遭葡萄园营销的手法，也使教徒认为饮用此受到教堂与圣母祝福的美酒，可以治病与延年益寿。于是盗用"圣母之乳"的酒庄逐渐增多了，政府管也不能管，"圣母之乳"成为本地最畅销酒的酒名。

一直到1808年，一个名为瓦肯堡（Valckenberg）的酒庄，将教堂周遭原本"阴影所及"的另外3家酒庄买入，独家包揽了全部园区。并且在将近100年后的1906年，推出了"麦当娜"（Madonna，乃拉丁文"圣母"）品牌，开始外销。不仅是"圣母之乳"，还有其他各款特级优质酒，都挂在此响亮的名称下，在世界各地创下了销售佳绩。

不仅是瓦肯堡的麦当娜"圣母之乳"，其他大酒商也纷纷推出此廉价酒，例如1921年成立的"蓝修女"（Blue Nun，香港地区译为"蓝仙姑"，台湾地区也从之），打入英国伦敦市场后，已经成为德国酒的代表。另外，例如"黑猫"（Black Cat）或"黑塔"（Black Tower）……都是这种平易入口、花香果味浓厚、甜式的廉价德国酒。

同样是属于地区优质酒的"圣母之乳"，

这幅力争上游的5条鱼的《五福临门》出于老友林章湖教授之手。只见波涛汹涌的河流中,5条樱花钩吻鲑正在与波浪抗争,生动异常。右边为2008年份的伊贡·米勒酒庄最基础的优质酒。此款酒搭配海鲜料理,特别是清蒸鱼之类的料理,也是一绝虽然评价不高，如今甚至沦为欧美超级市场内的量贩酒，与日本市场内的锡箔包清酒与加州的"Jug Wine"一样，但是正因为价格便宜，如同意大利托斯卡纳的山吉士"草包香蒂"（见本书第 38 号酒），是许多外国年轻人及大学生品鉴白酒尤其德国白酒的入门酒。

有一成语"鹤立鸡群"，鸡群中一旦出现一只身态卓绝的白鹤，当然会引起瞩目。尽管地区优质酒的名声已被"圣母之乳"打垮，但杰出的地区优质酒也不会被人忽略，只不过其能够通得过比较挑剔饮客的款项甚少。有德国葡萄酒"第一天王"之称的伊贡·米勒酒庄的地区优质酒，绝对通得过严格的检验。

本酒的特色　About the Wine

莱茵河支流萨尔河（Saar）流经的一个城市特里尔（Trier）可以称为上莱茵区，因为已经快要到卢森堡了。这个城市出了一个鼎鼎有名的人物——卡尔·马克思，这位提出共产主义理论，近 150 年来对世界政治发展史产生影响力之大者，堪称世界第一人。至今这个人口仅有 10 万的小城市，因为有马克思的故居，是观光客最常造访之处。几乎所有马克思的传记，特别是与马克思同时代人写的回忆录，都津津乐道地提到这一位喜欢高朋满座的哲学家，会不吝惜地拿出好酒与客人共享。不过马克思所喜欢的，似乎是法国红酒，尤其是波尔多红酒。我倒还没有读到他提及德国莱茵美酒的报道。

特里尔既是酒乡，更是德国重要的美酒集散地。每年 9 月底这里会举行一个盛大的德国顶级酒拍卖会，吸引了全世界的进口商及藏家与会。德国一流的葡萄酒庄每年会将其最昂贵、数量最少的产品运至此进行拍卖。其热烈的程度正如同波尔多的年度预售一样。

特里尔除了诞生了一位举世闻名的马克思外，在葡萄酒庄界也出现了一个世界闻名的伊贡·米勒酒庄（Egon Müller）。这个成立于 1797 年的老酒庄，传到现任的庄主已经是第 5 代了。葡萄园向南的山坡有一个十分贵气的名字——"宝院山"（Schatzhofberg），此地布满片片的板岩，山坡 45～50 度，让葡萄必须深入岩层汲取水分，岩层同时供应丰富的矿物质。总共只有 8 公顷的葡萄园却能够酿出不可思议、充满各种热带水果与蜂蜜气息的雷司令。就在 20 年前左右(1997 年),当我出版《稀世珍酿》时,全世界最贵的红酒,当推法国勃艮第的罗曼尼·康帝。那时此款酒的价钱尚未飙涨,一瓶约 1000 美元,已是令人咋舌的高价(波尔多五大酒庄不过几百美元一瓶)。但一瓶伊贡·米勒的拿手"枯萄精选"(TBA)就约 2000 美元,而且还是属于 375 毫升的"小瓶装"!所以伊贡·米勒的"枯萄精选"堪称全世界最贵的葡萄酒。

10 年前,一瓶罗曼尼·康帝"只"售 1000 美元,已成为"白头宫女话当年",诉说过去的美好时代!现在任何年份的一瓶罗曼尼·康帝,至少售价 1 万美元。但是伊贡·米勒的"枯萄精选"依然故我,每瓶(小瓶装)维持在 1500~2000 美元之间,已将"世界酒王"的宝座拱手让给罗曼尼·康帝,但其售价仍然比波尔多最贵的红酒彼德绿堡(Chateau Petrus)贵 1 倍左右。

由此高价位便可知本酒庄,每年虽然可酿制 7 万瓶,足供全世界顶级葡萄酒消费群选购,价位都绝不便宜。但我认为其数量最多的基本款——地区优质酒"宝院山",已经能够让人体会到本酒庄登峰造极的酿酒功力。雷司令葡萄的酸度极高,不要小看此酸度,德国人称此葡萄之酸,乃是酒

的"骨骼"。没有足够优质的酒酸,这瓶酒就不能陈年。清朝美食家袁枚在《随园食单》中称"水才是酒之骨",表明了东、西美食家对美酒认识上的不同,中国人不太喜欢酸酒。

尽管是酿制最廉价与基本款的地区优质酒,本庄也绝不马虎。一定要等到葡萄非常成熟时才采收,每公顷酿成 4500 升,是一般酒庄的一半左右。低温发酵与大橡木桶醇化半年,就我最近品尝的 2000 年份的伊贡·米勒地区优质酒"宝院山"而言,其颜色是淡青色,酒精度 10.5 度,入口有极温和的酒酸度,明显而不突出,也带有丝丝的甜味,极适合作为饭前开胃酒或提神解渴之用,也可以搭配台式海鲜。当时我用这款酒来佐炭烤马头鱼,恰巧店家没有柠檬,我便直接用此淡酸的美酒浇鱼,反而感谢此烤鱼未加柠檬!

据推算本酒庄一年大概可酿制 5 万瓶地区优质酒,价钱甚为合理,在台湾地区能购得新年份(例如 2009 年份),酒商索价在 1000~1200 元之间,但数量都极有限,很少有酒商能一次提供超过 10 箱的。我认为酒友们有机会看到此款酒,应当立即下手,储酒柜中最好随时能够保存若干瓶,当作酒柜中的"常备军",就像我个人一定会随时在酒窖中不时存放尽可能多的勃艮第"杜卡·匹"村庄酒一样!

《我的父亲与叔叔》

这是曾经在德国慕尼黑与法国巴黎学习绘画的匈牙利画家李皮罗耐(Jozsef Rippl-Ronai)绘于 1907 年的作品。两位老人一边饮红酒,一边讨论伤脑筋的事情的神情跃然于画布之上。本作品现收藏于匈牙利国立美术馆。

65 德国酿酒工艺的牛刀小试

普绿酒庄的"私房酒"

介绍德国优质酒时，已经提到了在地区优质酒之上的"特级优质酒"(Q.m.P.)，才是真正的"德国绝活"。依德国葡萄酒法律的分级规定，凡是葡萄成熟达到可以酿酒以上标准的，又可以依其含糖量的高低区分为 6 个等级，等级越高，含糖量越高，价钱也越贵。品赏起来，其浓度越高，风味越多元，各种水果味（如蜂蜜、柑橘、芒果、菠萝等热带水果）也越清晰……这 6 个等级由下而上分别是：私房酒、迟摘酒、精选酒、冰酒、逐粒精选酒、枯萄精选酒。本书将针对每一等级，提供我心中理想的名单。

基本上，凡是列入本书的各个酒庄，绝对都有酿制这 6 款酒的实力。这些德国酒庄都是传承数百年，各等级葡萄酒的酿制工艺早已熟稔。酿制越

高等级的葡萄酒的葡萄都需分别采收，这是一个极为密集且辛苦的工作。绝大多数酒庄庄主及其家人都必须亲自采收这些少量难摘的熟透葡萄，这也是德国人勤奋的具体例证，也是很难在其他各国顶级酒庄养尊处优的主人身上看得到的现象。我跟每一位德国酒庄庄主、夫人，甚至小姐握手时，不论酒庄大小与顶级与否，一定能够感受出其劳力密集所留下来的痕迹。我内心不由得兴起一股敬意。

本书所推荐的这些酿制特级优质酒酒庄，毫无例外，都是属于"德国优质酒庄联盟"(V.D.P., Verband der Deutschen Prädikatsweingut)的成员。这个成立于 1910 年的联盟，目前共有来自德国 4 个产区的不到 200 家酒庄成员，数量虽然只占全德国 10 万大小酒庄的 2‰，但是被各个产区同业公会所认证，表示从未有任何违反酒类分

级制度的行为——包括每年各个所属园区产量的多寡、各等级葡萄的收成与装瓶数……都足以作为"诚实信用酒庄"的模范，同时酒质也多年获得大奖，才能获准成为成员。这是一块德国酒业的金字招牌。消费者尽管可能不识德文，但只要看到这一只老鹰，胸前有一串6颗葡萄的标志，即可安心购买，保证是德国出品的质量一流的好酒。

本书也要特别介绍一本最权威的《德国葡萄酒年鉴》（*Wein Guide Deutschland*），它由法国美食杂志《高美乐》（*Gault & Millau*）出版，每年针对德国葡萄酒庄进行评鉴，最高给予"5串葡萄"。"5串葡萄"每年选10家；"4串葡萄"每年不同，以2012年为例，共有52家，其中还会有几家（10家）是有升级潜力的。这是综合性的比较。另外也会针对个别种类的葡萄酒进行逐项的评审，选出当年的"年度之酒"。

德国酒主要产于莱茵河沿岸，但这只是通常的说法。真正的法定大产区共有13个之多，例如莱茵黑森、莱茵沟（Rheingau）、摩泽尔河（Mosel）……其中莱茵沟及摩泽尔河出名的酒庄最多。自1435年开始，哪些葡萄园种植了雷司令都有清楚的记载，此地区俨然成为雷司令酒的代表产区了。

就在莱茵河支流摩泽尔河的中段有一个小镇，名为柏恩卡斯特（Bernkstel），是当地一个交通与运输的中心，长年来此地的美酒由莱茵河航运输出，本镇自然成为当地的美酒中心。说到柏恩卡斯特，爱酒的人心中都会想起著名的"柏恩卡斯特医牛"（Bernkasteler Doktor）。这是德国自1360年便流传下来的一段佳话：德国大主教靠着喝了产自柏恩卡斯特地区的葡萄酒，大病痊愈。此后本地区的雷司令葡萄酒便被赐予"柏恩卡斯特医生"的大名。本书所挑选的私房酒代表，便产于此区。

本酒的特色　About the Wine

在此城镇外，沿着摩泽尔河有一个普绿酒庄（Joh. Jos. Prüm），16世纪就开始在此酿酒。到了1911年，家族分家后，其中一家分到了一个名叫日晷园（Sonnenuhr）的园区（这个园区在半山上，因一个普绿家族兴建的日晷花钟而得名），持续不断地酿出了好酒,打响了本地的美酒名声。

如今,当家的曼斐德·普绿先生,早年获得法学博士后,专心酿酒,结果成为德国两大酒庄之一(另一个酒庄为上一号酒所提及的伊贡·米勒酒庄)。本园共有 14 公顷的园地,每年可生产约 14 万瓶酒,却能够使得所酿的酒支支精彩,几乎没有任何败笔,真是难能可贵。任何普绿酒庄的酒,都值得购买,不会令人失望。

跟伊贡·米勒酒庄一样,普绿酒庄既然是全世界公认的第一级德国酒的代言人,年产量可超过 10 万瓶,比伊贡·米勒酒庄多出了三成,产量不可谓少。至于价钱方面,虽比伊贡·米勒酒庄少了三成以上,但仍然比其他同样属于"德国优质酒庄联盟"成员者至少贵上 50% 至 1 倍不等。但绝对贵得有理,挑剔的酒客即使付钱也甘心。

因此要体会德国莱茵河雷司令美酒的芬芳,我建议多花费一些,试试普绿园的私房酒。

所谓的私房酒,德文为"Kabinett",与英文的"Cabinet"相同,都是小房间之意。这是老德语,也是外来语,表明了以前德国酒庄会酿制一批比较优质的酒,仅供贵客上门时饮用。所以我译为"私房酒",这与"私房菜"类似。

要区分一般酒庄与顶级酒庄的私房酒,最明显的区别点是在糖度与芬芳度上。以普绿私房酒为例,可以感受十分甜蜜的口感,接近于其他酒庄更高一级的迟摘酒,但芬芳度会有所超越。同时,酒精度因为都在 10 度以下,因此喝多了也不上头,无怪乎许多德国人最喜欢这一款酒。中国人大多喜欢甜食,一般不善饮酒的亚洲女性,只要试过这款酒,几乎无不赞好的,这几乎是我百试不爽的经验,也是整个酒窖中最受女性欢迎的酒款了。

我在德国读书时,听说当时的德国总理 Helmut Schmidt 等政界要员,家中的用酒就是这些优质酒庄的私房酒,但是属于不甜的私房酒,这是崇尚俭朴的德国民族个性使然。即使是讲究品味的上流阶层,日常用酒也不必支支都用昂贵的酒不可,私房酒便是最好的选择。

延伸品尝 Extensive Tasting

与普绿酒庄距离不远的马可士·莫理托(Markus Molitor)酒庄也可以算是本地最佳的酒庄之一。依据德国最著名的《德国葡萄酒年鉴》2012 年的版本,被评为 4 串葡萄酒庄,与伊贡·米勒(5 串)、普绿(5 串)、哈克园(5 串)及罗森

博士(4 串)并称为摩泽尔河区 5 个最有名的酒庄。正巧，另外 3 个酒庄的酒，也都会在本书中出现。

依《德国葡萄酒年鉴》2012 年版本，便将全德国"私房酒大奖"颁给本园 2010 年份日晷区（Wehlener Sonnenuhr）的私房酒。摩泽尔河产区已经是德国最名贵的产区，但是日晷园区更是德国摩泽尔河葡萄园的明星酒区，可谓"明星中的明星"，只有 40 公顷的园区，寸土寸金。共有 200 家小酒庄，在此地都有少部分，甚至几排葡萄树的园区。所有出自日晷区的葡萄酒——不论任何等级都是质量保证，当然价钱也比附近其他产区贵上几成，甚至一两倍以上。前述的本地最著名的普绿酒庄，以产自本区的酒价位最高，也为普绿酒庄博得了全世界的认可。

获得"德国第一私房酒"美誉的马可士·莫理托酒庄，有 100 余年历史。本来只是一个 3 公顷的小酒庄，自从 1984 年当今的庄主马可士继承父业后，大展宏图，到处收购优质的小葡萄园，20 年后，才满 40 岁的他便将小园扩充到今日 38 公顷的规模，成为本地最大的酒庄之一，年产量可达 27 万瓶。本园最值得重视之处，乃是在摩泽尔河区的每个明星产区内都有或大或小的园区。其神通广大，令其他酒庄既惊讶又羡慕。

依据 2012 年《德国葡萄酒年鉴》的分析，10 年间（2003～2012 年），本园获奖的次数占全德国酒庄第四位，计 29 奖次，其中其酿制的半干型（Feinherb，见本书第 71 号酒），令酒庄获得 15 个奖次，名列德国第一。本酒庄也绝对可以冠以"半干王"的称号。只可惜，此类型的酒台湾地区极少进口。

以德国葡萄酒竞争之激烈、评审之严谨，本酒庄"冒出头"不过 20 年时间，就能获得如此成就，堪称典型的"明日之星"！本酒庄各款价格尚未上扬，值得逢低买入。

其私房酒有极温柔的酸度，但带着花蜜般的淡淡甜味，优雅得不得了，足以媲美一般优质酒庄的迟摘级。在德国的售价一般是 10 欧元，堪称以最少的钱，尝到世界级的美酒。就此点而言——我愿意再强调一次"就此点而言"——德国人可以说是世界上最幸福的民族！本书完稿前，我与学界朋友小酌，我早到了一点，就到地下楼层的超市逛逛，竟然发现 2009 年份的此款私房酒，售价 1200 元，比德国高 1 倍，但我已经心满意足了。果然，本酒给午宴带来了最多的惊讶与赞誉。

伊贡·米勒酒庄酿出的基本款地区优质酒，十分精彩。若要进阶品赏的话，当然必须小小伤一下荷包，品赏其私房酒。和地区优质酒只是贴上简单图案及文字的酒标不同，这款已经进入"德国顶级酒俱乐部"的私房酒，酒标十分典雅，充满贵族气息。这让我想到，这款酒相当于欧洲封建社会贵族阶层最低一层的"骑士"阶层，伊贡·米勒的"骑士级"雷司令，在其他德国顶级酒园至少是属于迟摘级或精选级的水平，但是前者更为飘逸、潇洒。如果在餐厅中，我要点一瓶德国酒的话，我宁愿选择本园的私房酒，而放弃其他酒庄更高级的选项。

一般酒庄的私房酒最多也不能陈放超过 5 年，否则会发生氧化，以及产生淡淡的汽油、氨水味，这也是因为酒中的二氧化硫已经"蠢蠢欲动"了。但本园的私房酒，可以"延寿"到 15 年以上。我曾试过两三个年份的本园私房酒，在达到了 15 年的极限时，尽管色泽已由青绿色转为令人心寒的深黄带棕色，但果味仍在，只是夹着警报性质的葡萄干味而已，的确让我心惊不已！也让我对本酒陈年实力的信心大增，犹如被注射了一针强心剂：此酒值得买！

尽管本酒价位较高，以近来台北市能够购到的 2002 年份为例，恐怕是因保质期将至，仅约 2000 元而已。至于较新年份，如 2009 年份就要接近 3000 元。贵酒当然有贵酒开瓶的场合，也有与之搭

柏恩卡斯特附近的莱茵河

配最恰当的食材。过去我曾多次赴香港地区探亲，家姐总会邀请我到中环皇后中道的尚兴酒楼吃饭。这家主营潮州家庭式料理的酒楼，可以烧出全香港地区难得一见的正宗潮州美食。尤其是用老母鸡煨出来的潮州鱼翅，丰腴而不腻，且售价不过 20 美元。真是令人魂牵梦萦的好滋味！每次我会携带一瓶伊贡·米勒的私房酒，不然便是顶级酒庄的迟摘

酒,可把鱼翅的滋味发挥得淋漓尽致!每次看到鱼翅,我都　会想起香港地区尚兴酒楼与德国雷司令!

美酒与艺术

《巴卡娜》

德国 19 世纪末 20 世纪初,著名的柯林斯(Lovis Corinth)以喧闹的笔法绘出了酒醉后的一群人,以春天的草地与野花陪衬的欢乐气氛。本画现藏于德国鲁尔区北方一个仅有 20 余万人口的小城市——克森其森(Gelsenkirchen)的博物馆中。

66 酒神的恶作剧

迟摘酒诞生地——约翰山堡酒园

不知不可 Something You May Have to Know

立于酒庄中庭的回程信使石雕像，上有文字说明迟摘酒诞生的缘由

私房酒向上晋升一级，便是"迟摘级"（Spätlese），德语念成"史佩勒斯"。这类酒所用的葡萄含糖量已经达到 73 克／升，大致上超出正常采收期 7～10 天。不要小看这关键的 10 天，大自然不可测的威力——风雪冰霜，随时会光临。同时因为果实已经熟透，例如熟透的芒果、番石榴、香蕉或菠萝……都有浓郁的香气，这种香气是一般刚成熟的水果所欠缺的，因此熟透的葡萄的果香也会吸引成群的鸟雀啄食果粒。为驱赶鸟雀，酒庄不是花钱铺上尼龙网，就是每隔几分钟用广播播放炮声，都是花钱费事的开销。

酒农们于是要"赌天气"，赌成功了就可以酿制单价较高的迟摘酒。迟摘酒是一般酒庄的主力酒，其单价较高，也成为各酒庄利润的主要来源。所以德国各酒庄的迟摘酒都维持在一定的水平。在过去，许多酒庄为了让迟摘酒更为圆润与浓郁，会将残糖量保存甚高，让迟摘酒保有强烈的果糖与蜂蜜味。但新潮的德国酒庄，会将葡萄发酵过程产生的二氧化碳部分地保留在酒中，让葡萄酒尝起来带有香槟的口感，同时为了符合低糖的健康潮流，会刻意将迟摘酒酿成微甜，甚至半干与全干型，而且这种风潮还在逐渐蔓延。有专家预测，恐怕 10 年后，德国的迟摘酒会以干白为主力。不过这种低糖的迟摘酒，仍以德国消费市场为主，其海外的迟摘酒市场，仍以标准的甜型迟摘酒独揽天下。

迟摘酒是德国的产物。它的诞生乃是因一个教会所属的酒堡，为了决定采收日，派遣信使向主教请示，不料信使延误了回程的时间，使得整园葡萄已过熟，主持园务的神父决定冒险采收酿制，反而酿成了新风格的美酒。因此正是由于"酒神的恶作剧"，让一件坏事峰回路转地变成了美事。

这一段故事，有可靠的文献证明发生的时间(1775 年)，有明确的发生地(莱茵沟区的约翰山堡酒园)，有明确的当事人——批准采收日的主教(富达大主教)，以及酿成后的品尝人及日期(酒窖总管恩格，1776 年 4 月 10 日)。这些文献证据，轻易地击败了全世界其他地区(例如匈牙利)也有酒庄证明其更早酿出了迟摘酒的传言。

因为本酒堡盛名远播，因此任何源于德国的雷司令葡萄都有一个正式的名称——约翰山堡雷司令(Johannisberg Riesling)，以有别于其他各国酒区内由土生雷司令葡萄杂交培育出来的雷司令。

此外，要注意"迟摘酒"的名称由德语译成英语(Late Harvest)后，有些国家的迟摘酒，特别是美国及澳大利亚的，可能与德语中的迟摘酒产生差异。这些英语版的迟摘酒，很接近德国的精选级酒，或是宝霉酒(我相信 1775 年时酿制迟摘酒的葡萄，一定也有相当部分可酿制宝霉酒)，有更浓的香气与高糖度，常常作为餐后酒来用。我试过日本甲州产的迟摘酒，倒是比较接近德国的口味。

因此要品尝一瓶典型的德国迟摘酒，如果发明这款酒的约翰山堡酒园至今仍生产此酒，我们当然毫不犹豫地以此款酒作为品赏的对象。

本酒的特色　About the Wine

我在 1997 年出版的《稀世珍酿》的自序中，一开始便提到一件往事：

1979 年 11 月底，在我留学到达德国慕尼黑市不久的一个晚上，天上飘着鹅毛般的大雪，一位德国朋友带来一瓶莱茵河约翰山堡迟摘级的葡萄酒为我洗尘。开瓶品尝之后，我立刻被这瓶 1976 年份的碧绿中泛着金黄色光的芳醇至极的雷司令美酒征服，它也让我真正体会到古人为何会以"琼浆玉液"形容酒了！以后在欧洲及美国多年的学术研究及旅行中，每到一地，我都是刻意地如蜜蜂寻蜜般地寻酒。

我在 2010 年出版的《拣饮录》中也写了一篇《引我入美酒世界的敲门酒——900 岁历史的德国约翰山堡酒园》，提到了我去该酒堡品赏美酒的回忆。

的确，我对这一款让我迷上了葡萄酒的约翰山堡迟摘酒有极深的感情，是这款酒开启了我一览美酒世界的大门！这30余年来，有不少人向我讨教："如何踏出欣赏美酒的第一步？"我的回答都是："先从品赏一瓶约翰山堡的迟摘酒着手。如果试过以后你觉得不能接受这种感觉，那么请到别家酒行另买一瓶，冰过后再试一次。若仍然起不了兴致，那我只能劝你：那就别喝酒吧，葡萄酒恐怕和你无缘！"

似乎屡试不爽，我迄今只碰到一位试过本酒后仍"无动于衷"或"没有感觉"的例子。

这一个拥有900年历史的老园，成为德国的文化财富。迟摘酒故事迷人，可信度很高，加上本酒堡位于莱茵河风光最优美的旅游线上，因此本园终年游客不绝。光靠知名度与观光客的消费，本园一年所生产的高达25万瓶的各等级葡萄酒，就几乎能销售一空。本园评价最高的应当是量最少的枯萄精选，以及冰酒。其冰酒也入选《稀世珍酿》的"世界百大"之列，且是冰酒类的唯一代表。

至于属于中价位的迟摘酒，在德国的评价也是中上，虽无法与伊贡·米勒、普绿等酒庄相提并论，但也有其迷人的优点：其一是价位合宜（刚上市时，在德国售价约20欧元），台湾地区能购得的酒的价位往往在1500元上下；其二是口感甚佳，尤其是带有柑橘、香瓜与菠萝的香气，而令人心怡的果酸，正是其能作为夏日佐餐圣品的原因。但最不可令人拒绝的吸引力当属"400年的故事"。当主人有一款酒，在开启时及品尝时，主人能够娓娓道来一段有趣的历史故事，宾客们也会听得津津有味，这个主人已经成功了一半。一瓶约翰山堡的迟摘酒便是造就一个成功主人的妙品！

延伸品尝 Extensive Tasting

离约翰山堡酒园不远，车程不过10～20分钟处，有着整个莱茵沟产酒区10个产区中最小的一个——伯爵山产区（Gräfenberg）。这里早在11～12世纪就已经被辟为葡萄园，算算历史也有八九百年之久了。罗伯特·威尔本是一位任教于法国巴黎大学的教授。1870年普法战争后，战败的法国人恼羞成怒，把这位无辜的教授气回了德国。教授在此地买下了一块葡萄园，虽然仅有3.3公顷，但因生意兴隆，百年来陆陆续续地购入周遭的良田，逐渐到了今日共有65公顷的规模。

罗伯特·威尔酒庄开始酿酒后，由于质量甚佳，再加上

2010
KIEDRICH
GRÄFENBERG

WEINGUT
ROBERT
WEIL

RIESLING
SPÄTLESE

庄主是巴黎大学著名的德籍教授,很快在德国皇帝威廉二世的宴席上便出现了来自本酒庄的美酒。德国普鲁士皇室本来在德国各产酒区都有御园,皇帝的品味自然不差,加上旁边不可避免地有一批权臣巧仆七嘴八舌地附和,本酒庄立刻成为柏林上层社会的宠儿。据闻傲慢的威廉二世甚至在 1918 年退位前夕,仍指定要喝本园的美酒。

"二战"之后,本酒庄开始逐渐衰败。到了 20 世纪 70 年代,德国葡萄酒市场不振,老庄主也长年卧病在床,最终在 1988 年将大部分股份卖给了日本三得利集团。德国老酒庄很少卖给欧洲以外的人士,此是首例,当然引发了德国酒界的抨击。

日本新东家的加入,带来了充沛的资金(3000 万马克,折合新台币约 5 亿元),以及日本市场的强大保证。本酒庄在经营方面仍然由罗伯特·威尔家族掌握。没有资金上的后顾之忧,本酒庄进行了全面的翻修。在酿酒方面,也致力于酿造高等级的葡萄酒。半瓶装的 1995 年份的"枯萄精选",竟然在 2 年后的特里尔的拍卖会上拍出了近 2000 美元的高价。近年来本酒庄此款枯萄精选售价直逼伊贡·米勒酒庄,

取代了普绿园,成为德国第二高价的酒园。其枯萄精选也列入拙作《稀世珍酿》之中。很早便是"5 串葡萄俱乐部"的本酒庄,其迟摘酒有极为飘逸、高雅的果香。

采自仅有 11 公顷大的顶级园区伯爵山(Gräfenberg)所特别酿出来的迟摘酒,境界更高了一层。由于其产量很少——每年不过 300 箱,4000 瓶左右,占本园年产量 50 万瓶的 1% 都不到,台北的售价约 2000 元。退而求其次,产于其他园区、属于混园装的迟摘级,产量便多了许多,售价约低了 30%,在 1500 元上下。两者间细微的差异,大概只有行家才分得出来!

德国一般饮客一看到酒标就会马上认为"太不德国了"——的确,使用天蓝色内框,外面缠以金黄色的藤叶,会让人在视觉上兴起一股禅意,是一款很抢眼的设计。其外表

约翰山堡酒园自 1721 年完工的酒窖,右边为德国葡萄守护神——圣乌班石像

上的成功,同时可代表其内容的成功。若比较起前述约翰山堡的迟摘酒,你可能会发现本酒庄的酒在口感的高雅度以及青苹果等的果香上,可以让人有更多的感受,是能与前者相媲美的美酒。

约翰山堡酒园的酒窖中,仍珍藏着一批雕工精美的德国式老橡木桶

美酒与艺术

《酒神图》

这幅生动的《酒神图》,出自17世纪荷兰画家范大伦(Jan van Dalen)之手。酒神虽面露微笑,但似乎年近中年,意识清醒,不似同时代许多画家笔下的酒神多半上了年纪,醉态可掬且身材臃肿,可能是画家受人委托,将该委托人绘成酒神了。这幅作品现藏于奥地利维也纳的艺术宝库——艺术史博物馆。

标准的德国"手工严选"

弗利兹·哈格酒庄的精选级葡萄酒

不知不可 Something You May Have to Know

只要天气状况许可,葡萄继续生长,其含糖量便会继续攀升,当其含糖量突破105克/升,快要接近感染宝霉菌的120克/升时,葡萄已经彻底熟透。不论葡萄是正常采收还是为酿造迟摘酒而推迟采收,在检果过程发现有长得特别成熟与完整的葡萄,酒农都会特别将之集中起来,酿成精选级。葡萄能否长成酿出价值更高等级的宝霉菌,以及能否碰到酿成冰酒的特殊天气,都不是酒农所能够掌握的。所以酿成精选级便是每个酒庄可以全力以赴的目标。

所谓的"精选"(Auslese,念成"奥斯勒热"),表明是"挑选出",必须用手工挑出,从而整体葡萄的质量才会整齐,含糖量才合标准。每个酒庄推出的精选级(及各个等级),都会经过同业公会组成的团体评鉴,而后取得官方证书,每年都须如此。不怕麻烦,恐怕是德国人的天性吧。

德国精选级葡萄是市场消费中的最高产品。在上一阶的宝霉酒或冰酒,已经属于收藏层次,一般超级市场不易寻得。平常人家尽管有酒窖,也难得摆上几瓶。但精选级则多有可选择者。同迟摘酒一样,精选级也有酿制成不甜的干型,但这也主要是在德国市场流行。熟透葡萄会逸散出浓烈香味,高度的糖分会完全发酵成酒精,但香气仍可存留,是精选级干白有较浓厚口感的原因。至于海外市场,则仍是以传统型的甜精选级为主角。

我曾经多次游览德国莱茵河，看到两侧河谷上倾圮的古堡穿插在满山的葡萄园旁边，顿时会觉得政治的需要（军事古堡）是一时的，只有深入民间的喜好（酿葡萄酒）才是长存人间的！想到了倾斜度达50度，在产出一流雷司令的摩泽尔河谷甚至达65度，起码50年以上的老根却能紧抓着岩壁，努力求生，我突然想起郑板桥的一首《竹石》：

"咬定青山不放松，立根原在破岩中。千磨万击还坚劲，任尔东西南北风。"

用这首诗来形容那些耸立在河岩上的老根葡萄，是否亦贴切备至？话说1810年，拿破仑率军前往德累斯顿的路上，行经摩泽尔河中段一个名叫"杜赛蒙"（Dusemond）的小河谷，风景如画，拿破仑心情一好，便说出："好一段摩泽尔河的珍珠！"

拿破仑这个赞语，现在还在流传。因为他所指的地方，出现了一个目前如日中天的酒庄——弗利兹·哈格酒庄（Fritz Haag）。

早在1605年，哈格家族便在杜赛蒙地区酿酒了。当拿破仑军路过此地时，合理的推论是大皇帝已经品尝了此酒。拿破仑以爱饮香槟酒与勃艮第酒闻名于当时，不论是出去巡视帝国还是征战，其辎重中必然携带足够的香槟与红酒，以供自己及高级将领畅饮。爱酒的皇帝来到美酒产区，哪有可能放过？

一个酒庄能够传承400年，也只能够令人佩服。弗利兹·哈格酒庄拥有的8.8公顷园区，分散在3个最好的坡段，所产各款酒，都令人惊艳，这绝对不是溢美之词，由最简单的地区优质酒开始（德国市价不超过10欧元），到几乎每年都可获得帕克95分以上以及售价超过200欧元以上的宝霉酒，都是一上市就被抢购一空。我几乎试过本酒庄所有等级的美酒，真心觉得：如果还一味地认为葡萄酒只有红酒才值得一尝者，请移尊驾试试哈格酒庄，所谓的"茅塞顿开"，一定会发生在您的身上！

限于篇幅，我愿意介绍本酒庄的普通精选级。每一年能够酿出约5000瓶的一般精选级，是其迟摘级年产量的半数。在德国的市价仅为25欧元，卖到台湾

本书作者与哈格酒庄老庄主

地区就在 2000 元上下。我认为德国越高级的酒庄,其生产的精选级已经可以当作宝霉酒及餐后酒来饮用。这些好得不得了的精选级,在年轻时会有柠檬酸,还有芒果等香味。清澈的酒液感觉稠稠的,尝起来颇有丰年果糖的触感,美不堪言!

这种美酒搭配食物甚为困难,主要是含糖量太高,不如佐搭甜点,特别是巧克力蛋糕,可以让酸甜苦甘在口腔中交互杂陈。吃高级的西餐时,如果有橙汁香煎鹅肝,一般都饮用法国苏玳甜白酒,但我经常发现这些苏玳白酒容易残留苦味,特别是年轻的苏玳白酒。但如果改为顶级的精选级,除可以避免苦味外,又有苏玳没有的多层次果香,且价钱又更合理,绝对是煎鹅肝的绝配!不过这个建议,我劝您千万不要向古板、爱国及喜欢装腔作势的法国友人,特别是自称"法国美酒美食专家"的法国友人提及!否则,"绝对要用苏玳"这句话一定会从那一对"高傲的法国鼻孔中"喷泻而出!

延伸品尝　Extensive Tasting

德国最权威的《德国葡萄酒年鉴》每一年都会评定将近 1000 家酒庄,近七八千瓶酒,并且评定从 1 至 5 串葡萄的等级。其 2012 年版便评出 10 家酒庄为"5 串葡萄"的最高水平酒庄。前述的伊贡·米勒、普绿、罗伯特·威尔、弗利兹·哈格,当然上榜。至于约翰山堡酒园与莫里托酒庄只能名列"4 串葡萄"。但是令我惊讶的是,往年"5 串葡萄俱乐部"的常客——罗生博士园,2012 年居然马失前蹄,跌到"4 串葡萄",恐怕让许多饮客大吃一惊吧。

成园已经 200 多年的罗生博士园(Dr. Loosen)位于柏恩卡斯特地区,和普绿酒庄一样,能够在精华的日晷区拥有一小片园地。此外在旁边也是明星园区的乌奇格(Ürziger)、艾登小梯(Edener Treppchen),以及艾登主教(Erdener Prälat) 3 个小园区,总共拥有接近 15 公顷,更是难得之至!光看这些光怪陆离的园区名字,就知道是老德语,也是与教会有关。的确不错,这些园区在拿破仑大军开入莱茵河地区,解散教会的财富之前，都是教会的采邑。每一小片园区，都是雷司令的故乡，也都是人人垂涎的良田。

罗生博士园虽是老园，但是正当壮年的庄主 Ernst F. Loosen 雄心壮志，一心想推动德国产区分级制。他尤其醉心于法国勃艮第的强调地方风土（Terroir）特征，用来评定一个产区是否列入顶级、一级或村庄级。他曾收集许多历史资料，引经据典地划定若干莱茵与摩泽尔河的沿岸，应当列入顶级园区。

罗生先生的壮志，当然是以自己的所有产区都列入顶级为前提，自然不容易获得其他酒庄的认同。但对爱酒人来讲，这已经够了：罗生博士园绝对有世界一流的雷司令风土要件！

罗生博士园是个小产区，都可生产迟摘与精选级，程度当以"艾登主教"的精选级为最。标签异于其他产园的精选级（例如 2003 年份的日晷园），是一个白袍、白帽、笑容可掬的主教在举杯欣赏美酒。按天主教的规矩，唯有教皇才可着此服饰，故"艾登主教"恐应更名为"艾登教皇"。

在 20 世纪 80～90 年代，本园的声势如日中天，成为德

国酒庄的骄傲，甚至气傲的英国酒评家罗宾森（Jancis Robinson）也讲出了"整个摩泽尔河谷中，我最满意的一家酒庄"这句赞美之词。

的确，罗生博士园有与人不同的想法，庄主看准了环保与方便的世界潮流，2003 年开始便将最低级数的罗生酒改为旋转瓶盖。同时，也定期出版英文版的小册子《风土》（Terroir），告诉酒界友人和消费者有关酒庄的动态、主人参加的国际会议以及酒庄酿酒的理念与采收报告等等。我相信这个生机无穷的酒庄，一定前途光明。罗生酒庄的酒也更值得收藏与品赏。

著名的天主教庄园——艾伯巴赫修道院（Kloster Eberbach），和约翰山堡一样，酒堡本身与典故纠缠在一起。这个庄园的历史起源于 1136 年 2 月 13 日，由 13 位法国勃艮第人来到此地开始设园，胼手胝足地一步步建立起庞大的庄园，极盛时拥有 205 处房产，分散在整个地区。一直到法国大革命后，拿破仑势力来到莱茵河，教会的房产被充公后，修道院的产业才被一个贵族取得，1866 年变成国有产业，至今成为黑森邦的邦产。

艾伯巴赫修道院所属的葡萄园都是一流的葡萄园，有 7 个园区，分散在各地且大小不一，共有 131 公顷，每年可生产近 90 万瓶酒。其中最有名的一个出自史坦贝克园（Steinberg，意即"石头山"）。成园于 1178 年，共有 31 公顷。周遭为一个长达 3000 米的围墙所环绕，这个围墙建于 1766 年，所以这是德国最有完整历史的天主教酒庄。难得的是，还种葡萄，并酿酒至今。史坦贝克园主要是酿制优质葡萄酒，没有天然环境条件来酿制昂贵的宝霉酒或冰酒。这恐怕也是基于天主教士勤俭的天性所致。故这 3 款酒只占整个修道院总产量不到 1%而已。至于史坦贝克园也是一样，其精选级与迟摘级数量都很少，只不过数千瓶。

价钱方面，精选级都在 40～50 欧元。虽然不比前述两个精选级的弗利兹·哈格酒庄或罗生博士园贵，但物以稀为贵。而本酒仍保持传统的酿制方法，甚至连酒标都保持几十年不变。例如酒标正中间上方，有一只代表普鲁士的金鹰，不明就里的人，还会以为这是纳粹的"帝国之鹰"。两者相似度 90%以上，只是酒标上少了纳粹的标志罢了。

我曾经写过一篇《神秘修道院的神秘白酒——德国史坦贝克园葡萄酒》（收录在《拣饮录》中），记述了我拜访这个神秘的修道院。著名的"007"演员肖恩·康纳利主演的《玫瑰的名字》这部电影，便是在这所建于 12 世纪的修道院内所拍摄。这里也成为德国的国家古迹保护重点。

这是一款值得收藏与品尝、具有百分之百德国品味的莱茵美酒。同时，只要看到了这一只"金鹰"的酒标，勇敢地下手，大致上错不了。因为这些流传至今数量极少的德国邦营葡萄酒厂，其目的不在营利，而是致力于保存德国的酿酒文化与酒庄的历史传承。

68 "琼浆玉液"的真滋味

邓厚夫酒庄的"金颈级"葡萄酒

　　在德国特级优质酒的法定葡萄酒分级制度之外,有一种分级,虽没有法律与官方的许可,而由酒庄自行决定命名与否,却是最受品赏与收藏界重视的等级,称为"金颈"(Gold Cap)或是"长金颈"(Lange Goldkapsel)。

　　在可以酿制迟摘酒、精选酒及逐粒精选(BA)的葡萄中,酒庄如果认为这批葡萄的质量足以晋升到上一个等级,却不愿晋升时,便可以将之列入金颈级的等次。

　　照理说,酒庄主人为何要牺牲这批优质酒的升值机会以及带来的利润?理由不一,可能是产量过少,没有必要另行酿制与装瓶。这在酿制"金颈精选酒"最为常见,因为万一这些熟透的葡萄中,霉菌感染情况不严

重,或数量有限,与其酿造出不够水平的宝霉酒,不如制造特别款的精选酒,一样可以赚到可观的利润。

　　这些列入金颈级的迟摘酒或是精选酒,都是难得一见,且都只有同等级酒数量的 10% 甚至 1%,也是主人珍惜万分的传家宝。在德国,几乎每一个酒庄在其酒窖中都有一个"藏宝室"(Schatzkammer),多半在阴暗的角落,外面加上铁门与一个大大的锁。藏宝室内珍藏每一个年份的代表作,准备传诸后世。而宝霉酒与金颈佳酿,都是必藏之品。每次我造访德国酒庄,都会请教庄主"藏宝室内有何值得一述的骄傲"?那时候庄主的表情,一定是最快乐、最得意,有时候也最诡谲,但一定都是陪伴着满面的笑容!

　　金颈级作品代表酒庄的荣誉与骄傲。所以一般酒庄不敢随便挂上此金光闪闪的名称,以免引来同业的讪笑、同业公会的指责,以及品酒团体的鄙视。另外,金颈级美酒基本上是靠拍卖来决定其价格,且在一般酒商并不容易看到。由于金颈级的陈年实力甚强,一般迟摘级 10 年内可达成熟期,精选级可长达 20 年,但金颈级至少可多 10 年。难怪真正

的大藏酒家收藏德国酒都会专以金颈级为对象。而且酿制金颈级的酒庄多半属于"德国优质酒庄联盟"的成员，就更

能保障其金颈的可靠性。

本酒的特色　About the Wine

德国13个葡萄酒产区中，名气、质量与面积都排在中段的"纳河"（Nahe），约有4000公顷园区，酒庄在1500家左右。这里也出现了《德国葡萄酒年鉴》所颁予"5串葡萄俱乐部"成员的邓厚夫酒庄（Hermann Dönnhoff）。纳河葡萄酒长年来以德国国内消费为主，海外市场不彰。但邓厚夫是少数例外，也是本地区长年代表纳河摘取5串葡萄的唯一酒庄。

早在1750年，邓厚夫家族已经开始在本地酿酒，传承至今所拥有的9个小园区，沿着纳河分散各处，总共16公顷，庄主Helmut会依照其土质、环境分别酿制不同的酒款，赢得了可以和天王酒庄伊贡·米勒齐名的声誉。不过庄主是一个纯朴内向的大师级人物，每天只关心葡萄园及其酒窖内的宝贝。

本园每年酿造的10万瓶的各式美酒中，几乎每一款都有获得《德国葡萄酒年鉴》奖项。也如同其他5串葡萄酒庄一样，其宝霉酒、金颈酒等都只提供拍卖之用。

邓厚夫酒庄酿制的金颈级种类不一，从最便宜的迟摘级到最昂贵的冰酒级。而其价钱的合宜，更是本酒庄金颈级

的特色。2006年的年鉴显示，其一款出自于2004年的金颈迟摘（半瓶装），售价不过32欧元；精选级（半瓶装）的售价为56欧元。至于2003年的金颈迟摘（Niederhauser Hermannshoehle）则售61欧元；同一款2009年金颈精选，半瓶装则为20欧元（2012年年鉴），也低得不可思议。

这是令人满意的价钱。我偶尔看看电脑上传来台湾地区酒商的报价，居然也看到有进口邓厚夫2006年金颈精选，产自Norheimer Dellchen园区，这款被帕克评为令人惊叹的97分，在台北不到2000元即可购得，当然是375毫升的小瓶装。

金颈级的迟摘或是精选级都有一个特色：芬芳至极，入口有类似枇杷膏的滑润感觉。这些仿佛只有熟透水果、野蜂蜜才有的花香，一起"蜜炼"的结晶，绝对不适合佐餐，而我甚至认为连搭配甜点都嫌奢侈。这种酒一定要拿精美的小酒杯，香槟杯亦可，细酌单饮，心平气和地品赏其细腻的香气。此时，若听音乐，我建议听听巴赫的管风琴作

品,或是巴洛克的室内乐。千万不要听交响乐、爵士乐,更不要　　说流行音乐了!

延伸品尝　Extensive Tasting

位于莱茵河与摩泽尔河以南的莱茵黑森产区(Rheinhessen),地势较为平坦,气候也较为温和。葡萄少了恶劣天气的历练,质量也趋向平庸。尽管这里有多达 27000 公顷的园区,居德国第一位,但名酒庄不多,最出名的反而是走甜俗、低价位路线的"圣母之乳"(Liebfraumilch),营销全世界。

号称德国葡萄引以为骄傲的雷司令品种,不仅在此未能居于主流地位,反而退居老四,即可知莱茵黑森葡萄酒的质量了。

但犹如沙砾中会出现宝石一样,这里有两家钻石酒庄,一是获得 5 串葡萄佳誉的凯乐酒庄(Keller,见本书第 73 号酒);另一个则是徘徊在 4 串与 5 串葡萄之间的恭德洛酒庄(Gunderloch)。恭德洛的金颈精选级白酒,可以说是性价比最高的金颈酒。

成园于 1890 年的恭德洛酒园中,85% 种植雷司令葡萄。园主兼酿酒师 Fritz Hasselbach 长得十分潇洒,说得一口流利

的英语。年轻时是一个哈雷迷,每天骑着红色哈雷在酒园里巡园。他的灵活公关与风趣谈吐,很快地在美国好莱坞赢得了一批忠实粉丝,其中竟然包括天王天后级的人物在内,诸如麦当娜、汤尼·寇帝斯、凯文·科斯特纳……本园俨然成为德国顶级酒的代表了。

的确,恭德洛酒庄不负盛名,其雷司令酒酿得如丝绸般的细腻、软滑,绝对不输于其摩泽尔河的同伴。我在 2012 年 8 月曾拜访此酒庄,与庄主一同品尝 10 款各式酒,可说款款精彩,无令人遗憾者。

其 14 公顷的园区,年产量可达 10 万瓶。只有在最好的年份才会生产少量的枯萄精选(TBA),例如

本书作者与Hasselbach摄于 2012 年 8 月

2007 年生产 300 瓶(半瓶装),德国市价 250 欧元。至于一般精选级,例如 2008 年份出厂价为 30 欧元。令我惊讶的则是同年份的金颈级精选,半瓶装者出厂价为 20 欧元。我当即购下数瓶,携回台湾地区后不久的 8 月 31 日中午,我便约国画大师欧豪年教授与旅德时的老友、辅仁大学江汉声校长,一起品尝这两款一般精选及金颈精选酒。

一般精选酒颜色呈淡青色,有柠檬、青香蕉与哈密瓜的香气,且酒酸极为平顺,搭配以江浙菜闻名的荣荣园招牌菜,如清炒豌豆虾仁,简直无与伦比,令欧大师称赞不已;金颈精选酒则散发出浓厚的蜂蜜、荔枝与桂圆香气,更是令人回味再三。果然,如此水平的金颈级精选酒,继续维持下去的话,我相信绝对可以让德国甜白酒继续雄霸天下,其地位恐怕不是他国在三五十年内可赶超的。

进阶品赏 Advanced Tasting

金颈级的白酒,尤其是出于优良酒庄者,一定是炙手可热,同时价钱绝不便宜。在介绍德国"私房酒"时,已经介绍天王酒庄的普绿酒庄,当然也有酿制金颈级的精选酒。

普绿园更是区分得几乎挑剔:对于金颈级,如在很好的年份时,则再区分出最高等级的"长金颈"及"一般金颈"。长金颈的金箔封顶较长,且下边有两个白环;一般金颈较短,且下边只有一环。一般金颈又称为"商业金颈",供一般买卖之用;至于长金颈,又称为"拍卖金颈",仅供拍卖之用,主要是每年

9 月份在特里尔市举行德国精品葡萄酒拍卖会,拍卖金颈级乃各酒园精心挑选的妙品,数量是以瓶计,而非商业金颈般地以箱计算。得到一瓶拍卖金颈,足以作为整个酒柜的镇柜之宝。

我翻了一下手头上 2012 年版的《德国葡萄酒年鉴》,一瓶 2010 年的"长金颈"格拉贺天堂园(Graacher Himmelreich)之精选级,拍出了 388 欧元;同年份同园的"一般金颈"拍出 61 欧元;至于"白颈"的天堂园一般精选级,只售 27 欧元。由此可知,"长金颈"比"一般金颈"贵将近 6 倍,而比一般精选级贵将近 14 倍;"一般金颈"比一般精选级贵将近 2 倍。不过普绿园上述资料,每年都差异很大,各园区亦不同,2010 年

上图为 3 款普绿酒庄所酿精选级的封签；左边为一般精选级，白底金圈；中间为一般金颈，下面只有一个白环；右边为长金颈，有两个白环

份的数据只供参考。

金颈精选级的价钱，在德国已经如此高昂，看样子肯定超出本书挑选酒款的极限。但是我还是在孔雀洋酒最新的报价单上，发现了两款普绿酒庄的金颈，不用想也知道是"一般金颈"。这两款是 2010 年份的天堂园（半瓶装），帕克评 92 分，不二价，为 2000 元；至于分数高达 95 分的日晷园，则为 4200 元，因为是正常瓶装，因此单价与天堂园并没有差异太多。

我试了半瓶装的天堂园"一般金颈"，果然如丝绸般的膏状，入口即让人心旷神怡。甜而不腻，尤其是明显的果酸，令人津液自生，但并不突兀。这是一款值得收藏的好酒，而且应当要在 10 年以后才开饮，我相信其颜色由现今的草绿，将会转换成诱人的金黄。但问题是，我在这 10 年间能拒绝诱惑吗？我当下做了个决定，把剩下的两瓶包上纸包，塞在酒柜的最深处。我希望图个"眼不见为净"，10 年后才可望获得惊喜！

《陶醉酒乡图》

这幅《陶醉酒乡图》绘着一位酒徒，手捧酒杯，裸裎半身，醺然坐于酒箱旁边，由上方的蜘蛛网以及下垂的一只蜘蛛可见酒窖之老。此图出自岭南画派大师欧豪年之手，题有"陈大官人陶醉酒乡三十年"，是为我自德回来服务满 30 周年所戏绘。画中酒徒肚皮高耸，一望即知是我本人。

69 寒冷冰霜等闲之
冰酒的"三国演义"

葡萄酒是由成熟的葡萄摘下酿成。如果葡萄成熟后,继续挂在藤上,葡萄会自然开始干枯。汁液的减少代表果糖的浓缩,果味更加集中。一旦葡萄能够撑到下雪时,下雪前气温骤降到零下五六摄氏度,才会凝聚初雪,葡萄内部都已经结冰,立刻采收后加以榨汁,可以收到最浓稠与甜蜜的果汁。此时酿出的酒便可以称为冰酒。

由于结冰葡萄必须趁着太阳出来前加以采收,否则阳光一照射,葡萄内部结冰开始融化,便会开始腐烂变质,就酿不成冰酒了。同时因含糖量甚高,发酵也更难,经常要长达半年,酿酒师也必须绷紧神经,比一般葡萄酒的酿制时间更长。

故酿造冰酒必须看准下雪的时刻,事先准备好采收人手,除了天气许可外,是一个费工的酿造程序。每个酒庄产量甚少,价钱也甚高。由于冰酒产量太少,一般都是玩家级的品酒人士才会收藏,因此多半闻其名,真正品尝者并不多。

但拜加拿大旅游热潮所赐,大家对于冰酒的认识,已经大为普遍。台湾地区每年前往加拿大西岸落基山脉游览的旅客,络绎不绝。大家在饱览壮阔的山林美景后,导游多半会在回程时,安排经过例如欧康纳根山谷(Okanagan Valley)的葡萄酒庄,购买冰酒等当地特产。在导游如簧巧舌的说明下,在宛如蜂蜜般的蜜汁试饮推波助澜下,台湾地区旅

日本很努力地学习酿制葡萄酒已超过100年,不过成绩乏善可陈。这是著名的胜沼酒厂酿制的2003年份冰酒,当是由蜜思佳葡萄所酿,虽甜中微带苦味,稍嫌甜腻,但难能可贵

客莫不人手两瓶，买下冰酒携回台湾地区。去加拿大买回冰酒，正如同赴澳大利亚买回绵羊油，都是变成了"当然伴手礼"。据说，台湾地区已经成为加拿大冰酒的第二大出口地，第一大出口地自然是美国。

本来正宗冰酒的发源地是德国，德国冰酒对大家而言反而非常陌生，甚至加拿大冰酒主要的引入者——奥地利也是酿制冰酒的主要国家，一样鲜为人知。老天岂不公平？

因此冰酒也形成了一个"三国演义"。所谓"后发先至"，加拿大的冰酒，价钱与质量最为低等，奥地利居中，德国则最高。不妨一路攀升介绍。

以加拿大冰酒而论，恐怕除了"云岭"(Inniskillin)外，很难找到另一家足以匹敌的冰酒大厂。

本酒的特色 About the Wine

1970 年便有一位曾经在莱茵沟邦所属葡萄酒厂工作过的酿酒师海内(W. Hainle)，带了妻儿移居到加拿大英属哥伦比亚地区的欧康纳根山谷，那里有一个叫作 Peaceland 的地方，开始设园酿酒，并在 1978 年酿出了第一款冰酒。这一款雷司令的冰酒，自然完全反映出德国冰酒的风味。甚至冰酒的名称，也使用德文的"Eiswien"，而非英文的"Ice wine"。

海内成功酿出冰酒很快就传了出去。也约略在同时的 1975 年，一位奥地利人凯撒（K. Kaiser）与友人西拉度（O. Ziraldo）在加拿大安大略省尼亚加拉区成立了一家酒庄，称为"云岭酒庄"。就是这个酒庄打开了加拿大冰酒的世界名气。云岭酒庄成立不久后，本来其种植葡萄的方式和德国一样，没有花功夫将葡萄用网子网起。但 1983 年，冬天来得早，

没想到这些要酿造冰酒的葡萄却被鸟儿啃啄一空。凯撒先生遂决定将所有要酿制冰酒的葡萄用一排排的网子罩住。如此一来，有了网子的防卫，葡萄长得更结实，产量更多，造出来的冰酒质量也更好。其葡萄主要是维达(Vidal)，这种葡萄是在 20 世纪 30 年代，在法国干邑白兰地地区研发出来的品种，是由白比诺杂交繁殖的，具有高酸度与高糖度，果皮甚厚，因此能抵御较寒冷的天气，于是广泛在加拿大与美国北部推广开来。

云岭酒庄 1989 年份的冰酒，2 年后参加波尔多的酒展，居然获得了甜酒类的冠军，马上让世人了解到：经过 20 年的努力，加拿大已经可以酿出世界一流的冰酒了。

加拿大的气候也的确造就了冰酒业的兴隆。地势平坦

易种,也易采收葡萄,是其一大优势。每年气候相对稳定,时间一到,伴随来自北极圈的寒流,正是冰酒葡萄采收之时,每年时间差不多,也可由气象预报精确获知。加拿大很快成立了一批专门酿制冰酒的酒庄,这和德国与奥地利酒庄酿制冰酒只是"看天气吃饭"的方式不同。无怪乎加拿大成为全世界冰酒产量最大的国家。

加拿大的冰酒产于四大产区:安大略省、英属哥伦比亚省、魁北克省和新斯科舍省。其中安大略省就包办了80%的产量。光是安大略一省,依据10年前的统计,已是当时德国年产量的5倍。现在随着德国天气的暖化,冰酒更少,恐怕已经数据改为10倍以上了。

云岭的冰酒,很早就有酒商(星坊)进口,质量都很整齐。不论是由维达、雷司令或是西万尼所酿成,或混酿,都有极浓稠的柑橘、芒果及荔枝与蜂蜜香气,令人难以拒绝其诱惑力。但其价钱动辄每瓶(半瓶装)接近4000元,已超过本书的选酒标准,勉强应当进入"进阶品赏"的行列。

不考虑云岭酒庄的冰酒,当然还有极佳的候选者是毕丽特利酒庄(Pillitteri)。这一家酒庄的庄主毕丽特利,乃意大利西西里岛人。在"二战"结束后不久,举家迁到安大略省,种起了葡萄,没事也玩玩酿酒。1993年看到自己种植的葡萄都能酿成好的冰酒,遂决定自行酿起酒来。本酒庄拥有70公顷的园区,而且全属家庭所有,每年可以酿成60万升的冰酒,换算起标准瓶(375毫升),每年能够生产近175万瓶冰酒!本酒庄便成了加拿大最大的冰酒酒庄。

本酒庄几乎所有的葡萄,不论红、白都可酿成冰酒,每年推出10余款的冰酒,令人大开眼界。这些红红白白的冰酒,价格都比云岭便宜一半。本书愿意推荐的基本款是维达冰酒。这款冰酒虽然没有云岭来得浓稠、果味的复杂度较低,但基本上酸度与甜度很平衡,尾韵甚长,是品尝加拿大"国宝葡萄"维达的绝好试验品,加拿大的市价约为40美元,在台北的市价则较高,约2000元。

延伸品尝　Extensive Tasting

另一个冰酒的产地是奥地利,如果要找一个酒庄来推荐其甜酒,大概克拉赫酒庄(Kracher)一定能够入选。该酒庄产制的宝霉酒十分精彩,本书也将之纳入奥地利宝霉酒的代表酒庄(见本书第75号酒)。克拉赫也可以酿制出一流的

冰酒，值得推荐。位于奥地利首都维也纳东南方不远，有一个名叫"新垦湖"（Neusiedlersee）的产区，那里已经十分接近匈牙利的边界。有一个小酒村依米兹（Illmitz），是长年酿制甜酒的大本营。奥地利最好的甜酒，当然也是最贵的葡萄酒多半产于此。

这个面积不过 90 平方千米、人口只有 2000 多一点的小酒村，被一个多雾、多鸟的小湖环绕，居民多半是务农与酿酒。1981 年后，出现了一个克拉赫先生，也就是大名鼎鼎、被称为奥地利国宝级酿酒师的阿洛斯·克拉赫（Alois Kracher），继承了 10 公顷的果园，自学努力地酿酒，终于酿出了一流的宝霉酒。

该园每年也会酿制一批冰酒，这是一种混种酿制。因为每一年冬天来时，不一定能保证哪一些葡萄能够酿成冰酒，所以就将各园里的各种白葡萄在初雪时采收，酿成混酿级冰酒（Cuvee Eiswein）。以 2009 年份为例，由 3 种葡萄酿成，分别是 40% 的 Grüner Veltliner、30% 的 Welschriesling 及 30%的霞多丽。前两种都是奥地利的本地葡萄。

克拉赫酒庄的冰酒，呈现稻草黄色，没有加拿大的冰酒甜腻、浓稠，由于 Grüner Veltliner 有较生的青草味，Welschriesling 是雷司令的亚种，酸味也较明显，整体调和起来的冰酒，也就显得体态较为轻盈，入口果香与花香保守，有时还微带苦味。这款酒不适合佐餐，也不适合太甜的甜点。这一款属于"轻量级"的冰酒，配上巧克力饼干或一杯意大利浓咖啡，反而会有刚柔互济的感觉。我也喜欢单独饮用冰镇后的克拉赫冰酒，如果能够再听上一曲奥地利音乐大师舒伯特的《鳟鱼五重奏》，耳中与口中都会有充满喜悦与轻快的精灵在跳跃！

这一款克拉赫的冰酒在台北的市价约 1400 元。比起德国冰酒固不论外，就连加拿大冰酒都要比其更贵。

进阶品赏　Advanced Tasting

德国是冰酒的发源地，但是德国冰酒在所有德国酒中，与枯萄精选（TBA）一样，也是最难得一见的葡萄酒。除了德国天气不易预知下雪时刻外，德国最优良的葡萄酒园，例如莱茵沟、摩泽尔河等，都位于河谷与山谷之中，坡度经常高

达 50 度。而一般酒庄,酿制冰酒所用的葡萄,都是经过了几轮采收,将成熟度可以酿制迟摘级与精选级采收后,犹有未成熟的才留下来酿冰酒。这些晚成熟的葡萄,是东一串、西一串,分散在园区各角落。园主光要记得哪里还有葡萄,便是一大苦事。而为了采收冰酒葡萄,采收工人当时每天都要付钱雇好,一旦当晚没下雪,钱就白花了。这些都是酿制冰酒必需的冒险及花费。冰酒酿成真是不易,远非可以大规模生产的加拿大能比。德国冰酒之所以甚贵,且高过加拿大冰酒两三倍,其因在此。

德国冰酒,特别是雷司令冰酒,比起加拿大或奥地利的冰酒,最明显的差别在于酸度。德国冰酒的酸度很高,因此可以在口感上感觉层次多且复杂,也具有更高的陈年实力。但酸度并不影响其浓厚的蜂蜜、热带水果如芒果与荔枝的逼人香气。我特别喜欢超过 15 年的老冰酒,几乎毫无火气,以及淡淡的甜与酸,有一股出尘的优雅。

因此要以本书挑选酒款的标准,德国高水平酒庄所酿制的冰酒是不可能购得到的。再以葡萄而论,一级的雷司令固然不可能,连二级的西万尼也很勉强,至于其他五六种的次要级葡萄,例如 Huxelrebe、Scheurebe、Ortega……所酿成

的冰酒,由于酸度较弱,陈年实力也较差,方有可能购得。例如最优质酒庄的罗伯特·威尔,其雷司令冰酒(半瓶装)在台北的市价便高达 17000 元。

为了避免在本酒款“缺席”起见,我居然在台北的酒商报价单上,发现有售摩泽尔河产区最重要的酒庄之一,也是长年获得《德国葡萄酒年鉴》4 串葡萄与 5 串葡萄之间的格兰斯·发席安(Grans-Fassian)酒庄生产的冰酒。这一个已经拥有接近 400 年历史的老酒庄,其将近 10 公顷的酒园中,所栽种的葡萄九成为雷司令——一成为黑比诺与白比诺。其雷司令自然获得最高的赞赏,且绝大多数是甜雷司令。每年可生产 8 万瓶各款酒。其中也出产甚为少量的雷司令冰酒,且都是金颈级。半瓶装在德国经常获得《德国葡萄酒年鉴》95 分以上(例如 2004 年份)的评价,售价达 130 欧元,约 4500 元。但我在台湾地区居然看到有 1998 年份的本款冰酒,只售 3500 元。至于 1996 年份,售价更低,约 2800 元。若按古董界人士的说法,这可真是“捡漏的机会”。我猜想可能是年份已经太久了,厂商不愿意赌会否变质,才会有此“快快出清”的价钱吧。另外一个原因可能是,本酒庄近几年有退步的趋势(2012 年降为 3 串葡萄酒庄),也是其价格衰疲的原因吧。

> 对于一个不爱酒的人,你可要提高警觉了!
>
> ——卡尔·马克思

化腐朽为神奇

德国布尔参议员酒庄的宝霉酒

70

不知不可　Something You May Have to Know

本书在前面介绍"私房酒"时，已经提到了德国葡萄酒的等级，是以其酿制时含糖量的高低作为标准。在这个金字塔端，最高的是"宝霉酒"。所谓的"宝霉酒"，是指葡萄成长过程感染到一种灰色的霉菌，使得葡萄因为蛀蚀而消瘦枯萎，果糖浓缩而增加更多的风味。台湾地区流行的东方美人茶，也是因为小绿蝉的啃食，使茶叶破损变质而产生了香味。

这种霉菌和我们常常看到生食的葡萄，放在冰箱两三天后长出灰霉菌不同，是一种受欢迎的菌种。必须在夜晚与清晨有浓雾，使葡萄具有感染霉菌所需要的水分，而后必须有阳光照射来避免腐烂。这种一阴一阳的园区，才能长出这种霉菌，因此多半在河流流经且日照充足的园区才能生产。法国的苏玳、

匈牙利的托卡伊都是这种情形。

这种霉菌（noble rot）习惯称为贵腐菌，酿成的酒也称为贵腐酒。这是沿用日本人的翻译。日本人将此原名逐字僵硬地翻译成"贵族"。这个 noble，虽然可解释为"贵族"，但更常用于"宝贝"或"珍贵"之意。试想：贵族与霉菌有何关系？至于 rot，意思为"腐烂"或是"霉菌"，为何一定要译成"腐烂"而不将之视为名词的"霉菌"？正如同本书在介绍意大利的孟塔西诺酒（见本书第 39 号酒）时，提到的孟塔普里希安诺有一种"珍贵酒"（Vino Nobile），也是犯了这种错误，而翻成"贵族酒"。这种酒也和贵族没有任何关系。

所以我希望"正名"，不要囫囵地用日本翻译错误的"贵腐"，而回归原汁原味的"宝霉"。

德国的宝霉酒依其感染葡萄的严重，也就是部分感染或是全面感染，可分为"逐粒精选"（Beerenauslese）以及"枯萄精选"（Trockenbeerenauslese）两种。对不懂德文的人而言，要念出这两款名字"贝冷奥斯乐斯"以及"特罗坑贝冷奥斯乐斯"，是一个苦差事，故一般都简称 BA 或 TBA。也因此有人

说德国的酒，名字越长，等级越高，也越贵。

"逐粒精选"，顾名思义是必须从每串葡萄中，挑出感染的葡萄酿成。德国酒庄在葡萄由园地采回后，会有专人在输送带上，拿起每串葡萄用心观察，发现有感染者，即用剪刀剪下。这种每次3颗、5颗地累积起来，的确是一个费心费力的活儿。因此BA等级并不是每年都有生产，有的话产量往往不及一般精选级葡萄的10%。

在"挑剪"宝霉葡萄时，如发现有完全干枯的葡萄，则特别放到一个篮子里，作为TBA。所以我将之译为"枯萄精选"也就完全契合此种等级的标准——必须完全干枯。这更是百中不得其一。

我犹记得曾和被拿破仑称为"摩泽尔河之珍珠"的弗利兹·哈格酒庄（见本书第67号酒）庄主奥利弗聊天时，他告诉我，2007年10月底的一个采收日，他聘用了20个采收工，忙了一整天，最后采收的葡萄中，总共也只挑选出45千克的宝霉葡萄。而这种葡萄的出汁率为10%，只榨出4.5升汁，刚好灌装半瓶装的宝霉酒一打而已。由此可知宝霉酒的可贵。

德国的宝霉酒都是黏稠至极，酒精度很低，多半在5～7度，多饮也不至于醉，尤其受女性的欢迎。香味迷人，有玫瑰、兰花及香草的花香与芒果、荔枝，甚至菠萝的味道。此在TBA或是顶级酒庄酿造的宝霉酒就更为明显。

德国的TBA价钱极高，凡是能列入4串葡萄酒庄的TBA，售价就堪与法国顶级的苏玳甜酒狄康堡（Ch. d'Yquem）相匹。至于5串葡萄酒庄的TBA经常一瓶难见，也可以称为全德国最昂贵、最稀少的珍品。

德国任何酒庄的TBA价格大概都超出了本书的标准，至于BA则可能因天气的因素，例如当年特别潮湿与葡萄感染度更高，BA丰收，则有可能购得价廉物美，且出自优质酒庄的BA。

本酒的特色　About the Wine

布尔参议员酒庄（Weingut Reichsrat von Buhl）是整个法尔兹产区的第二大酒庄，共有50公顷之大，每年生产约45万瓶。本园的历史可上溯到1849年，当时的园主布尔先生，曾经有一个职位"Reichsrat"，这个职位现在译为参议员，不过在百余年前，似乎应为巴伐利亚邦的贵族院议员。总之是一个有权势的贵族。

本酒庄的园区分散在各个小园区，其中在一个福斯特产区（Forst）中，有一个特别怪异名称的小产区——"翁格厚亚"（Ungeheuer），酿出了本园最好的雷司令干白与甜白酒。而且其宝霉酒也特别精彩。

翁格厚亚是一个位于德国西南角下，已经相当接近法国边界，所谓的"德国葡萄酒之路"（Weinstrasse）的起点不远的小葡萄产区。德国葡萄酒之路，仅次于"罗曼蒂克大道"（Romantische Strasse），是最为出名的旅游路线。长达85千米的路上酒庄与酒园不断，古堡与宫殿穿插，且气候宜人，到处是花园与果园，尤其是建筑物横跨500年至1000年不等，令人有如走入中古世纪的时光隧道。

翁格厚亚只不过是一个29公顷，仅有一二十家小酒庄，年产量不过10万瓶的小葡萄酒产区，却有了一个奇怪的名称"翁格厚亚"。原来这句话，是德文"魔鬼"或"妖怪"之意。有一说是，当年德国俾斯麦首相到附近视察，布尔参议员的庄园好酒自然会被拿来招待贵客，没想到首相一尝之下，说出了"翁格厚亚的好"，于是，来自如此小面积的酒便有了这一个"怪"名字。

听说这个典故有点穿凿附会。据考证，早在17世纪，当地的一个地方政府首长名叫约翰亚当，已经为此酒定名了。然而，约翰亚当何许人也？还不如把"德国统一之父"的俾斯麦扛出来，更好壮壮本酒的名气！

布尔酒庄在19世纪的确享有盛名。当年苏伊士运河通航典礼上，便使用本酒庄的酒以为宴客之用。到了如今，盛况固然不如以往，但在《德国葡萄酒年鉴》可以被评到3串葡萄至4串葡萄。本酒庄产量的宝霉酒相当精彩，也都被列入"大年份"（Grosses Gewachs）的等级。在德国市价为45欧元，相当于2000元，是标准的半瓶装。至于冰酒也是本园的一绝，市价100欧元。而顶级的则是TBA，达到152欧元。

关于BA及TBA的寿命，本园很骄傲地订出了年限，可直到2075年！因为本酒庄还保留了一瓶1927年份的TBA，作为"镇庄之宝"，这瓶至今已超过85年历史的老TBA，尚未变质，则这两款2010年份的宝霉酒，说它们可以陈放65年，就不至于是吹牛吧！

莱茵河不仅是葡萄酒的大产区，也是旅游胜地。莱茵河游船的中心点是在莱茵沟地区的律德斯汗（Rüdesheim）小镇，离著名的罗雷莱小岩石不远。这个不到 50 平方千米、人口不足万人的小镇，游船渡口只有一条"T"字形商业街，山坡上两旁都是卖旅游品、酒及餐厅的小巷，每逢夏天，巷里游人摩肩接踵。巷旁两边的葡萄，枝叶蔓延成一个天棚，挂满了白葡萄。的确是"葡萄之乡"的最好广告。

离游人商品街往西走不远，便是德国最有名的盖森海姆酿酒学院，造就了许多欧美酿酒人才。另外往上走便到了律德斯汗的产区。不少酿酒人便住在小镇附近，每天再开车到山区的园区工作。

这里有一个 4 串葡萄级的酒庄——乔治·布吕尔（Georg Breuer），其又是一个酒标充满简单风格，令人想起罗伯特·威尔酒庄的现代化酒庄。

这个酒庄离律德斯汗不远，1880 年就已成园。1900 年以后才由布吕尔家族购入。传承到第二代的贝南德，励精图治，不仅提升产品的质量，由中等到高等，同时加强外销，在日本获得成功，即使台湾地区在 20 世纪 90 年代也可购到该园产品。就在 20 世纪 80 年代，该园已经成为观光重镇律德斯汗销售最好且最贵的本地酒。我记得 1981 年夏天，初次游览此地时，就购买了一瓶迟摘酒，价钱为其他小酒庄的 2～3 倍，当时觉得其酒较为清淡飘逸，没有其他德国迟摘酒来得迟滞甜腻。

业务的顺畅也使得本园的版图，由原本的 15 公顷扩张到 35 公顷，共有 4 个小产区。后来所收购的园区，都是本地区最好的部分。目前本酒庄每年能生产约 15 万瓶各式葡萄酒。在平价酒部分，以干白取胜；但在甜白部分，则以优质酒著名。

例如，本园生产的精选级便十分精彩，至于列入金颈级的半瓶装，一上市动辄 50 欧元。而 BA 级半瓶装者，也经常突破 100 欧元；TBA 级甚至达 150 欧元。

撰写本书时，在台北也偶然看到有售本酒庄 1999 年份产自 2.2 公顷 Rottland 园区的 BA 级，售价为 2275 元，折合欧元约 56 欧元，相较于 2004 年产自 3.5 公顷城堡山园区（Schlossberg）的 BA 级，一上市售价即为 130 欧元，相差有 1 倍以上。虽说两个园区是有些差别，但也不会差别如此之大。以我个人的经验，往往产区价钱会高过台湾地区，我在波尔多的经验便是如此。我希望进口商再接再厉，让台湾地区成为真正的"美酒天堂"。

作为最高等级的德国酒,枯萄精选(TBA)是许多爱酒人士搜寻的对象。这款酒黏稠似台湾地区丰年果糖,有蜂蜜与加拿大枫糖、菠萝的甜味,但价钱都超过本书的标准。

德国酒庄,尤其是靠海外市场获得利润的酒庄,知道TBA的抢手,所以有许多变通的办法。第一,收购他园枯萄来酿制。2012 年 8 月, 我刚刚拜访完顶级的恭德洛酒庄(Gunderloch,见本书第 68 号酒)的次日,转赴海德堡。就在海德堡半山的城堡贩卖部,发现有售恭德洛酒庄的 TBA,价钱甚廉,才 20 至 30 欧元,且是正常瓶装而非半瓶装。我大吃一惊,按恭德洛酒庄如有出售 TBA,价钱经常达到 250 欧元以上,且多属半瓶装。仔细一看,才知道这是收购他园葡萄酿成。可惜前一天我尚不知此事,否则可跟庄主聊聊,以增广见识。其次,要找到(碰运气)类似像酒商的公司,有专门做此类生意。例如位于纳河区的费迪南德·皮洛公司(Ferdinand Pieroth)便是其中的翘楚。自从约翰·费迪南德博士创立此公司至今,已经传承了 10 代人之久。公司所在的建筑物,也早在 1675 年便已注册。这个公司本身除了有一个 21 公顷的顶级园区外,也到处收购葡萄酿酒,特别是宝霉酒,销售世界各国。我过 50 岁生日时,一位旅居香港地区的老友龙匡平兄,特地携来一瓶皮洛公司 1955 年份的 BA,没想到依旧保持水平,没有变质。第三,由雷司令以外的葡萄酿成。德国葡萄中,雷司令最贵,也最长寿。如果找其他二线级的葡萄,例如左下图的欧特加(Ortega),这是一款近年来在德国很流行的葡萄,以耐寒与产量大为其优点,就更容易找到。

左下图这一款由皮洛公司 2005 年份欧特加酿成的TBA,我在上海葡园酒窖发现时,售价仅为 350 元人民币(半瓶装),以大陆酒价普遍高出台湾地区甚多的标准,此瓶酒应当也在千元出头。看样子, 德国酒庄还有许多淘宝的机会,台湾地区的酒商们可加把劲了!

书如佳酒不宜甜

德国罗伯特·威尔酒庄的雷司令干白

71

不知不可　Something You May Have to Know

德国的白葡萄酒，几百年以来都是以甜白酒著称。甚至在 1900 年以前的欧洲，例如伦敦最昂贵的餐厅里，酒单中最昂贵的酒款，不是来自勃艮第或是波尔多的红酒，而是来自德国莱茵河与摩泽尔河的甜白酒。

不过这都是百年以前的老故事了。德国甜白酒的热潮，发展到 20 世纪的六七十年代已经开始"退烧"，干白开始流行，这是指每升葡萄酒中的残糖量以不超过 9 克为原则。德文"Trocken"（很难念的"特罗坑"），相当于英文的"Dry"，中文可译成"干"，指入口后会"干而生津"，因为口腔受到干涩的影响，自然会生出津液来中和。

德国的干白尝起来还不免甜了一点，奥地利的干白，就比德国甜度降了许多，每升残糖量只能有 2 克。

另外，德国葡萄酒也有所谓的"半干"（相当于法文的 Semi-Sec），残糖量可达 25 克 / 升，德文称为"Feinherb"（念成"凡贺伯"），对于不喜欢太甜又太涩的朋友，这款酒十分顺口、芬芳，适合佐餐，也适合单饮。

顶级的干白，必须干得清爽，有回韵，不似甜酒会生腻与生厌。对此，我想起了清朝嘉庆年间一位大书法家尹秉绶曾经写过一副对子："诗到老年惟有辣，书如佳酒不宜甜。"这句话颇有意思，表示诗人文士到了一定的年纪后，通晓世事，也不必太拘于人情世故地畏首畏尾，写起文章来，不妨嬉笑怒骂，不拘一格。而后一句话，提到写书法的风格，不必以"媚甜"来取悦大众。即使铁画银钩，游龙走凤，也能成为书法家。

德国干白主要还是由原来酿制一般甜酒的酒庄改酿而成。因此所用的葡萄也一样，由雷司令酿成的最为普遍，也

这是莱茵黑森邦一家小酒庄 Mett 所酿制、纪念腓特烈大帝的雷司令干白

欧豪年大师的墨宝：诗到老年惟有辣，书如佳酒不宜甜。此诗含有深厚的做人做事之道理。但是是否"佳酒"就一定不宜甜？这是中国酒的毛病。过去只将做坏的酒加糖，形成再制酒，多喝两杯就会发腻与头痛，故酒不宜甜。葡萄酒的情形有部分相同，这是就差的甜酒而言较为昂贵。如果要品尝由雷司令酿造的干白,特别要注意其随葡萄特性所带来的酸度, 这是和其他国际品牌的干白最不一致的地方。虽然中国人最怕"酸酒",认为酒一酸,就已经迈向成"醋"的第一步。但对葡萄酒而言,酸是酒陈年的主要元素,也有称为"酒体"或"酒之骨骼"。但酒酸要酸得均衡、柔软。而且酒酸会在温度越低时,酸度感觉越强烈。因而在酿造低温时饮用的雷司令酒,又要使酸度不至于过于明显,酿酒师的手艺就更为重要了。

至于干白酿制的等级,也和一般甜酒一样,由一般等级、优质、私房级、迟摘级及精选级,循序而上。等级越高,葡萄成熟与含糖量越高,口味的复杂度与芳香度也提升,价钱也随之而上。只不过各等级的干白,产量都很少,甚至是甜酒的 1/10~1/5 不等,主要是供德国国内消费所需。

德国的干白,特别是迟摘级及精选级干白,海外难得一见。如果你有德国访客,最好拿出德国干白来待客,以我的经验,绝大多数德国人都会觉得甜白太腻。

本书介绍的干白,理应来自最好的酒庄。第一个登场的是莱茵沟(Rheingau)地区的罗伯特·威尔(Robert Weil)酒庄。

本酒的特色　About the Wine

在本书第 66 号酒已经介绍了莱茵沟的罗伯特·威尔酒庄,其中有一个著名的,仅有 11 公顷大的伯爵山园区,所酿制的迟摘级酒,足以作为德国同级酒的佼佼者。而且这个了不起的园区酿制出的干白,也是德国一流的。

德国的莱茵沟产区得天独厚,不仅能酿制甜酒,也能酿制干白。本酒庄也了解到现在饮酒界讲究低糖度的趋势,以及希望白酒能有香槟的感觉,在酿造过程中,会刻意将发酵产生的二氧化碳保留若干,使得饮用时能有细微的气泡,慢慢涌出。同时气泡的散发,也会让人觉得口感更为清爽。本酒庄的干白分为 7 级,分别是:一般雷司令混园干白、私房级干白、迟摘级干白、单园的塔山园(Turmberg)干白、教堂山园（Klosterberg）干白以及最出名的伯爵山园区(Gräfenberg)一般级干白、伯爵山园区顶级干白。

由本园这种区分可以看出德国人对于不同园区与不同葡萄所酿成干白,一丝不苟地分别酿制与装瓶,价钱由第一款的 12 欧元,到最后一款顶级干白的 35 欧元,都会在口味上及层次感上有不同的感受。

就以第一款数量最多的干白而言,其酒质透明清澈,洁白如日本清酒一样。品饮者很难不拿起酒标再看一眼,果然有日本"禅风"的感觉。而行家们自然比较推荐顶级干白。

德国近几年也出现了所谓的"顶级"(Erstes Gewächs)标准,这是德国想要仿效法国勃艮第,强调风土特征,以及参照该酒园历来缴税的价格、产品的质量……来区分哪些是顶级酒园。这种按照风土分级式,1999 年开始在莱茵沟产区实施的制度,是采取自愿分级制,每公顷不能超过 5000 升,葡萄采收一定要人工且成熟度一定要达到迟摘级的标准。同时葡萄种类仅限于雷司令与黑比诺两种。目前约有 1/3

的莱茵沟产区可以列入这种等级之内。本园只有伯爵山的一款干白列入此等级内。至于另一款伯爵山的一般级干白,没有列入此等级,价钱即为 22.5 欧元,与列入顶级的 35 欧元,相差约 50%。

这种列级既然是采取自愿制度,也有赖于德国酒庄的雄心及品管标准。本酒庄的 7 种干白,只有来自伯爵山由迟摘级葡萄酿成的一般迟摘酒级干白,可以挂上此等级。

这种没有经过橡木桶发酵与醇化的顶级干白,入口的是矿石味的冰冷、甘洌。也可以嗅到葡萄柚的香气,是一款类似于顶级夏布利,但酸度较为明显的德国模式的夏布利。

延伸品尝　Extensive Tasting

莱茵法尔兹(Rheinpfalz)仅次于莱茵黑森,为德国第二大葡萄酒产区,总共有 22 万公顷。这里是最适合葡萄生长的环境,平原多,日照充足,天气也比各地来得暖和。各种葡萄都能长得好,所以除了雷司令外,许多国际品种葡萄早已移入此地。酿制干白的风气也十分流行,许多葡萄园便以酿出干白而成名。不过采取混酿方式,还是主流的谋生之道。

布克宁·沃夫博士(Dr. Bürklin-Wolf)酒庄是本产区第

一大酒庄,共有 85 公顷,而第二大的则是本书介绍 BA 级的布尔参议员(Reichsrat von Buhl)酒庄。有意思的是,他们酿制的干白,几乎平分秋色,只是前者较为优良一点罢了。

沃夫博士酒庄成园历史可推到 1597 年,其子孙传到 1846 年,和布尔参事联姻。该参事当时担任德意志帝国议会副议长,是当时政坛上的红人。而后,本园有了政治上的援助,发展十分顺利。

本园分散在 4 个酒区，一共由 20 余个小酒园组成，有高达八成左右为雷司令，其他各种白葡萄皆有种植。每年可酿制 50 万瓶各式葡萄酒。

本酒庄本来如德国一般酒庄一样，都以酿制甜白为主。由于园区面积高达 86 公顷，由各园采收到少量的宝霉酒，质量甚高，且聚沙成塔后，每年常常可望突破 1 万瓶，可称得上是德国酿制顶级宝霉酒的最大酒庄。拙作《稀世珍酿》曾经将之列入"世界百大"的行列。本酒庄长年列在 4 串葡萄与 5 串葡萄之间的等级。

本酒庄特别之处乃是在近 15 年来的"转型"——几乎已经完全转型酿制干白，不再酿制一般等级的甜白，同时也酿两款红酒。以 2012 年版《德国葡萄酒年鉴》为例，其产品名单全部是干白，达 16 种之多，全部是雷司令。另外还有微不足道的少数霞多丽。

本园也成为全德国最具规模的霞多丽干白酒厂。除了最基本款的雷司令干白是混园装制外，其他的雷司令会分别以产自何园区，分别装瓶。此外，本园也是在整个地区开风气之先，仿效勃艮第的产地分级制，对于最好的园区，以及根据其葡萄的成熟度，如果属于优质的雷司令，其成熟度介于私房级及迟摘级的，会将之列入"PC"（一级 Premiere Cru）；如果质量更高，则列入"GC"（顶级 Grande Cru）。

本酒庄另一个出名之处，乃是和勃艮第的那些顶级酒庄，例如乐花、罗曼尼·康帝酒庄一样，钟情于自然动力法栽培，2004 年开始就将此法施于整个园区，所以现在到处都可以看到内装有牛粪的牛角埋在园区内，这也成为酒庄津津乐道的一项广告。

本书要推荐的是沃夫博士酒庄在翁格厚亚产区所酿制的干白。在前一号酒介绍翁格厚亚产区时，已提到布尔参议员酒庄。不仅布尔参议员酒庄是很珍贵的小产区，沃夫博士园也如此。其酿制的雷司令干白，也皆列入了顶级。德国出厂价约为 37 欧元，到了美国便突破了 50 美元。近 4 年来，帕克的评分多半在 89～91 分。

这款酒被认为是雷司令优质干白的代表作，也是勃艮第白酒的德国版本，经常在德国国宴上出现。也因为数量甚少，年产量不足万瓶，在德国都难得一见。此外，除了翁格厚亚干白外，本园还有 6 款其他的顶级干白，也有一尝的价值。其中获得最多掌声的，当是产于"教堂区"（Kirchenstück）的顶级霞多丽，其获得了《德国葡萄酒年鉴》所颁发的年度最高奖（2010 年份），在德国出厂价为 80 欧元。

德国文豪歌德的爱酒

八百年历史的卡斯特酒庄的法兰根酒

72

不知不可 Something You May Have to Know

在第 70 号酒提到的翁格厚亚酒，产于德国葡萄酒大道的起点；也提到了最著名的旅游路线——罗曼蒂克大道，其总长 350 千米的起点乌兹堡（Würzburg），也是德国另一个最重要产区法兰根（Franken）的首府。这里的酒都以装到一个胖肚瓶著名，这个胖肚瓶有个德国名字"Bocksbeutel"（念成"伯克斯伯以特"），乃"羊胃袋"。这获得了欧盟专利，只有法兰根酒才能使用此款瓶。

不过这种瓶子无法放入储酒柜内，造成不方便，因此只有坚持传统的酒庄才继续使用这种胖瓶子，渐渐更多的酒庄也使用一般流行的瘦长瓶子。

环绕在这一个罗曼蒂克美景的乌兹堡，周遭共有 6 千公顷的葡萄园。所以说乌兹堡是被葡萄园所包围的小古堡。其中 63% 为白葡萄。而这些白葡萄中，其他地方常见的雷司令只占了 5% 的种植面积，在白葡萄中居第五位。而与雷司令同宗的米勒－土高（Müller-Thugau）及西万尼（Silvaner），分居第一位及第二位，各占 30% 与 20% 的种植面积。2012 年统计，全德国雷司令占了 22% 的面积，居第一位；第二位则为

米勒－土高教授像,取
自盖森海姆酿酒学院网站

米勒－土高,占了 13.5%,共 1.3 万公顷;第三位为黑比诺,占了 11.5%,西万尼的面积仅有 5%,5000 公顷,多半集中在法兰根地区。

究竟米勒－土高有何能耐,能够在此产区一枝独秀?

米勒－土高也是雷司令的后代。这种葡萄是由一位出生在瑞士的米勒教授研发出来的。他年轻时来到乌兹堡攻读农业,学成后留在德国莱茵河畔新成立的盖森海姆酿酒学院担任院长,那是在 1876 年德意志帝国成立后最辉煌的时代。他在那里持续研究葡萄品种、酿造,对于葡萄酒业的贡献甚多。现今葡萄酒在酿制过程中会加入二氧化硫来消毒与防止氧化,便是来自米勒教授的研究。

为了让雷司令葡萄能够适应更多的产区风土,米勒教授反复将葡萄繁殖交配,终于在 1882 年实验出一种样本,后来带去瑞士继续研究一种新的品种,1925 年带回德国,在乌兹堡试种成功。由于米勒教授来自瑞士的土高省,这款葡萄遂以米勒－土高定名,以纪念他。

在雷司令的基础上,米勒－土高的酸度较弱且不明显。成熟期可早 1 个月,抗水与抗旱效果更佳,而产量比起雷司令至少多 1/3,甚至 1/2,是一种经济性甚大的品种,一推出后立刻受到果农的欢迎。不过,这种葡萄多半是酿造低价值、中等以下质量的葡萄酒,在法兰根酿制的高级酒,除了少数是难种植的雷司令外,大部分是西万尼。

西万尼葡萄原本也是由雷司令改良而来,甚至米勒－土高也是在西万尼的基础上一再互相交配而培育出来的。其优点是:雷司令有较酸的特征,成熟也晚,西万尼则酸度较低,芬芳度也强,同时对于栽种的环境不太敏感,尤其是采收期可以较雷司令提早 2～3 周,避开了秋末冬初常见的暴风雪。因此西万尼很早就成为替代雷司令的葡萄,官方证书早在 1665 年就提到了本地种植此葡萄的名称,比雷司令晚 250 年左右。

西万尼的酒没有雷司令来得个性明显、体格强壮、陈年能力强,故由西万尼酿出来的冰酒或宝霉酒,都比雷司令酿制的价钱低甚多,且陈年实力少了一大半。但和一般日常用酒相比,就没有太大的差别。西万尼个性随和、随遇而安的特性,以及产量高、果质芬芳,在德国有"酒后"的美誉。"酒王"当然是雷司令,当仁不让。

法兰根酒的另一特色是干白酿得特别好,尤其是迟摘级的干白,有极为芬芳的蜂蜜、干果、葡萄柚等香气,而且可以陈放 5 年左右,方可达到其最适饮的程度。喜欢口味强烈、有矿石味,又不喜欢甜味与酸味的饮客,往往喜欢选择法兰根酒。这款酒在德国是普受欢迎的一款。在德国,甚至欧洲的餐厅里,每逢听到有人点此款酒,不用转头看,便知道一定是德国客人点的。法兰根酒有强烈的"德国归属感",由此便可以看得出来。

德国著名的大文学家歌德，虽然出生在莱茵美酒产区的法兰克福，但是没有听说他对于故乡美酒有太多的赞誉，反而他对于法兰根酒的赞誉，已传颂甚久。若说法兰根酒可列为这位大文豪的爱酒，大概是不偏离史实的吧！

法兰根酒因为很少酿制宝霉酒，尤其是最高等级雷司令的宝霉酒，因此在每一年的《德国葡萄酒年鉴》上，无法获得5串葡萄的桂冠，最高只能获得4串葡萄，且都是固定的3家酒庄，都会在下文中介绍。

本酒的特色 About the Wine

整个德国法兰根地区，有6000家酒庄，若问名气最大的酒庄，没有不举出卡斯特(Castell)酒庄的，它属于本地等级最高的4串葡萄等级的酒庄。

一看到卡斯特酒庄的全名"卡斯特伯爵庄园管理处"(Fürstlich Castellsches Domänenamt)，便可以知道此酒庄的来头不小。上文提到西万尼进入法兰根的日期为1665年，但是由本酒庄文献上得知还可以早上几年：1659年4月5日。因为本酒庄早于1258年便在官方文献上出现。当时属于卡斯特城堡，并且在400年后的1659年，自奥地利引进这一款葡萄。当时正是荼害德国最烈的30年战争(1618—1648)刚结束不久，卡斯特伯爵从奥地利引进此易生长的葡萄给他的佃农来种植，作为休养生息、恢复农村经济的良方。

所以卡斯特酒庄正如同莱茵沟的约翰山堡酒园将雷司令名传世界一样，推广了西万尼葡萄，一王一后，都是功在德国酿酒文化的历史名园。本酒庄成立至今已经超过800年，传承已经26代，无疑是德国历史第一老园。

目前，本酒庄共有65公顷土地，种植葡萄三成为西万尼，两成为米勒－土高，两成红葡萄，至于雷司令只占5%，年产量可达40万瓶。

本酒庄最擅长的自然是西万尼葡萄酒，绝大多数都是干白。其干白分为普通级的"费迪南德伯爵级"(Edition Graf Ferdinand)，品质中等；高级的干白，则是所谓的"大年份"(Groβes Gewächs)干白。

在前一号酒介绍雷司令干白时，曾提到莱茵沟产区实施的"顶级制度"(Erstes Gewächs)，在法兰根也实施这种制度，但称为"大年份"。两者的条件基本上没有太大的差别。所以法兰根能够列为顶级葡萄酒，不论是雷司令或是西万尼，一定都是本地区的第一等质量，且多半是干白。

本园的西万尼干白在"费迪南德伯爵级"之上，还区分私房级干白与数款来自于不同酒园的迟摘级干白，质量都相当整齐，德国市价在15欧元上下。至于来自于其酒庄原本所在地的"卡斯特城堡山"（Casteller Schloβberg）园区，不论是雷司令迟摘级甜白，或是西万尼迟摘干白，都是一流的品质，且都获得了"大年份"的殊荣。

本庄的代表作自然是西万尼迟摘干白（大年份），每个年份在《德国葡萄酒年鉴》上的评分都在89分以上，这是难得的分数。市价也在25欧元上下。

德国的干白虽然法定许可每升含糖量不可超过9克，但一般酒庄都会控制在5克以下。不过入口还是可以感到丝丝甜味。德国干白以往都偏酸，这可能跟德国人嗜酸有关，德国家庭一般吃蔬菜沙拉，多半只加点洋葱以及果醋而已，酸得不得了。我以前在德国大学餐厅的沙拉菜，便是酸得我们这些台湾地区留学生，每个人眼泪都掉出来。所以德国酒偏酸，恐怕是"民族口味"使然吧。

不过"不是太甜就是太酸"的德国酒的负面批评，近年来已有巨大改变。卡斯特城堡山酒庄也是这场重大改变的见证者。

延伸品尝　Extensive Tasting

和卡斯特酒庄同属4串葡萄等级的另一家历史名园尤里斯医院（Juliusspital），所酿制的法兰根酒，也有一流的品质。酒庄1576年由本地大主教Julius von Mespelbrunn建立，至今已接近500年。拥有接近170公顷葡萄园，以及一座美轮美奂的巴洛克风格之城堡，维护得十分完善，目前由一个基金会负责运作园务及酿酒事宜，城堡已成为乌兹堡地区的地标。

本酒庄年产量高达100万瓶，西万尼占了四成，雷司令为两成。由于产量甚大，又是公益性质财团所经营，不为营利，员工们多半成为公务员一般，总酿酒师一干就是40年，难免心态老大，守旧且保守。本酒庄酿出的法兰根干白，最能够代表老式法兰根酒。特别是

雷司令或西万尼的迟摘酒,有一款获得"大年份"级,不论甜白或是干白,质量甚好,且市价多在 20 欧元左右,产量亦丰,颇受德国爱酒人士青睐。

2012 年 8 月我有一趟乌兹堡之行。乌兹堡大学企管系教授 Prof. Dr. Cisek 也是一位懂酒的教授,曾经在台北实践大学担任客座教授。他特别安排我在当地一家具有百年历史的"市民医院"(Bürgerspital)饭店用餐,这里与尤里斯医院一样,都是一个酒庄,在市内开一家饭店,提供自家酿制的好酒。配菜当然是德国式的烤猪脚与猪排,无不硕大油腻,

配上稍酸的法兰根酒,正好可以解腻去油,难怪德国猪脚一定要配上颇酸的德国泡菜。

告别前,教授特别送我一瓶本酒庄 2002 年份的雷司令干白,我回来后立即约朋友开瓶品尝,此瓶已有 10 年历史的干白,正好证明其陈年的实力。我端详其已呈琥珀色的光泽,正担心会否已氧化。结果出乎意料地极为甘爽顺口,无丝毫葡萄干及氧化味道。仿佛陈年已久之普洱老茶般的收敛,没有年轻雷司令葡萄的狂野味! 当时我正以此酒佐配油脂较重的火烤比目鱼鳍寿司,让鱼脂入口而不腻,可谓双绝!

进阶品赏　Advanced Tasting

除了卡斯特伯爵园与尤里斯酒庄是历史名园外,另一个最常被提到的新兴酒庄,便是侯斯特·绍尔酒庄(Horst Sauer)。

绍尔酒庄位于乌兹堡东北方,车程不过半个钟头,小城有一个非常典型的德国名字:艾森多夫

(Escherndorf)。这个小酒庄淳朴可爱,典型的"三家村",村民全以酿酒为业。

在一个斜度高达 45 度的山坡葡萄园下方,由水泥阶梯砌出了一个随着坡度建设成的 3 层现代化小酒庄,这便是绍尔酒庄。环绕在坡度上总共有 14.5 公顷的园地,在 1977 年以前,都是种植葡萄卖给酒庄酿酒的果农。那时还没有形成酿酒的气候,也没有人听说过这个地方。

本园设厂至今不过 30 年,还在第一代辛苦经营。不像卡斯特园有傲人的 800 年历史,传承 26 代人;或者是成为德

国建筑文化财团的尤里斯酒庄，每年游客如织，成为造访乌兹堡必到之处。绍尔酒庄的成功是靠庄主一家人胼手胝足，一株葡萄一株葡萄地种下、一串葡萄一串葡萄地采收，以及一瓶一瓶地酿成。当我亲耳听到庄主叙述其奋斗过程时，我从内心对他兴起了一股尊敬之情！

绍尔酒庄的葡萄园中主要也是西万尼，占了1/3，另外1/4是米勒－土高，为了酿制价昂的宝霉酒与冰酒，园方也种植了约2公顷的雷司令。

绍尔酒庄每年酿制将近20款不同产区、不同葡萄种类的干白与一般甜白，以及少量的宝霉酒，但以干白最多，占了2/3。本园最得意的应该是产于酒庄后上方园区，称为龙普园（Escherndorfer Lump）的干白。本小园的干白又可分成雷司令干白与西万尼干白两种。而西万尼干白正以其柔和、香味均衡的特征，曾经被权威的《德国葡萄酒年鉴》赞誉为"不仅是全德国，也是全世界最好的西万尼酒"。

本书愿意推荐的当是本园的西万尼，尤其是龙普园"大年份"级数的西万尼。

绍尔酒庄每年酿制龙普园雷司令与西万尼，各有一款

得以列入"大年份"，但西万尼的评分，一般较雷司令为高。这款酒比起一般最普通的干白希望在3年内饮用的期限，能够多长达5年，易言之，10至12年是这款酒的寿命期。

法兰根整个产区共6000家酒庄，只有不到20家产品有幸能够获得这种评比。本酒庄此款最优秀的2010年份雷司令与西万尼，都获得"大年份"的评价，德国售价仅20欧元而已，折合新台币不过800元，简直不可思议。

我曾经在2008年2月拜访过这个可爱的小酒庄。腼腆的庄主绍尔先生见到我们来自台湾地区，立刻表现出十分的热情，把地窖内数款珍藏酒一股脑儿拿出，请我们品尝。他的酒几乎都在上市后半年内销售一空。但他坚持不调高售价，这种"尽最大本分酿造好酒的哲学"，我们台湾地区的美酒消费者，应当鼎力支持。何况他的售价，一瓶2010年份的西万尼或雷司令的枯萄精选，德国市价都是62欧元，折合新台币约2500元；和其他同为4串葡萄的莱茵河或摩泽尔河之枯萄精选相比，约为1/3价钱。至于一般雷司令精选级也不超过19欧元，其米勒－土高迟摘级干白不过8.6欧元，折合新台币更只有400元不到，我们怎可不收藏？

73 万白丛中一点红
德国贝克酒庄的黑比诺

人们提到德国酒，绝大多数会想到以莱茵河产区为中心的白酒，特别是甜白;已经很少人会想到干白，更不会想到德国也酿制许多红葡萄酒。

以 2012 年的统计，全德国 10.2 万公顷的葡萄园中，红葡萄就占了 1/3 强，达 3.7 万公顷。这个趋势还在大幅度地增加。目前有两个产区，例如符腾堡及阿尔，红葡萄的面积已经占了半数以上。

本来德国红葡萄酒以产在巴登最为著名，该产区目前也超过 40% 的面积种植红葡萄。传统巴登红酒的口味十分清淡，令人怀疑是由薄酒莱地区盛行的嘉美品种酿成，属于廉价的餐酒款式。

但是近 20 年来，随着德国白酒将酿制主力由甜白转为干白，宁可以量少价昂取代量多价廉，德国红酒的发展也开始循此道路，改种高贵的黑比诺，并强调用新橡木桶来熟成,德国新潮红酒的时代正悄悄地来临。以 2012 年的统计，德国种植黑比诺的面积约 1.2 万公顷，仅次于雷司令的 2.2 万公顷与米勒-土高的 1.3 万公顷，居德国第三位，种植面积占全国种植总面积的 11.5%。目前德国黑比诺已经成为德国第三大酒了。

就像世界上所有新兴的黑比诺酒庄一样，德国黑比诺也会取法法国勃艮第。比起远在美国加州、新西兰或澳大利亚的酒庄，德国距离法国勃艮第甚近，高速公路半天便可到达，要观摩学习法国黑比诺酒酿制的全部技巧并不难。且本领高超的盖森海姆酿酒学院就在莱茵河边，为广大德国酒农提供了许多种苗、研究及种植方面不可或缺的信息。高科技知识结合德国人传统的勤奋，是德国红酒成功的主要因素。

德国黑比诺的主要产区，大概都是雷司令独领风骚以外的次要或是新垦产区。因为雷司令是昂贵的葡萄种，那些在摩泽尔河、莱茵沟及纳尔等有悠久历史酿制雷司令的酒庄不会改变酿酒方向。这些新兴的产区,或是过去酿制普普通通的白酒,现在决定改酿红酒的酒庄,大都是位于较南且地势较平坦与温暖的地区。德国的黑比诺也带有温和而没有强烈个性的酒体与果味,恐怕是跟它的风土有关。就像摩泽尔谷地的地势陡峭,雷司令努力扎根,吸收地下深层矿物质的水分,造就了个性十足的酒体。德国黑比诺有点像饲料鸡,而非土鸡,其味可想而知。但不管德国的酒农如何勤勉,农业科学技术多么先进,究竟人力不一定胜天,德国红酒只能够算是"登堂",而不能"入室"。

但毕竟芸芸众生之中,还会有成仙成佛者,德国的红酒庄也出现了几个令人击掌的明星。

本酒的特色　About the Wine

德国法尔兹(Pfalz)接近 2.4 万公顷的葡萄园中有 40% 是红葡萄。这里出现了一个以酿制红酒出名的腓特烈·贝克酒庄(Weingut Friedrich Becker)。

这个酒庄的主人贝克先生出身于酒庄世家。父亲是老思想的酿酒人,只能酿出普普通通的白酒。现任庄主年轻时接管园务后,开始改变酿造的方向。先是改酿干白,最后干脆挖掉了质量不佳的白葡萄,改种红葡萄;同时他也把附近一些山区开垦成葡萄园,获得了极佳的成果。例如他在一个名叫圣保罗山(St. Paul)的园区铲掉杂林,改种黑比诺,酿出了德国一流的黑比诺。

在贝克园区总共 18 公顷的葡萄园中,60% 是种植黑比诺的。每年他酿成的 10 款黑比诺,可以分成 3 个等级:普通

级的 3 款黑比诺,有混园灌装,也有单园灌装,属于优质酒的等级。中级的 5 款,其中出名的有 2 款:圣保罗山园区与坎门山园区(Kammerberg),都获得了"大年份"的评价。在《德国葡萄酒年鉴》中经常获得 93 分的高分,这已经是超过德国黑比诺"顶级门槛"(Grande Cru)的严格标准了。顶级的 2 款,分别是 Res 及 Pinot Noir,这是被多方肯定为"德国第一"的 2 款黑比诺。在 2001—2009 年间,《德国葡萄酒年鉴》有 8 次将此 2 款酒选为德国黑比诺的年度之酒,只有 2008 年份时让给他园,因此本酒庄酿出的黑比诺堪称德国第一,已经是众所公认的事实。

本酒庄的圣保罗山园区、坎门山园区及 2 款顶级酒都会在全新的橡木桶中醇化 1 年半,而后再在瓶中熟成半年

　　狐狸与葡萄,虽然因《伊索寓言》里的《狐狸和葡萄》而变得有名,但在画作中似乎两者不常一起出现。《明珠狐影图》出自台湾地区中生代水墨大家林章湖教授之手。林教授是我广东潮汕的乡兄,书法、绘画与篆刻无一不精。图中一狐狸酣睡于葡萄下,恐怕是因为跳得过累了吧(作者藏品)

才上市，因此每个年份的酒都是 2 年后才上市的。

普通等级的黑比诺在德国市价为 15～35 欧元，中等的约 55 欧元，至于最高等级的 2 款酒一上市便超过 100 欧元。

我特别欣赏圣保罗山园区的黑比诺，尤其本酒的标志是一只狐狸回首望着葡萄，颇为传神，是一个令人印象深刻的好酒标。德国的黑比诺在本酒庄的巧手酿制下，已经神似于勃艮第顶级酒庄，例如本书第 1 号酒杜卡·匹酒庄所酿出的村庄级，或是新西兰的黑比诺。果香味的细致与突出固不在话下，橡木桶醇化出来的香气也延绵不断，唯一不能肯定之处乃是陈年。不过这也是要 10 年或 20 年后才可以用事实来检验的，我倒愿意给予鼓励与热烈的期待。

延伸品尝　Extensive Tasting

德国图宾根大学（Tübingen）教授舒耕德（Prof. Gunter Schubert）是我将近 20 年的老友，即将结束来台 1 个月的研究，在返德前抽空来辞行。刚好我与几位朋友在安和路的 Weiss 餐厅有个小小的品酒会，遂邀请舒教授与会。

Weiss 乃德文"白色"之意，表明老板应当与德国有关。不错，该餐厅是以德国菜拿手，特别是烤猪脚，可以挑战全台北各个德国餐厅。

当晚我们主要试几款德国的干红。我发现了一款有趣的德国气泡酒。德国也生产不少气泡酒，称为"塞克特"（Sekt），一般的质量中等，没有太大的差别。不过我当晚喝到了一瓶法尔兹，是由当地的一种红葡萄"唐菲德"（Dornfelder）所酿制的干气泡酒。这种葡萄酸度较高，颜色较深，本来作为增添葡萄酒颜色之用。德国红酒以往的缺点之一便是黑比诺的颜色淡、丹宁也弱，唐菲德是用来填补这两项缺点的，但渐渐由配角转为主角。

这瓶由布鲁诺莱纳酒庄（Weingut Bruno Leiner）生产的唐菲德气泡酒，葡萄颜色颇深，丹宁却不浓烈，乃是依循法国香槟酿造法酿成的气泡酒，有极亮丽的深红色，入口浆果味十足，毫无甜味，这是我品尝过的最好的德国红气泡酒！尤其是整个酒瓶相当沉重，让人有一种"大香槟"的手感。本酒年产量甚低，不到 1000 瓶，在台北品尝到也算缘分。其价钱不可思议，仅在 1500 元上下。

但令我跟舒教授惊讶的是，由 Schenk-Siebert 酒庄酿制的黑比诺，同样来自于法尔兹，这一个由 2 个酒庄联姻而成

的酒庄,也是超过 300 年的老酒庄。Weiss 主人陈先生特地找了一瓶 2003 年精选级干红(Auslese Trocken)来试试这款酒的成熟风貌。在德国,不仅甜白、干白有分迟摘级与精选级,甚至连干红也有这种区分。本来干红的成熟度无须依靠含糖量的高低来区分,但德国人相信,越晚成熟与成长状况越好的葡萄,香气与口感将倍增,红葡萄也如此。因此精选级葡萄需再经过一次手工精选的程序。

这一款已经成熟的黑比诺,入口没有勃艮第黑比诺那么浓烈的樱桃果香,却有相当明显的杉木、干燥花以及优雅的花香。同时酒体甚为平衡,也可感觉到巧克力的轻微苦感。整体而言,十分协调平衡。酒瓶也十分沉重,宽肚型想必反映了主人效法勃艮第酿出顶级酒的决心。本酒也获得了几个品酒的大奖,可说是德国黑比诺的新秀。其年产量徘徊在 1000～2000 瓶之间,且并非每年都有生产,例如 2008 年便未生产。其价钱在 2500 元上下,是喜爱黑比诺的酒友们值得尝鲜、开开眼界的一款酒。

这款黑比诺配上 Weiss 著名的德式烤猪脚,与香脆的猪皮和鲜嫩的肘子搭配得淋漓尽致。舒教授一再称赞本酒的奇妙,还特别记下了酒名。他一再说,立刻去买几箱 Schenk-Siebert 的黑比诺,是他回德国后第一件要处理的"急事"!

进阶品赏　Advanced Tasting

《德国葡萄酒年鉴》中历年来得奖记录最多的酒园是位于纳尔产区的凯乐酒庄(Keller)。本酒庄几乎每年酿产的各款酒,由甜白的宝霉酒,到干白的雷司令,都轻易地获得了该年鉴的肯定。

这一个"冠军酒园"可以傲视其他也是最高顶级酒庄的伊贡·米勒或 J. J. 普绿园之处,乃是其除可以酿制一流的干白外,还可以酿制出号称"德国第一"的干红——黑比诺。

1789 年,一个原本住在瑞士的凯乐先生,发现法国大革命的波涛已经席卷瑞士,许多贵族与高官流亡瑞士。传言瑞士也将步巴黎之后,形成暴民政治,于是凯乐先生离开了瑞士,选择了纳尔地区。他在一个名叫"胡巴克"(Hubacker)的地方定居下来,开始务农与酿造葡萄酒。这块有 35 公顷的

凯乐园区，种植的雷司令很成功，很快就站稳了脚跟。现如今，凯乐家族的酒庄拥有13公顷的园区，每年生产10万瓶。

凯乐酒庄的葡萄园里，60%为雷司令，20%为黑比诺，另外20%为其他品种的白葡萄。除了宝霉酒以外，该园区花最多的功夫在酿制干白上。园区分布在4个产区中，每年可以酿制出20多款酒，其中1/3是干白。依据葡萄种类分，有6种不同的干白，很容易使人眼花缭乱。就其质量来说，其创园所在地的胡巴克园所酿造的雷司令最好，其干白也最有名，被列入了"大年份"（Groβes Gewächs）。但是本园顶级的雷司令干白，当属G-Max。这是当今园主克劳斯·彼得为了纪念祖父Georg，以及父亲Maximilian所特别酿制的一款酒。

G-Max摘自各园中40岁以上的老雷司令酿造而成，每年（以2009年为例）只生产"4瓶装"的6瓶、"2瓶装"的30瓶，及标准瓶装的1600瓶。市价实然昂贵，2010年10月在欧洲一个拍卖会上，上述年份的"4瓶装"，拍卖到4000欧元，折合一瓶为1000欧元，已经直追世界顶级的法国梦拉谢了。

我记得2011年秋天造访德国汉堡，老友热克教授在府上邀集几位好友共享美酒时，便开启了一瓶2002年的G-Max。果然有极香的橡木味、新烤出来的吐司味，又夹着干燥花朵及淡淡的酸味。号称"德国第一雷司令干白"，果真名不虚传。

凯乐酒庄同时也酿出了德国最好的黑比诺。这是本酒庄近年来努力的方向，主要产在布格园区（Bürgel）及圣母山园区（Frauenberg），里面最老的黑比诺已达40岁，还有一些年轻的黑比诺。母株来自于勃艮第。混园酿造出的黑比诺称为"S"，乃是德文黑比诺的第一个字母，质量甚佳，德国市价经常接近30欧元。但是生产在布格园区的质量最佳，其以园主的儿子为名，称为Felix。这也是德国最优良且最昂贵的黑比诺，上市后接近40欧元。

相对于该园酿造的德国第一干白，有挑战法国顶级梦拉谢的实力与市场行情，本园的兄弟作"德国第一黑比诺"有无挑战法国勃艮第顶级黑比诺的可能？我认为其浑厚、复杂度与年轻时应具有的樱桃与草莓味，都颇为单薄。如果比较的话，我宁可认为接近一般等级的香柏坛。但无论如何，其清新的果香与可喜的石榴红，代表了德国黑比诺努力的成果。我相信10年或20年后，才是德国黑比诺修成正果的时刻。

　　这是德国柏林近郊波兹坦腓特烈大帝所兴建的"无忧宫"(Sanssouci),外墙上的酒神雕像,让这栋建于18世纪中期德国典型巴洛克风格的建筑,散发出一股祥和的古典主义气息。

AUSTRIA

奥地利 ➡

奥地利维也纳森林的精灵 绿维特利纳葡萄酒与文学
巨擘的"沉沦之酒" 赫曼·赫塞与红维特利纳酒

不知不可 Something You May Have to Know

"音乐之都"奥地利,亦是爱好饮酒的国家,从王公贵族到平民都无例外。奥地利也是一个"生产"音乐家的王国,维也纳盛产著名的轻歌剧与圆舞曲,处处洋溢着畅饮葡萄酒的欢乐气氛。圆舞曲大师小施特劳斯撰写了一首脍炙人口的名曲《美酒、女人与歌唱》(*Wein, Weib und Gesang*),把人生3个乐趣都写进去了。

奥地利音乐家描述下的快乐的奥地利人或维也纳人所喝的葡萄酒,大概都是由一种"绿维特利纳"(Grüner Veltliner)所酿,这是奥地利种植最广的一种葡萄,占了全国葡萄种植面积的40%。由于名称太难念了,一般人都简称为GV,也有的称为Green。

我们不妨用一个浪漫的名称"维也纳森林的精灵"来称呼它,感觉上跟德国的雷司令颇为接近,但没德国雷司令那种强烈的酸味;也有人认为它有夏布利特有的矿石味或是白胡椒的淡辛辣味。总而言之,这是一款奥地利特殊的葡萄。

整个奥地利共有5.7万公顷葡萄园,刚好是法国波尔多葡萄园的1/2,因此不算是产酒大国。奥地利大致跟德国很接近,都是白酒的天下,红酒只占20%。奥地利红酒主要是由茨威格(Zweigelt)葡萄及蓝佛朗克(Blaufränkisch)葡萄酿成,口味近似法国薄酒莱或普通的黑比诺,质量都平平。但不似一般德国人会坦承德国红酒的乏善可陈,我碰到的奥地利人,似乎人人夸赞本国红酒好!

奥地利白酒的产量70%～80%供内销,很少有销到国外者。而那些销到国外的奥地利白酒,也绝大多数是价格昂贵的宝霉酒,至于平实、标准的日常用酒干白,则海外难得一见。

除了绿维特利纳以外,雷司令葡萄也是大宗。几乎所有优质的奥地利酒庄都兼酿这两款酒。价钱方面,普遍以雷司令为高。这恐怕必须归功于雷司令的个性突出、口感强烈。但我认为要饮雷司令酒,挑德国酒即可。在奥地利应当尝一尝其绿维特利纳。

　　一般等级的绿维特利纳,有极为平淡的特性,仿若清水般,可以当解渴饮料,也可以当餐酒,搭配轻食类的面食,或沙拉与海鲜。若要论到品赏的层次,就必须找寻酿造口味较重以及比较晚收葡萄所酿成的绿维特利纳,有类似德国迟摘级雷司令的口感。奥地利的葡萄酒区分,例如私房级、迟摘级及精选级,与德国一样,没有多大差别。同一款葡萄也可以酿成甜白与干白。我建议不妨试试私房级以上的绿维特利纳干白,可以与德国雷司令干白有不同的特色。

本酒的特色　About the Wine

　　若要推出一个最有名的奥地利酒庄,当推布德梅尔酒庄(Bründlmayer)。庄主维利·布德梅尔(Willi Bründlmayer)1980年开始接管该园后,竭力发挥绿维特利纳葡萄的特色。本酒庄位于奥地利优良的酒区之一——肯帕峡谷(Kamptal)产区,这是一个3800公顷大的产区。而本酒庄地理位置甚佳,距离维也纳西北方仅40千米之遥,因此观光客造访甚多。酒庄有80公顷园区,算是奥地利最大的私人酒庄。大部分园区在

多瑙河谷,葡萄沿着陡峭河谷生长,而河谷土壤结构主要是片状页岩,和莱茵谷地十分类似。该园70%以上种植白葡萄,且以绿维特利纳及源于莱茵河的雷司令为主,因此该园所酿造的各款干白与甜白,都果味浓郁、香气集中。该园也可以被认为是奥地利第一名园。

　　台湾地区早在10年前,就拜孔雀洋酒曾彦霖兄的慧眼所识,持续进口该园的几款代表酒,例如瓢虫山(Käferberg)园区、罗瑟山(Loiser Berg)的绿维特利纳,无论是迟摘级或是精选级,都颇值得一试。不过,这些小园的代表作,价格都不便宜,在维也纳的市价多在70欧元上下。至于最基本款的郎根罗瑟园(Langenloiser)的私房级干白,价钱在20～30欧元,最能够代表绿维特林利纳干白的特色。此款酒为淡青

色,入口有明显的香槟气泡,但丝毫不觉残糖味,极为爽口甘洌,不似德国雷司令的私房级干白,仍有近 9 克／升的高残糖量。奥地利的干白大概只有 2 克左右残糖量,无怪乎这是奥地利人的日常用酒。

曾经作为奥匈帝国的首都,拜中立政策所赐,直到现在,维也纳仍是外交活动最频繁之处。有欢宴与外交场合,就不能没有香槟或气泡酒。奥地利许多酒庄也能酿制气泡酒,而该园的气泡酒也被公评为"奥地利第一"。

布伦德麦耶酒庄的气泡酒,分为 3 种:基本款的干气泡(Brut)、粉红气泡(Rose)及特别干气泡(Extra Brut)。基本款的干气泡,是使用 40% 的霞多丽、30% 的黑比诺,另外粉比诺、白比诺及绿维特利纳各 10%,采用传统香槟酿制法,在 2～3 年的老奥地利橡木桶中醇化 2～3 年才出厂。本酒的气泡酒有极细的气泡与芬芳的面包香,尤其吸引人的是价格,多半在 30 欧元上下。无怪乎维也纳歌剧院里的中场休息时间人人一杯本酒庄的气泡酒。

可惜自从曾彦霖兄去世以后,似乎市面上本酒庄的酒已经绝迹了。希望台湾地区酒商接棒而起,为本地区的饮酒文化多增添一些色彩。毕竟奥地利 2 万个酒庄中,有许多值得推荐的好酒。

延伸品尝　Extensive Tasting

维也纳旁有一条多瑙河流经。受小约翰·施特劳斯《蓝色多瑙河圆舞曲》的先入为主的观念影响,大家认为多瑙河是一条蓝色、美丽且干净的河流。其实不然,这是一条长达 2857 千米、流经 10 个国家的大河。河水呈现混浊的灰色,且污染严重,连河中生长的鱼都不能食用。奥地利与匈牙利有名的多瑙河鲤鱼,体型宽肥,肉脂甚厚,骨头又少,我认为比我国台湾地区的大鲤鱼有过之而无不及。这种鲤鱼目前都是养殖的,但不是养于多瑙河里。

每年 4 月到 10 月,游客造访维也纳,还可以参加一个"蓝色多瑙河"之旅,像游览莱茵河一样,往西坐游轮到达约 80 千米处,参观一个有 1000 年历史的梅克尔修道院(Melk)。这个属于圣本笃教会的修道院,有着极为雄壮的巴洛克风格建筑,以及装饰华丽的教堂与博物馆,被联合国指

梅克尔修道院的大教堂华丽非凡,到处都是精美的艺术品

定为重要的人类文化遗产。

这里属于下奥地利地区,有一个重要的产酒区——瓦豪(Wachau)产区。产区共有 1350 公顷葡萄园,分为 10 个小产区。其中最有名的小产区是下罗本(Unterloiben)及罗本山(Loibner Berg)产区。

瓦豪产区的雷司令与绿维特利纳皆极为突出,也兼酿干白与甜白,其干白品质堪称奥地利之最。瓦豪的干白——不论是雷司令或是绿维特利纳干白,都有自己的三级分类,以取代其他产区的私房级、迟摘级或精选级等分类。这三级分类为史马拉格(Smaragd)、Federspiel 及 Steinfeder。

所谓的"史马拉格",是当地的方言,意思为"蜥蜴"。顾名思义,是指葡萄极度成熟时(相当于迟摘级),会吸引许多昆虫前来,也引来蜥蜴。故这种葡萄酒酒精度甚高,至少达13.5 度,口感浓郁芬芳,是最高级的奥地利白酒。入口不觉甜味,且有干燥花香,甚为优雅。此款酒依规定必须在每年 5

月 1 日以后才能上市,保存良好的话可以存放 20 年以上。

第二等级的 Federspiel,字面解释为羽毛戏,是逗弄宠物的小羽毛,酒精度在 11.5～12.5 度间,风味与口感较为平淡。至于第三等级的 Steinfeder,意思是硬如石头的羽毛,酒精度低于 11.5 度,且许多在 10 度左右,适合独饮或佐餐。

瓦豪地区的下罗本酒区有一个历史名园克诺尔酒庄(Knoll)。这个拥有 14 公顷的中级规模酒庄,却是令人钦羡地拥有 5 个小酒园,例如须特园(Schütt)、发芬园(Pfaffen)及罗本山园。其中雷司令与绿维特利纳各半,皆占了 40%～50%。每年各生产 4～5 种史马拉格级的绿维特利纳与雷司令。2012 年 8 月,我在维也纳市区最昂贵的超级市场 Julius Mendl 看到该酒庄的上述各款史马拉格酒,价钱都在 80～100 欧元。至于较便宜的克罗特园区(Kreutles)史马拉格酒,则在 30 欧元上下。

至于该园的 Federspiel,不论是绿维特利纳还是雷司令,价钱都很低,在 30 欧元上下,是行家们最喜欢购买的对象。可惜目前台湾地区似乎尚未进口。不过,我最近看到一个专门经营奥地利酒的酒商,进口了这一款酒,原来是出自本地区最大的"瓦豪酒庄协会"(Domäne Wachau)。这个类似合作社的组织,拥有 440 公顷的园区,已经占了本地区的 1/3,属于大鲸鱼式的酒庄,其中半数以上酿制绿维特利纳。因此若要找出瓦豪绿维特利纳的代表,找本酒庄就对了。这也是品尝奥地利瓦豪酒的良机。

同样是位于瓦豪产区的皮赫拉酒庄（Weingut Pichler），同样是酿制绿维特利纳与雷司令的著名酒庄。帕克不仅把它列入全世界 160 家最好的酒庄（奥地利只有 5 家入选），同时也是最贵的酒庄之一。

皮赫拉酒庄成园于 1898 年，有超过百年的历史，但因为拥有绝佳的园区，而且热爱艺术的庄主法兰兹·沙佛（Franz Xaver）懂得"好货才卖得好价"的原理，致力推出单园酿造，且严格数量管控葡萄酒，尤其是干白。

就在 20 世纪 80 年代中期，一般奥地利酒庄都被"抗冻剂事件"搞得灰头土脸、斗志全消时，园主 FX 却逆势操作。1984 年，该园的绿维特利纳获得了奥地利"全国年度之酒"的佳誉。1991 年，他又特别取旗下几个园区里面最优良的绿维特利纳，酿成一个顶级的混园干白，取名为 M，意指此款

酒有"纪念碑"（Moumental）的意义。该园至今每年可以推出 6 种不同的绿维特利纳，其中 4 种为 Smaragd 级（包括 M），其他 2 种则为 Federspiel。

另外，该园也有接近一半的园区栽种雷司令，每年推出 3 款史马拉格级的雷司令。至于 M 级的雷司令，则难得一见，至今似乎只出现两个年份（2002 年及 2011 年）。每年上市后，都被抢购一空，数量在 3000 瓶上下。

本酒庄每一款酒的数量都在 5000～8000 瓶，算是很少的产量。至于特殊顶级 M 级的绿维特利纳，每年都在 3000～4000 瓶。

我曾于 2010 年 12 月在德国汉堡与热克教授品尝他所珍藏的 2002 年 M 级雷司令。难得的机会，我特别仔细地端详其稻草黄色，品尝其一点点的氧化及葡萄干味，有极为甘冽及保守的花香，和莱茵沟等地丰富口感的干白不同，感觉上较为飘逸与雅致。

至于价钱方面，本酒庄的雷司令酒较为抢手，也较为昂贵。但我认为奥地利仍是以绿维特利纳为傲的国家，不妨试试本酒庄的各款绿维特利纳，在欧洲售价一般多在 30～50 欧元。

似乎有黑就有白，例如黑比诺与白比诺。那是否有绿就有红？如果肯定的话，奥地利有最流行的绿维特利纳葡萄酒，那就应该有红维特利纳？

在撰写本书时，一日闲来无聊，把德国大文豪、诺贝尔奖得主赫曼·赫塞（Hermann Hesse）的成名作《乡愁》（柯丽芬译）拿来与德文原版一起对照，也让自己的德文阅读能力不至于消退。

大概每一位喜好文学或艺术的朋友，在年轻时"强说愁"的岁月中，总会把赫塞这本小说读一读。几十年的光阴过去了，对于这本书的内容，恐怕心里都不会留下任何回忆，当年有没有带来什么激动或感动，也不复记忆了吧！

我也是不能幸免。但这次翻阅过程我注意到赫曼·赫塞在这个自传式的小说中，一再提到了他对美酒的爱好。《乡愁》第4章有这位大文豪对着酒神抒发的热情赞颂，我姑引一段：

酒神会邀请心爱的人参加盛宴，为他们搭起通往幸福岛屿的彩虹桥。当这些人累了，酒神会为他们铺上一个舒适的枕头。当他们忧伤了，酒神会像朋友或母亲一样，给予轻轻的拥抱与安抚。酒神将生命的荒凉变成伟大的神话，他的庞大竖琴不断地弹奏着创作之歌……

在赞颂酒神的神秘、慷慨与热情后，大文豪也提到了他"在深红的维特利纳酒中找到了自己"。原来他爱上了"深红的维特利纳"。他形容这种酒第　口感觉酸涩，令人精神百倍，然后使人昏昏欲睡，再接着施展魔法，让人的创作力迸发出来，文思泉涌。

在整部《乡愁》中，赫曼·赫塞一再提到他在维特利纳酒馆里消磨时间或畅饮酏酒的经历。这引起了我的兴趣，这是何方神圣的酒？

我查了资料，原来红维特利纳与绿维特利纳没有任何血缘关系。在口味上红维特利纳没有太大的酸味，也没有结实的酒体，反而有比较甜香的味道，接近麝香，故其另有一个名称流传更广——红麝香。

红维特利纳也产于下奥地利，但多半是做成清淡的红佐餐酒，甚至酿成白酒与粉红酒，尤其是白酒（见左图）最为普遍，红酒反而少见。所以无论如何都不是如赫曼·赫塞所形容的"有劲头、深红色"的酒体。

我于是想到：莫非是产于瑞士？因为由小说中得知，赫塞是在读书时期迷上了葡萄酒，其当时所处的地方正是瑞士边界的巴塞尔市（Basel）及大城市苏黎世。为此，我特别写信给乌兹堡大学的 Günter Cisek 教授。这位财经学院的退休老教授（见本书第 72 号酒）也是一个爱酒人士，家里库藏了几千瓶美酒。但是他也无头绪。于是再向一位任职于慕尼黑科技大学的酿酒专家华尔教授（Prof. Wahl）询问。原来这一款红维特利纳在奥地利并不稀少，但如赫塞所说的那种深红色的红维特利纳，当是瑞士非常少见的本地红酒，价钱也非常昂贵，因为瑞士任何东西都贵。瑞士产少量的白酒，对于此类红酒，许多专家，例如喝酒喝了一辈子的 Cisek 教授，却也是闻所未闻。至于口味如何，据华尔教授所言：仅是过得去而已。

除了红维特利纳外，在《乡愁》中赫塞也说了下面这一句话："我自此熟识了黄色的'华兰德'（Waadtländer），深红色的维特利纳与纽恩堡的'星星酒'（Sternwein），并和他们成为好朋友。"

这里提到了华兰德与星星酒，也是典型的瑞士本地酒，虽然口味平平，但价钱高得不合理，懂酒的人几乎没有人会推荐喝此种酒。这也是华尔教授的答复。对过这般询问过程，读者可知道德国人对"求知"是如何彻底的了！

到此，我不得不怀疑赫塞是否真正地沉迷酒乡达数年之久？他怎么可能没有接触到雷司令、霞多丽及更多来自法国与意大利的美酒？而当时他还年轻，阮囊羞涩，不太可能爱上昂贵的那 3 款酒——除非在百年前，那 3 款酒都是价廉物美的酒，百年后，价昂物不美了。这点我可不太相信。

我也不免会怀疑：大师沉沦于美酒之说，乃是为了"戏剧效果"的创作吧？

我脑中的谜团还是没法解开。下一步呢？我央请的一位爱酒的朋友，刚好有趟瑞士之行，而且是赴苏黎世或日内瓦，请他务必买一瓶，试试口味以后再告知我，让我也能够体会一下到底红维特利纳有什么神奇魔力，能够把赫曼·赫塞脑中的缪思女神释放出来，而成为一代文学大师？这位朋友就是我第一本葡萄酒书《稀世珍酿》的策划人蔡荣泰兄。蔡兄也是品酒与识酒行家，对此任务欣然接受。但返回台湾地区后告知，他的确到几家最大的酒行询问，众家一致说明这些酒乃是德国酒，瑞士没有出产这些酒。而且这些酒行也都认为这几款酒乃普通酒，不登大雅之堂。看来，我必须相信赫曼·赫塞对酒的确外行，可能只是将年轻时所喝到的酒叙述一遍而已，如同白头宫女话当年，听听可以，不必俱信矣。

到底来，我的谜团还是没有解决。我将待来日再努力探索外，在此也张贴"英雄榜"，邀请读者们自告奋勇地加入我这个探索真相谜团的行列！

75 奥地利的宝霉酒魔术大师

克拉赫与欧匹兹

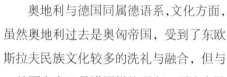

不知不可　Something You May Have to Know

奥地利与德国同属德语系,文化方面,虽然奥地利过去是奥匈帝国,受到了东欧斯拉夫民族文化较多的洗礼与融合,但与德国究竟还是讲同样的语言,两边人民自然交往更为便利与顺畅。

两国在饮食习惯方面也差不了多少。葡萄酒以白葡萄酒为主角,近几年来才开始大力提倡红葡萄酒,不过质量平平。在白葡萄酒方面,干白与甜白都很普遍,也如同德国一样,依据含糖量区分等级,用语也无不同。只是为了彰显奥地利对葡萄酒的管制更为严格起见,奥地利对于葡萄酒的分级由逐粒精选(BA)至枯萄精选(TBA),加上了一个"突出级"(Ausbruch)。借此显示出奥地利最高级的宝霉酒,其严格的程度比德国更高一些。

一国的法律规定是一回事,但国外品赏的标准不受此影响。大致上而言,这恐怕不能够责备德国以"大德国主义"自居,毕竟奥地利的一切,无论工业、政治、经济……的实力、规模与讲究度,都逊于德国甚多。葡萄酒也不例外,顶级的奥地利酒仍然瞠乎其后!

特别的一记致命伤乃是1985年所发生的"抗冻剂事件"。原来奥地利葡萄果农早至20世纪70年代就广泛地使用抗冻剂喷洒在葡萄上,让葡萄能够撑得更久,不受寒流影响而落果。这种会致癌的工业用品居然用到食品之上,且在甜酒产量最多的布根兰地区情形更为普遍。

此消息立刻传遍世界,灾难随即降临奥地利。奥地利所有葡萄酒都乏人问津。这种负面消息不必宣传,人人自动代为宣传。奥地利酒经此重伤,似乎20年内都没有完全恢复。如果您携带一瓶奥地利酒与朋友共享,很有可能会被朋友问一句:"可靠吗?"或是"是不是毒酒啊?"不仅我国台湾地区如此,欧、美、日……与好友聚会的场合,多半会一再上演这种戏码。

HUNGARY

匈牙利 →

血性汉子的血性酒
匈牙利的"公牛之血"

不知不可　Something You May Have to Know

匈牙利地处中欧，乃兵家必争之地。每逢东方的游牧民族入侵欧洲，双方必定在此大动干戈。早自汉朝时期的匈奴被汉武帝驱离西域后，一路向西逃窜，和罗马大军大战数十年，中间还出现了一个阿提拉王，让罗马军吃尽苦头。匈奴后来便定居下来，成为今日的匈牙利。两个民族都有一个"匈"字，并非巧合。

匈牙利在"一战"前，与奥地利结成奥匈帝国，结盟关系维持近百年。这也是工业化时代与科学昌明进展最为迅速的时期，西欧较为进步的农业栽培与酿酒技术，都在此时引进匈牙利，匈牙利成为整个东欧酿酒文化最为发达的地方。

匈牙利传统酿酒有两大主力：一红一白，红的是强劲有力的"公牛之血"，白的是宝霉酒——托卡伊的阿素酒，本书将分别介绍。

"二战"后，作为农业国家，匈牙利被苏联的计划经济划为酿酒中心。每年要提供给华沙公约组织达数亿瓶的用酒。匈牙利的酿酒业，便由以往的小农制，变为国家经营的工厂化大企业，漫山遍野的农田被辟成葡萄园。据统计，全国有22个葡萄酒产区，总面积14万公顷，年产量可达6亿瓶。每年提供那么多的匈牙利酒，也换回了国民生活所需要的轻、重工业产品。当然，这些工业化生产的酒质量粗劣、价钱低廉，在自由世界根本没有市场。

我曾拜访过一个酒厂，有可容纳50万升的一连串巨型葡萄酒储酒槽，仿佛飞弹一般。而那个酒厂，一年要生产1000万瓶专供苏联使用。东欧解体后，失去了订单，整个工厂闲置，所有设备机器等着生锈腐朽，令人看了不觉心痛。

经过了"解体阵痛"，匈牙利酿酒业开始积极地朝向欧洲与美国的消费市场迈进。因此，除了传统葡萄外，所有国际化葡萄都在此发现了踪迹。匈牙利有东方民族的勤奋与东欧人民的热情，我们相信匈牙利制造出一流葡萄酒的辉煌时代很快会来临。

本酒的特色　About the Wine

匈牙利首都布达佩斯往东约一个钟头车程、100 多千米外有座不高的小山——马特拉山（Matra），500 年前便成为一个产酒区，至今 7000 公顷的园区散布着 100 家酒庄。往东有一个名叫伊格尔（Eger）的小镇。这个小镇有许多温泉，并以一个巴洛克教堂出名。这里的葡萄红白皆有，红葡萄名为"卡法兰克斯"（Kekfränkos）。这种葡萄酸度很高，但口感较弱，在奥地利也种植很多。在别的地方都称为"蓝佛朗克"（Blaufränkisch），显然强调其果皮偏蓝。此葡萄移植匈牙利几百年后，本来较不耐寒，渐渐产生了抗寒性、果皮增厚、丹宁增强，也逐渐使果体结实，口感强劲。

伊格尔酿出的红酒，在 15 世纪获得了一个响亮的名称"公牛之血"。话说 1552 年，6 万土耳其大军由巴尔干进犯到欧洲。在这里匈牙利将领伊斯凡（Dobo Istvan）率领两千将士死守 38 日，最后粮尽援绝，将军准备突围求生。前一晚，命令军民将库藏酒尽数拿出，混在一起，分给大家痛饮而尽。随后趁着酒意立刻突围而出，果然顺利脱险。据说这些混酒

中，还加入了许多现宰的公牛热血，而且突围将士脸上也涂抹着鲜红的公牛血，让土耳其士兵望之生畏，以为魔鬼转世。这和中国历史上田单的火牛阵几乎完全一样。公牛血（Egri Bikaver）一战成名。

匈牙利的公牛血虽然以卡法兰克斯葡萄为主，但也掺入其他数种葡萄。公牛之血的口感十分强劲，使用大的老橡木桶醇化 1 年后即出厂。故此不具有陈年实力，最好在两三年内饮用完毕。但是现在已有所谓的"精致公牛血"，其以卡法兰克斯葡萄为主，另外加上其他昂贵的国际品种，例如梅乐或是赤霞珠等，来增加其香气。同时，也使用全新的法国橡木桶来醇化，让酒质更为细致并具备陈年实力。

在这一拨新的改革风潮中，我最欣赏的是圣安德烈斯酒庄（St. Andres）的顶级公牛血"美伦可"（Merengo）。一位雄心壮志的酿酒师罗林克斯博士（Dr. György Lörincz）在 1999 年，看中了一个普普通通的小酒庄，改头换面使用了一个英文名称"圣安德烈斯"，专门制造顶级公牛血。他拥有 7 公顷

的园区,3 公顷种上卡法兰克斯,2 公顷种上梅乐,品丽珠与西拉各 1 公顷。

2005 年推出了第一个年份的美伦可,使用 50% 的卡法兰克斯葡萄,各 20% 的西拉与品丽珠,10% 的梅乐,在全新法国橡木桶中醇化 15 个月后,在瓶中醇化 1 年才出厂。这种酿制方法已经与意大利、西班牙及南美洲等国家和地区的新潮风酿制手法完全一致。

美伦可 1 年生产约 2 万瓶,很快在海外市场打出了名声。伦敦是所有新兴酒庄酿制的顶级酒能否受到瞩目的关键地。美伦可一瓶售价仅为 25 英镑,但其质量与细腻的口感,颠覆了英国品酒家们对公牛血的成见,立刻被评为顶级

的公牛血。庄主罗林克斯博士随即在 2007 年获得匈牙利国家年度酿酒师的荣誉,2009 年本酒获得了荷兰国际品酒大赛的首奖。美伦可坐稳"公牛血第一"的宝座。

自从 2008 年以后,台北便可以购到此款酒。以我品尝的 2005、2006 两个年份的美伦可印象为例,完全没有老式公牛血那种粗犷、扎口的味道,反而是花香与梅子果香相互交融,丹宁十分温柔,颇类似年轻的黑比诺。匈牙利的公牛血已经完全脱胎换骨了。

在台湾地区售价也不到 2000 元的这款顶级公牛血,成为匈牙利新的国宝酒。近年来,匈牙利举办的国宴上,已经不乏其踪迹。我认为这是匈牙利的骄傲。

延伸品尝　Extensive Tasting

除了美伦可外,本酒庄同样在 2005 年也推出一款"阿尔达斯"(Aldas)公牛血。这是利用 4 种葡萄混酿,但和美伦可偏重卡法兰克斯不同,本款酒用了 50% 的梅乐,30% 的卡法兰克斯,15% 的品丽珠以及 5% 的赤霞珠。很明显是要走甜美与柔顺的风格。

虽然酒庄一再宣称庄主想要用传统的方法来酿制优质的公牛血,但外来品种的葡萄已经占了三成,很难再将之归

类为传统的公牛血,本酒的名称正是"阿尔达斯公牛血"(Aldas Egri Bikaver)。这款酒产量较美伦可少很多,价钱也低过三成左右,可以归类为优质的公牛血。其酿制方式与美伦可差异不大,只是在木桶中的陈年时间为 13 个月,且未用全新的橡木桶而已。

公牛血价格一般甚为便宜。台湾地区进口公牛血的公司很少,似乎仅有一家。这一家由匈牙利格克理(Chyba

Gergely)父子开设的公司,除了进口美伦可与阿尔达斯外,也进口一种极为廉价的基本款公牛血,Dr.Wein 酒庄出品,售价仅 300 元。不过这家公司似乎已经结束了在台湾地区的业务,不无可惜。

我之所以也要介绍一下这种公牛血,是取其价廉与劲头的优点。饮用公牛血,尤其是廉价的公牛血,需要稍微冰镇后才饮用。搭配这种豪迈且强调男儿血性的"气派之酒",也一定要有重口味的食物,我想来想去,恐怕只有麻辣火锅。可以想象:餐厅外北风怒号,还下着冰冷的小雨,与两三位老友雄踞餐厅一角,看着沸腾的火锅,饮上一两瓶这种惠而不费的"鲜红白干",相信一日之劳,随即随风化去了。

美酒与艺术

这幅精美绝伦的《酒神的胜利与四季图》,是一个罗马时代的大理石石棺,描绘着酒神的胜利,并呈现四季的演变。不同于罗马皇帝的石棺,多半雕刻战争或战士,来显出皇帝的丰功伟业,这个石棺显然代表当时贵族的生活品味,以及美酒对于罗马贵族的重要性。本石棺从 18 世纪起即收藏在英国,"二战"后入藏美国大都会博物馆。

"宝霉酒祖国"的复兴

匈牙利佩佐斯酒庄的"5桶级"托卡伊酒

不知不可　Something You May Have to Know

宝霉酒的世界，缤纷无比。最时髦、名气最大的应推法国苏玳区。质量最优秀但产量最稀少也最昂贵者，应推德国顶级酒庄枯萄精选（TBA）。而价钱实惠、产量较多的产区应为奥地利。除此"三雄并立"外，还有一个可以号称"宝霉酒祖国"的匈牙利。1993年以来，已经瓦解了上述三国垄断世界宝霉酒市场的局面。

话说1617年，土耳其军队入侵，有一个贵族拉可契（Rokoczi）的葡萄园因为战祸来临，工人跑光了。等到敌人走了，工人回到了葡萄园，发现熟透的葡萄都感染了霉菌而烂透。为了不使一年的收成泡汤，遂将这些烂葡萄酿酒，结果"约翰山堡传奇"（见本书第66号酒）的版本再度出现了，酿出了黏稠无比、香气四溢的绝佳甜酒。

这一史实，大概没有人能够否认。因为在盛产这种匈牙利称为"阿素"（Aszu）酒的托卡伊（Tokaji）地区，有一条河流，名叫波多河（Bodrog），流域面积广达近6000公顷，带来了潮湿的水汽，宝霉菌便赖以繁殖。那里的28个葡萄酒村，每一村都会酿制宝霉酒。

匈牙利的阿素酒很早就受到俄国皇室的喜爱，听说权倾一时的凯瑟琳女王，便将此种酒当作调情的春药，每年还会派御林军去匈牙利采购及护送一大批阿素酒回圣彼得堡。酒史上也一再传颂法国路易十四钟爱此酒，而称为"王者之酒"或"酒中之王"。

1903年份的阿素酒

匈牙利的阿素酒还以长寿著名。许多阿素酒动辄可以陈放超过百年，因此也博得了"可以和时间竞赛的酒"，或是"可以让日历失灵的酒"的美誉。

匈牙利酿制宝霉酒的方法与上述各国不同，是采取"自然重量压制法"，将感染宝霉菌的葡萄倒在一个可装 1000～5000 千克的大木桶内，下面的葡萄受到上面葡萄的挤压后，自然出汁。酒农便在桶下盛接起来。这种用"千钧之力"压榨汁液的方法，是十分王道的取汁法。不像其他国家是用机器"霸道"压榨，所以出汁率少，速度也慢。这种慢工出细活的出汁方法，有时候长达两三年。这些汁液当然是"精华中的精华"，酿出来的酒便被称为"精华酒"（Essencia）。我在《稀世珍酿》中便挑选了匈牙利顶级的佩佐斯酒庄（Chateau Pajzos）的宝霉酒，列入"世界百大"的行列。

依佩佐斯酒庄的资料显示，其酒园 10 公顷的园地只收成 3 吨的阿素葡萄，榨出 1 升的精华液，平均下来每公顷只能酿出 100 克的精华酒！

即使其他标准不像佩佐斯酒庄来得严格的精华酒，其出汁率一般只有 1%，而德国 TBA 为 10%，即可知道匈牙利的精华酒已经达到了宝霉酒的极致！酿制 1 升酒的残糖量，法定标准为至少 450 克，而德国 TBA 的法定标准，才只要 350 克而已。至于佩佐斯酒庄的精华酒，其含糖量竟然高达 800 克 / 升，简直不可思议！

除了出汁酿成精华酒外，99% 的葡萄已成为烂糊状，这时候匈牙利酒庄便将这些葡萄与新酿成的葡萄酒一起混合酿酒。于是，"3～6 桶级"宝霉酒便诞生了。酒庄会在一个大橡木桶中，装下 136 升的新酿干白，作为"基酒"，然后以桶计加入宝霉酒。所谓的桶（Puttony），是一个 25 千克的小篮子。加入 3 桶的阿素葡萄则称为 3 桶（3 Puttonys），简称 3P。同理，6P 表示阿素葡萄超过了基本酒 50 升。P 数越高价钱也越贵。若超过 6P 则称为"阿素精华酒"（Aszu Essencia），这是仅次于精华酒的最高等级。

一般的精华酒，都至少在 200 美元，6P 也接近 100 美元。因此 5P 当在本书挑选的边缘。不过只要是 5P 以上，表示阿素葡萄的分量已经超过了基酒，完全能够体会出顶级阿素的韵味：黏稠，柑橘、柠檬与蜂蜜、芒果交融在一起，稍带一点点酸味，优美至极。的确稍逊于德国 TBA，但绝对可比拟一般法国的苏玳及奥地利 TBA 和 BA，且不逊色！

佩佐斯酒庄的地窖墙壁上，处处都是这种令人恐怖的霉菌

由匈牙利首都布达佩斯往东北 200 千米，可以进入托卡伊区，其中再往东 40 千米，有一个很小的村庄——沙罗什帕塔克（Sarospatak），里面有一个著名的城堡，叫作沙罗什帕塔克堡，本来属于发明公牛之血的伊斯凡将军（见前一号酒），后来才归入本地最大的贵族拉可契家族手中，园中是宝霉酒的发源地。

那时候任何贵族的城堡，都有专属的酒窖。沙罗什帕塔克堡的酒窖称为"美格雅堡"（Megyer），有 10 公顷的园区环绕在旁。本堡的主人拉可契家族可是匈牙利大大有名的家族，19 世纪还率领人民反对哈布斯堡王朝的统治，可称其是匈牙利的民族英雄。

本堡"二战"后变成国有企业。1990 年以后，匈牙利国有企业对民间资本开放。一位 J. L. Laborde 先生 1992 年将其买下，改称为佩佐斯酒堡（Chateau Pajzos），开始了本园的新时代。

新时代的标志是重新推出了精华酒。因为在 1947 年后，精华酒便停产了，一直到 1993 年才恢复上市，中间有一段长达 46 年的"精华酒空窗期"。一上市，佩佐斯酒庄的精华酒便一鸣惊人，卖到了 500 欧元。1993 年也因此被号称为"托卡伊酒的文艺复兴之年"。作为复兴之年的 1993 年，其酿制的各款式的托卡伊酒，尤其是精华酒，在匈牙利酒史上具有非凡的意义。各国的美酒收藏家最积极收藏的，也就是这种具有时代意义的美酒。

我曾多次试过这一款被称为"匈牙利阿素酒文艺复兴"的代表作，颜色是棕黑色，颇似陈年波特，像果糖般的油晃晃、极浓稠似漆似胶的酒质，嘴唇好像要被黏住。芒果的香味带酸，好得令人不忍下咽。

不论其 5P 与 6P，都值得一试再试。我还记得 2008 年 4 月曾拜访过本酒庄，当我们走入其酒窖内长达 1000 米的地下通道，到处长满了湿答答、黏糊糊的各色霉菌，怕脏的女士们，无不战战兢兢，怕衣袖沾染到类似电影《异形》中可怕的黏液。我在拙作《拣饮录》中，曾经写过一篇《匈牙利酒庄行旅——霉菌的天堂》，便是记述这一趟奇妙之旅的小文，也是一个难得的体验。本酒庄 2000 年以后，被法国一家很大的保险公司（GAN）收购，使其经营与营销更趋国际化。

94 POINTS

休·约翰逊（Hugh Johnson），一个精明的英国人，他不仅在酒评界出书最多，竟然也敢冒险，自己下海去经营酒庄。1990年他看准了匈牙利开放酒业经营的良机，投资设立了"皇家托卡伊酒庄"（Royal Tokaji），以酿制可以吸引国际化消费标准的顶级托卡伊阿素酒。

毕竟是行家出手，皇家托卡伊酒庄拥有的107公顷中，有2个二级酒园，1个一级酒园。本酒庄每年生产11种酒，由不甜的富民葡萄酒，到最昂贵的精华酒（20年来只生产4个年份），都有生产。关于宝霉酒部分，没有酿制3P及4P较廉价的阿素酒，直接从5P起酿。其他较低等级的阿素葡萄酒则是迟摘级的"Ats Cuvée"，物美价廉。

本园也是走的混酿与单园酿制两条路。单园酿制主要是在6P部分。5P也只有一个单园5P（Birsalmas），及混酿5P，称为皇家托卡伊5P。单园5P比皇家托卡伊5P稍贵一些，但无关宏旨。皇家托卡伊5P，由三四种葡萄混酿而成，有极漂亮的鲜黄稻草色，极优雅的葡萄干与花香，体态轻盈，也有淡淡麝香特有的水蜜桃香味。每年总产量可达12万瓶，算是货源最充足的宝霉酒。

试过了5P以后，再上一层楼当然就是6P了。6P在国际上的价钱基本上以100美元为基准，已经超过了本书的极限，但在酒界中，还是偶尔可以看到善心人士。我看到百大葡萄酒黄辉宏兄在售另一家也是时髦得很的托卡伊地区迪

斯诺可酒庄(Disznoko)的5P及6P。6P团购售价为2400元,刚好在本书许可的上限。

"迪斯诺可"的匈牙利文意思为"野猪岩",是指酒庄所在地旁有一个突出,类似野猪的岩石。不要看匈牙利人和一般欧洲人外表上没什么差别,匈牙利文却和一般拉丁语系、条顿语系或斯拉夫语系完全不同,反而偏向挪威。因此匈牙利传统的酒庄名称会让外国人摸不清头绪而影响销路。这情形也和德国一样,酒标上全是德文。新潮的匈牙利酒庄引进了欧美名称,销路很快地打开了。本书前一号酒介绍的顶级的公牛之血,就是这种情形。但迪斯诺可酒庄不吃这一套,我行我素地沿用拗口的名称。

迪斯诺可酒庄是一个历史悠久的酒庄,1772年便被划为一流酒庄。1990年开放后,法国最大的保险集团AXA便将之纳入旗下。法国几个大财团例如LVMH及AXA都不会忘记收购有潜力的酒庄,而这些酒庄加入国际性的大财团后,都会加强营销、广告以及质量的管控,于是全部"飞上枝头成凤凰",当然价钱也一样飞上枝头!以AXA为例,聘请了波尔多著名的Lynch Bages的庄主Jean-Michel Cazes来担任酒事业部的负责人。旗下的许多酒庄,例如苏玳的Sudriaut、葡萄牙天王波特酒庄诺瓦(Quinta do Nova),无一不是该领域内最时尚与昂贵的酒款。因此迪斯诺可酒庄的后势看涨,是可预期的。

2012年6月,我品尝了本酒庄号称"托卡伊酒复兴之年"的1993年份5P。我想试试5P可否保存20年而不减风味。结果颜色呈黄棕色,出人意料的是,入口没有想象中应有的厚重甜味,反而是极干的感觉,像是日本人所称的"爽口",有明显的回苦味,但随后而来的菠萝、蜂蜜及柠檬味,十分的迷人。似乎20年对托卡伊酒,只是小事一桩。

至于本酒庄的6P如何?记得我和百大葡萄酒黄辉宏兄品赏一瓶被美国的《酒观察家》杂志评为94高分的2000年份之6P,是在华国饭店,负责餐饮的经理Grace请我们试试饭店拿手的潮州菜。我特别央请主厨做出潮州甜点中最出名的"翻沙芋头"。这是一款只流行在正宗潮州馆的甜点,是将上好的芋头切成长条块状,蒸熟后入猪油煎透,再撒上白糖粉。只见得香酥芋头外裹着一层亮晶晶的糖霜,入口后有登入天堂的感觉。这时候微酸、带有热带水果如菠萝、芒果与蜂蜜香味的6P,也到口腔内来搅和,令人产生了绝尘飘逸的幸福感。至于在西餐方面,欧洲人喜将此款酒搭配鹅肝,也是取代苏玳的绝佳选择。

我建议爱酒的朋友们,不妨趁早尽可能多收购几瓶3P以上的阿素酒,你一定会在"老年时"得到最大的慰藉。

AMERICA

美国 ➡

美国精致酒文化的拓荒者

格吉斯山酒庄

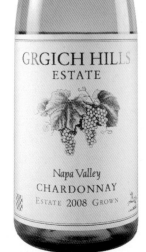

美国是个"睡狮"，不惊醒他没事，一旦惊醒他可真是"狮哮一声百兽惊"。君不见，珍珠港事件一惊后，美国迅速变成世界第一等强国，居然每天可以有一艘军舰下水！而有"紫金"(purple gold)之称的葡萄酒产业，美国也在20世纪80年代以后才开始蓬勃发展，却是"一鸣惊人"，美国酒尤其是加州酒，很快占领了世界顶级酒版图的一大块。

目前美国葡萄酒90%的产区在加州，全州58个郡中有46个生产葡萄酒，酒庄超过1250家，每年产值接近600亿美元，33万人借着葡萄酒维生，所以是加州甚大的"紫金"工业。

加州的葡萄酒最著名之处是旧金山东北80千米处一个11000公顷的纳帕谷区(Napa Valley)。"纳帕"以当地印第安人的语言，意义为"收获"，表明本地水土十分适合种植谷物。目前有150个葡萄园星罗棋布于此，这可是寸土寸金之处。

现在美国时髦的"膜拜酒"(Cult Wines)原本是由法国彭马鲁地区的瓦伦德罗堡(Chateau Valandraud)首开风气，在狭小的车库内酿酒，也称"车库酒"。这些酒由于产量很少，多半在五六千瓶，强调全新橡木桶长年的窖藏(通常1年半至2年)，因此酒体澎湃与强壮，售价自然不便宜(至少200美元)，且多半采取网络预购。这套风气反而在美国加州发扬光大。美国加州近年来冒出的膜拜酒，简直有雨后春笋般的迅速，打乱了市场的行情，以及美酒家对于美酒的评判标准。

后者的情形乃是追寻帕克大师的一贯主张：加州酒必须发扬本地葡萄，特别是赤霞珠所具有的强壮与结实的特性，应当酿造出果味丰富与粗犷型的加州酒，而不必硬学波尔多那一套"没落贵族"的调和模式，以至于让加州酒"削足适履",变得四不像,云云。

这些加州的新潮顶级酒,都是"帕克化"(Parkerization)的产物,以至于尝起来几乎都有同构型:颜色深红近紫、酒体浓稠、集中的糖果味、偏甜,以及明显的浆果、草莓等果味,而且也可以趁新鲜饮用。顶级波尔多或勃艮第所强调的"贵族般的优雅气息",已经如明日黄花。

不过,毕竟美国还是崇尚欧洲文化的,想要在加州这块美丽新天地,复制出尽量原汁原味的法国酒,特别是波尔多酒的努力,一直没有间断过,这便是酿造所谓的"美丽塔吉酒"(Meritage)加州版的波尔多调和型酒的潮流。这些充满理想主义与毅力的精致葡萄酒文化"拓荒者",值得我们再三品赏他们的杰作,即使这些作品已经有日渐衰退的趋势。本书愿意推荐的3个曾经引领一时风骚的名酒庄,现在虽然都有江河日下的兆头,令人有"走在夕阳大道"上的苍凉感,但身为爱酒人士,我们也应当对它表达崇敬与怀念。

本酒的特色　About the Wine

格吉斯山酒庄(Grgich Hills Estate)的创始人麦可·格吉斯(Mike Grgich)便是上述这种美国美酒拓荒者的代表人物。虽然他上场的时间较晚,已经快要接近美国美酒复兴期的中场,但无疑的是,他的贡献坚定了许多美国酒农追求完美的决心。

其出生在原属于南斯拉夫领土的克罗地亚的葡萄庄园,在故乡读完酿酒大学后,先在德国担任两年交换生,转赴加拿大,再来到加州纳帕河谷寻找机会,因缘际会地在加州最老的酒庄伯琉酒庄(Beaulieu Vineyard)找到了一份打杂的工作。他真是运气好,当时号称加州最伟大的酿酒师、俄裔的切里斯切夫(Andre Techelistcheff)正在此酒庄服务,这位大师在本酒庄工作已达35年之久,一手打造了本酒庄的金字招牌。可能因为两人故乡较近,能用俄文沟通,又同在异乡谋生,大师便倾囊而授,包括酿制霞多丽白酒的低温发酵技巧。格吉斯在法国学到了许多诀窍。

学成后,格吉斯先到新成立的罗伯特·蒙大维担任酿酒师,后再进入老酒庄蒙特利纳堡(Chateau Montelena),在那里酿出了1973年份的霞多丽。没想到3年后这一款霞多丽居然在巴黎的"美法名酒大赛"中名列白酒第一。这是把美国酒推上世界舞台的一场时代性盛会,许多酒书都津津乐道地提到(或批评)此次比赛的过程。本酒庄酿出的白酒品质之好,也当是没有疑问的了!

世界是现实的。1976 年获得如此殊荣后,格吉斯马上获得了一个咖啡饮料集团的资助,1977 年买下了一个 148 公顷的园区,成立自己的酒庄。特别定在美国国庆日的 7 月 4 日,表明格吉斯成为美国公民的一份子。

本酒庄成立后,自然是以拿手的霞多丽作为主打,而后再逐渐往赤霞珠等红酒发展。果然不负众望,格吉斯的霞多丽有非常新鲜的口感,又可以感觉到典型法国勃艮第莫索白酒那种饱满的干爽味,加上层次十分复杂,令人回味无穷!1995～1997 年之际,孔雀洋酒的曾彦霖兄大胆地进口了一批 1991 年份的赤霞珠以及 1992 年份的霞多丽。我曾多次品尝过这两款酒。甚至 1991 年份的赤霞珠,我还有接近一箱

之多,静静地睡在我的储酒柜中。其赤霞珠颜色呈红宝石,古典的波尔多风格,黑醋栗的典型香味,陈放 20 年后,也和陈年勃艮第一样散出乌梅的香气,只是要醒上至少 3 个钟头,开始时有一股不悦之窖气,随即会消失无踪并展现迷人风貌。

可能是因为酒庄太大了,光是人工费便是一个可观的数字。会酿酒的人并不一定会管理。因此本酒庄为了生存必须要酿制一大批各种价位与各种门类的酒,以至于水平参差不齐。近年来帕克评分已经很少看到 90 分以上,对于本园当家的霞多丽与赤霞珠,也都在 88 分处徘徊。我相信本酒庄的波尔多口味不够强烈,是不获帕克青睐的主因之一。但我仍介绍酒友们:值得下手。

延伸品尝　Extensive Tasting

大师格吉斯在伯琉酒庄结识了师傅切里斯切夫,而切里斯切夫在酒庄一干就是 35 年,若是东家没有了不起的容人雅量——令人想起刘备对孔明的知遇——那切里斯切夫大师怎么可能将一辈子的精华都奉献在一个酒庄之中?

本酒庄的创始人乔治·德拉图(Georges de Latour)来自

法国。1900 年在纳帕谷的中心路德福镇(Rutherford)附近,买了一个巨大的葡萄园,接近 300 公顷,希望按照波尔多的顶级酒庄来酿酒。由于附近风光明媚,庄主夫人便取了一个法文名字"美景"(Beaulieu,念为"伯琉"),便以此为庄名。刚开始和当地酒庄一样都酿出平淡无奇的酒。1936 年,决定推

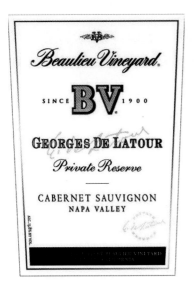

出一款精品级的"私人珍藏"(Private Reserve)，获得了很好的回响。隔了1年，酿酒师退休了。庄主回到巴黎，想找一位继任人选。他遇到在法国担任酿酒师的切里斯切夫，两人一见如故，终于说服了切里斯切夫前往美国。这位俄籍流亡人士，终于在"二战"爆发前一年来到了美国，否则他很可能死在纳粹的集中营。

伯琉酒庄迎来了大师后，全权授权大师改革。首先大师将法国波尔多的新桶醇化制度引进，结果将"私人珍藏"级提升到美国第一红酒的地位，获得了"加州拉图堡"的美誉。一直到了20世纪70年代，才拱手让人。此外也酿出甚佳的黑比诺（1946年）。其次，将白酒的低温发酵法引入，能酿出果味芬芳的霞多丽（1938年）。这3款酒在20世纪40～70年代都红极一时。特别是黑比诺酒，一般认为是艾瑞酒庄（The Eyrie Vineyards，见本书第80号酒）于1965年开始种下黑比诺用于酿酒，是美国黑比诺的先驱。其实不然，早在20年前，伯琉酒庄已经酿造了第一个年份的黑比诺酒。

伯琉酒庄1969年之后转手，大师也离去，另谋高就，

然而1991年又回来担任顾问，直到1994年，以93岁高龄辞世。

目前本酒庄面积接近500公顷，年产量接近500万瓶，已经不可能是手工艺型的精致酒款。其中有许多是廉价日用酒，但质量不差。以最近台北能够购得本园两个年份（2008、2010年份）的Coastal Estate赤霞珠，每瓶竟然只要650元，真是物美价廉，我认为一般讲究的婚宴或是喜庆场合，很适合喝这一款可以"熊饮"又不费钱的好酒。

目前最昂贵的是几个园区酿制的克隆（Clone）系列，例如克隆1、克隆2、克隆4、克隆6。克隆1是在1900年由法国波尔多母株精选繁殖而成的葡萄酿制而成的；克隆2是7年后繁殖的葡萄酿制而成的……帕克评分最高92～94分，价钱在130～150美元。其次才是长年的招牌酒"私人珍藏级"，得分相差甚大，价钱在100美元左右。本书倒愿意介绍其"大师收藏级"（Maestro Collection）赤霞珠，中庸性质，丹宁柔和，香气层次不断，颇有波尔多四五级顶级酒的韵味。

格吉斯 1973 年酿出的蒙特利纳堡（Chateau Montelena）霞多丽，在 1976 年大放异彩后，也让这个成立于 1882 年的美国老酒庄扬名在外。这个酒庄的历史很坎坷，成立后屡屡易手，接着碰到了"一战"以及战后长达 13 年的禁酒令。

最后整个园都荒废下去，其中在 20 世纪 30 年代，还曾经为一位中国人所拥有，至今在庭院中还留下了一块铜匾，写着"琼园风貌，与日俱新，容光焕发，遗惠后人"，但没有留下任何园主资料。

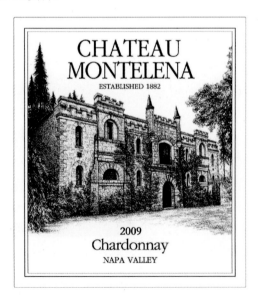

1969 年，一位在洛杉矶执业的律师巴瑞特（James Barrett）看中本园，遂斥资购下并找到了格吉斯来酿酒。由于葡萄园还在整建，格吉斯是用外购的霞多丽来酿酒。而后，格吉斯离开了本园，自行创业，巴瑞特再聘请酿酒师，从 1978 年开始也是用外购的赤霞珠酿造红酒。一直到 1982 年本园才开始能以自产的赤霞珠酿酒，刚好是本酒庄成立 100 周年纪念。真是好珍贵的礼物！

蒙特利纳堡约有 50 公顷大，每年可生产约 40 万瓶各式酒。其中当以"纳帕谷赤霞珠"最受重视，年产量可达到 12 万瓶。其拥有非常浓郁与强劲的丹宁，一入口便知是可陈年的好酒，气质高贵不凡。而其霞多丽也十分精彩，尤其是绿色的酒瓶呈现出翡翠般的优雅身段。帕克的评分前者多半在 90～93 分，白酒稍差，也有 88～90 分的实力。这两款酒价钱都很实在，在 2000 元上下。

台湾地区社交应酬颇喜欢品赏 "第一号作品"（Opus One），尤以美国客人为然。当然"第一号作品"为顶级好酒，惜所费不赀！我倒愿意酒友们改选本园红、白酒，既能博得懂酒朋友们的推崇，又省下一大笔开销，岂不双重快哉？

79

美国神秘的红酒

利吉酒庄的金粉黛

不知不可　Something You May Have to Know

诚实地说,我从来没喜欢过加州的金粉黛(Zinfandel)葡萄酒,但是对"金粉黛"这个名称例外。"金粉黛"让我想起了白居易《长恨歌》里的"六宫粉黛无颜色"。我国古人形容皇帝的后宫"六宫粉黛",把妃嫔们姣好的面容、曼妙的身材与华丽的服饰……描绘成色彩斑斓的花园。

当年引进此品种时,已经有一个译名为"增芳德"了,我总觉得这名字像极了寺庙化缘簿上的谢词,还不如"金粉黛"来得美妙。

金粉黛酒在我的心目中,留下了僵硬的酒体、刻意塑造出的橡木桶味及甜腻、奔放的香气的印象。而且其颜色多半是令人生畏的深红或紫黑,很少看到澄亮、油晃晃的酒质。一言以蔽之:仿佛人工雕塑的美女,举手投足间,透露着欧洲人戏称的"假贵族气息"。

以前我在波士顿住过1年,超市中有着一大堆白金粉黛或粉红金粉黛类的廉价日用酒,使我对金粉黛的印象一直很糟糕。

金粉黛的来源神秘!虽然有专家或考据癖者找出了金粉黛葡萄的来源,但是众说纷纭。例如有主张其来自于东欧者,后来落脚意大利,在19世纪末随着意大利移民潮进入美国在加州落地生根。这是比较普遍的说法。因为金粉黛主要出产于加州的索罗玛地区,该地区种植、酿造金粉黛者,多半是意大利人,一代代上溯至祖先,他们可以作为引进金粉黛的活着的证人。

但也有学界人士指出,这些金粉黛葡萄是由美国植物学家从维也纳引进,本来在美国的栖身地是纽约植物园,后来才被移到加州繁殖。

我又在德国的葡萄酒杂志上读到,植物学家运用DNA检测,证明金粉黛是由意大利葡萄的原生种衍生的。该原生种葡萄不是传统(上述第一种说法)上讲的来自意大利最南部、接近西西里岛的地方,反而是来自酿酒历史最久远的中意大利。

对于这些传言,我们也不必去注意。反正它们大致上可证明一件事情:金粉黛不是美国原生种葡萄所酿。

这击破了若干美国人的美梦——希望找到一种美国原生种的与欧洲流行的葡萄品种毫无瓜葛的红葡萄,可以酿出能媲美世界一流品质葡萄酒的"美国单一葡萄酒"。

当我听到这种"金粉黛幻想"时,觉得不可思议:美国不是一个标榜"开放移民"的国家吗?怎么还会想到要酿制"苗红根正"的纯种美国酒?

本酒的特色 About the Wine

前面提到我对金粉黛的品劣质粗的印象,我后来之所以有所改变,是因为品尝到了真正优质的金粉黛——出自利吉酒庄的里顿泉园 (Lytton Springs)。提到利吉酒庄(Ridge),喜欢美酒的人士应当都不会陌生。1959年由一位斯坦福大学教授本宁恩(D. Bennion)集资成立的利吉酒园,原是业余性质的"周末农场兼酿酒厂",没想到酿出了好酒,于是开始专心酿酒。10年后,一位在智利学过酿酒技术的德雷珀(Paul Draper)先生加入,担任本酒庄的总酿酒师,一手将本酒庄打造成世界一流的酒庄。

本酒庄最出名的产品是由赤霞珠酿成的蒙特贝罗园(Montebello)。这款酒在2006年5月举行的第二届"美法葡萄酒大赛"中,以1971年份参赛,两组评审竟然一致将其评为第一名。约30年前,法国波尔多五大酒庄在1976年的第一届大赛上失利,他们原指望能在此次大赛上扳回面子,并让各国(尤其是法国人)人士验证美国加州顶级酒没有陈年的实力,但是利吉酒庄毫无争议地胜出,代表了美国顶级酒的确有公认的陈年实力。

本园虽然以赤霞珠打响了名气,有着20公顷的园区,但用向其他果农收购的葡萄,也酿出了甚佳的金粉黛。目前总共生产了13款金粉黛,都是由分园酿造装瓶。每园的质量、价钱甚至评分,都无太大的差别。帕克评分经常达到88～91分,算是中上质量与价位(2000元上下)。每一年的产量也不一,例如Pagani Range园,年产量在2万瓶上下,美国售价为35美元。

以本书推荐的里顿泉园为例,这个在1972年便酿制金粉黛的园区,里顿泉园可算是代表作。其葡萄67%为金粉黛，23%为小西拉，再使用2款红葡萄混酿。酒汁会在橡木桶中储存14个月，其中约20%木桶为全新，20%为一年新，20%为两年新……所以并没有太强的橡木味，整体口感偏向轻盈与芬芳。

我认为由德雷珀大师调配出来的金粉黛，一点也不做作。能够把僵硬、宏伟的加州赤霞珠雕塑出如此高贵的气息，令自大骄傲的法国波尔多五大酒庄也不敢等闲视之的德雷珀大师，也为金粉黛量身打造出最迷人的风采。

喜欢原汁原味、想要一窥金粉黛面目者，何妨一购利吉酒庄的金粉黛乎？

延伸品尝　Extensive Tasting

若要在加州找出证据，证明金粉黛应当是源于意大利人的移植之功，则应当可以找到一个酒庄来做证——瑟凯喜酒庄（Seghesio）。

说起来也巧，这个老意大利酒庄在美国加州历史悠久，而恰巧在意大利的皮尔蒙特地区也有一个与之同名的酒庄。这家位于巴罗洛酒村的酒庄，本来是由一个微不足道的小酒农经营的，生产便宜的日用酒。但在20世纪80年代，当家的两兄弟决定转型，改酿高级的巴罗洛酒。他们砸掉了老旧的大橡木桶，买来了全新的法国小橡木

桶。每年夏天将葡萄剪掉一半以上，打算"以量制质"。果然自1988年开始酿出的巴罗洛，每一年都获得极高的评分。年产量可达约4万瓶，属于中等规模。台湾地区近几年也有进口，售价接近3000元。

加州的瑟凯喜与巴罗洛的瑟凯喜，应当有"亲戚关系"。因为加州瑟凯喜酒庄创始人Eduardo，1895年在索罗玛设园前，才刚从巴罗洛移民到此。因此应当是把其在巴罗洛学到的酿酒技术带来了加州。从Eduardo种下第一批的金粉黛葡萄开始，传承至今已有4代。即使是在美国实施禁酒令的时代，许多酒庄都停止酿酒，葡萄树不是砍掉就是令其荒废。但本酒庄还继续苦撑。因为当地许多的意大利移民已经将饮用口味较强的金粉黛当成了日常饮食习惯。故本园为了持续满足老乡们的需要，继续偷偷酿着酒。

目前本园拥有了 400 英亩(约 162 公顷)的园区,产制各种红、白酒。金粉黛也有 3 种:一般等级金粉黛、中年级金粉黛(40 年老藤),以及老丛(Old Vines)金粉黛。老丛都使用 90 岁树龄的老葡萄树所结的果实,数量较少。价格方面,一般等级的较便宜,中年级及老丛者贵约 30%,两者在美国售价各约 40 美元,台湾地区则在 2000 元左右。

我试过 2007 年的老丛金粉黛,开瓶后味道极为闭锁、沉闷,颜色呈紫黑色,浆果味甚浓。我搭配了法国蓝纹奶酪羊乳干酪(roquefort),倒也压得住。但的确令人兴趣缺缺。等到 2 小时后又试了试,酒质变软,原有的苦味也散去了,有红色小浆果(如草莓)的果香,令人心情转好。这是一款能苦中转甜、由硬转软,以及能在感觉上从紫红转为鲜红的奇妙的酒。

进阶品赏 Advanced Tasting

虽然一般的金粉黛比较廉价,但也要趁"年轻"时饮用,最好不要超过 3 年,跟村庄级的薄酒莱一样。但有原则也就有例外。有一款顶级的金粉黛,价格高昂,也同样具有相当的年份,需要 10 年以上才适合饮用。这是一款出自于杜丽酒庄(Turley Winery)的酒。

杜丽是否就是那个号称"美国加州酿酒铁娘子"的海伦·杜丽(Helen Turley)?这位美国顶级霞多丽与黑比诺酒庄——马卡辛酒庄(Marcassin)的女庄主兼酿酒师,曾经受聘

为 15 个膜拜酒酒庄,例如科金(Colgin)、布兰家族园(Bryant Family Vineyard)等为其酿酒,都获得了很大的成功。

但是这个杜丽其实是其哥哥哈利·杜丽(Larry Turley)。1981 年就已经投身制酒业的哈利,在 1993 年决定自己酿酒。他看中了圣海伦(St. Helen)附近的许多果园,种满了许多 70～80 岁树龄,甚至接近百岁树龄的老金粉黛。园区里的果农都只是长年性的契约果农,本身不酿酒。哈利认为这是一个良机,于是卖掉原来酒庄的股份,奋力一搏。在酿酒师妹妹的大力协助下,1993 年推出了第一个年份的 3 款金粉黛。没想到酒精度高达 16～17 度,果味非常浓缩与集中,许多人误以为是赤霞珠,评分很高,掌声雷动。刚推出的 5000 瓶一下子销售一空。

这给了哈利非常大的鼓舞，于是开始实行预售制。到 2000 年为止，预购者都要排上 2 年甚至 3 年才能够买到。到如今年产量已经可以达到 10 万瓶。不论是混装还是单园装的金粉黛，都是 1926 年左右栽种的老丛，同时园主也到处收购老葡萄，以确保"老丛金粉黛"的招牌。

本园的金粉黛，受到了帕克评出 95 分的鼓励，显然其强劲的口味与果香，契合了帕克的脾气。价格方面也在 100 美元以上，成为全美国最昂贵的金粉黛。当然比起令妹海伦手下产出的任何一款红、白酒，乃兄的金粉黛仍然只是小巫之见大巫。

台湾地区似乎还没进口此款令人心仪的金粉黛。我们希望进口商加加油。

美酒与艺术

《巴卡娜》

似乎欧洲艺术家们特别偏好酒神巴库斯的侍女（巴卡娜）的题材，甚至多过酒神。本图为 19 世纪中叶著名荷裔英国画家阿玛·塔德曼爵士（Sir Lawrence Alma-Tadema）所绘。以希腊人物为底本，为英国维多利亚时代风格。现为欧洲私人收藏家收藏。

80

"比诺爸爸"的传奇
俄勒冈艾瑞酒庄的黑比诺

不知不可　Something You May Have to Know

　　几乎是仿效波尔多顶级酒的风潮在加州兴起的同时，也就是在 20 世纪 60 年代前后，位于加州西北方，天气更为凉爽的俄勒冈州，那些也开始有些爱酒的人士，看中了这块适合酿制勃艮第的黑比诺与霞多丽生长的土地。当然这些判断经过了加州戴维斯分校酿酒系的专家们三番五次的分析探究。命运之神照顾了这批"美式勃艮第酒"的先驱者，俄勒冈的黑比诺获得了美国消费市场的肯定。如今在俄勒冈栽种葡萄的面积已经超过 1 万英亩（约 4047 公顷），酒庄数目也超过 300 家，虽然只是加州的 1/6，但无疑已经成为美国黑比诺酒酿制的重镇。

本酒的特色　About the Wine

　　引领俄勒冈黑比诺酒酿造的先驱者是利得先生（David Lytt）。这位毕业于犹他大学哲学系，本来打算毕业后就读牙医学的青年，在毕业后赴欧洲酒庄游览 1 年后，决定放弃牙医生涯，下海酿酒，时年 26 岁，当时是 1966 年。他在俄勒冈买下了一块土地，创立艾瑞酒庄，与妻子开始种葡萄酿酒的生活。他种了几种葡萄，包括 3000 株的黑比诺，以及不太多的灰比诺（Pinot Gris）与霞多丽等，于 1970 年获得了第一个年份的收成。

3款"比诺爸爸"的作品，分别是 1999
年份黑比诺、2001 年份的灰比诺与粉比诺

艾瑞酒庄的传奇发生在 10 年后。1976 年曾经举办过一
次"巴黎品酒会"，是以波尔多风格的美、法酒来同台竞技，
意外地造就了加州酒的奇迹！3 年后，巴黎再度举行了一个
品酒会（"酒的奥林匹克"），是以黑比诺为"主打"。艾瑞酒庄
以一款 1975 年份的"南园珍藏"（South Block Reserve）参赛，
获得第三名。次年，勃艮第大酒商道亨（Joseph Drouhin）在其
酒庄所在地柏恩镇再评一次，结果艾瑞酒庄的这款酒勇夺
第二，仅以些微分数差距（0.2 分）输给了道亨酒庄旗下脍炙
人口的 1959 年份香柏·木西尼。

消息传来，艾瑞酒庄的黑比诺简直就跟 1976 年巴黎大
赛后的鹿跃酒窖（Stag's Leap）的 23 号桶（Cask 23）一样，令美
国的酿酒业扬眉吐气，成为"国家英雄"！

这一段传奇是几乎所有介绍艾瑞酒庄的文章，都会津

津乐道的一段故事。我也当当"文抄公"，说给爱酒人士听
听，来加强这款酒的印象。

已故的孔雀洋酒主人曾彦霖兄，是台湾地区推动品赏
俄勒冈酒的第一人。由于孔雀洋酒一开始便将勃艮第的"饮
酒地标"——"勃艮第品酒骑士团"及"波恩慈善医院"——
引入台湾地区，自然其对勃艮第理解的功力深不可测。经
他极力推荐，我先后品尝了 20 世纪 90 年代及 2000 年初的
几个年份的酒。我记得那时候的印象是：果味浓厚，体态轻
盈，应当是介于勃艮第村庄级及一级酒之间的水平，这与利
得先生不喜欢用太多新桶的态度有关吧！口感并不细致，没
有顶级酒如丝绸入口的感觉。较陈年的艾瑞有更明显的酒
精味，香气中没有顶级勃艮第所特有的乌梅味。

不过 2000 年以后，本酒庄似乎开始有了起色，越酿越
好。帕克的评分经常超过 90 分，甚至高达 93 分，对比悲惨的
1990 年份所得的 78 分，可知道质量确有改进。

的确，黑比诺是一种最难伺候的葡萄，有难以驾驭的脾
气，但犹如顽劣的野马，一经驯服后，其奔腾的能力便可用
在正途上。俄勒冈驯服黑比诺，正如同新西兰逐渐成功地掌
握了黑比诺的脾气，这两个国家酿出的黑比诺都以酒年轻
时即可享用，樱桃、草莓与香草的香气以及漂亮的颜色取
胜。我们乐意见到"黑比诺世界"中加入俄勒冈的"新血"，也
使千娇百媚的黑比诺，更多了一个演出的舞台。

2008 年 10 月 9 日，这位将俄勒冈黑比诺及其他灰比诺
成功推上世界舞台的功臣、昵称"比诺爸爸"或"俄勒冈葡萄

酒之父"的利得先生,因为心肌梗死去世,享年 69 岁。遗留下来一个 20 公顷的园区及能干的儿子继续主持园务。目前每年生产约 1 万箱葡萄酒,其中一半为灰比诺,也使得本园成为美国最好的灰比诺酒厂之一。

另外 2500 箱左右的黑比诺分好几个等级,由最便宜的一般级,美国售价约 40 美元,到珍藏级,美国售价 70 美元,再到最得意的旗舰级"南园珍藏",接近 200 美元。丰俭由人,我认为与其要花 200 美元,不如购买勃艮第顶级酒庄者,本酒庄一般级黑比诺也已值得品尝了。

另外霞多丽及粉比诺(Pinot Meunier)也有生产,共 2500 箱。值得一说的应当是粉比诺,这是法国酿造香槟酒三大法定葡萄之一,三款中有两款为黑葡萄,另一款则为黑比诺。因为这种葡萄只作为搭配香槟其他两种主力葡萄原料——

黑比诺与霞多丽之用。单由前者酿出的称为"黑中白",全由后者酿出的称为"白中白",没有由粉比诺酿出的香槟。至于由粉比诺单独酿出的一般酒,大概就可以归类于类似粉红酒类的中低价位餐酒。本酒庄在 1970 年便推出第一个年份的粉比诺酒,听说这款酒是除欧洲外的全世界第一款粉比诺酒。

为此我特别翻箱倒柜,找到了一瓶 2001 年份艾瑞酒庄的粉比诺酒。由瓶外观之,果然色泽极淡,颇像已老化的黑比诺,我心里顿时凉了半截。但开瓶后,颜色呈淡粉红色,口感在黑比诺与佳美之间,没有黑比诺的深沉与香气,也无佳美那种甜美。明显的樱桃汁味与淡淡的酸梅汤味,都是酒尚未坏掉的证据。这是一款没有太强烈特色的酒,也不禁令人质疑"比诺爸爸"当初是否出于实验性质才来酿制这款酒的。粉比诺很少作为主角,这果然是有理由的。

延伸品尝 Extensive Tasting

加州,特别是纳帕谷以北的高地地区,受到太平洋海风的吹拂,常有干冷的空气。这里是否也适合酿制黑比诺?果然,加州是一块老天特赐的宝地,也能够酿出一流的黑比诺。

加州最有名的酿酒师,也是全美国最出风头的酒庄主

人——罗伯特·蒙大维,以酿制赤霞珠出名。其酒庄 1974 年生产第一个年份的珍藏级赤霞珠,被认为可取代伯琉酒庄的私人珍藏赤霞珠(见本书第 78 号酒),成为美国有史以来最好的红酒,藏酒家莫不千方百计搜寻,如同 1961 年份或 1982 年份的波尔多五大酒庄一样。罗伯特·蒙大维酒庄在 20

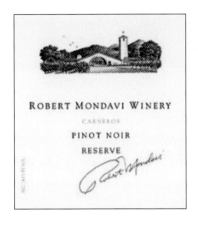

世纪 80 年代开始酿造黑比诺，获得了成功。其黑比诺分为 3 个等级，分别是平价的"特选级"（Private Selection）、中等价位（Napa Valley Series）的卡内罗斯（Carneros），以及属于高价位的珍藏级（Reserve）。珍藏级的黑比诺会在全新的法国橡木桶中醇化将近 1 年，每年只有 2000 箱左右。对一个每年产量达 120 万瓶之多的酒庄而言，年产不过 3 万余瓶的珍藏级黑比诺，只占 2.5%，实在太少了。

2012 年 4 月，承我一位学生，认真好学、深具音乐修养的郑龙水的介绍，我认识了设计师萧文平先生，在其工作室欣赏其精彩的创作与收藏，意外地品尝到他所推荐的 2005 年份罗伯特·蒙大维珍藏级黑比诺酒。这瓶已经醒了 3 小时的黑比诺，有着淡淡的香甜味，混杂着梅子、蜜饯与干果的香气，香气十足，与我所钟爱的勃艮第顶级酒庄的村庄级黑比诺，特别是杜卡·匹酒庄的黑比诺，有九成的相似度。但不可思议的是在喝完后，残余一些酒汁挂在杯沿，经过 10 分钟与空气的完全接触，一股十分浓烈的花香涌出，颇似波仪亚克的香气。我过去很少会为来自蒙大维酒庄的产品激动过，此是唯一一次！

2005 年份对俄勒冈黑比诺酒而言是有史以来最好的一年，几乎每个酒庄都有佳作。但加州不尽然。无怪乎帕克没给本年份的黑比诺评分。综观几年来，帕克也没给过此款黑比诺什么高分（例如 2001 年份及 2002 年份，都只给予 86 分、87 分，2009 年份意外地给了 92 分）。不过，喜欢"重口味"的帕克，其对黑比诺评价的可信度，我也是没有抱太大的信心！

提及 2005 年份，不由得让我想起了美国加州酒界的罗伯特·蒙大维，当年因为不善理财，酒庄面积扩充太大，终于走上了转让一途。2005 年冬天其将酒庄卖给了星座集团（Constellation）。这个时候，应当是这一款珍藏级黑比诺正在发酵、醇化之时，酒液恐怕不知道橡木桶外所发生的大事了。

恐怕也是心里记着这段令人唏嘘的往事，在我品尝这款罗伯特·蒙大维家族酿出的最后一个年份的酒，也是西方文学中常称呼的"天鹅之歌"之酒时，顿时兴起一股莫名的难过情绪！

提及俄勒冈的黑比诺最近的盛事,大概要属美国《酒观察家》杂志 2009 年跨年最后一期(以及 2010 年第一期)所报道的大事:俄勒冈宁静酒庄(Domaine Serene)在美国由 37 位侍酒师、经销商组成评审会举办的一场"蒙瓶大赛"中,连续 3 个年份(1998～2000 年)的酒打败了勃艮第"传奇酒庄"罗曼尼·康帝酒庄旗下的四大名酒,只有领军的罗曼尼·康帝酒不在"阵亡名单"之列。大名鼎鼎的塔希、李其堡……都败在此役中,本酒庄 2 次囊括前 3 名,1 次囊括前 2 名。

这一场比赛,恐怕是法国波尔多自 1976 年"巴黎蒙瓶大赛"惨遭滑铁卢,输给加州酒后,法国人最讨厌听到的又一个消息。名不见经传的美国俄勒冈这次打垮"法国骄傲"的罗曼尼·康帝酒庄?我相信不只是法国人,甚至全世界爱酒人士,听到此消息一定是冷笑,再冷笑,还是冷笑!这又是美国人的商业宣传吧!

俗话说:"没有三两三,不敢上梁山。"大凡爱酒人士,也是好奇人士。如果有机会试一试这个可能的"膨风酒",日后

也多了一个与朋友吹嘘的题材,也是美事一件。

就在我写此段俄勒冈酒的同时,我的一位广东潮州老乡陈志群董事长,邀请几位朋友到他最近才在台北东区开设的一家港式茶餐厅小聚。他特地准备了几个私房菜,请我们品尝。百大葡萄酒的呼喜雨兄也特别提供一瓶 2007 年的宁静酒庄黑比诺及 2009 年份的霞多丽,邀我们共尝。

宁静酒庄于 1983 年才成立。庄主 Ken Everstad 是一个白手起家的成功人士。本来从事药剂师职业的 Everstad 在 1969 年向老婆的舅舅借了 1000 多美元,投入一种心脏病药物的研发中,没想到成功了。随后事业一路飞黄腾达,做到了目前拥有 600 名员工、年收入达 2.5 亿美元的规模。

Everstad 也是美酒的爱好者,名利双收后,也决定买园酿酒,立志要酿出全美国最好的黑比诺。

1983 年他在俄勒冈的瓦拉米特山谷(Willamette Valley),买下了 42 英亩(约 17 公顷)的园区,种下了第一批黑比诺,迅速获得好评。Everstad 遂一再追加投资,不断购买园区,发展到目前庄园面积达 462 英亩(约 187 公顷),其中 150 英亩(约 61 公顷)种植葡萄,95% 以上都是黑比诺,剩下的种少量的霞多丽。

因此可知本庄园以黑比诺为主打,基本款为 Everstad 等

级，其他另有 10 款都是单园酿制，以基本款价位最低，每个年份总在 50～70 美元。顶级的是以其夫人的名字命名的 Grace 园，价格是基本款的 4 倍。帕克的评分，即使基本款，也在 90～92 分，Grace 园等品级稍高的，在 94 分上下。本园所酿制的黑比诺会在七成新的法国橡木桶中醇化 1 年半左右才上市。

所以基本款的 Everstad 是性价比最高的一款。我怀着高度怀疑的态度，试了一下 2007 年份，看看有无打垮罗曼尼·康帝的实力。当然，这种比较是粗略的。因为法国顶级的黑比诺一定要 10 年以上才能散发其惊人的芳香度。2007 年份的 Everstad 还很"年轻"，我打算将其跟在我印象仍极深刻的同年份杜卡·匹村庄酒比较一下。就我对其刚开瓶及醒酒 2 小时后的印象，本酒在果香，特别是桑葚、石榴、樱桃的新鲜果香上，十分突出。丹宁温柔得不得了，也十分细致，这是杜卡·匹所欠缺的。但其整体的均衡香度仍嫌薄，比不上同年份的优质圣乔治之夜等一级园的酒。我也有点怀疑这款酒若陈年 15 年以上，能否更上一层楼，达到顶级，甚至能挑战康帝园、乐花酒庄的"超顶级"水平？恐怕有些困难吧。

我还是诚心诚意恭贺这一个黑比诺界的"后生小子"，并给予热烈的掌声。

 美酒与艺术

《断臂的酒神》

这座《断臂的酒神》是 150 年左右时的罗马大理石雕像，酒神身材结实俊美，和文艺复兴时期米开朗基罗所雕刻的那个脍炙人口的大卫像，是否有异曲同工之妙？酒神两耳以葡萄串装饰，手提葡萄酒瓶，下有成串的葡萄，构成了一个优美、健康的酒神形象。该雕像现藏于奥地利维也纳艺术史博物馆。

开创加州霞多丽新气象

牛顿酒庄的"未过滤霞多丽"

不知不可　Something You May Have to Know

美国霞多丽成功的原因,恐怕是酿酒人拿着法国勃艮第霞多丽成功的样板,尤其是以价高名盛的梦拉谢名酒为标杆,来酿出美国版的梦拉谢。著名的奇斯乐酒庄(Kistle)便是一个典型的例子。

物极必反。当模仿过头后,一味追求橡木桶味,而不管葡萄本身是否能够承受橡木的侵略性,以至于橡木味压过了果味。同时为了使酒汁发酵后,变得更圆融、丰厚,人工酵母大量投入,使得这些新世界(特别是澳大利亚)的霞多丽,都有极为强烈的太妃糖、鲜牛奶及吐司味。

当白酒也变成了"重口味"后,本来喜欢较清爽、干型,并且入口没有任何负担的白酒的饮客们,开始排斥霞多丽,也因此产生了"ABC 族"(Anything But Chardonnay),他们对所有霞多丽,不论口味浓厚与否,一律排斥。

于是有一批爱好有机栽种、崇尚自然及尊重大自然风土的新派酿酒师出现了,想要酿出另外一款截然不同的霞多丽。

本酒的特色　About the Wine

身材高挑,担任过医生,拥有医学博士学位,又在巴黎当过高级时装Chanel 模特儿的林淑华小姐,嫁给了一位英国籍的牛顿(Peter Newton)。她的先生是某国际纸业公司的一个高级主

最多的为赤霞珠(41%)，其次为梅乐(26%)。白葡萄酒几乎没有。

北星酒庄(Northstar Winey)1990 年成立，属于当地最大的葡萄酒公司——圣米歇尔的控股公司之一。本酒庄成立的目的是要酿制华盛顿州最好的梅乐酒。因此本酒庄分别在瓦拉瓦拉河谷及哥伦比亚河谷区，找寻最好的梅乐园区，1994 年推出了第一个年份的梅乐。目前，本酒庄的梅乐酒分为黑牌与白牌两个体系。

黑牌梅乐，用瓦拉瓦拉的梅乐酿成。此款酒会在 100% 的法国橡木桶中醇化 18 个月，其中 60% 为新桶。葡萄分别由 7 个小园采收而来，分别酿制，最后才勾兑调和装瓶。因此口味极为复杂，层次多，很容易被误认为是波尔多的右岸酒，年产量为 1100 箱，1.3 万瓶左右。

白牌梅乐产自哥伦比亚河谷区，较为广大，梅乐比例为 76% 左右(法定标准为 75%)，其余为赤霞珠(近 20%)。不似黑牌梅乐的梅乐比例通常在 79%～82% 之间，而赤霞珠的比例多半低于 15%。白牌梅乐在 70% 法国桶、30% 美国桶中醇化 18 个月，其中 60% 为新桶，年产量约是黑牌的 10 倍，达 1 万箱，价位比黑牌低 20%(40～50 美元)。

北星酒庄的梅乐已经"登台"多年，以一瓶 2001 年份白牌为例，定价 1800 元，同年份黑牌则为 2100 元，皆属合理价位。

延伸品尝　Extensive Tasting

当每个人看到左边这个标准"儿童画"的酒标，嘴角一定会露出微笑，心里也一定认为：这是一款清淡、活泼，且由新酒庄酿制的新鲜得要很快消费掉的平价酒。

答案恰恰相反！这是一款精致、饱满，可以陈年 10 年以上，而且价格不算太便宜的好酒。话说在"二战"时担任美国空军领航员的福开森(Baker Fugason)，一次出任务时，在德国基尔上空被击落，大难不死，在德国集中营里关了 2 年。战后回到美国，在自己家族的银行工作到退休。退休后，种种葡萄酿酿酒，以娱晚年。1983 年他在当时仍极荒凉的瓦拉瓦拉河谷盖起了农庄，之前只有一家 Leonetti 酒庄在此(20

世纪 70 年代)盖了一个仅有 0.4 公顷大的小酒庄。福开森将地点选在一所由法国人于 1915 年兴建的移民老乡镇"学校"之外,便以其法文地名作为酒庄之名——"第 41 号学校"(L'Ecole No.41)。

没想到酒庄的生意越做越顺,所酿制的梅乐酒在第一个年份生产后,便受到了市场的肯定,还获得地区大奖。福开森为了纪念这个学校,于是拿出 100 美元向当地学校学童征集作品,结果其一位亲戚上三年级的女儿的作品获选。这个酒标用了整整 25 年,直到 2008 年为止(新酒标见左上图)。

我是 10 年前在曾彦霖兄处第一次品尝到这款酒的。开瓶后,甜美的气息随瓶而出,十分柔顺,像草莓果酱般的甜味,一点点的花香,是一款端庄可爱,但并不算太热情的酒。不过开瓶半小时后,慢慢散发出慵懒的香气,颇为动人。因此一同品尝的朋友纷纷下单订购。倘若美国能够持续酿出此款够水平的梅乐,有朝一日,继赤霞珠之后,想来还能够酿出足以抗衡波尔多右岸酒的顶级梅乐酒。

福开森庄主打理酒园接近 25 年后,淡出园务,由其毕业于 MIT 的女儿和女婿接管。女婿马堤·克拉伯(Marty Clubb)年轻时在丈人家银行服务,只有在葡萄收获时才回丈人家帮忙。终于在 1989 年提早退休,返园接管园务。在其雄才大略的指导下,酒庄迅速发展。本来本园在"七岭"(Seven Hills)有一个 8 公顷的小园区,克拉伯与朋友一起,将它扩充到原来的 12 倍。现在这个园区酿制的梅乐、赤霞珠等各式酒,都已成为本酒庄的得意作品。

目前本酒庄每年可以酿制 3.5 万箱各式酒。本书愿意推荐其产于"七岭"的梅乐,葡萄树龄已近 30 岁,本酒 76% 为梅乐,其余赤霞珠与品丽珠各半。醇化期为 18 个月,其中 40% 为新桶。年产量约 1200 箱,约 1.5 万瓶。这款酒在台北的售价约为 2000 元。

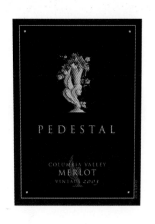

看到左边这一款贵气十足的酒标，富丽堂皇又不流于俗艳，我推想大概是出自意大利佛罗伦萨或威尼斯的酒业世家。结果，和我对上一款"第41号学校"的儿童画酒标的预测一样，又错了。这是美国华盛顿州哥伦比亚河谷一个新酒庄的酒标。不过有一点是正确的：这是一个对质量有绝对理想的庄园的酒标。

这个酒庄的庄主二三十年来都在规模巨大的酒业公司服务，在既要求数量又要强调质量的"鱼与熊掌不可兼得"的矛盾中挣扎了几十年后，终于退休，可以完全追求理想了。这位酒庄庄主，便是执掌华盛顿州最有名的圣米歇尔酒庄与哥伦比亚峰酒庄的艾伦·苏魄（Allen Shoup）。苏魄本来在加州的超级酒公司 Gallo 担任营销主管。1980 年他进入了一个老牌而经营得不怎么样的圣米歇尔公司。3 年后，他升任公司的执行长。17 年间，他把整个公司由年收入 500 万美元变成 1.75 亿美元。由于公司葡萄需求之多，必须向其他果农购买葡萄，使得整个华盛顿州的葡萄产业为之蓬勃发展。

苏魄被认为是"华盛顿州葡萄酒之父"，如同罗伯特·蒙大维是"加州葡萄酒之父"一样。

2002 年他离开了圣米歇尔公司，开始了自己的"梦工程"。他要组成一个世界级的酿酒团队——"梦幻团队"，让每一款酒都由他心仪的酿酒大师来负责。他在负责圣米歇尔公司时，已经实施这种策略，把酿制雷司令的专家——罗森博士酒庄（Dr. Loosen）及酿制山吉士的权威——意大利佛罗伦萨的安第诺里酒庄，邀来华盛顿州与他一起合作酿酒，本酒庄遂成为酿制雷司令与山吉士的最大酒庄之一。

苏魄与一些投资人买下了位于哥伦比亚河谷下一个台地，取名为"台地"酒庄（The Benches），这是一个占地 750 英亩（约 300 公顷）的园区，保留了 150 英亩（约 61 公顷）作生态农业，其他种上 15 种葡萄，划分成 60 块小园区。每一年推出 7 款酒，负责酿造每一款酒的专家，都是此行业中的佼佼者。例如酿制西拉酒，就请到了澳大利亚的杜瓦（John Duval，见本书第 84 号酒）；酿制雷司令，请到了德国最权威的《德国葡萄酒年鉴》（见本书第 65 号酒）的总编辑阿敏·迪尔；酿制梅乐酒的，是"天王级"的酿酒师——罗兰。光看这 7 个酒庄酿酒师的阵容，就已经可以让人喘不过气！苏魄果然是将美梦付诸实施了。

帕克的评分也很整齐，每款都在 91～94 分之间。最好的当属梅乐酒，近几年的评分都是 94 分，可见帕克与罗兰的确惺惺相惜！

依照罗兰的酿酒哲学，希望葡萄能够熟透，以求糖度高所带来的高酒精度，同时也希望葡萄浸皮发酵时间长，让色素的萃取更为透彻，同时控制发酵的温度不可过高，让果香集中，香气不易散去，使酒体呈现令人难忘的饱满与圆润。

本园的梅乐便是罗兰哲学的体现，使尝过的人都赞誉有加。

本园的酒虽然都获得了帕克的高分，却坚持以合理的价位上市。其价格都在 40～60 美元之间。最便宜者为雷司令，最贵者为梅乐。

台湾地区对于美国西北三州(华盛顿州、俄勒冈州及爱达荷州)的了解一直都很欠缺。直到 2004 年，孔雀洋酒曾彦霖兄赴当地考察了一阵，才让台湾地区的酒友们知道了这块"加州外的蓝天"。可惜彦霖兄的先见之明，并未能获得公平的回馈，几年后曾兄便悄然驾鹤西去，而此三州的酒在台湾地区的受欢迎率也未见上升。本书在此介绍 3 款华盛顿州的酒，也不免想起彦霖兄的壮志未酬，值得识与不识的酒友们，为之举觞一杯！

 美酒与艺术

《风神偷走小酒神的葡萄》

这是德国 19 世纪中叶浪漫派画家费尔巴哈(Anselm Feuerbach)所绘制的《风神偷走小酒神的葡萄》，画作描绘了两个长着翅膀的风神，偷走了小酒神的葡萄。原来的希腊神话中风神的形象经常是捣蛋之神。本画作现藏于德国以酿制"圣母之乳"著称的城市沃姆市(Worms)的衡斯汉堡(Schloss Hernsheim)。

史朗贝克酒庄的气泡酒

美国想要挑战法国香槟的第一选择

不知不可 Something You May Have to Know

虽然早在 1892 年美国就有由捷克波西米亚移民来的 Kobel 家族以传统香槟法酿制的气泡酒,但是并没有获得太大的成就;而且法国香槟价钱本来不贵——香槟价钱飞涨,特别是顶级香槟价格的蹿升是最近 15 年的事。因此,法国香槟充斥着美国的消费市场。

气泡酒产业既然不振,美国也懒得制订严格的产制规则,既没有规定一定要由 3 种葡萄(黑比诺、霞多丽、粉比诺)来酿制,也没有规定一定的含糖量,当然也就没有法定产区。甚至 2006 年以前,连"香槟"一词都可以用在酒标上。

没有管制代表了没有质量。美国气泡酒的质量提升和消费需求有密切关系,随着美国加州酿酒业的兴盛,搭便车似的促使优质气泡酒的产生。整体而言,美国气泡酒仍处于"有待提升"的阶段,比起加州已经可以酿出世界一流红、白葡萄酒,加州气泡酒的成就仍瞠乎其后。不过我们应该相信美国的潜力,如同美国能在极短的时间内从没有到有——美国加州葡萄酒的蹿起奇迹便是一例。顶级气泡酒恐怕是下一个奇迹吧!

本酒的特色 About the Wine

2012 年 4 月,我应台中市长胡志强兄及大画家欧豪年教授之邀,南下台中参加欧教授的书画大展。展览后,欧教授的得意门生白丰中兄特邀我与其好友、经营酒业超过 30 年的红汇酒庄王振丞先生一起品尝了一款 1999 年份的史朗贝克气泡酒。

提起史朗贝克，不由得让我想起了2011 年 8 月逝世的孔雀洋酒曾彦霖兄。早在约 20 年前，我就在孔雀洋酒与曾兄品尝过好几个年份与款式的史朗贝克。

看到史朗贝克（Schramsberg），可知与德国有关。Schramsberg 意即德文"沟痕山"。一位名叫雅布·史朗（Jacob Schram）的德国移民来到加州的纳帕谷，在山上开辟了一个葡萄园，便取名"史朗山"。有趣的是，史朗先生来到美国取园名的"山"，居然还用了老家德国的"山"（berg），而非英文的"mountain"。

史朗贝克酒庄开始酿酒后，很快年产量就超过了 1 万箱，也开始酿造气泡酒。随着美国酒庄的共同历史：经历禁酒令、大萧条、"二战"……本酒庄一直到成厂百年后的 1965 年，被戴维家族购入，才开始了复兴之路。新庄主戴维家族不愿意随波逐流地和当地一样酿制各式红、白酒，反而专攻气泡酒，也专以法国传统香槟的酿造方式酿制法式香槟酒。

1968 年，第一批出厂的、以纯粹霞多丽白葡萄酿制出来

的"白中白"气泡酒，被美国政府用在 1972 年尼克松与周恩来签订《上海公报》的晚宴上作为庆功酒。以后，本酒庄的气泡酒遂被认为是代表美国并可取代法国香槟的不二选择，凡是在白宫举行的国宴，几乎毫无例外地会选用它。特别是在里根时代，这位由加州州长进军白宫的好莱坞前演员，自然对于加州美酒的宣扬不遗余力。许许多多的庆典、宴会……把史朗贝克的名声推到震天响。

如同法国香槟有"年份香槟"与"无年份香槟"之分，本酒庄亦然。其一款流行甚广的"北海岸米拉贝无年份"（North Coast Mirabelle N.V.），年产量达 10 万瓶，美国市价仅 25 美元上下，但同一园区的年份气泡酒（如 2004 年份）市价达 4 倍的 100 美元，产量为 1/10，才 1 万瓶左右，无年份自然划算得多！

回到这一款 1999 年份的气泡酒，开瓶后有不太深的稻草黄色，气泡不太绵细，且持续不久。仅从这一点外观就可以和法国顶级香槟做一个区分：尽管是无年份的香槟，其密密麻麻的纤细气泡，仿佛无止尽与迫不及待地喷涌而出。不过史朗贝克口味相当迷人，有极淡的蜂蜜与干葡萄香味，一点点的酒精，以及微微的酸味。也是美食家的振丞兄热情地邀请我们到一家颇为精致的海鲜餐厅，刚好水槽中尚有两个约 1 斤重的海螺，我遂央请厨房做一道潮州口味的"白灼螺片"，并特别交代一定要半生半熟。果然，以鲜味取胜的螺片与毫不夺味的史朗贝克，共同舞出绝妙的"双人舞"。加州可以酿出如此水平的气泡酒，已经相当程度地弥补了美国

"酿酒板块"中的一大缺陷!史朗贝克已经有了美国酒史上　的定位了。

延伸品尝　Extensive Tasting

在本书第35号酒《我饮到了星星》中，我介绍了法国侯德乐酒庄的无年份香槟，可作为品赏法国香槟的第一款酒。随着世界经济在20世纪七八十年代的复苏，带来了美国葡萄酒消费的增加，当然也刺激了美国加州酒业的兴盛。法国香槟大厂都是精明的酒商，也看到史朗贝克气泡酒已经在美国政府以及"爱国商人"的吹捧下，开始攻城略地地蚕食与鲸吞法国香槟的市场。于是香槟酒的龙头——每年生产达2700万瓶香槟的酩悦香槟(Moet & Chandon)，在1973年便开始在加州成立 Domaine Chandon 酒庄，使用母厂的技法，抢食美国香槟市场。8年后，侯德乐公司也进军加州，在安德森谷(Anderson Valley)找到了一个580英亩(约235公顷)的园区，分成4块，其中420英亩(约170公顷)种有葡萄。由于坚持使用法国的传统酿造方式，而母厂当然也提供一切必

要的技术，很快获得了市场的肯定。1993年，侯德乐推出了一款取了法国罗讷河地区的酒名"贺米达己"(L'Ermitage)的年份气泡酒，这是醇化整整5年后才上市的年份酒，陈年功夫颇似克鲁格的手法，因此有极为丰富的口感，被认为是美国本土最好的气泡酒。在美国加州的高级餐厅中，本酒一定列在酒单上。其年产量约7万瓶，美国市价约50美元，至于无年份者，产量较多(约10万瓶)。不论数量及市价(25美元)，与前款史朗贝克无年份者，几乎是一样的!

侯德乐在美国的负责人，也是来自于这一家族的Jean-Claude Rouzaud 不喜欢美国许多新兴酒庄的标新立异，他认为这些酒庄许多已经剑走偏锋，喜欢将酿制丰厚口味之霞多丽白酒的方法，施于酿制气泡酒之内，以求酿出所谓顶级风味的美式气泡酒，所以侯德乐的美国气泡酒强调了美国风土的特色，辅以法国的香槟制造技法，来呈现另一种不同于母厂的气泡酒，这也是一种"因地制宜"的正确方法。

侯德乐这款酒有极温柔的气泡，稍带点酸味，和法国原厂的产品没太大差别，值得一试。

AUSTRALIA

澳大利亚➡

84 澳大利亚的骄傲
雅拉耶林酒庄的"山下"西拉酒

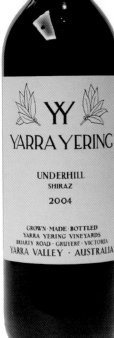

近30年来，世界葡萄酒的板块发生的最大的变动，莫过于新兴的两块次大陆——澳大利亚与智利。但前者是质与量的飞跃成长，后者只在量的方面突飞猛进，在质的方面还处于邯郸学步的阶段。自从1788年来自欧洲的移民在澳大利亚栽下第一株葡萄苗开始，澳大利亚逐渐建立了葡萄酒的生产与消费规模，各国移民带来了各国的葡萄苗与酿酒技法。特别是在20世纪六七十年代，利用澳大利亚广大的土地资源，许多大集团投资酿酒业，不只垄断了本国的酿酒工业，也成功地攻占了欧美的廉价酒市场。在20世纪90年代，英国一般超级市场内红酒的定价不能超过5英镑，因

此陈列的多半是澳大利亚酒。如今，澳大利亚成为美国第二大葡萄酒进口国，仅次于意大利。而意大利的酿酒历史已超过2000年，澳大利亚的确是后来居上的"拼命三郎"。

澳大利亚生产的葡萄酒，在50年前都是劣质酒：粗糙的餐桌酒、廉价的甜酒及氧化的波特酒等，现在已非昔日吴下阿蒙！情况已经有很大改善。虽然目前澳大利亚的酿酒业仍是大企业垄断的现象，20家大公司生产了90%以上的澳大利亚酒。但顶级酒，除少数例外，则由小规模的酒庄酿出。

就是这些少数、伟大的酿酒人，替澳大利亚酒争取到莫大的荣誉。澳大利亚酒目前可以用"百花齐放"来形容其盛景。不论红酒还是白酒，都有傲人的成绩。本书也愿意尽量推荐。但真正可以称之为"澳大利亚的骄傲"且当之无愧者，应是西拉酒！

提起这款原本在法国罗讷河谷地打出金字招牌的西拉酒，漂洋过海来到澳大利亚后，不仅名字稍微更改，由Syrah变成Shiraz，连个性都全盘更改：变得颜色更深，结构更扎实、强壮，果味更为浓郁与集中，仿佛由一个谦谦君子变成

2004 年的"山下"，有极澎湃与极具爆发力的香气和潜力，我每一次品尝都会想象犹如站在波涛汹涌的海边，看惊涛骇浪。背景为旅法大师陈英德的《浪拍奇岩》，岂不合乎"山下"酒的气派？

了一个武打明星。

首先将西拉酒的特色发掘出来，并成功地将澳大利亚西拉酒推到世界顶级酒行列者，当是彭福酒庄（Penfolds）的舒伯特大师（Max Schubert）。1951年，他首次酿出了一款"贺米达己"的农庄酒，一步步获得了全澳大利亚甚至全世界的肯定。本酒也是列入拙作《稀世珍酿》的百大名酒之榜。

舒伯特的成就鼓舞了许多年轻的有志之士，纷纷抱着酿出一流西拉酒的决心，舒伯特也被公认是"澳大利亚酒的教父"。

本酒的特色　About the Wine

澳大利亚共有40个产酒区，但重要的产酒区都集中在南端的维多利亚、南澳及西澳州。特别是维多利亚因地利之便，靠近墨尔本，人口与消费市场集中，一直都是酒业兴盛的地方。

园艺专家卡罗达司博士（DR. Bailey Carrodos）1969年来到了维多利亚的雅拉河谷（Yarra Valley）。这里虽然早在50年前已经有不少酒园与酒庄，但随着"二战"的爆发及战后的萧条，本地葡萄酒业已经相当没落，因此卡罗达司以低廉的价钱买下了12公顷园区，种上各种葡萄，希望葡萄能够生长出来。他还以当地的地名与镇名"耶林"（Yering）作为酒庄之名——雅拉耶林（Yarra Yering），台湾地区则习惯简称为"YY酒庄"。

作为园艺专家，卡罗达司了解顶级葡萄酒的酿制方法，因此坚持实行试验与再试验的科学方法，任何葡萄他都尝试，不行就放弃。例如，刚开始他种植各种葡萄，后来发现仅有数款能够生存。等到功成名就，他又买了新的土地，便尝试引进意大利的山吉士及内比奥罗，都不适合。他不死心，再试葡萄牙的国产土利加，他想：园区午后阳光十分强烈，应当适合这种葡萄，果然试验成功。同时他也知道勃艮第与波尔多顶级酒庄都是不许可人工灌溉，让葡萄树根努力向下扎根寻找水源，使葡萄获得更多的矿物质，所以本园内也不实行人工灌溉。这便是卡罗达司博士的认真与专业精神。

庄主也是一个沉默寡言的人，葡萄酒从不作宣传，酒庄平日不接受客人，只是周末才开门接待游客。所以本庄佳酿是靠口碑，一传十、十传百，很快便获得了多方的肯定。

本酒庄的产品实行编号制，第1号：波尔多的风格，即以赤霞珠为主角，占70%左右，梅乐居次，占20%，其余为马尔贝克与小维尔多。比例每年不同，橡木桶也以法国新桶为主。这一款简直是与波尔多顶级酒难以区分的酒,在国外的蒙瓶竞赛中经常打败五大酒庄。

第 2 号是西拉葡萄,奉行的是北罗讷河的风味。西拉虽为主角,占 96%,但会掺上少部分玛珊及维欧尼来中和其体质。

第 3 号则是新尝试成功的葡萄牙土利加葡萄,这是向新潮葡萄牙酒努力的新作(见本书第 60 号酒)。另外,本园也有极少量的霞多丽白酒(年产量只有 80 箱,1000 瓶左右)。

本书愿意推荐第 2 号酒,有时候会推出一个称为"山下"(Underhill)的版本。这一款酒有非常浓郁的薄荷、甘草、皮革与浆果味。但跟一般的 2 号酒会掺上少量白葡萄不同,本酒全由 100% 的西拉葡萄酿成,是会让每一个人都震动的好酒。我记得当初我们品赏 2004 年份此款酒时,几乎每一位品赏者无不立刻下订单。每瓶售价在 2000 元出头。我认为这是在本书的选价门槛内能够买到的质量第一的澳大利亚西拉酒。

延伸品尝　Extensive Tasting

澳大利亚酒近几年来红得发紫,与美国帕克的吹捧有绝对关系。帕克的重口味,只有像西拉这种强壮与澎湃的酒体才能满足。若再问一下,哪一个酒庄更受到帕克的垂青?

答案恐怕是投贝克酒庄(Torbreck)。

年轻的澳大利亚人大卫·包尔(David Powel)念完大学后,便在欧美各酒庄担任酿酒师。1994 年,他在南澳的巴罗沙河谷(Barossa Valley)幸运地找到了几个有超过百年葡萄树的老园,联想到年轻时在英国投贝克林厂当过伐木工人,且在当地的酒吧喝酒,听到一个业余的乐团"浪威"(RunRig)演奏,就干脆把投贝克当成酒庄名,把第一款酒叫作浪威。

浪威酒主要由西拉葡萄酿成,放在 70% 新桶内,醇放长达 30 个月之后,再加上少量白葡萄维欧尼调和而成。

这款酒一上市便惊动了帕克,给了 95 分。以后每年递

升，经常达到 99 分，变成了澳大利亚第一名酒。台湾地区市价都接近 1 万元（2006 年份）。其余各款，例如后裔（Descendant）、菲特园（The Factor），也都是以西拉为主，价钱动辄上 5000 元。

本书倒愿意介绍其一款西拉酒——史都怡园（The Struie），这也是采自于巴罗沙园区的老藤，只不过是在老的橡木桶中醇化长达 18 个月。这是一款温和、奔放，有芬芳果香的西拉酒，价钱在 2000 元出头，应当可以看出包尔先生的企图与热诚。

我在 2011 年秋有机会遇到这位长着如伐木工人壮汉的包尔先生。他带来一瓶 2006 年份的新作"领主"（The Liard）特别让我品尝，我必须承认，这是近一两年来最令人回味再三的动人之酒！帕克评 100 分，2006 年也评 100 分……看样子，我的《稀世珍酿》要增加一个新的成员了。

进阶品赏 Advanced Tasting

幸亏出现了舒伯特这位大师级的人物，改变了澳大利亚葡萄酒的面貌。舒伯特有一手酿造世界级西拉酒的绝活，也幸亏高足继承了下来。就在舒伯特大展身手时刻，1974 年，一位出身酒庄、大学学的是酿酒的 24 岁年轻人进入彭福酒庄担任酿酒师，追随在大师的身边，一干就是 12 年。1986 年大师退休后，接力棒就交给了这位天才的继承人——约翰·杜瓦（John Duval）。

36 岁的杜瓦，继续发扬舒伯特的手艺，让彭福园在他的手中获得了世界声誉。其中最得意的是第 707 号酒窖（Bin 707），其有"小农庄酒"的昵称，由杜瓦调配而成，一上市也在 200 美元以上，成为彭福园第二颗明星。

2000 年，杜瓦决定自立门户。他找了几位朋友共同投资，由他负责寻觅老园，终于在南澳的巴罗沙河谷找到了几个小园区，里边都是 60 岁以上的老藤西拉。于是他成立了约翰·杜瓦酒庄（John Duval Wines），2003 年出了第一个年份。这款"网络酒"（Plexus），完全走北罗讷河酒一路，酒标上的"S.G.M."注明是由西拉、歌海娜及慕合怀特所酿，使用

18%的新桶,醇化期15个月。

本酒有极浓厚的果香与强烈的酒体,帕克一评就给了94分。杜瓦大师的"第二春"获得了高度的肯定。

第二年,杜瓦推出了全由西拉葡萄酿成的"实体酒"(Entity)。这也是本书所要推荐的酒款,更是大手笔地使用47%的新橡木桶,其余使用2～4年新的橡木桶,醇化期长达17个月再调配而成。

实体酒有极中庸的丹宁,入喉仿佛意大利的浓缩咖啡,而不觉有浓厚的酒精,有不知名的花香、皮革味等,令人沉醉。大师出手果然不凡!更令人感动的是,它不走高价,一上市仅20英镑而已。2004年在香港地区上市后,我便以450港币买到,合新台币2000元。目前台北的市价也如此。

澳大利亚的西拉酒果然不同凡响,而同时也绝对可以陈放20年。不过饮用澳大利亚西拉酒会有"不雅"的后遗症:嘴唇若不随时擦拭的话,会留下深紫色的酒渍,仿佛吸血鬼一般;而舌头也会变得深黑色,好像全世界最毒的非洲眼镜蛇——黑曼巴蛇。无怪乎在欧美顶级品酒会上,如品尝澳大利亚西拉酒时,名媛贵妇们会屡屡喝白水。

另外,杜瓦也不放弃酿制昂贵的西拉酒,这款酒名为"爱利歌"(Eligo),拉丁文意为"我的选择",全由老西拉酿成,接近2年新桶的贮存,颜色深沉近墨,有点拒人于千里之外的感觉。入口后有浓烈的黑咖啡、酒精及木材香味,是一款必须陈放10年以上才适合饮用的酒,市价动辄200美元以上。

除了红酒十分杰出外,我对杜瓦新酿的一款白酒——网络白酒(Plexus MRT)亦颇惊讶。它采用法国南罗讷河风格,由"MRT"即可知采用玛珊、胡珊及维欧尼3种葡萄酿成,有一股淡淡的蜜瓜柠檬香气。不久前我才在香港地区品尝到2008年份的酒,十分优雅内敛,应该属于澳大利亚最好的南罗讷河风味白酒。

杜瓦能够另辟蹊径地酿出法国罗讷河风格的混酿红酒、白酒,不仅提高了个人的声誉,也打开了澳大利亚酿酒的新方向,甚至创造出新的繁荣景象。伟哉,杜瓦大师!

澳大利亚黑比诺的先驱

冷泉山酒庄的黑比诺

前一号酒介绍了"澳大利亚的骄傲"——西拉酒的成就。但光凭澳大利亚能酿出一种顶级的红酒，并不能够真正表现出澳大利亚的土壤、天气以及澳大利亚酿酒人的本事。真正能够把最难伺候的黑比诺搞定，酿出足以匹配法国勃艮第者，才能够真正地晋升成为了不起的产酒区，这点澳大利亚成功了。

成功是艰难的，能够获得成功掌声者，当然是少数。澳大利亚酿制黑比诺成功的任何一个酒庄，都经过千辛万苦，也历经了许多试验与失败，都值得我们给予鼓励与宽容。因此评判澳大利亚，以及新西兰的黑比诺酒，脑海中切不可把勃艮第，尤其顶级勃艮

第的那些细致、迷人的标准拿出来，也不要妄想新西兰、澳大利亚黑比诺要有陈年二三十年的实力。怀抱这种比较"人性化"的心情，我们品尝这两个新世界的黑比诺，就会有更多的惊喜与满足！

澳大利亚黑比诺主要的产区在澳大利亚南部，天气较为干冷的维多利亚产酒区，特别是靠近墨尔本周遭的几个产区，吉朗（Geelong）、莫宁顿半岛（Mornington Peninsula）及雅拉河谷（Yarra Valley）等。整个澳大利亚黑比诺产量仍少，据 2001 年份的统计，全国生产不到 3.6 万吨，占全国红葡萄酒的 4%。

澳大利亚黑比诺的成功也要靠一个主要的推手——詹姆士·哈乐迪（James Halliday）。本书选择哈乐迪建立的冷泉山酒庄的黑比诺作为澳大利亚黑比诺的代表，正可以彰显哈乐迪对澳大利亚黑比诺酒成名的贡献。

本酒的特色　About the Wine

哈乐迪有一个别号"澳大利亚版的帕克"。当然,哈乐迪可能不愿意接受这一个别号,因为"文人相轻,自古而然"。哈乐迪与帕克有两大共同点:第一,两人著作等身,且对葡萄酒的评分制度做出甚大贡献。不说帕克,哈乐迪对澳大利亚酒的投入举世无双,至今已出版40册书,且每年定期出版《澳大利亚葡萄酒年鉴》,对于澳大利亚酒的评价,一言九鼎。第二,两人都是律师出身,但哈乐迪不仅年纪较帕克大10岁,且从事律师工作长达22年之久(1966—1988年),而帕克只干了11年(1973—1984年),所以哈乐迪比帕克更完整地经历过一场律师生涯,不像帕克的律师生涯只是"过水"而已。

所以哈乐迪大师是否甘于被称为"澳大利亚版的帕克",恐怕不得而知。

1970年,哈乐迪在干了律师工作4年后,便在悉尼附近的猎人谷与同事合伙开了一家小酒庄,成绩普通。一直到1985年,也就是帕克决定下海大搞葡萄酒评鉴制之时,哈乐迪在雅拉河谷买下了一个15公顷的葡萄园,由于中间有冷泉涌出,故称为冷泉山酒庄(Coldstream Hills)。

起初哈乐迪也像一般酒庄那样种植各种红、白葡萄,对酿出波尔多版的赤霞珠颇有雄心。本园后来酿制的赤霞珠,便是以80%的赤霞珠、10%的梅乐与10%的品丽珠混酿,都获得了很好的肯定。

但打响本园名号者则是霞多丽与黑比诺。特别是黑比诺,酿得的酒果香四溢,酒体入口好像要弹跳出来一样,因此在1988、1989年获得了甚高的评价,甚至被认为可以跨入澳大利亚最好的黑比诺行列之中。冷泉山酒庄让哈乐迪名利双收,每年生产1.6万箱各式葡萄酒,所需要的葡萄本园当然不够,于是哈乐迪通过严格把关的合作方式,向其他果农购买葡萄。冷泉山酒庄先后在1996年及2005年两度易手,已非哈乐迪之产业,但他继续担任酿酒的指导,故质量大致上还保持一致。目前本园的规模已经达到100公顷,分为5个园区,所产的黑比诺分为:一般等级、珍藏级及单园酿造(养鹿园Deer Farm)黑比诺。最便宜的为一般等级,澳大利亚市价为20澳元,单园酿造为30澳元,而珍藏级则为80澳元。

我在10余年前就在台北购买到冷泉山酒庄的珍藏级黑比诺,我记得大概是介于1996~1998年份。当时我便对澳大利亚能够酿出如此清新口味的黑比诺感到不可思议。那时候台北进口的法国勃艮第酒,大都偏向符合陈年、顶级的消费倾向,类似充满樱桃味、石榴色泽的年轻黑比诺,尚极鲜见。我至今印象犹深。

我又想起了 2008 年 12 月某日曾在台北与哈乐迪先生一起享用了世贸大楼的北京烤鸭。顶着大光头的哈乐迪谈风虽健，但举手投足之间已经显出老态。当时他刚迈入 70 岁大关，我相信他将逐渐自酒评行业中引退，这将是澳大利亚酒界的损失！

冷泉山酒庄的黑比诺，代表了盛年的哈乐迪大师对葡萄美酒的热情、天分及梦想。这一阶段的建园与酿酒都让他"圆了梦"，他已经可以名传酒史了！哈乐迪果然不愧是一流的酒学大师，既能够用笔评论各家酒的长长短短，也可以挽起袖子亲手酿出让人佩服的好酒。就此而言，美国的帕克恐怕都没有成为"美国版本的哈乐迪"的资格呢！

延伸品尝 Extensive Tasting

前一号酒提到的雅拉耶林酒庄，除了酿制一流的西拉外，其酿产的黑比诺酒可能更是酒友们梦寐以求的好酒。原因很简单：每年只生产 300 箱，4000 瓶左右。爱酒的澳大利亚本地人每年很早就将订单送到酒庄，印证了一句闽南语："生食都不够，还想去晒干？"连澳大利亚本地销售都不够，还想外销？

YY

YARRA YERING

DRY RED WINE Nº1

GROWN·MADE·BOTTLED
YARRA YERING·COLDSTREAM·VICTORIA
YARRA VALLEY · AUSTRALIA
750ml
PRESERVATIVE ADDED SULPHUR DIOXIDE 13.5 %ALC/VOL.
CONTAINS APPROX 8. 0 STANDARD DRINKS

因此在台湾地区能够试到的机会，多半是酒商由酒庄寄来当样品的。我试过两三次本款的黑比诺，都是靠这种机缘。

由于雅拉耶林酒庄位于冷泉山酒庄之旁，风土条件应当没有太大的差别，加上园主也与哈乐迪熟识，双方应当有机会交换心得，因此本园的黑比诺酿得十分地道。我在 2010 年初尝试 2008 年份本园的黑比诺时，就将酒瓶仔仔细细地端详了一遍。这款黑比诺的新酒，有浓烈的樱桃味，让我立刻想起了勃艮第的杜卡·匹酒庄（见本书第 1 号酒）。这股新鲜、充满活力与高雅的红黑色液体，仿佛跳跃着的精灵，令人不忍下咽，精彩万分！可惜这款酒的数量太少，只有 36 瓶，一瓶售价 2000 元。酒商几乎在发出通知后一两分钟内即售完，可见台北识货的行家真是不少！

这是一款值得一年前，甚至两三年前就事先预订的好酒。我也很期待：不知道此款酒 10 年或 15 年后的韵味能否超越顶级的勃艮第酒？

又是一个"无心插柳"！上文提到哈乐迪当年建立冷泉山酒庄时，压根儿没想到其黑比诺会成为万方赞誉的看家本领。另一个工程师出身的琼斯先生(Jones)，是一个波尔多美酒的爱好者。他特别钟爱圣朱利安(Saint Julien)的杜可绿·柏开优(Ducru Baucaillou)的温柔细腻口感，另外他自己也喜欢大自然，遂决心下海酿酒。1979 年，他在墨尔本东南 150 千米的吉普斯蓝(Gippsland)买下了 3 公顷多的园地，种起了赤霞珠，也随手试种了 3 排黑比诺，希望在赤霞珠上酿出波尔多风格的酒。1985 年酿出第一个年份的酒，他的希望落空了：赤霞珠令人失望！但他又得到一个新的希望：黑比诺出奇的好。于是他开始将重心转到酿制黑比诺上。

琼斯先生设立的巴斯·菲利普酒庄(Bass Phillip)，刚开始

虽然成功酿制出黑比诺，但他似乎认为必须让葡萄酒更成熟后才能出厂接受各方的检验，因此直到 1991 年外界才知道澳大利亚诞生了一支可以真正称为"顶级黑比诺"的佳酿。也在此时，琼斯先生一

口气把成熟酿好的 1985～1989 年份黑比诺一并上市，成园 12 年后，本园算是开始有了进账，长年的辛苦总算取得了完美的收成。

自从琼斯先生发现了本园的潜力是黑比诺后，他开始钻研法国勃艮第酒。他很快地被号称为勃艮第"酒神"的亨利·萨耶(Henri Jayer)的魅力所折服。他花了更多的精力，研究萨耶成功的秘诀。特别是萨耶所强调的"风土条件"，以及低产量的政策——每公顷不超过 3000 升。

2001 年琼斯先生找到了一位 Peter Standl 先生，一起扩大黑比诺的酿制，他在莫宁顿半岛及 Leongatha 等处找到了一个 18 公顷的新园区，同时也找到了数家优质果农，签订了供果契约。本园的产量由开始的 400～1200 箱的规模，发展到现在的 3000～4000 箱。而在 Leongatha 的 3 公顷小园生产的黑比诺质量最好，园主将这里生产的黑比诺酿出了 3 个优质酒：珍藏级(Reserve)、优质级(Premium)及标准级(Estate)。以 2009 年份为例，前 3 款之价钱与评分如下：95 分(250 美元)、92 分(140 美元)、91 分(75 美元)。这些酒使用了三成至五成全新的橡木桶来醇化，且醇化期长达 1 年半左右，因此饮用前多半要经过长达两三个小时的醒酒。

其他园区生产的黑比诺，另外酿出 2 款平价酒，分别

是：王子级（Crown Prince）及更便宜的老窖级（Old Cellar）。王子级的评价也不差，获得帕克90分（价格45美元）。老窖级黑比诺在30美元上下，也是一款数量较大的入门款。

很可惜，台湾地区似乎很难见到本园各款黑比诺。我曾多次在香港地区买到标准级及基本级，价格都在700港币上下。每次我用此款酒搭配重口味的广东菜，例如石岐乳鸽、炸子鸡等，都会博得朋友们的称赞。在本书完稿前不久，朋友特地从香港携回一瓶2008年的标准级，上面注明是经过自然动力栽种，用极低产量的黑比诺酿成。果然，呈现深桃红的色泽，红肉李、樱桃的香味层层不绝地散发，绝对有勃艮第一流园区的架势。我相信10年后，这款酒会更迷人，而且树龄才28岁。

这是10年前摄于澳大利亚悉尼附近猎人谷的一个酒庄。时值秋天，酒庄墙外的爬山虎已经变得鲜红迷人，难怪澳大利亚酒庄之旅吸引了无数观光客

美酒与艺术

《墨葡萄图》

要用墨色显示出葡萄的气韵的确不易。明朝徐渭曾有一幅《墨葡萄图》脍炙人口，本图则出自杭州中国美术学院吴山明教授之手，是其为本书作者所绘。吴教授本擅长人物画，是中国人物画的大家。本图浓淡相间的墨色中夹着一串深红浅粉的葡萄，高雅不凡，吴教授的笔下功力可见一斑。

86 欲与西拉争艳的澳大利亚赤霞珠

飞鹰酒庄的赤霞珠

澳大利亚的红葡萄是以西拉作为主角，45％的红葡萄酒为西拉酒。赤霞珠也占红酒的25％，显然实力不容小觑。但因为西拉的表现太强势，以至于提到澳大利亚红酒，很少有人想到赤霞珠或黑比诺。我们也必须承认，澳大利亚得天独厚，留有那一大批超过半世纪以上的老西拉葡萄，真是世界葡萄酒文化中的无价资产！

澳大利亚引进赤霞珠的时间，应该与引进西拉同时。但先发后至的情形是屡见不鲜的。澳大利亚的赤霞珠直到今日似乎都没有回过神来，整个澳大利亚的葡萄酒天空，还是西拉漫天飞舞的画面。

不过在南澳与西澳，我们可以看到有若干小酒庄主人，怀着无比的雄心，酿造出口味饱满、结构均衡又不失典雅庄重，具波尔多风格的赤霞珠酒。位于南澳的库纳瓦拉区（Coonawarra）受到地中海气候的影响，温度较为凉爽，而土地是贫瘠的红土地，矿物质丰富，很早就引进了赤霞珠。同样西澳的玛格丽特河谷也是红土区，颇适合赤霞珠成长。

因此买赤霞珠酒，若看到是来自库纳瓦拉区及玛格丽特河谷，大概就错不了的。

这是一个标准的"逐梦者"的故事。在西澳珀斯（Perch）担任心脏科医师的克里替（Dr. Tom Cullity），一直想拥有葡萄园并酿酒。当时，西澳酒业并不发达，克里替开始花功夫往南寻找理想的地方。玛格丽特河谷距离珀斯开车5个小

试试下海葡萄酒大师的手艺

萧·史密斯酒庄的 M3 霞多丽

似乎每一个新兴的葡萄酒国家，测试其能否酿出国际公认顶级酒的水平，以及能否打开国际市场，检验的标准便是能否酿出优质的霞多丽。澳大利亚如此，智利与阿根廷更是如此。推其因，可能是霞多丽移植容易，而且适应了当地风土环境后，还可以发展出特殊的口味。美国加州霞多丽有一股奶油、香草过多的"肥美味"——正如美国牛肉一样——似乎表明了霞多丽"国际化"的超强适应能力。

本来澳大利亚的德国移民来得很早又很多。这些在 19 世纪中叶就由莱茵河甚至奥匈帝国多瑙河流域移来的德裔，往往把家中仅有的家伙与资产一并带到澳大利亚，包括最令人怀念与不舍的葡萄种苗。雷司令也就在那时翻山越海过来，成为澳大利亚最早的一款白酒。

以 2011 年的统计，澳大利亚每年红、白酒产量旗鼓相当，白酒稍多，与红酒的比例为 52% 比 48%。白酒中以霞多丽一枝独秀，占全国总面积的 25%，将第二位的白苏维浓与赛美容（各占 5%）遥遥抛在后面。

20 世纪七八十年代之后，霞多丽开始成为主角。真正使澳大利亚霞多丽吸引了全世界的目光，应当归功于彭福酒庄的酿酒师杜瓦先生。他在 1995 年生产了第一个年份的霞多丽，取名雅塔娜（Yattarna）——当地土语有"点点滴滴"的意思。

雅塔娜一出，立刻获得了"澳大利亚梦拉谢"的美誉。其制造过程当然是以顶级勃艮第为范本的。我 1998 年 5 月在台北遇到杜瓦先生，他那时第一次来台，便是推荐这款新登陆台湾地区的雅塔娜。

如今雅塔娜已经成为澳大利亚最贵的白酒，台湾地区偶尔也可买到，价钱至少 7000 元，直追勃艮第的巴塔·梦拉谢或骑士·梦拉谢的价钱。

雅塔娜的成就,如同农庄酒一样,鼓舞了澳大利亚酿酒人酿制优质霞多丽的决心。现在不少澳大利亚霞多丽都十分可口与浓郁,价钱也不高。虽然他们不可能使用全新且昂贵的法国橡木桶来醇化,相信不少酒庄是用木块或木粉来"吊味",但不妨碍酒友们以快乐的心情与合理的价钱,来享用一瓶霞多丽美酒。

本酒的特色　About the Wine

表兄弟马丁·萧(Martin Shaw)与麦可·史密斯(Michael H. Smith),两个人都有共同的爱好——喝好酒。而马丁本身又是酿酒学校毕业,而后与澳大利亚最重要的酿酒师彼得鲁曼酒庄(Peteluma)老板克罗司(Brian Croser)一起工作了8年,其间他获得了英国"葡萄酒大师"(Master of Wine)的头衔。这是澳大利亚人获得此荣誉的第一人。

1989年,意气风发的马丁与麦可便打算成立酒庄,名为"萧·史密斯"(Shaw & Smith)的酒庄。就像演员成名后,都想当导演一样,这位葡萄酒大师一天到晚品尝别人酿的酒,每周东飞西跑去演讲或评审,何不定下心来,考验自己的酿酒手法?他们在澳大利亚南部,巴罗沙谷地右边的阿德莱德(Adelaide)成立了酒庄。并陆续在1994年买进了42公顷的林边(Woodside)园区,园中有极优质的霞多丽与白苏维浓。不久又买进46公顷的巴哈那(Balhannah);在2012年,购入了第三个有20公顷大的Lenswood园区,因此超过了100公顷的规模。

萧·史密斯酒庄的长项,在于白酒。本来先从白苏维浓酿起,后来在霞多丽方面获得了更多的肯定。这两款葡萄主要都产自林边园区。这款酒是以两位庄主及麦可的兄弟的名字为名,恰巧三人的名字中都有一个"M",因此将这一款顶级的霞多丽,称为"M3"霞多丽,以有别于本酒庄由另外两个园内所酿成的霞多丽。价钱则是在前者比后者高上20%～40%。

M3葡萄采用冷发酵方式,葡萄采收后冷冻1天才在橡木桶中发酵并陈年近1年。因此有极为深层的焦糖与香草味,后韵甚强,酒体活泼不沉滞,是一款令人心旷神怡的好酒。

1998 年夏天，我有一趟澳大利亚黄金海岸之旅。为了找到当地的名酒，我特地买了一本澳大利亚酒的评鉴《企鹅澳大利亚好酒指南》，发现 1998 年澳大利亚的"年度白酒"奖项颁给了彼得鲁曼酒庄的 1996 年份霞多丽。我当即跑了几家酒店，终于买到手，一试之下，果然不错。自此我对本酒兴趣盎然，台湾地区日后进口本酒时，我的储酒柜中经常保持着几瓶。

前文提到马丁曾经跟随彼得鲁曼酒庄的老板克罗司 8 年之久。克罗司也是一位传奇人物，1975 年担任著名澳大利亚五大酒庄之一的 Thomas Hardy 酒庄的总酿酒师，酿出了一流的雷司令，而后又到大学教酿酒学。1978 年决定发展自己的酒业，因为在 1973 年他便在阿德莱德买下了一个园区，酿出的气泡酒、雷司令、霞多丽，甚至黑比诺，都获得了很大的回响。克罗司是一个严格且自我期许甚高的专业人士，成园 10 年后年产量已达到 5 万箱、60 万瓶的规模。而他也有意让价钱维持在中级档次，是典型的"持盈保泰"哲学的拥护者。

除了霞多丽外，本酒庄也酿制相当不错的赤霞珠。其是用采收自库纳瓦拉（Coonawarra）的葡萄所酿成，会掺杂一点梅乐，是波尔多的风格。此款库纳瓦拉十分顺口，芬芳度饱满，酸度与丹宁十分调和，价钱千元出头，也是一款颇值得推荐的优质酒。

乍看到流韵酒庄（Leeuwin Estate）的"艺术系列"（Art Series），多数人会以为这是法国波尔多木桐堡的酒标。这款每年更易，且全都取材自澳大利亚当代艺术家作品的酒标，的确为流韵酒庄带来了莫大的商机。

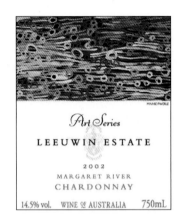

庄主霍根（Denis Horgan）1974 年便来到了西澳的玛格丽特河谷（Margaret River），买下了一个 90 公顷的园区。次年，把园区全部改种葡萄，其中雷司令最多，赤霞珠居次，霞多丽排行老三。

霍根的背后有一群美国的投资客，投资客的军师是加州葡萄酒的教父罗伯特·蒙大维。所以本园成立后，能有充分的资金大斥改革，其理在此。听说蒙大维有阵子还持有股份，后来才散伙。霍根有灵活的商业手法，酒庄内设有豪华的餐厅，经常举办品酒会、赞助公益活动……1985 年开始，受到木桐堡的启发，也将酒标艺术化起来。许多国际级的交响乐团，如柏林爱乐、声乐家卡那娃（Kiri Te Canawa）……都在本酒庄开过演唱会。本酒庄很快地成为澳大利亚最时髦的象征。

在 20 世纪 90 年代，本酒庄的霞多丽已经售价 35 澳元，黑比诺 30 澳元，仅次于最昂贵的澳大利亚酒——彭福酒庄农庄酒。

虽然近 20 年来澳大利亚顶级酒庄纷纷蹿起，流韵的魅力已经退烧，但流韵酿出的霞多丽与雷司令仍有迷人的清新气息，特别是其艺术级，都有令人赏心悦目的附加价值。一瓶艺术级雷司令的售价大约 2000 元，年产量 3 万余瓶。

美酒与艺术

《酒神像》

受到希腊神话的影响，罗马神话里的酒神，由希腊的戴奥尼索斯（Dionysos）改称为更流行的巴库斯（Bacchus）。这座雕于 2 世纪的罗马雕像，仍称为戴奥尼索斯，明显承袭了希腊的雕刻手法，细致非常。现收藏于巴黎卢浮宫。

德国后裔酿制的澳大利亚雷司令

汉谢克酒庄的雷司令干白

不知不可　Something You May Have to Know

澳大利亚在19世纪因为欧陆战争，引起了移民潮，移民到了澳大利亚，也带来了雷司令葡萄。因此要推荐澳大利亚雷司令葡萄，最好找一个德国后裔的酒庄，看能否酿出"原汁原味"的雷司令酒。

澳大利亚的雷司令产量不多，仅占全国葡萄产量的2%，和黑比诺一样。主要产在西澳或南澳，特别是南澳巴罗沙谷旁的艾登堡（Eden Valley）以及克莱尔谷（Clare Valley）。毕竟澳大利亚不像德国专注雷司令，因此澳大利亚的雷司令不像德国有那么多的种类与等级区分。一般而言，只有干白与甜白，没有再去区分迟摘、顶级，或酿制宝霉酒等。而澳大利亚的雷司令仍以干白为佳，其口感带酸与矿石味，果香超越花香，一般认为已经类似于阿尔萨斯的雷司令，没有德国干白的劲冽与扎实的酒体了。

至于少数酒厂也酿制甜白或宝霉酒，多半甜得发腻，层次感较弱，宝霉酒较好一些，当作饭后酒来搭配点心，倒也是个不错的选择。

本酒的特色　About the Wine

汉谢克酒庄（Henschke），典型的德国名字。随着19世纪50年代的移民潮，汉谢克来到了澳大利亚南部的阿德莱德山区。这里已经种植了很多老西拉树。汉谢克来到此地后，种起了葡萄。

家族所到的地区,有一个德国名字"恩宠山"(Gnadenberg)。经过 6 代人的努力,本酒庄在 1958 年开始推出以"恩宠山"园区的老葡萄——超过 130 岁的老株西拉葡萄——酿成的超级红酒。这款酒使用恩宠山的英文名字(Hill of Grace),使得欧美酒市大吃一惊:原来彭福农庄酒已经遇到了强劲的对手。本酒在美国市场(20 世纪 90 年代)都超过 100 美元。2000 年后,已经达到 200~300 美元,现在动辄突破 500 美元的大关,也是入选拙作《稀世珍酿》的一款酒。

目前本酒庄已成气候,规模不小,每年可酿造 30 余款红、白酒,年产量 50 万瓶左右。有一半以上都是优质甚至顶级酒。本书愿意介绍的这款艾登谷雷司令酒,也有平均水平以上的表现。

本来本酒庄早年也有少数澳大利亚酒仿效德国酿制迟摘级或精选级,但近年来已经放弃。目前本酒庄推出 3 款雷司令,以艾登谷的最佳。本款酒颜色淡青淡黄,入口微酸,类似德国顶级酒庄的私房级干白。此款酒搭配澳大利亚的海鲜冷盘,或是日本料理都极为适合。日本不少游客在澳大利亚都会指定本酒。一瓶售价接近 1000 元,如果买不到德国雷司令的干白,换成德国后裔酿制的澳大利亚干白,也是不错的选择。

延伸品尝　Extensive Tasting

因生产霞多丽而名噪一时,且获得高度名声的流韵酒庄,本来也是以酿造雷司令起家的。但终究不敌霞多丽的魅力,而退居其次。

同样是艺术系列,霞多丽的酒标每年不同,雷司令却年年采用同样的主题——青蛙。而且这些青蛙都是欧尔森(John Olsen)所画的一组画(4 张),看起来别具童趣。

这个酒标的视觉效果是成功的,它的绿色主轴,让人想起了"青草池塘处处蛙"的盛夏时节,也会令人想念冰爽的雷司令美酒去暑、提神的功效。

的确,这款酒酒质清晰,中等酒体,稍带柠檬、蜜饯与葡萄柚酸气,也有干木材味的雷司令,索价才 1000 元左右,我多次与之搭配泰式料理,尤其是越南菜的炸春卷包生菜,本酒毫不夺味地"坚守本分",难能可贵。

每次在炎夏,如有宴会,我第一个想去的便是泰式料理,唯有一种我想搭配的酒,便是这种雷司令干白,比起德国干白更飘逸、清新。

另一个澳大利亚雷司令的大本营——克莱尔河谷，生产的雷司令如何？我找了一下，发现好久不见的金巴里酒庄（Jim Barry Wines）酿制的雷司令酒，已经登陆台湾地区了。

20年前台湾地区刚刚可以进口澳大利亚酒时，金巴里酒庄已经是许多酒迷们心目中代表澳大利亚顶级酒的金字招牌。最出名的当然是其西拉酒，产自于阿曼（Armagh）园区，并挂上阿曼的招牌，自1987年起，成为彭福农庄酒以外最贵的一款西拉酒，可以与恩宠山并称为"澳大利亚西拉酒三剑客"。

在克莱尔地方有好几个巴里家族。金巴里酒庄老板马克1974年买下了阿曼园后，不仅生产西拉酒，同时酿造出顶级的雷司令，关键便是1986年他买下了一个佛罗里达果园（Florida Vineyard）。这个果园的主人是号称"澳大利亚葡萄酒大使"，同时也是澳大利亚酿酒学大师的布尔教授（Leo Buring）。1961年布尔教授逝世前，已经栽种了一批雷司令，但金巴里没去动这个园，一直到2004年才开始酿制佛罗里达雷司令。

这款酒已经属于老藤酒，有浓烈的花香与桂圆蜜等，回甘力甚强。比起本园其他的雷司令，层次高了甚多，可以算是澳大利亚一流的雷司令干白。本酒在台湾地区售价接近2000元。只是很难觅得芳踪，真是一大遗憾！

在我64年的写作生涯，我可以自信地说，自从我有判断力的年纪开始，我经常习惯喝过量的酒，引起多数人的批评，但我从不后悔，葡萄酒是我忠诚的朋友与睿智的顾问。它会经常向我显示出事情的真相，且有如神奇魔术般的本事，任何巨大的灾难经它碰触后，便成了不足挂齿的小麻烦。同时葡萄酒也为我照亮了文学的扉页，并将生命中极平凡的部分揭露了其浪漫的一面。葡萄酒虽然会让我变得勇猛，却不唐突；尽管它会让我说出一些笨事，却不会让我干出这些笨事。

——丘吉尔

（英国著名政治家）

百年老藤笑看春花秋月
澳大利亚巴罗沙河谷的圣哈雷特酒庄百年老藤酒

　　提到老丛，喜欢水果的朋友马上会想到"麻豆文旦"的"老丛白柚"，茶友们也会联想到云南普洱的"百年老普"，至于我的老家——嗜茶的广东潮汕——当然人人都知超过百岁树龄的饶平县凤凰山的老茶。

　　葡萄当然也有老藤。本书第60号酒提到的葡萄牙斗罗河克拉斯多酒庄，酿出了精彩的70岁的老藤酒。在澳大利亚南部的巴罗沙河谷，正是老藤遍地的神仙宝地。有句"礼失求诸野"的名言，意思是："在文明的地方失去礼仪，恐怕就要到较落后的地方去寻找存留在当地的老礼仪与老习惯。"葡萄酒的情况也是如此。唯有"年轻力壮"的葡萄树才能够产出足量的果实，带来利润。如果不景气，葡萄酒滞销，葡萄园主不是铲掉葡萄改种其他作物，就是任其荒废。澳大利亚不少地方便是后一种情形。等到20世纪七八十年代，澳大利亚葡萄酒业开始兴盛，许多荒废数十年的老园被陆续发现，园中的老葡萄树开始展现生机。因此如要品尝"高龄"葡萄酒，唯有在新兴或是复兴的老葡萄产区方有可能。

　　1944年林德(Linder)家族创立了"圣哈雷特酒庄"(St. Hallett)，酒庄便幸运地拥有了一批难得的西拉老藤。

　　1944年的时候，整个澳大利亚的土地都很便宜。林德家族在巴罗沙河谷的中心买下了700公顷的土地。这一大片土地上分布着200个不同的葡萄园，其中许多是1913年就栽种的葡萄，且多是西拉种，至今刚满百年。圣哈雷特酒庄酿酒的成功，主要应归功于布莱克威尔（Stuart Blackwell）。这位在本酒庄工作已超过30年的总酿酒师，特别珍惜老株葡萄的价值，不仅是对本园老葡萄树如此，还经常到各处收购老葡萄。某些果园要铲除老葡萄树，而布莱克威尔常常扮演"斧下留树"的角色！

本园 1912 年种植的西拉老藤

有图为证！数十年老藤的根部，竟然有鸟筑巢。本园注重生态平衡，没有滥施农药，此鸟巢为最好的证明

圣哈雷特酒庄旗下有 3 款西拉酒：老园区（Old Block）、信念园（Faith）及布莱克威尔（Blackwell），其中评价最高者为老园区，其次为布莱克威尔，再次为信念园。

本园获奖无数，2004 年获得了《国际葡萄酒及烈酒》杂志（*International Wine & Spirit*）的"年度酒庄大奖"（Winey of the Year），名气已经提升到世界级。本园在 2002 年被 Lion Nathen 集团并购。

既然称为老园区，此款酒的葡萄最小树龄也在 60 岁，其他大多来自近百岁的老葡萄树。莫看这些老树干虽然已经粗如一个男人的大腿，但每年每株产果不过 2000 克。我的朋友张佐民兄，最近去了一趟圣哈雷特酒庄老园区，在几棵老树的树根间隙发现了鸟巢，园方居然不去打扰，果然是"人鸟相安无事"！朋友特别把照片寄给我，我也愿意在此与读者分享。

本园自 1985 年开始推出老园酒。这些老园酒会在橡木桶内醇化 18 个月。我试过 2005 年份的本款酒，有极浓厚的乳香味、咖啡味及淡淡的水果糖味。记得那时候秋风初起，我与老友邵玉铭教授一起品尝广式海鲜火锅，邵教授对本酒赞不绝口，直说它是多年难得尝到的美酒。可惜本酒年产量仅 6000 瓶，台湾地区每年进口不过一两百瓶，我也是偶尔尝到。本款酒在澳大利亚的售价约为 50 美元，台湾地区进口商的报价在 2000～2500 元之间。以此价格尝尝百岁树龄的葡萄所酿酒的滋味，太值得了！本园各款葡萄酒，年产量可达 2 万箱。其中，还出了 2 款雷司令，也博得了相当多的掌声。

就甜酒而言,巴罗沙河谷的卢·米兰达酒庄便可酿出此酒的代表作。

看到卢·米兰达酒庄（Lou Miranda）的名字,我立刻想到这个"卢"(Lou,广东话发音)会不会是中国人,这会不会是一个中国人开的酒庄?因为近年来不少华人赚了钱,就会想到买个酒庄来酿酒。或是跟日本人有关?因为我想起了法国勃艮第"天地人酒庄"的"Lou Dumont"(见本书第7号酒)。然而,其实这是一个意大利裔澳大利亚人的名字。

卢的父亲弗朗西斯科·米兰达在1938年第二次世界大战战云密布前夕移民到了澳大利亚,迁入了巴罗沙河谷,开始酿酒。本酒庄在卢的拼搏下,开始在巴罗沙站稳了脚跟。

和巴罗沙河谷的许多葡萄园一样,本地区已经成为旅游与观光的重地。每年大批观光客涌入,不少酒庄多采取多元化经营。本酒庄也是如此,每年生产14款不同的酒,数量超过1万箱,在12万瓶以上,质量与价格都平平,主要为国内消费,同时也拥有餐厅与旅馆。本园的特色,为老园酒（Old Vines）及剪枝酒（Cordon Cut Wine）两种。老园酒的葡萄树龄都已经接近百岁, 又分为两款: 一是纯西拉的老园酒,另一款是混酿老园酒。以2009年份为例,其中54%是西拉,46%是慕合怀特。至于本园的代表酒,应当是剪枝酒。

这款酒与阿马龙酒的酿造方式十分相似: 当葡萄成熟时,便将葡萄枝梗剪断,但不取下葡萄,让其果实仍然留在葡萄架上,经过3天的风干,才采收压榨。这道理跟阿马龙一样,都是让葡萄风干,使果汁浓厚。这种方法称为"剪枝法"（Cordon Cut）,所酿成的酒,我们不妨称之为"剪枝酒"。

酿制剪枝酒是一项步骤繁复的工作, 在采收环节要比一般酒多花道工序,而葡萄剪枝后也要小心,一旦发生落果,就前功尽弃。因此,欧美各国用此酿造法的酒庄甚少。似乎只有澳大利亚才有利用这种酿酒方式来酿制红酒及类似迟摘酒的甜酒的酒庄。

我有一位设计师朋友萧子平兄曾经将其珍藏的2000年份的剪枝酒与我共赏。这瓶酒颜色甚为深沉,没有意大利阿马龙那种喧闹的阳光气息与鲜红带橙的颜色,却有浓厚的浆果与黑巧克力味。醒酒4小时后,可以闻到相当突出的水仙、玫瑰等花香,的确是一款优雅的好酒。

本园3款精酿酒, 产量甚少。例如老园西拉年产量在

3500 瓶,当地售价约 33 澳元;老园混酿年产量在 1800 瓶, 当地售价约 36 澳元;剪枝酒年产量在 2000 瓶,当地售价约 40 澳元,而此难得一见的好酒,台湾地区的售价在 2000 元上下。

这又是一款"老藤迷"们心仪的梦幻酒。成园于 1893 年的凯思勒酒庄(Kaesler),由名字可知庄主是德国移民。的确,整个巴罗沙河谷俨然成为一个"小德意志"了。本园成立之初,庄主便在一个小园区(仅有 1.08 公顷)种下了西拉葡萄,成长至今。另外本园还在巴罗沙河谷外的马拉南加(Marananga)外买下了一个 9.2 公顷的园区,在那里还有一个小

园(0.89 公顷),在 1861 年便有了葡萄园,这些都是凯思勒酒庄的珍贵老园。

超过百年历史的凯思勒酒庄,目前在巴罗沙河谷区有 92 公顷的土地,另外还要加上其马拉南加的园区,总面积已超过 100 公顷。以这样的面积规模,日后总产量可望达到年产 30 万箱。

本园最精彩的老藤酒当推"博根酒"及"老混蛋酒"。1899 年本园在巴罗沙河谷有一个 3.2 公顷的小园区,种植了西拉葡萄。酒庄的总酿酒师布斯华(Reid Bosward)认为这园区的百年葡萄好得不得了,可以作为其酿的酒的代表作。布斯华是在 1997 年来到酒庄的。之前在法国、美国等大酒庄学到一身酿酒本领的布斯华,打算在这个当时还微不足道的酒庄施展其功夫,使之脱胎换骨。果然在他的领导下,本酒庄由平凡走向精彩。布斯华将由这个 3.2 公顷小园的西拉葡萄酿的酒,命名为"博根"(Bogan),这是他小时候的绰号。

博根酒除用百年的老株葡萄酿制外,还会在全新的两款法国橡木桶(各占 35%)和一款已使用了 2～3 年的美国橡木桶(占 30%)中醇化 15 个月。酿出来的博根酒颜色鲜艳、优美异常。刚开瓶时,乳香味压倒一切,而甜甜的糖果味也十分明显,典型的"新世界"丰沛口感。但是醒酒将近 2 小时后,乳香味散去,取而代之的是仙草蜜、檀香木味——沉

稳而优雅,令人拍案叫绝!

我查了一下帕克的评分,2004 年以来,每年都在 92～96 分之间,至于价格则在 2000 元上下,性价比很高。

至于本园的压箱底宝贝,当然是 1893 年由那 1.08 公顷小园葡萄酿出来的珍贵西拉酒。园方取了一个滑稽的名字——"老混蛋"(Old Bastard)。酒标上那个衣着邋遢、酒糟鼻的糟老头,对我们这些上了年纪的酒友,都是一个警告:不要有一天自己也成为"酒标中人"!看着这个"Old Bastard"用恐怖的鲜红字体写出,简直就像在看恐怖片的电影海报!

在这个醒目但不太高明的酒标的瓶内,却装了 2004 年份以来帕克评分都在 95～98 分高分的顶级酒。除 2008 年份达到 96 分外,刚刚进口到台湾地区的 2009 年份,帕克也评了 95 分。不过产量太少,以我手上这瓶 1998 年份的为例,只产了 50 箱(600 瓶),每年恐怕不超过 1000 瓶。但价格方面,约 150 美元,台湾地区报价不过 4000 余元。但本酒陈年实力可达 30 年以上。

我建议类似这种"百年老藤笑看春花秋月"的老藤酒,每位美酒爱好者都应当品尝、珍藏几款。想想看,这些由"百岁"老藤酿出的老酒,还可以再陈年 30 年以上,您的藏酒都已如此长寿,您的岁数岂可落后呢?

> 通往酒窖的阶梯,正是通往天堂的捷径。
>
> ——法国谚语

"美得冒泡"澳大利亚艳红气泡酒

卢·米兰达酒庄的百年西拉气泡酒

不知不可 Something You May Have to Know

酿制法国香槟酒的 3 种主要的葡萄中,黑比诺与粉比诺都是红葡萄,霞多丽为白葡萄。作为香槟主角原料的红葡萄,自然也可以酿成香槟。的确法国早年有红香槟酒,只不过后来被政府明令禁止。杨子葆兄在《葡萄酒文化想象》一书中指出:法国香槟区最后酿出的一款红香槟年份为 1887 年。

法国禁止,但其他国家并不一定禁止。例如克里米亚半岛,早在 1799 年就以酿制香槟的方式,利用赤霞珠、梅乐等酿成了一款俗称"俄罗斯香槟"的气泡酒。但其正式名称是使用了德文的"Krimsekt"(克里米亚气泡酒)。这款微甜的气泡酒,后来改用大规模工业化生产(灌入二氧化碳),成为大众的饮品,年产量高达 5000 万瓶。我在德国留学时,经常与德国、东欧国家留学生一起畅饮此种廉价气泡酒,但其气泡甚粗,如汽水般,很容易醉。

另外在意大利的伦巴第地区,虽然以生产一般的气泡酒闻名(见本书第 47 号酒),但该地区其实还出产一种红色的气泡酒——蓝布鲁斯科(Lambrusco),是广受欢迎的红气泡酒。

欧洲移民看到南澳地区能种植黑比诺与霞多丽,自然也会想酿气泡酒。澳大利亚没有类似法国的禁令,便可以利用各种红葡萄酿出红气泡酒。尤其是澳大利亚有最出名的西拉葡萄,澳大利亚人用其酿出举世闻名的西拉气泡酒。

法国人不喜欢红香槟,恐怕是觉得红葡萄酒与气泡的感觉不合。红葡萄酒的涩度,会因气泡而强化,而好的葡萄酒又须陈年,顶级红葡萄酒必须细闻才能体会其优雅芬芳,气泡则会冲淡此气息。既要保持新鲜红葡萄酒的果香,让香味集中而不被气泡冲散,又想享受开瓶后的滋滋欢乐气息,的确很难做到,可谓"鱼与熊掌,难以兼得"!

在前一号酒提到的卢·米兰达酒庄，竟然也突发奇想地利用其难得的 1907 年就栽下的百年老藤制造了"老园气泡酒"。这在全世界都是非常难得的。

本来澳大利亚各酒庄大致上各款葡萄酒都酿制，气泡酒也是其中之一。西拉气泡酒多半利用"年轻"的葡萄来酿制，也多半不待陈年即可饮用。但卢·米兰达酒庄的"老园气泡酒"竟然利用如此昂贵的老葡萄，便希望本气泡酒能够如同法国的"年份香槟"一样，可以陈上 10 年或 20 年，再来开瓶享用。

这款酒有极为艳丽的色泽，颇如新剖开的石榴所榨出的红果汁的色泽。由于是老藤西拉，其香味深沉、内敛，香气并不迅速外露。随着气泡，且是极为细腻、源源不绝的带状气泡，几番推涌之下，蜜饯味与花香才开始散发出来。很难得能在看似古板、严肃与刚毅的西拉酒中，还可见到童颜般的笑容！

这款"老园气泡酒"，澳大利亚售价不过 30 澳元，折合新台币不足 1000 元。对比同样质量的法国百年老藤白香槟，如伯兰洁（Bollinger）酒庄的"法国老株"（Vieilles Vignes Francaises）香槟，国际售价在 600～700 美元之间，是本酒售价的 20 倍以上。以一瓶伯兰洁的法国老株香槟，可以换来本庄"老园气泡酒"超过 20 瓶之多，您是否会为本园的老西拉葡萄树叫屈？

澳大利亚的酒农很早就在酿各式气泡酒，包括西拉气泡酒在内，作为节庆欢宴之用。由于畜牧业相当发达，"澳大利亚大餐"自然是以肉类烧烤为主。冰镇后的红气泡酒成为炎热的圣诞大餐（圣诞节期间对澳大利亚人而言正是一年中最热的时候）中搭配油腻烤肉最好的酒款。

将澳大利亚西拉红气泡酒推向世界葡萄酒消费市场

的，当属"绿点酒庄"（Green Point）。这是酩悦香槟（Moet & Chandon）所属的时尚集团LVMH于1986年在澳大利亚设立的子公司。这也是酩悦香槟全球化策略的一环。从20世纪60年代开始，已经在酿酒与市场潜力强的美国、巴西、阿根廷、澳大利亚及西班牙等国，设立了6家大香槟酒庄（其中阿根廷有2家）。1998年起，全部整合到Chandon Estate旗下，垄断了全世界中等以下价位的气泡酒市场。无论产于何处，都采用标准的工业化流程，强调各地的特殊口味，取得了销售上的领先地位。

澳大利亚的绿点酒庄在南澳的雅拉谷拥有44公顷园

区，除了酿制香槟的3种葡萄外，西拉葡萄也是其重点。其西拉气泡酒，颜色极为艳丽，果香味强，但不会有前述卢·米兰达百年老西拉那么沉稳，以及香气能渐放渐开的优点。这是一款适合快饮及带有快乐取向的百搭酒，由于稍带甜味，气泡也较粗，散得快，可以搭配烧烤肉类及各种酱味重的料理，也适合我国各省的菜肴。其价格仅为20美元上下，是一款不必讲究气氛、不拘排场的欢乐用酒。

绿点酒庄的气泡酒，除了平价级的西拉红气泡酒外，还有较高等级的年份气泡酒，例如2004年份的干气泡酒（Vintage Brut），便曾经在2008年元旦被英国著名的杰西·罗宾森女士（Jancis Robinson）选为其所认为的全世界最好的24款香槟与气泡酒之一。而其价格也只比西拉红气泡酒贵一两成而已。另外，绿点酒庄的粉红气泡酒也包装精美，浪漫极了，是情侣或夫妻烛光晚餐的好选择。

进阶品赏　Advanced Tasting

澳大利亚另一家酿制西拉的杰出酒庄E & E，酿出的黑胡椒西拉酒十分受欢迎，但令人惊讶的是，这家酒庄竟然还酿出了一款"黑胡椒西拉气泡酒"。其评价超过了上述的两款西拉气泡酒。此种气泡酒前半部的酿造方式和黑胡椒

西拉酒并没有不同：对树龄超过70岁的老株西拉葡萄进行精选后，榨汁，放入三成是全新的法国与美国橡木桶中醇化18个月之久，而后再置入法国橡木桶中陈放12个月。在经过这漫长的30个月的醇化后，开始分瓶，一部分制造黑胡椒

西拉酒，便装在瓶中继续醇化，另一部分则加入酵母、糖等香槟作料，让其在瓶中自然发酵而成为气泡酒。

黑胡椒西拉气泡酒有芬芳的成熟果香，仿佛给体魄雄健的黑胡椒酒注入了年轻的灵魂，在本酒中一样可以品到西拉酒特有的熟果香气。此款西拉酒曾经造成很大的轰动，便是因为酒友们感受到其浓郁的果香、甜美及优雅的丹宁而激动。本款酒在澳大利亚的售价在 60 美元上下，是一款值得珍藏、具有 20 年以上陈年实力的酒，属于顶级的澳大利亚西拉气泡酒。

有句俗语："美得冒泡。"看到艳红似玫瑰的澳大利亚西拉气泡酒，我认为它们真是美得冒泡！

> 好酒要经常饮用，至于美酒，则可偶尔饮用。
>
> ——Andre L. Simon
>
> （法国品酒师）

《葡萄静物》

油画常常以葡萄为题材来创作，自文艺复兴以来，葡萄都是最受欢迎的题材。特别是白葡萄，能够用油画颜料画出其晶莹剔透的色泽，实在考验画家的绘画技巧。本图为法国 17 世纪画家莫蓉（Louise Moillon）的作品。类似作品在欧洲几乎所有的博物馆都可以欣赏到。

酒庄也走的是国际化的路线，不仅是酿酒技术，也包括经营理念。本园既然有 7 个小园，便依据不同的产区特色，采取单园酿制或是平价的混园酿制，前者如 "第 17 谷园区白苏维浓"，后者如 "雷利山白苏维浓"。

第 17 谷园区白苏维浓（Seventeen Valley）来自于雷利山谷的 Ranwick 园区，共有 20 公顷。因为两园的距离不太远，这里吹拂着与雾湾庄园一样的海风。"第 17 谷" 成园于 1996 年，目前葡萄已经达到其黄金期。除了采收严谨外，本款酒会在法国橡木桶里发酵与存放将近 1 年，因此会有较为复杂与多层次的香味。

我曾品尝了两次 2009 年份的 "第 17 谷"，颜色已经呈现出稻草黄色，不掩其已成熟的风韵。香气方面，有柑橘、熟芒果与杏子的味道，还可感到淡淡的柠檬酸味，的确是一款阳光十足、令人振奋的好酒。由于长年来新西兰白苏维浓的口味已被雾湾所 "定性"，任何人一尝到 "第 17 谷" 时，都会精神一振，认为雾湾白酒后继有人了！帕克给了本年份酒 90 分，应当是极佳的鼓励吧，无怪乎我当时会说 "此乃新西兰最好的白酒"！

我 2012 年 3 月品尝 "第 17 谷" 时，台湾地区正感染着 "林来疯"（林书豪）狂热症，"17 号" 成为全民的幸运数字，难怪本酒一进入台湾地区，就几乎马上被求购一空。我想：幸运数字的联想、优秀的质量及诱人的价钱（每瓶 1000 元），应当是本酒畅销的原因吧！

进阶品赏 Advanced Tasting

作为新西兰最大葡萄产区的马波罗区，自从雾湾酒庄声名大噪后，似乎变成了新西兰白苏维浓酒的代表产区。很快地很多新兴酒庄盖起来了，本来只是种葡萄的果农也跃跃欲试，变成了酒农。本地区的葡萄酒庄一下子超过了 100 家，且几乎每隔两三个月都会有新的酒庄诞生。这里的白酒，甚至黑比诺、雷司令，都已经形成气候了。

例如最近朋友带来一瓶乔治·米歇尔（George Michel）的 "黄金里程"（Gold Mile）级的白苏维浓。这个 1997 年才成立的新酒庄，庄主原系法国勃艮第酒庄的庄主，1998 年在此酿出的第一个年份的白苏维浓与霞多丽，都获得满意的结果

后，干脆1999年举家迁来马波罗，落地生根。他的女儿Swan在本地获得酿酒学位后，回到法国波尔多及勃艮第实习，并在著名的勃艮第兰布莱堡（Clos de Lombray）担任酿酒师。乔治·米歇尔的"黄金里程"，有极为浓烈的台湾地区土番石榴香味，让我回忆起多年以前雾湾白苏维浓初次给台湾地区酒友们的震撼——包括价钱（1000元左右）在内。

但要找品质更上一层楼的白苏维浓，恐怕还得另寻他家。一对伊博森夫妇（Ibbotson）1978年在此地兴建了一个葡萄园，本来只是卖葡萄给酒庄酿酒，终于在1994年决定转型，于是购买了一个原由辛克莱（Sinclair）家族设立的酒庄，改名为"圣卡来尔家族酒庄"（Saint Clair Family Estate），开始了酿酒生意。

圣卡来尔家族酒庄实行的是单园酿造的模式，这也是20年前澳大利亚酒庄普遍实行的方法，让每个葡萄园不同的风土能够呈现出来。尽管这些差异已经达到十分细微的程度，非大师级的专家很难区分，但就是靠着这些"花工夫的小把戏"，让酒庄的"精工酿造"的名声更为响亮。

本酒庄酿造的白苏维浓大致分为4个系列：伟劳珍藏（Wairau Reserve）、先驱园区（Pioneer Block）、顶级园（Premium）及维卡严选（Vicar's Choice）。其中第4种的维卡严选口味最为清淡，属于普及型的平价酒，价钱都在1000元以下。最昂贵的当是产于伟劳山谷地区（与"第17谷"同产区）的伟劳珍藏及先驱园区，都在1500～2000元。

本书愿意介绍其先驱园区系列，这系列共有9款之多，包括第1、2、3、6、11、18～21号园区。每一号园区（Block）的价钱大致相同，因此数量较多，比较容易寻得。就以左图中的2011年份的18号园区而论，有漂亮的稻草黄色和透明干净的酒质，帕克评了90分，算是在本园各款白苏维浓中较高的（一般都在88分左右）。本酒没有太强烈的土番石榴味，也没有橡木桶的甜香草味，但柠檬、葡萄柚再加上一点点青草味，是一款颇有层次的白苏维浓。由于价位太高，在市场上不易看到。

"天涯海角"的葡萄园
新西兰阿塔兰基黑比诺

不知不可　Something You May Have to Know

不像澳大利亚的红酒以西拉等罗讷河品种为大宗,新西兰的红酒则"独沽一味",比如黑比诺,这主要是其温度较低所致。本来如同其他新兴酒园一样,早在19世纪90年代,新西兰就有人尝试栽种任何品种的红葡萄,也想到勃艮第最容易栽种的佳美葡萄(Gamay),可以酿制廉价新鲜的薄酒莱样式的新酒,逐步站稳了酿酒的脚跟。不过当这些尝试都失败后,他们终于发现了唯有黑比诺最适合本地贫瘠、寒冷、少雨与日夜温差大的特性。

黑比诺在20世纪70年代开始逐渐成为新西兰南部各地方最重要的葡萄。新西兰由南北两岛组成,两岛都可以酿制出顶好的黑比诺。在北岛方面,集中在最南端的马丁波罗(Martinborough)地区,所酿制的黑比诺最为有名。

提到马丁波罗,爱酒人请不要误会本书前一号酒所介绍的以生产白苏维浓而著名,且将新西兰酒的名气打响,让新西兰也能跻身世界美酒产区的"雾湾酒庄"所在的"马波罗"(Marlborough)酒区。马波罗在南岛的最北方,中间相隔了一个小小的库克海峡(Cook Strait),一字之差很容易搞混。

除黑比诺外,雾湾酒庄也推出霞多丽及黑比诺,也都获得了相当大的重视与欢迎。但雾湾酒庄的黑比诺偏于香甜,果味薄弱,没有顶级酒的架势。帕克评分平均一般在85~90分,很少有超过90分的佳作。

若要论及马丁波罗黑比诺的代表作,几乎所有爱酒人士大概都会挑选阿塔兰基酒庄的黑比诺。

本酒的特色　About the Wine

所谓的阿塔兰基(Ata Rangi)，当地毛利人土语意思为："从新开始"。1980 年，一位农场主把一群奶牛卖掉后，捧着现款跑到马丁波罗市西方一个土地贫瘠的山坡，买下了 5 公顷的土地。听隔壁说这里可以种出不错的黑比诺，于是他开始种植葡萄，也就是一切"从新开始"。这个雄心万丈的农场主叫作"派顿"(Clive Paton)。听说这批种苗的母株来自于鼎鼎大名的勃艮第罗曼尼·康帝酒园，当年走私进入新西兰奥克兰机场时，被海关发现充公。海关知道此种苗来自于名园后，没有将之销毁，而是转送给植物研究单位研究，后来繁殖成功，因此此"将相本有种"！

我不太相信这种母株的根源一定是酿成美酒的主因。恐怕还是庄主的努力与当地的风土条件所致吧。

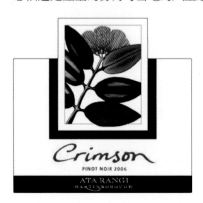

无论如何，庄主派顿终于酿出了极为芬芳、开瓶后可立即品赏的黑比诺。本园黑比诺分为两种：一种是普通版，属于年轻早饮式的 Crimson，其色彩鲜艳、充满活力的酒标设计上，有一朵红花，代表新西兰原生种的一种红花树木 rata-pohutukawa，这种会开满红花的濒临绝种的植物，新西兰政府视为国宝，并成立了一个"Crimson 计划"来推动保护。本酒庄的 Crimson 黑比诺便积极行动，响应此计划。另一种则是精心酿制的阿塔兰基黑比诺。这款黑比诺会采用天然的酵母菌发酵，在 25% 全新的法国橡木桶中陈放 1 年，并不过滤，而后还在瓶中再陈放 1 年以上才出厂。

我与两位朋友在 2012 年 4 月开启了一瓶 2009 年份的阿塔兰基黑比诺。虽然只有 2 年半的岁月，颜色呈现深桃红色及一点点粉红色，没有美国或勃艮第新酒的那种胭脂红及石榴红，也没有油晃晃的亮丽颜色，却有点成熟的老酒色，显然是走"香气取胜"的一条路。果然一嗅之下，香气非常集中，入口后立刻感觉果味极甜与浓厚，新世界风十分明显，是一款十分奔放、可以将黑比诺新鲜时所富含的樱桃味完全释放出来的酒；而喝后的回甘，仍可闻到浓厚的花香及淡淡的中药当归和甘草味。我认为这是一款值得趁年轻时享受的好酒，它没有使用软木塞而是用旋转瓶盖，可知庄主也不打算将此款酒列为可陈年珍藏之用。如果要发现黑比诺在新酒时的魅力，我倒建议试试这款新西兰的黑比诺，会有勃艮第新酒所没有的活力、爆发力。

　　位于地球最南端之一的酒庄——新西兰的阿塔兰基有着直追法国勃艮第顶级酒之气概，想必是好山好水才使本园黑比诺品质高贵，酿出令人惊艳的美酒。背景为台湾地区中生代水墨画名家白宗仁教授的《江山卧游》，宗仁兄以岭南笔法，胸怀北宋山水神韵，绘出飘逸非凡的山川胜景。崇山峻岭，远望江帆，宛若仙境（作者藏品）

为了检验这瓶 2009 年份黑比诺的香气持续度,我特别剩下半瓶留待 8 个钟头后再试试其口味,果然香气消退大半,只残余一些果味与中药味,更加验证了本款酒"早开易谢",是一款"及时行乐"的快乐酒。

延伸品尝 Extensive Tasting

新西兰南岛的南北两端都栽种黑比诺。除北端的马波罗区外,南端的奥塔哥(Otago),也是新兴的黑比诺产区。

电影《魔戒》拍摄的主要地点奥塔哥,正是位于新西兰南岛的最南方,换句话说已经到了南半球陆地的最南端。这让我想起了"天之涯、地之角"的熟语,本园也堪称"天涯海角"之酒园。

比起马丁波罗在北岛的南端,奥塔哥位于更南方的近800 千米之遥,气候更为寒冷。南纬 45 度的地理位置已经是

葡萄生长的极限,较耐寒的葡萄,例如黑比诺、霞多丽及雷司令仍可种植;又由于有充足的日照及不太多的降雨量,属于大陆性气候,因此本地区具有酿出好酒的地理环境。

1991 年有一位餐厅老板,也是美食美酒的爱好者 N. Greening 在本地设园开始酿酒,取名为 "费藤路"(Felton Road)酒庄,采取了有机栽培的耕种方式,尽可能让葡萄自然生长,将人为干涉降至最少,并使用天然酵母,本园的黑比诺立刻受到国际的重视。本园共有 32 公顷园区,包括科尼西点园(Cornish Point)及恩姆斯园(Elms),生产 4 款黑比诺,包括由恩姆斯园 "第三片园"(Block3)、"第五片园"(Block5)酿成的两款单园酒,由科尼西点园单独酿出的一款酒,及其他总园内的葡萄酿成的班诺克奔(Bannockburn)基本酒。另外,本园还在附近租下了一个 10.2 公顷的卡沃园(Calvert),有 8 公顷黑比诺,也用来酿制单园的卡沃园黑比诺。

本园旗下各款黑比诺都仿效勃艮第的酿造方式,手工采收葡萄,精挑细选。同时,葡萄榨汁也取其新榨部分,只取17%～20% 不等,以求纯粹的葡萄酒液,而不会压榨到葡萄

茎梗的苦味，也不会有太涩口的葡萄皮之丹宁味。这种讲究的"初榨"方式，也颇像顶级的香槟榨汁做法。

本园5款黑比诺每年总产量高达8000箱，最受欢迎的自然是单园酿造的黑比诺。例如"第三片园"及"第五片园"，帕克评分都在91～93分，其他园区也在90～92分，但价钱则差距将近1倍，前者在100美元上下。

故就性价比而言，品赏价钱最低且数量最多的本园基本款班诺克奔即足够了。

就在我与朋友品赏上款阿塔兰基2009年份的同时，也试了一下同年份的班诺克奔，最可以比较两园黑比诺的差异。

2009年的班诺克奔，颜色不是深桃红色，而是深红似黑枣般，初开瓶后，甜度较低，香气沉滞，但新橡木桶的炭烤味颇为明显。相形之下，奔放的阿塔兰基，立刻吸引了大家的注意。等到一饭将尽的1个钟头后，我们再试试这瓶快被遗忘的班诺克奔，复杂的果香、深层的干果、酸梅等，慢慢地呈现出来。这也是一款需要较长时间来醒酒、颇适合一个较长时间享用的酒款，例如在一个长达3个钟头以上的宴会中品赏本酒，倒是一个颇好的选择。

由于本酒也是使用旋转瓶盖，说明了本酒最好陈放时间不要超过5年，也算是一种"少年老成"的黑比诺。

进阶品赏 Advanced Tasting

就在撰写新西兰黑比诺之时，长荣桂冠酒坊邀请我与来访的法国勃艮第大德园（Clos de Tart）的总管沙利文·匹迪欧（Sylvain Pitiot）共进晚餐，时间是2012年5月4日晚上。大德园是我列入《稀世珍酿》的"百大名园"之一，我当然品赏过许多个年份，对其纤细高雅、隽永流长的韵味倾心备至。刚过60岁的匹迪欧先生，清癯儒雅，是一个谦逊的酿酒师，我们交谈甚欢。席间提及他最近应邀赴新西兰交流，当地的葡萄酒庄求知若渴，希望从他处学到若干酿制黑比诺

的绝招。他几乎遍尝了新西兰的黑比诺。

我遂抓住了机会，请教他哪一款是他认为的新西兰No.1的黑比诺，他的答复是：雷朋酒庄（Rippon）。

雷朋酒庄是Mills夫妇在1982年才成立

的酒庄，位于奥塔哥中区，美丽的瓦纳卡湖（Wanaka）边。本来是家传的牧场，夫妇俩产生了酿酒的兴趣，于是开始种植以黑比诺为主的七八种葡萄，没想到很快就获得了成功。本酒庄共有 15 公顷园区，酿产的黑比诺与雷司令最为出名。尤其是黑比诺，共有 5 款，其中 3 款酿制较老的黑比诺，例如锡匠园（Tinker's Field）、爱玛园（Emma's Block）及雷朋园，都会在 30% 的全新橡木桶及 70% 的 4 年左右的旧法国橡木桶中醇化 15 个月，因此果味非常集中，获得了帕克很高的分数（例如 2008 年份，3 款评分分别是 93 分、93 分及 91 分），另外还有 2 款较年轻黑比诺，成绩也不错，都是 91 分左右。

上述黑比诺的产量都不多，例如锡匠园与爱玛园年产量都低于 90 箱（1000 瓶左右），当地市价也不太贵，分别是 80 澳元与 64 澳元，产量较多的雷朋园也接近 50 澳元，成为黑比诺迷最喜欢购藏的酒款。很可惜，这款酒似乎台湾地区还没有进口。匹迪欧对本酒庄的酒赞誉甚佳，当然也附带有所保留——可以追求及时的快乐，不必奢望 10 年后的幻景！要享受顶级黑比诺 10 年后才会散发出来的迷人光辉，唯有品赏大德园！

随后他邀请我们一起品赏他特别由酒窖携来的 1996 年份 4 瓶装（Double Magnum）大德园，来证明他的话所言俱实。为何挑 1996 年份？因为那年是他入主大德园，且将大德园复兴起来的一年。

《酒神徒众的欢乐》

这是法国 19 世纪末著名的雕刻家达鲁（Aimé-Jules Dalou）的大理石浮雕《酒神徒众的欢乐》，属于新艺术的风格，但也再现了希腊与罗马大理石雕像的典雅与生动。该雕像现竖立于巴黎市安图宜公园（Garden of Auteuil）内温室的入门喷泉。

CHILE

智利 ➡

美酒新世界的代表

智利梦特斯酒庄的佳美娜"紫天使"

不知不可 Something You May Have to Know

20世纪70年代，与智利同属西班牙语系的西班牙大酒庄Torres，看中了智利发展酒业的丰厚潜力，同时因语言的便利，便率先来此设厂。Torres带来了新颖的技术与设备，以及国际葡萄品种，大大地刺激了保守的智利酒业。Torres可以说是振兴智利葡萄酒业的第一人。

智利酒业的振兴不像其他资本与经济发达的国家，例如美国或澳大利亚，以大、中、小型酒庄齐头并进，智利则是由资本集中、财力雄厚的大酒商来酿制顶级酒，并且将外销作为酒庄经营、质量提升的主要考虑。1995年，智利开始酒业振兴，当时全国只有12家酒庄，迄今已接近100家酒庄。进步虽快，

但数量仍嫌少。

大酒庄代表了资源丰厚，同时也代表了掌握先进技术和前沿信息。特别是在传统的老世界，例如法国波尔多，已经寸土寸金，许多雄才大略或财力雄厚的酒庄很难在本土再有发展的机会。此时，已经有400年以上酿酒历史、土地与人力极为便宜，且各地很容易找到至少七八十年老藤葡萄的智利仿佛磁铁般吸引了这些好酒庄的注意。例如木桐堡、拉菲堡、加州与西班牙等，皆已进入智利大展宏图。

智利的酒已经一步步由廉价酒，走上了优质酒的道路，也慢慢出现了具有顶级酒架势的热门酒，即智利酒的"四大天王"：

其一是奥玛微瓦（Almaviva），这是最出名的智利酒，乃法国木桐堡与智利最老及最大的酒庄康恰·托罗（Concha y Toro）合作酿制，由于是两个国家顶级园的混血，很多人也称其为智利的"第一号作品"（Opus One）。

其二是拉波斯托勒酒庄（Casa Lapostolle）酿制的阿帕塔园（Clos Apalta）。

其三是西娜（Sena），这也是个混血园，由美国罗伯特·蒙大维酒庄与智利著名老酒庄"依拉祖利兹"（Errazuriz）合作酿制。靠着罗伯特·蒙大维酒庄的营销系统，在美国销售甚为成功。

其四是依拉祖利兹酒庄酿制的查德维克（Vinedo Chadwick）。

这4款顶级酒的价格，本来都在每瓶30～40美元，但名气上扬后，目前此4款酒都在150美元上下，台北偶然看到特价，也在3500元以上。

上述顶级酒的成功酿制，代表了智利酿酒人可以酿出国际水平的好酒。今后的一二十年，我们相信将是智利美酒扬眉吐气的时刻。

本酒的特色　About the Wine

智利南北长达4300千米，西部由北至南分成三大气候区：干旱的沙漠气候、地中海气候及温带海洋性气候。最适合葡萄生长的当是中部，依目前的统计，智利葡萄以红葡萄为主，占70%以上，其中赤霞珠占2/3；梅乐居次，白葡萄则是以白苏维浓及霞多丽为首。智利特有的葡萄佳美娜（Carmenere）占第5位，这是一款色深味浓的葡萄，如同阿根廷的马尔贝克（Malbec），许多酒客都想试试纯粹佳美娜葡萄酿成的滋味如何。

佳美娜葡萄产量很少（据说在成长过程中很容易落果），成熟较晚，味道偏向梅乐，但甜度与芬芳度稍逊。200年前，其在波尔多是与品丽珠一样受到欢迎的品种，许多酒庄拿来作为酿制葡萄的主要品种，而非配角，能够酿出高度芬

芳与结构结实的好酒。但很不幸，200年来，它与品丽珠一起沉沦下来，反而在波尔多失去了踪迹。唯有部分被移植到智利，才保存了根基。

智利中部有两个山谷产酒最为著名。一个是卡萨布兰卡谷（Casablanca Valley），另一个为科尔查瓜谷（Colchagua Valley）。本书愿意推荐的第一支酒为梦特斯酒庄（Montes），就位在后者。

科尔查瓜谷地点优良，靠东较为温暖，适合赤霞珠等红葡萄成长；靠西接近大西洋，带来的冷风使得霞多丽、白苏维浓与黑比诺长得不错，吸引不少酒庄在此设园。1988年有一位名为梦特斯的资深酿酒师，邀集了几位友人在此设园。由于4位投资人都是虔诚的天主教徒，于是在酒标上选择了一位天使，右手执一串葡萄，左手持一只酒杯，巧妙地将

天主教与葡萄酒结合在一起。的确,天主教与葡萄酒的关系密不可分,据统计,《圣经》里面提到葡萄园或葡萄酒之处,多达400多次。

梦特斯酒庄很快就酿出赤霞珠与霞多丽,价格十分低廉(1000元不到),很快受到欧美市场的欢迎。我记得那时候我们对于这款产自阿法山区(Alpha)的霞多丽,可说是捧场备至。其有浓郁的香草味与奶油香,像是减弱版的美国加州霞多丽,尤其是价钱便宜,更令酒友们笑颜常开。本酒遂成为品酒界之宠儿。

本酒庄陆续推出的阿法山M级价钱就贵多了,这是一款用80%的赤霞珠,10%的品丽珠,以及其他小维尔多与梅乐混酿的酒,采取波尔多的酿制方法。本酒一直都是本酒庄最贵的代表作,市价都在3000元以上。

但本园也酿制智利特有的品种佳美娜酒,此即本园的紫天使(Purple Angel),可以作为智利酒的代表。

这款酒中产自科尔查瓜谷的老藤佳美娜葡萄占了92%,其他为小维尔多,这个比例每年会稍有不同。酒汁会在全新橡木桶中醇化达18个月之久。此款酒呈现出令人惊讶的深紫色,故取名为紫天使。其颜色虽深,但果香十分集中、活泼,似乎不欢迎欣赏者将其陈放太久。丹宁十分温柔,虽然带一点涩与酸,整体上属于轻快且稳重。此款酒获得帕克很高的评分,多半在90分以上,市价也在2000元上下。

延伸品尝　Extensive Tasting

康恰·托罗(Concha y Toro)酒庄,由门恰先生(Don Melchor)于1883年创立,至今已经接近150年,乃智利最老的酒庄,发展至今已经拥有令人咋舌的8720公顷园区,聘有2880位员工,稳居整个拉丁美洲最大的酒庄地位。自1923年起即股票上市,70年后的1994年,成功在纽约上市。本酒庄拥有如此大的面积,可见在全国各个产区内都有为数不小的葡萄园,因此能够酿造纯粹本土风味以及近几年来大力提倡的国际波尔多性格的红、白酒。

本酒庄最出名的两款酒,当是1997年与法国木桐堡合作的奥玛微瓦,以及纪念本酒庄创立人的门恰先生酒(Don Melchor)。后

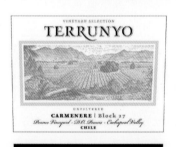

者 95％为赤霞珠,5％为品丽珠, 由 20 年以上的葡萄酿成,而后在法国新橡木桶中储放 1 年半以上。在蒙瓶比赛时,该酒常常被误认为是波尔多的五大顶级酒,近两年帕克评分都在 95 分上下。每个年份都超过 3000 元。

至于本酒庄销售最大的量贩酒恐应是"红魔鬼"(Casillero del Diablo)。酒庄设立不久, 门恰先生听到员工谣传酒庄闹鬼。门恰先生索性利用谣言传播的机会, 推出了一款酒体浓烈、价格便宜的"红魔鬼"(因为天主教的传说,魔鬼是着红袍的),结果大发利市至今。

本酒庄利用产自美坡谷区下方卡查坡山谷(Cachapoal Valley)培磨区(Peumo)的葡萄,酿成特隆厚系列(Terrunyo),计有赤霞珠、西拉、佳美娜及白苏维浓 4 款酒。本书愿意推荐的是其佳美娜酒。

前文提到佳美娜本来在波尔多甚受欢迎,200 年后反而绝迹。本园的庄主门恰先生在 150 年前设园时,已经从波尔多引进许多各种类的葡萄苗,相信佳美娜即在当时被引进到智利,而后再分布到其他产区。因此本园的佳美娜可谓历史悠久。特隆厚系列的佳美娜,产自山谷中最上方的一小块园区——27 号园,这里的佳美娜都已经超过 30 岁。本酒85％为佳美娜,13％为赤霞珠,2％为品丽珠,也是很标准的类似波尔多调和法。而后在 80％全新、其余为用了 1 年的旧桶中储藏达 18 个月之久。由于佳美娜颇似梅乐,本酒在品尝时,很容易被误认为波尔多的右岸。

特隆厚的佳美娜质量已经堪称优异, 但还不是本酒庄最得意的佳美娜之旗舰作品——培磨之卡明(Carmin de Peumo)。其 90％为佳美娜,其他混赤霞珠与品丽珠,在全新法国橡木桶中储存 20 个月,帕克都评在 95 分以上,可以称为康恰·托罗酒庄的顶级酒,超过奥玛微瓦及门恰先生。不过在台湾地区很难见到,我至今还无缘一试。市价应当在 3000～4000 元, 也算是性价比最高的一款顶级酒。酒友们如看到一瓶,不动心也难。

进阶品赏　Advanced Tasting

智利号称"产酒新世界",最近又出现了一款"奇迹酒"——拉瓦讷酒厂(Ravanal)的 MR。

这个 1936 年由老拉瓦讷先生成立的酒园,坐落于科尔查瓜谷(Colchagua Valley),起初设园时并没有什么雄心壮

志，除了供应葡萄给其他酒庄外，酿酒方面也和当地的酒园没什么差别，都是一般的佐餐酒。

第二代掌门人马里欧（Mario）从小追随父亲酿酒，并到法国等地学习酿酒后开始觉悟了。也就是在智利酒业"文艺复兴"的20世纪80年代，他开始酿造高质量的葡萄酒，拉瓦讷酒厂从此声誉鹊起。例如其珍藏级（Reserva）、特别珍藏级（Gran Reserva）及限定版（Limited Selection），都价廉物美，一瓶很少超过千元。

至于顶尖的作品，乃本园在总共100公顷的园区中，拥有一小块超过100岁树龄的老佳美娜葡萄园。这一个堪称"智利国宝园"的珍贵葡萄园，产量很少，园主（即马里欧的孙子）为了纪念马里欧改革酒庄的贡献，特别挑选这批珍贵的百年葡萄，且调配部分西拉，并在新橡木桶中醇化18个月之久，来当作本园的得意之作。2005年开始以第二代掌门人马里欧的名字简称MR作为酒名。

这款纪念酒，酒瓶比一般750毫升标准瓶大1/4，净瓶重约1千克。园主的意思当是强调本酒的厚重与陈年实力。这款酒在不少智利酒展中挑战"四大天王"获得了成功，甚至经常成为智利的国宴用酒。

我曾经在5年前有机会品尝到第一个年份的MR。刚开瓶，便使人对于深紫的色泽提高了警觉。接着闻到十分浓烈的巧克力、曼特宁咖啡、浆果的香味，但不可忽视的重丹宁，夹杂着一些酸苦味。显然，这款酒要等到10年以后才能品尝。既开之，则饮之。我们将酒置于一旁，让它呼吸1小时后，酸苦味消失了，随之而来的是温柔的酒体，入口细腻。原来老年份的佳美娜真是好葡萄，能够酿出体格强壮、结构毫不宽松的"大酒"！

智利拉瓦讷酒厂拥有超过百年老藤的国宝级老佳美娜葡萄园，这是全世界难得一见的葡萄文化遗产

南国多娇丽

智利赤霞珠的惊艳

智利引进法国赤霞珠最出名的一个案例，乃是波尔多天王级酒庄拉菲堡在1988年设厂的巴斯克堡（Chateau Los Vascos）。这是一个拥有580公顷，其中220公顷种植葡萄的大酒庄。拉菲堡想以其量产的能量，并靠着拉菲堡的知名度，获取巨大的商机。果不其然，本酒园中90%以上都为赤霞珠酒，年产量达35万箱、400万瓶，为法国母厂的10倍以上。巴斯克堡的价钱都很平实，例如其代表作"陈年珍藏级"（Grande Reserve）赤霞珠，在台北售价1000元出头。最高等级的"10年"（Le Dix）乃是纪念酒庄成立10周年时酿制的，由高达70岁以上的老藤葡萄酿成。每瓶售价都超过2000元。不过，大致上和拉菲堡所有海内外的其他子园区一样，价钱与质量都平平。

拉菲堡也在阿根廷与著名的萨巴塔酒庄合作成立了一家卡罗酒庄（Caro），但没有太令人鼓舞的成就。所以酒评家普遍认为，巴斯克酒庄虽然有拉菲堡响亮名气的加持，恐怕代表智利赤霞珠的地位分量尚有不足。

至于本地的酒庄过去酿不出比较有水平的赤霞珠，还是得找找与法国其他酿酒业有关的酒庄，也就是前来智利设厂或是合作设厂的新酒庄，才能够酿出质量有把握的赤霞珠。但随着赤霞珠的流行，智利本地酒庄已经摸透了赤霞珠的个性，渐渐地也能够酿出够水平的赤霞珠，果然是"南国多娇丽"！

上一号酒提到了拉波斯托勒酒庄(Casa Lapostolle)酿制的"阿帕塔园"(Clos Apalta),其被列为智利酒的"四大天王"之一。此酒庄也是一个混血酒庄:拉波斯托勒是一个法国利口酒最出名的家族,几乎世界上每个机场的免税商店内,都有贩卖法国橘子甜酒"大马尼尔"(Grand Marnier),名称便是取自本家族(Marnier Lapostolle)名称的前名。本家族同时也是罗亚尔河谷酿制桑塞尔酒的大家族。

拉波斯托勒酒庄1994年来到了智利圣地亚哥西南200千米的科尔查瓜省(Colchagua)。当地有许多有名的酒庄,例如前一号酒的梦特斯酒庄,也在此地。拉波斯托勒酒庄与智利的一个老酒庄拉巴特(Rabat)合作,设立了酒庄,有370公顷之大,分散在3个园区。酿酒方面,则聘请法国的酿酒师布加利(J. Begarie)。其曾经在彭马鲁的老色丹堡(以前曾列入"世界百大"的著名酒庄)内担任过酿酒师,自然把他所熟悉的酿酒手法移到了智利。

本酒庄在1997年首次推出混酿(78%佳美娜、19%赤霞珠和3%小维尔多)的阿帕塔园,一举成名。目前,本园一年可以酿造20万箱各式红、白酒。本书愿意推荐的为其"亚历山德拉级"的赤霞珠(Cuvée Alexandre)。此等级共有7款酒,以葡萄来区分。一般酒评认为本级的梅乐品质亦高,著名的罗兰酿酒大师也曾来指导过。

亚历山德拉级的赤霞珠采自于阿帕塔山谷中的老藤,栽种的时间为20世纪20年代左右。尤其是手工采收时十分严格。每年酿成的赤霞珠酒,85%为赤霞珠葡萄,另外梅乐、佳美娜可能在8%～15%,其余为小维尔多与西拉。

本款酒非常细致,颜色也深红近紫,香味浓郁,有"小阿帕塔园"(Baby Clos Apalta)之美称。市价只有1000元出头。

ARGENTINA

阿根廷 →

充满探戈韵律的美酒

萨巴塔酒庄的"高园"

早在 1556 年，耶稣会的神父已经从智利带来葡萄苗，种在阿根廷。但是阿根廷一直都是和智利一样，酿制产量大、质量粗糙的佐餐酒。整个阿根廷地区找不到一家顶级酒庄。而供酿酒用的葡萄，经常还运到欧洲，特别是意大利，然后贴上意大利酒的招牌。

一直到 19 世纪，欧洲战争频仍，许多移民开始前往阿根廷，带来了新的葡萄品种与酿酒技术。但阿根廷酿酒质量真正提升，则是在 20 世纪 80 年代。

世界对顶级酒的需求，年复一年地提升，许多集团已经发现酿制顶级酒是一个赚钱的行业，跨国投资亦是一个获得巨大利润的机会。特别是在法国等所谓的旧世界，葡萄田的扩展已达极限，人工又贵，投资下去只有烧钱一途。此时宛如顶级酒处女地的智利及阿根廷，便向这些财团们招手了。阿根廷酒业的复兴，遂一步一步地展开，阿根廷很迅速地打开了外销的市场。

阿根廷约有 25 万公顷葡萄园区，目前是南美洲最大的葡萄酒生产国，位居世界第 5 位。一年长达 300 天有充足的日照，使得葡萄可以得到充足的阳光，增加了成熟度。且葡萄园位于安第斯山脉，海拔都很高，经常在 1000 米上下，日夜的温差很大——多达 20 摄氏度，这也使得葡萄的结构扎实，口味浓郁。这些都为阿根廷葡萄酒的乐观前途打下了天然的基础。

阿根廷酒的质量已经比 10 年前有了很大的进步，这必须归功于少数新兴的顶级酒庄。试一试这些新酒庄的代表作，即可体会出阿根廷美酒的魅力所在。

阿根廷的葡萄种类很多，许多老葡萄树龄都已经超过 100 岁，和澳大利亚南部的巴罗沙河谷一样，是不可多得的瑰宝。各地移民带来的各种葡萄，都在此落地生根。但是若说本地最重要的葡萄，应是当年由法国移民带入的马尔贝克（Malbec）。这种葡萄和智利的佳美娜葡萄可说是患难兄弟，200年前在波尔多都是受欢迎的葡萄，200年后都沦落到南美洲，各自雄踞一方，焕发了新生命！阿根廷的马尔贝克葡萄酒，可说是代表阿根廷的灵魂之酒。

阿根廷的美酒，大多热情奔放，走新世界的路线，好似该国国宝探戈一样，每口都充满活力十足的韵律。

本酒的特色　About the Wine

在整个阿根廷被公认为第一名园者，应当是萨巴塔酒庄（Catena Zapata）。19世纪末，从意大利移民来的萨巴塔家族，来到了阿根廷西部中间的门多萨省（Mendoza），并在1902年设立了酒庄。门多萨省是整个阿根廷葡萄园面积最大的省区，占了全国70%的葡萄园面积。刚开始本园也是酿造普普通通的日常用酒，园主尼古拉斯是标准的意大利人，乐天知命。到了儿子多戈哥手上，酒园开始大展宏图，扩张了规模。到了孙子尼古拉斯（Nicolas）时代，酒园已改头换面，进入了黄金时期。

尼古拉斯本身是一位经济学博士，本在大学任教，1982年去美国加州讲学进修时，拜访了纳帕酒区。品尝了美国的顶级酒后，他认为美国才花了10年的时间，即可酿出世界一流的美酒，大受感动，也决定返国后效法加州的成功经验。

尼古拉斯返国后，剑及履及地整顿酒园，卖掉了没有改革希望的部分田地，留下了最好的一个小园区，同时找到了老藤的马尔贝克葡萄，进行无性繁殖后，获得成功。1994年酿制出第一个年份的马尔贝克葡萄酒。1996年份获得了帕克94分的高分，这是阿根廷酒从没有得到过的荣耀，于是一举成名。

在酿制马尔贝克酒的成功经验上，尼古拉斯教授更在次年的1997年酿制了以赤霞珠为主力（80%），其余为马尔贝克的"尼古拉斯"旗舰酒，其明显是走加州路线，有极为浓厚的浆果味与新橡木桶带来的香草和焦糖味，居然在好几个国际蒙瓶品酒会上，打败了法国五大酒庄及加州顶级酒，声名大噪起来。在帕克出版的《世界最伟大的酒庄》一书中，全球155个酒庄入选，整个南美洲仅有一家上榜，即本酒庄。尼古拉斯酒近几年的表现都令人惊讶，帕克评分甚至高达98分上下。

目前本酒庄共有 500 公顷的园区，分散在 6 个小园。本书愿意介绍其成名的杰作"高园"(Catena Alta)，其在美国《酒观察家》杂志上，从 2005 至 2007 年连续进入百大行列。这款酒由采收自 5 个不同园区的葡萄酿成，这 5 个园区在不同的高度，葡萄的酸度、结构的扎实或松软、口感的强劲与柔和互有不同，按照适当的比例精心调配。醇化期长达 18 个月，使用 70% 的法国新橡木桶。这是一款将马尔贝克十分强劲的酒体、丰富的浆果味、咖啡味以及粗犷的雪茄味等调和而成的美酒。一般而言，最好超过 5 年，才能欣赏出它中和与平衡的美味。

帕克近几年来都给予超过 90 分的评分，且多半在 93 分上下徘徊，可见这款在 2000 元左右的好酒，已经获得国际上的高度肯定。

本酒庄目前已经是由尼古拉斯的小女罗拉（Laura）当家。这位美丽、热情的女庄主，早年毕业于哈佛大学，尽得父亲的宠爱与真传。当家后，励精图治，把酒庄经营得红火。1998 年她拜访了门多萨的乌可河谷(Uco Valley)，发现那里有许多 1914 年栽种的马尔贝克，其他葡萄树也有数十年之久。她立刻决定设立一个新厂，并以儿子的名字卢卡(Luca)为名。1999 年生产第一个年份，仅有 400 箱。现在本酒庄每年都生产西拉、黑比诺、马尔贝克及霞多丽等单款酒或混合酒，共有 5 红 1 白，年产量达 1.4 万箱，17 万瓶左右，且都有很高的评价，例如黑比诺及马尔贝克都令人难忘。就以卢卡的马尔贝克而言，帕克都评在 92 分上下，与萨巴塔酒庄高园酒相近，价钱也在伯仲之间。

卢卡的顶级酒是"尼可"(Nico by Luca)。这款酒酿自 100% 的马尔贝克，1948 年栽种至今，平均树龄已超过 60 岁。产量很少，只有 4800 瓶，且会在全新的橡木桶中醇化 1 年才出厂，极度芳醇与隽永，帕克评分更高，都在 95 分上下，仅次于萨巴塔酒庄的旗舰酒"尼古拉斯"。这款刚起步的酒，能得到此成就，我们应当给予掌声。

卢卡的马尔贝克酒一瓶在 1500 元上下，值得品赏与收藏。"尼可"似乎很少见，我只见到一款（2006 年份），定价达 4000 元。

与萨巴塔家族一样,由意大利移民到阿根廷,最后定居在门多萨省北方的圣胡安省(San Juan)的家族普兰塔(Pulenta)买下了一个 5 公顷的小园,也开始了酿酒生意。家族已经传承了 3 代人,酒园规模也扩张到了 135 公顷之大。所有的葡萄苗都是 20 世纪从西班牙及法国移植而来,靠着高山雪水融化后的灌溉之功,这些葡萄生长得十分优良。目前本酒庄可以酿制传统的马尔贝克酒,也可以酿制赤霞珠或品丽珠等国际品种酒,都获得了很高的赞誉。

本酒庄的酒分为 3 级:最基础的是 "普蓝塔之花"(La Flor de Pulenta), 其次是 "普蓝塔级"(Pulenta Estate),以及最高级的"大普蓝塔"(Gran Pulenta)。每一种葡萄都有一个编号,例如 1 号纯马尔贝克、2 号纯梅乐……也算是一个特色。年产量在 4 万~5 万箱,50 万~60 万瓶。

凡是列入大普蓝塔等级的,都获得了帕克的高度赞誉。例如编号第 6 的 2007 年份品丽珠,帕克评到 96 分。

本书愿意推荐的是编号第 7 的"大院"(Gran Corte)酒,这是由 37% 的马尔贝克、24% 的赤霞珠、27% 的梅乐与少许的品丽珠、小维尔多酿成的。葡萄树很年轻,平均不到 20 岁。本酒会在 80% 的新橡木桶中陈年 18 个月。以我试过的 2007 年份编号第 7 的大院酒为例,有极为漂亮的深桃红色,入口即知为新世界风格。新鲜的浆果味,会令人想起小红莓、樱桃等红色浆果,还有淡淡的糖果味,香气十分集中,直到一餐将毕的 2 个钟头后,都没有褪去的迹象。近两年帕克评了 91~93 分。

很难得阿根廷的优质佐餐酒能够发挥出如此优美的气质。我搭配这款酒时,是在一位台大兽医系毕业的学弟 Max 所开设的法国餐厅"叉子"(Le Fourchette)中,配上了油封鸭腿,美极了。

在 2000 年前后，世界顶级酒的市场像炸开的马蜂窝一样，闹哄哄的。许多财团也进军酒业，戴上了庄主的头衔，其中不乏有野心与远见的雄才大略之士。一个阿根廷的大企业在圣胡安省买下了一个最好的园区，设立了卡利亚酒庄（Callia）。经过短短的 10 年时间，也打进了国际顶级酒的市场。

2004 年，本酒庄将园内的葡萄混酿，其中 40% 为西拉，各 20% 为马尔贝克和梅乐，还有当地的一种 Tannat 葡萄，在全新的法国与美国橡木桶中醇化 18 个月，调配后继续放在新桶中，半年后才装瓶出厂，称为"大卡利亚"（Grand Callia），为酒庄的得意之作。

由园主耗费巨大的金钱与精力在醇化木桶上，大概可推知是以美国加州酒的重口味为导向，果然不错。以我品尝的 2006 年份为例，这款酒有极为强烈的浆果味，水果糖的滋味亦十分突出，我觉得它还会散发一种香蕉的香气——作为甜点的铁板煎香蕉的那股甜香味，使我久久不忘！果然可以竞争国际顶级酒的市场，特别受到追捧罗兰与帕克所倡导的时尚口味的新富阶层的喜爱。

2006 年份只有 2 万瓶的产量，绝大多数都外销，且只送到 20 个葡萄酒消费较为成熟的市场。台湾地区为其中之一，每年仅有 600 瓶的配额。我自 2004 年份以来的 5 个年份几乎都品尝过，质量都很平均。本酒空酒瓶重达 1 千克左右，表明了本酒要有储上二三十年的打算，故至少应在 10 年后才达适饮期。但毕竟是新世界的酒，新鲜时那种澎湃雄壮的感觉，喝上半杯、一杯，也是愉快的美事。

大卡利亚的价钱在 2000 元左右，以阿根廷顶级酒日渐高涨的股鉴（如萨巴塔顶级酒），本酒价钱也一定会上涨。本酒庄也有相当迷人的二军酒"麦格纳"（Magna），是由全西拉葡萄酿成，在全新的美国橡木桶中醇化 8 个月，成功体现了西拉葡萄的浓厚果味以及结实酒体的风韵，在 2007 年法国罗讷河区举办的世界西拉酒大赛 325 支参赛酒款中，取得了第 4 名。台北的市价不到 1000 元。

大卡利亚一年进入台湾地区不过 600 瓶，实在太少了。因此我特别"加码"，多推荐一款我认为十分精彩的阿根廷酒——恩诺·比昂奇（Enzo Bianchi），让向隅者多一个机会。比昂奇酒庄（Casa Valentin Bianchi）由意大利后裔比昂奇于 1928 年设立。这是一个本来只在国内营销的酒庄，生产气泡

酒、甜酒及平价的红、白酒,位于门多萨省。随着近年国际酒市的看好,本酒庄也和前述的卡利亚酒庄一样,雄心勃勃,集中精力酿制一款波尔多风格以及典型罗兰风格的新潮酒。

这款名为"恩诺·比昂奇"的顶级酒,是利用产于海拔约 700 米的圣拉斐尔(San. Rafael)的山顶园区所产的葡萄酿成。我很惊讶这款新冒出来的阿根廷酒,竟然有加州膜拜酒的架势:瓶子和大卡利亚一样沉重,葡萄以赤霞珠为主,每年虽然略有差别,但大致在 85%,小维尔多与马尔贝克各占剩下的一半左右。其浓厚的浆果、杉木香气与焦糖味应归功于 100% 的全新橡木桶(90% 为法国桶,10% 为美国桶),醇化期为 10 个月,而后的瓶中醇化期为 2 年。

关于这个新酒庄的信息很少,只略知其年产量为 1 万瓶,每年进入台湾地区的配额仅有 300 瓶,台湾地区四五年前才开始有进口商少量进口。2002 年份我已经有缘品尝过,它让我对阿根廷酒努力打入国际市场的实力刮目相看。此款酒的分数,帕克评在 90~91 分。以此高分,台北的售价不过 2000 元,不能不说是一款值得购买的酒。为此,我打算特别"加码"推荐。

类似阿根廷这种新世界酒区,常常会有意想不到的杰作诞生。爱酒的朋友应当敞开心胸,勇于尝试与勇于发现。

美酒与艺术

《秋收之宴》

提到有关葡萄酒的画作,著名的大多出自西欧画家之手,鲜有东欧与斯拉夫艺术家的作品,这对同样拥有 2000 年以上饮酒历史的东欧民族来说颇为不公。这幅《秋收之宴》是少数的例外,作者皮罗斯曼尼(Niko Pirosmani,1862—1918)为格鲁吉亚共和国著名画家。图中左侧的人脚踩葡萄,盆中有两根细管供葡萄汁流出之用,颇为传神。整幅作品洋溢着浓烈的色彩,反映出斯拉夫民族粗犷的性格。作品现藏于该国首都第比利斯市国立博物馆。

安第斯山的小百合
阿根廷美丽的霞多丽"路卡"

不知不可　Something You May Have to Know

阿根廷现在酒业蓬勃发展,任何有国际影响力的葡萄品种都开始种植。如同智利一样,霞多丽很容易成为种植的主力。在门多萨附近许多葡萄园都种起了霞多丽。至于白雪侬、白苏维浓等,也开始普及。但受到国际肯定的,仍是霞多丽。其中最著名的两个酒庄,都出自萨巴塔家族,一个是萨巴塔酒庄的高园霞多丽(Catena Zapata Alta),另外一个是由萨巴塔投资成立的子公司卢卡酒庄(Luca)的霞多丽。

这两款霞多丽都是帕克评分最高的阿根廷霞多丽(帕克平均都给予92分或93分的高分),而且价位都非常低,一瓶的售价约为1000元。对比传统的老世界酒,不论是法国勃艮第,还是加州新兴的霞多丽,价位要低两三成。选择阿根廷的霞多丽酒已经成为品酒界的时髦之举。这一举动就如同好奇的酒客们开始注意新西兰的黑比诺一样。

本酒的特色　About the Wine

在上一号酒的介绍中我提到萨巴塔酒庄的当家女主人罗拉女士,在1998年拜访了门多萨的一个名叫乌可的河谷,发现许多1914年栽种的马尔贝克葡萄,还有许多其他品种的数十年树龄的老藤葡萄，当机立断，在乌可买地设酒庄。于是以其宝贝儿子卢卡(Luca)的名字命名的酒庄便成立了。目前生产5红1白，红酒年产量达15万瓶，白酒1.8万瓶，已经是一个大型酒庄了。

卢卡酒庄所酿制的马尔贝克，以其神奇的百年血统，立刻引来各方关注。果然是一款好酒！帕克评到92分，俨然超越了母酒庄(萨巴塔酒庄)基本款的马尔贝克。人人都震惊于这个由美国哈佛大学毕业的美丽而热情的罗拉女士，同时也是一个嗅觉敏锐的酒庄女主人。

卢卡一炮而红，其第二炮便是霞多丽。这是由园中近20岁树龄的葡萄酿成的。其中30%在全新的法国橡木桶，其余在用了1年的旧桶中存放达14个月才出品。这款酒有十分浓郁的香草与奶油香气、丝绸般的酒质、很令人惊讶的吐司味。一言以蔽之，颇有勃艮第查理曼白酒的悠长韵味！

卢卡的价格很合理，居然才1300元，每年产量约在1.8万瓶。帕克评分颇为亮丽，2000年第一个年份，就获得了92分，以后几乎全部在这个分数以上，也偶有到93分的，因此卢卡可以说是受到帕克青睐最多的酒庄了。

延伸品尝 Extensive Tasting

似乎阿根廷葡萄酒的天空是为了萨巴塔家族而张开的，的确，本号酒介绍的3款霞多丽中，萨巴塔已经包办了2款。还有一家科布斯酒园(Vina Cobos)，本身也已经是耀眼万分的酒庄了，具有挑战萨巴塔"天王酒庄"的实力。

其创始人霍布斯(Paul Hobbs)可以说是对橡木桶醇化功夫最有研究的酿酒师了。他早年在加州大学念酿酒系，1978年毕业后，进入蒙大维公司参与酿制了"第一号作品"，随后在出了名的"Simi"工作，一直晋升到副总裁，而后在1989年，到萨巴塔酒庄协助进行霞多丽醇化的工作，从那时

开始他就已经对阿根廷葡萄酒的前景产生了兴趣，也动了心。1991年他在加州索罗玛(Sonoma County)以自己的名字建立了一个酒庄，实行小园精酿方式，酿造出的赤霞珠、黑比诺与霞多丽，都获得了很高的帕克评分(95分上下)，价位也通常在200美元上下，是几款"准膜拜酒"。

1997年，一对阿根廷夫妇(都是酿酒世家出身)在家中接待了霍布斯，双方一拍即合，决定联手在

阿根廷酿酒，于是 1999 年科布斯酒庄成立了。

由于合作的伙伴之一玛其欧里女士(Andrea Marchiori)娘家本来就有一个 51 公顷的老园——玛其欧里园，这让本酒庄一成立，就有了基本的园区，尔后他们又陆陆续续购置了其他园地。故本园最得意的作品是产于玛其欧里园的红白葡萄酒。

目前，科布斯酒庄有 8 个园区，其中顶级酒分别是科布斯级(共 2 款)与向往级(Bramare，共 4 款)。科布斯级的 2 款红酒，例如产自玛其欧里园的马尔贝克(U. Nico)，是以玛其欧里女士父亲的名字命名的，近几年帕克评分居然高达 98 分，价格约为 9000 元，逼近万元大关，超越了萨巴塔酒庄的"尼古拉斯"。

本书愿意推荐的是向往级的霞多丽。向往级生产 3 红 1 白，白的即是出自玛其欧里园的霞多丽。这是一款由"年轻"葡萄(13 岁树龄)酿成的酒，酿制过程十分精细，连采收都安排在夜晚，避免葡萄因被烈日暴晒而变质。我们相信霍布斯大师运用橡木桶的能耐，而本酒的醇化过程——45% 在全新的法国橡木桶，其余在 1 年旧桶内醇化 1 年——让本酒十分香醇，入口即觉焦糖与花香组合成完美的和弦，感觉上比卢卡更为清爽，但两者都获得帕克评分 92 分的高分，价位也在伯仲之间，都是 1300 元左右。

进阶品赏　Advanced Tasting

该换到阿根廷白酒的"天后级"酒——萨巴塔高原霞多丽登场了。前一号酒已经对萨巴塔高原的马尔贝克作了相当程度的介绍，而伴随着马尔贝克成功的，便是这一款霞多丽。目前产于高原区的霞多丽——采自海拔接近 1500 米的山地，这一海拔高度已经和台湾地区的高山乌龙茶产区海拔高度相似。工人的工作条件是相当严苛的。葡萄采收后会在橡木桶中进行发酵，而后 40% 在全新的橡木桶中醇化 14 个月。每一年可以生产接近 3 万瓶。台湾地区的售价在 1800 元左右。

高原霞多丽有极为清澈的酒质，入口的芬芳度不输于勃艮第的老牌霞多丽，又比加州肥厚型的霞多丽飘逸些。10 年前，我曾经与萨巴塔酒庄女主人罗拉女

士一起品尝了两个年份的本款酒，听着庄主银铃般的笑声，看着她阳光般的笑容，我对萨巴塔酒庄的美酒留下了深刻的印象。这是一个令人敬佩与爱慕的好酒庄。

SOUTH AFRICA

南非 ➡

"百年孤独"的完结篇
南非酒业复兴的征兆

作为欧洲通往远东的中介要地，南非的好望角在五六百年前便是帆樯辐集之处。这情形正如同金庸在《鹿鼎记》第四十六回，引清代查慎行的诗作为开头词——千里帆樯来域外，九霄风雨过城头。

这些帆樯来此，少不了补充食物、酒水，少不了招募水手、招徕乘客。场面的繁荣可想而知。葡萄酒能熬过漫长的海上行程，以其不易变坏的特性，可以作为饮料、药材，甚至交易的商品，是每一条船必备的大宗交易物品。于是，好望角周围，很早便有了葡萄园的踪迹。至少在 1685 年，荷兰总督便已经在此设园酿酒。当时独揽海上航权与远东贸易的荷兰

东印度公司，也招募了一大批荷兰人来此开垦，南非的酒业萌芽至今，已经有了超过 600 年的历史。

坏就坏在"二战"以后，种族歧视之风盛行。种族隔离制度从 1913 年起逐步实施，到 1948 年变成严格的法律。其时正是欧洲葡萄酒消费市场与葡萄酒产业产生最大变革的时代，南非实施种族隔离政策，美国与欧洲都对其实施贸易制裁。南非的货品没有外销的机会，而葡萄酒正是要仰赖国际消费市场，才能够提升销售水平的商品。以西班牙酒为例，在佛朗哥政权结束，西班牙重新被欧洲接纳后，西班牙酒的销售展现了旺盛的生命力，这说明国际市场的改变可以对一个国家的葡萄酒产业产生巨大的影响力。

对比在 20 世纪 80 年代起就开始将葡萄酒产业脱胎换骨的智利、阿根廷及澳大利亚，南非至少晚了 20 年。加上南非在 90 年代解除种族隔离政策，许多白人都担心受到黑人的报复，不少欧洲企业家也望而却步，观望了近 10 年后，才慢慢地敢于到南非投资。因此南非酒业真正发展是近 10 年的事了。南非社会及酒业都经历了这一段数十年甚至近百

年的孤独岁月。

目前南非仅有1万公顷的葡萄园，虽有超过500家酒庄，但平均每个酒庄只有20公顷，只能算是中等规模。大部分酒区都环绕在西南海岸，其他地区太过炎热与干旱，并不适合葡萄生长。例如，开普敦北邻的康斯坦提亚（Constantia）、以东的斯泰伦博斯（Steallenbosch），以及东北方的帕尔（Paarl）等，都是南非葡萄的主要产区。

南非的葡萄品种，过去以白葡萄为主，例如白雪侬（Chenin Blanc）与霞多丽，红葡萄则为赤霞珠、梅乐及本土的比诺塔吉（Pinotage）。随着国际风吹进南非，栽种国际品种的葡萄将形成主流。

本酒的特色　About the Wine

南非第一款能进入国际品酒市场的酒，当推此款披上傲人法国"罗基德堡"外衣的"陆佩与罗基德堡"（Rupert & Rothschild）酒庄的"埃德蒙男爵酒"（Baron Edmond）。这也是法国与南非合作成立的酒庄。

1984年，南非富商安东·陆佩（Anton Rupert）的儿子在开普敦东北方的帕尔产区看中了一个1690年已经成立的农庄。安东·陆佩不仅在投资业赚了大钱，还是私立医院体系及酒界的大亨，本身已经拥有了2家葡萄酒庄（包括出名的La Motte Wine Estate），还有1家大酒庄及1家白兰地庄。据统计，南非每生产6瓶酒，就有1瓶出自于陆佩公司，全国80％的白兰地出自本公司。由此可知安东·陆佩真是南非酒业巨人！

1997年陆佩家族与埃德蒙·罗基德男爵合作，成立了"陆佩与罗基德堡"农庄（Rupert & Rothschild Vignerons），地址就选定在帕尔产区的1690年老园。

说起这位男爵，也是出身大名鼎鼎的波尔多酒业世家。罗基德家族在波尔多有3支体系，拉菲与木桐堡是大家所熟知的，还有第三家——以埃德蒙男爵为首。其父正是1868年购下拉菲堡的詹姆士，因此这第三家至今一直拥有拉菲堡1/6的股权。

第三家的埃德蒙对政治极为热衷，也是热心的"犹太爱国主义"，积极协助犹太人复国。很早便在以色列酿酒，来提升犹太移民的生活水平。埃德蒙的孙子也叫埃德蒙，可以称为"小埃德蒙"，也是生意人。赚了大钱后，发现堂兄弟辈的名园名利双收,也动了兴建酒庄的念头,于是花了重资前后在波尔多买下3个酒庄,但都很失败,几乎成为波尔多人人说笑的对象。我曾在一篇文章《以色列酒界巨人——埃德蒙·罗基德纪念酒》(收录在拙作《酒缘汇述》里)中叙述过他的这段投资失败的历史。

1997年创园前,小埃德蒙刚刚去世,是由其子本杰明与陆佩家族合作,也算是本杰明掌管家族事业后的第一个壮举。他立刻从法国引进最好的种苗,并聘请一级酿酒师,很快地在1998年酿出第一个年份的酒,这款酒已经带有经典的波尔多风味。目前本酒庄每年酿制六七十万瓶酒,60%的葡萄取自于自己家的葡萄园,其余依靠从外面购买葡萄来酿造。每年推出2红1白。白酒为霞多丽,数量不详。红酒的基本款为"古典级"(Classique),60%为赤霞珠,40%为梅乐。醇化期为16个月,年产量达50万瓶。

本书愿意推荐的其旗舰之作是年产2万瓶的"埃德蒙男爵",这一名称应当是为了纪念当初敲定合作协议的埃德蒙男爵。这款精心酿制的顶级酒会在全新法国橡木桶内醇化达20个月之久。70%为梅乐,其余为赤霞珠。这款酒可证明本杰明已经成功地掌握了顶级的波尔多酒酿制方法,入口后带酸,带有余韵不绝的黑莓果味及热带水果的淡淡香气,十分优雅。台北的售价在2000元左右。没想到罗基德家族的第三家在波尔多老家的铩羽,反而促成其在天涯之角的南非获得扬名吐气的机会。

延伸品尝　Extensive Tasting

想好好品尝南非酒,就一定得试一试其土生葡萄比诺塔吉(Pinotage)所酿的酒。这种葡萄是1925年由南非大学教授彼罗德(Perold)利用当地称为"贺米达己"(Hermitage)的黑比诺葡萄,与法国南部颇为流行的神索葡萄(Cinsault)杂交选育的一种新品种。试验之初希望可以培养出一种耐寒耐热早熟的新品种,于是这种"比诺塔吉"葡萄就问世了。

这可真是南非的"米勒-土高"(见本书第72号酒)!只不过这位选育者没有如米勒教授那般幸运,没能将大名冠在葡萄种类之上,从而千古留名。

比诺塔吉新品种后来经过宣扬,名声慢慢地传播开来,成为广泛栽种的品种,特别是在20世纪80年代达到了高峰。酿造此种葡萄最有名的当属"大炮堡"酒庄(Kanonkop)。

本酒庄早在 17 世纪就建立，占地达 125 公顷，1991 年本酒庄由著名酿酒师查特（Beyers Truter）酿造出来的比诺塔吉在英国伦敦举办的国际葡萄酒与烈酒竞赛中，获得第一名的荣誉，让世人讶异于此种葡萄的能耐，之后本葡萄简直被视为南非的国宝。

不过本葡萄似乎不是大将之才，所酿的酒在复杂度与深度上都稍显不足，且容易氧化，香味也不够典雅，在酿造上面就必须更下功夫。酒评家陈匡民曾经撰写《光华渐退的南非之星，昙花一现的比诺塔吉》一文，叙述了这个"短命"的葡萄品种的兴盛史。

但是任何盛名的得来，都必有一些值得称颂的长处。比诺塔吉葡萄也是一样，若能找到挑剔与认真的酿酒师，也

应当能够酿出一流的好酒。

1987 年，尼尔森先生（Alan Nelson）为了实现儿时的愿望，斥资买下了一个破产的庄园。这个庄园可以追溯至 1692 年，是由法国卢瓦尔河的移民所建。这批移民辗转逃到荷兰，搭乘东印度公司的轮船来此落地生根，移民中有不少酒农，带来了卢瓦尔河的种苗与酿酒技术。

尼尔森买下酒园后，开始辛勤地种新葡萄，一直到 1994 年，才大致将葡萄园建好，1995 年开始酿造第一个年份酒。没想到本年份酿出的霞多丽在次年就被评为全南非最好的霞多丽。尼尔森还在园区中划出一大块土地给他的黑人工人。因此他所聘用的工人无不尽心卖力地替他干活，这是本庄园最令人津津乐道的地方。

本园除了霞多丽酿制成就非凡外，也酿制各种红酒，本书愿意推荐其比诺塔吉。本酒纯由比诺塔吉葡萄酿成。为了增加浓稠度，特别实行"去血法"，将葡萄酒汁倒掉 30％。乳酸发酵后会在全新的法国橡木桶中醇化 18 个月之久。酿成的酒有很稠的体质、油晃晃的深桃红色，以及焦糖味、香草味混杂的甜糖果味。虽然一般认为比诺塔吉的酒过于甜美、俗艳，也有金粉黛葡萄那种脂粉味，但本款酒倒有一股结实与庄重的体质，值得推荐。

在本书第 95 号酒 "智利的阳光"中，已经出现的法国著名寇斯堡的庄主普拉特，在 1990 年邀请 4 位朋友，在智利成功地建立了阿基坦尼亚酒庄，并酿制了一流白酒。这一个成功的跨洲投资案例，让退休的普拉特庄主雄心再起，2005 年再度邀请 2 位朋友，一位是最近才在法国圣特美浓晋升到 "特等顶级 A 等"，也是整个圣特美浓 4 个顶级酒庄之一的金钟堡(Chateau Angelus)庄主德拉佛瑞(Hubert de Bouard de Laforest)，另一位是本地酿酒人士的克莱·康斯坦提亚酒庄（Klein Constantia）的庄主乔司特(Lowell Jooste)，共同组成一个新酒庄 "安维卡"(Anwilka)。这是以克莱·康斯坦提亚酒庄位于斯泰伦博斯产区的一个葡萄园的名字命名的酒庄。东道主克莱·康斯坦提亚酒庄来头不小，是 1685 年已设立的老酒庄，其所酿制的 "康斯坦提亚之酒"(Vin de Constantia)，也是南非的代表酒（见下一号酒）。

由这个 "超级酒庄"酿制的安维卡酒，显然没有失败的可能性。的确，本酒庄聘请了当地一流的酿酒师，是位女性，名为潘森格劳芙(Trizanne Pansegrouw)。她进本酒庄前，在世界各酒庄工作的经历，可以写满一整张 A4 纸。

正像勃艮第及美国加州几位成功的女酿酒师一样，潘森格劳芙也是理想主义者，诸事亲为，很快地本酒便获得了高度的肯定。2005 年生产了第一个年份的酒。目前，以 2009 年份为例，是以 56% 的西拉、44 的% 赤霞珠酿成的。按普拉特庄主的说法，其祖先在 19 世纪酿制寇斯堡时，就将大量的西拉混入赤霞珠。因此他认为这两款葡萄混酿，是一个不错的做法。

安维卡酒每年产量很少，每公顷的收成仅在 4000 升，每年仅酿出 4800 瓶，真是不可思议的少！2006 年，本园推出以西拉为主要成分的乌加贝(Ugabe)，2009 年推出以赤霞珠为主的阿莫多达(Amododa)。

我在 2015 年春天试过这款被帕克评了 90 分的 2008 年份的安维卡。颜色深而偏紫，糖果甜味颇为明显，是一款讨好型的 "新世界风"好酒，价格在 2000 元左右。我一试之后，便决定推荐给酒友们，我相信 3 个酿酒世家合作的产物，一定不会令人失望的！这款酒恐怕需陈放 10 年之后才宜享用。

长伴英雄末日时

拿破仑与南非的"康斯坦提亚之酒"

南非天气较为炎热干旱,不太适合红葡萄的生长。加上早先的移民不是来自于德国,就是来自于法国卢瓦尔河区,这些地区都是白酒的产区,因此南非早期种植的葡萄多为白葡萄。

为了供应海上远洋航行所需,南非的酿酒业多半提供质量粗糙、价格便宜且必须耐得住海上颠簸及高热、高湿气候的酒。因此酒精度与糖度高的调和酒,早已是南非的大宗产品。

高糖度的甜酒,除精细的宝霉酒与冰酒无法仿制外,利用晒干与风干葡萄酿制类似"圣酒"的酿制手艺并不困难,南非也早已酿出了质量优秀的南非版甜酒。

南非的白葡萄主要是白雪侬(Chenin Blanc),当地称为"史汀"(Steen)。因为产量大,往往作为酿制气泡酒或白兰地的原料。近年来随着白酒市场的看好,各种白葡萄都被单独酿酒,也取得了很好的成果。白雪侬酒渐渐地获得了许多国际上的肯定,若干酿酒大师,例如 Teddy Hall 及 Ken Forrester 等酿成的白雪侬酒,都是各方搜求的对象。其他白葡萄,例如白苏维浓、维欧尼(Viognier)都有类似名家辈出的佳作。

本酒的特色　About the Wine

由开普敦往东南,车行 1 个钟头,到达了斯泰伦博斯(Steallenbosch)南部一个名为"艾金谷地"(Elgin Valley)的葡萄酒产区。附近的橡木谷近年来出现了一个同名的酒庄,酿制一流的黑比诺酒与白苏维浓酒,着实地引起了品酒界的注意。

这个橡木谷(Oak Valley)庄园有 1786 公顷大,包括了占

地 1/3 的牧区、1/5 的果园，及少部分的花园(16公顷)与葡萄园(48公顷)。

橡木谷成为南非一个重要的观光景点，必须归功于一位维琼医生（Dr. Antonie Viljoen)。其早年在英国爱丁堡学医，返回南非后，布尔战争爆发，这是一场发生在荷兰移民后裔布尔人与英国之间的战争。当时英国骑兵里有一个年轻的少尉，初次上战场即被布尔人俘虏。这个小军官不是别人，正是后来挽救了大英帝国的丘吉尔先生。

作为荷兰人后裔的维琼医生，加入了布尔人的军队，担任军医，也不幸被俘虏，和其他俘虏一起被囚禁在橡木谷地区。维琼医生与狱方谈妥了条件，由他支付两名卫兵的费用，取得自由行动的权利，因此能够饱览橡木谷，随后爱上了此地。被释放后，他便在本地开辟果园，栽种苹果与梨，获得利润后，再买土地，种上了许多英国橡木，收集橡木果实，作为养猪之用……而后才形成今日壮观的规模。

本园的葡萄品种以白苏维浓最多，占 44%，梅乐居次(14%)，霞多丽(11%)及黑比诺(10%)更次之。1903 年，推出第一个年份的白苏维浓，被称为"南非白苏维浓的代表作"，获得了许多国际大奖。和新西兰的白苏维浓有浓烈的土番石榴味与百香果味不同，本酒细致温和，颇有大家闺秀的气息，也有一些夏布利风味的霞多丽特性。台北市价 1000 元出头，十分合理。

本园虽然只栽种少量的黑比诺，却十分精彩，其果味之清新，仿佛新鲜的樱桃与石榴汁呈现在眼前，色泽比勃艮第新酒还要活泼生动。2008 年份的黑比诺，竟然在英国《醒酒瓶》杂志所举办的葡萄酒大赛中获得南非地区首奖。本园虽小(仅 48 公顷)，却能酿出 2 款号称"南非第一"的红、白酒，可知其实力。黑比诺每瓶在 1500 元上下，划算、值得。

延伸品尝　Extensive Tasting

本酒的黑色酒标上有一只展翅的金鹰，名字为"鹰巢"(Eagles' Nest)，使人难免会将它与德国纳粹联想在一起。

不过，感谢上帝，这不是一个与纳粹有关的标志，而是一个漂亮的葡萄园的标志。1984 年，有一个麦黎亚家族

（Mylrea）在开普敦北方的康斯坦提亚（Constantia）买下一个 38 公顷的农场，本来这里还只是当作一般的农庄，没有打算种葡萄酿酒。没想到 2000 年一场森林大火，把农庄内的树木全部焚毁，只留下农庄本身。大火过后，庄主想到既然本地久以酿酒闻名，何不干脆改种葡萄？于是在 12 公顷的园区里种上了西拉、梅乐及维欧尼葡萄。

也许是天公疼惜，也许是大火焚林后使得土壤更为肥沃，种出来的葡萄非常适合酿酒，很快声名鹊起。每年可以生产 4 红 2 白，共 6 款葡萄酒，最精彩的当系维欧尼。

本园的维欧尼葡萄虽然仅有 8 岁，年轻的只有 3 岁或 4 岁，是标准的"新苗"，但经过长年在法国圣特美浓酒厂工作的酿酒师波塔（Stuart Botha）的巧手酿制，本酒有圆融轻巧的体质和各种莫名的花香与水蜜桃等香气，酸度隐而不彰，十分迷人。帕克一评就是 93 分之高（2009 年份），已经和南法的维欧尼不相上下，看样子世界上顶级的葛莉叶堡（Chateau Grillet）碰到了强大的对手。

本酒每年产量仅有 1.1 万瓶左右。台湾地区的售价太诱人了，仅 1300 元上下。

进阶品赏　Advanced Tasting

二三十年前，南非酒业开始步入现代化前，已经有一款南非酒极具盛名，可称为"非洲第一酒"，而且本酒在历代骚人墨客的故事中经常可觅见其踪迹，这就是"康斯坦提亚之酒"（Vin de Constantia）。

本身也是植物与园艺家的荷兰驻好望角总督范德使特尔（Van der Stel）早在 1685 年认为，康斯坦提亚濒临海湾的山丘地，同时受到大西洋与印度洋气候的影响，很适合植物的生长。同时经过对土壤的分析，他认定了栽种葡萄是一值得冒险的投资。于是他广植葡萄，终于获得了巨大的商业利润。当然，这与他担任总督，各路人马都要向其攀交情，导致"总督酒"生意特别好也有关系。

总督范德使特尔过世后，偌大的田产随之分散。1778 年，克雷特家族（Cloete）买到了庄园的主要部分，开始将本庄园建设起来，并将此部分园区称为"克莱·康斯坦提亚"

（Klein Constantia）。Klein 在荷兰文与德文中的意思都是"小"，可见得其所获得的康斯坦提亚庄园只是当初总督时代的一小部分而已。在克雷特家族的努力下，本酒庄攀上了第二个高峰。

1866 年，葡萄根瘤病也传到南非，几乎毁掉了全国的葡萄园，本酒庄开始沦落。第一次世界大战前，本酒庄被卖给一位富商德维雅（de Villers），富商太太卡拉出身于美国匹兹堡的钢铁世家。本酒庄在卡拉的经营下，不仅被兴建得美轮美奂，而且日夜笙歌，变成了整个南非最豪华的富商别墅，是为第三个高峰。第四个高峰则出现在 1986 年由乔司特家族入主后，家族致力于恢复旧有的制酒光辉，包括从 1986 年开始恢复酿制甜酒，这是 19 世纪 60 年代以后就不再酿制的经典之酒。

这款"康斯坦提亚之酒"是由麝香葡萄酿成的，酿制程序和风干葡萄并不相同。果农在葡萄要成熟前，将葡萄梗扭转几圈，让葡萄吸不到水分，又死不掉，自然地萎缩，使果汁更为稠密。这种方法和澳大利亚使用的"剪枝法"（Cordon Cut）很类似，那种剪法是把成熟葡萄的梗剪断，但仍缠在枝藤上，放个两三天才采收（见本书第 89 号酒）。酒酿成后，还要在法国橡木桶中醇化 2 年，再于瓶中储藏 2 年才上市。这种长年窖藏的过程使得酒质黏稠似蜜，类似于匈牙利的托卡伊酒。甜蜜中仍然可感觉到有干果、干燥花及氧化的味道，是一款甜梨汁液般令人心动的好酒，年产量仅有 1500 箱，1.8 万瓶左右，的确可和德国宝霉酒、法国苏玳酒以及法国与意大利的草席酒等平分秋色。

听说，不，历史上可是清清楚楚地记载道：拿破仑在滑铁卢惨败后，被英国人囚禁在圣赫勒拿岛上，自 1815 年至 1821 年去世为止，每年都由本酒庄运来一桶 1126 升的康斯坦提亚之酒，换算下来，每天要饮 3 升之多。据岛上英国司令官的记载，拿破仑在弥留之际拒食任何东西，但只要一杯康斯坦提亚之酒。本酒也真有幸，能陪伴英雄到末日。不过我相信，拿破仑饮用的康斯坦提亚酒应当是一般的干白，而非甜酒，否则一天 3 升岂不腻死？

本书在介绍第 8 号酒时，已经介绍了拿破仑最钟爱的香柏坛酒。英雄征战得意时，畅饮香柏坛；英雄末路时，独饮康斯坦提亚。英雄一路走来，美酒始终相伴。拿破仑也算是走过了幸运的一生。

康斯坦提亚之酒 2006 年份被帕克评到 95 分之高。每瓶 500 升，台北售价接近 2500 元。

史瓦特蓝好汉
南非酒的改革先锋

2004年,5个年轻的葡萄牙斗罗河酒庄主人,成功地组成了一个"斗罗河好汉"团体,打响了斗罗河新潮酒的名声,也让其外销增长了5～7倍,成绩亮丽非凡。因此,单打独斗的时代已经过去,团结便是力量。南非酒是最近一拨葡萄酒振兴潮流中的一个支流,充分感受到了孤独与无力感的可怕。

在开普敦北方不远的史瓦特蓝(Swartland)老酿酒区,也酝酿成立了一个名为"史瓦特蓝好汉"(Swartland Boys)的组织,虽然不像"斗罗河好汉"都是出自200或300年世家的贵公子,而是在酿酒过程中摸索有成的,但豪气没有差别——想让世人来认识与肯定新酿的酒。

这个"史瓦特蓝好汉"组织由3位杰出的酿酒师首创,分别来自巴登霍斯特(Adi Badenhorst)、沙迪(Eben Sadie)及肯特(Marc Kent)酒庄。

本酒的特色　About the Wine

巴登霍斯特酒庄(A. A. Badenhorst)的主人艾迪很小就

在家里帮忙采葡萄,大人酿酒时他也在旁边凑一脚帮忙,听他自己说,他13岁就了解了所有的酿酒程序。长大后,他周游各国酒庄,包括法国勃艮第以及新西兰,凡是葡萄园或者酿酒的活都干,以此吸收经验。2008年,他和堂兄弟海恩(Hein)看中了史瓦特蓝一块60公顷的葡萄园,于是联手买下,开创了自己的事业。

巴登霍斯特的酿酒哲学是小农制,但不是勃艮第那种小农制,而是希望集中精力在一定的规模上,把葡萄酒酿得越合乎本地风土的特色越好,红酒或白酒都不拘。他认为像澳大利亚那种大企业的酿酒方式,没有办法显示出澳大利亚酒的特色,只有独立的酒庄才能够酿出好酒。推广"独立酒庄"的概念,正是艾迪所推动的南非"葡萄酒革命"的主要想法。

的确,艾迪的新潮酒很别出心裁。就以本书推荐的"家族白酒"(Family Wines White)而论,便是由霞多丽、白雪侬、胡珊等近10种葡萄酿成。此情形和罗讷河的教皇新堡与朗格多克颇为类似。帕克评分也很中肯,多半在90~92分。过去一般酒客都认为南非白酒氧化问题过于严重。我有一位朋友的家属为外交官,每次朋友探亲回来都会为我携上几瓶南非白酒,几乎毫无例外颜色都已呈棕黄色。现在不同了,南非白酒清爽、新鲜,充满了活力。其水平虽然离新兴的白酒王国新西兰还有一段距离,但我们已经可以期待:白酒的混酿文化亦可能会在南非开出灿烂的花朵。

延伸品尝 Extensive Tasting

看到这一长串的名字,好像看到了德国的酒标一样。的确,荷兰文与德文简直像堂兄弟一样。这是一个成立于1776年的老酒庄——波肯浩克洛夫酒庄(Boekenhoutskloof),位于帕尔产区(Paarl),本地区最有名的酒庄即是陆佩与罗基德堡(见本书第98号酒)。

1993年,这个拥有悠久历史的老酒庄尚表现平平,共有6个出资人。但来年有一位酿酒师肯特加入并负责酿酒事宜。因此酒标上出现了7把椅子,代表本酒庄为7人所有。这个创意简单明了,加上本酒庄名字非常难念,因此酒客也称呼本酒庄为"七把椅子"(Seven Chairs),以省麻烦。

肯特本来是南非空军的飞行员。20世纪90年代,南非政权变动,许多白人公务员与军官离开了公职,肯特便是其中一位。没想到转型成功，当年他负责本酒庄酿酒时才 20 多岁。

在肯特的领导下，1996 年本酒庄推出了第一个年份，仅 6000 瓶之多。次年稍有进步，达 7000 瓶。15 年后，全年生产达 130 万～150 万瓶。本酒庄分成 4 个等级，红、白兼酿：最高等级的"波肯浩克洛夫"只占 5%；其次为"野狼陷阱"（Wolf Trap），占 15%；另外 2 款量贩级的"豪猪岭"（Porcurpine Ridge）与"巧克力级"，占 80%。

本酒庄最精彩的是"波肯浩克洛夫"西拉酒。本园西拉酒都不是老藤，而是新园主改种的，至今不到 20 年，但肯特

抓住了葡萄的成熟关键，按照每年葡萄成熟的情况，他会采部分早熟葡萄，取其酸味；也会留下部分超过成熟一阵子，取其丰满而熟透的香气。在葡萄的复杂度上下功夫，获得了很好的效果。葡萄酒汁会在部分新桶中熟成 27 个月之久。本酒庄的西拉酒和新西兰的西拉酒颇为类似，都以新鲜果味扑鼻取胜。红樱桃的香气中可以闻到青草、香蕉油与香草冰淇淋的香味。这是一款在南非最难寻获的红酒。年产量在 600 箱、7000 瓶左右。至于同等级的赤霞珠，每年在 1 万瓶上下，也值得一试。市价都在 30 美元上下。

进阶品赏　Advanced Tasting

南非葡萄酒改革先锋的沙迪（Eben Sadie），本身不□□□。他是酿酒师出身，年轻时跑遍了世界各酿酒□□□，也在一个酒厂工作了一阵子。1999 年，他买□□□弟、妹妹一起设立酒庄，取名"沙迪家族"。□□□款由西拉与慕合怀特葡萄混酿的"科伦□□□□□合怀特的葡萄费心得很。他共有 43□□□□散在 48 个园区中，因此会有不同

的风味。酒汁会在大橡木桶中发酵，初步停留 1 个月后，会在新的橡木桶中醇化 24 个月之久，中间还会更换几次新桶，让葡萄酒汁萃取更多的木桶风味。果然出厂后令人吃惊，原来南非可以酿出如此杰出的西拉酒，不让澳大利亚专美于前。第一年份

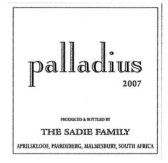

的 5000 瓶很快销售一空。

2000 年，本酒庄推出混酿级的"帕兰度斯"（Palladius）。这是由园中 7 种不同的白葡萄混酿而成，也是一款果味十分丰富，颇类似白波尔多的强劲型白酒。当年上市仅有 2000 瓶。

2000 年成功推出的 2 款红、白酒，让沙迪名扬海外，西方品酒界第一次正视到南非酒业的潜在希望，法国酒商还给沙迪取了一个法国名字"可怕的婴儿"（enfant terrible）。目前顶级的红酒科伦梅拉每年可产 8000 瓶，市价在 80 美元左右；帕兰度斯白酒每年只有 6000 瓶，美国市价在 60 美元左右。目前台湾地区似乎对南非酒还处于摸索的状态，对于这 2 款酒似乎还没有太多的认知，相信以台湾地区进口商能力与水平之高强，此 2 款来自天之涯、海之角的美酒，其进入台湾地区是指日可待的。

酒，不能只是去喝它，还要嗅闻它、观察它及啜饮它。但最重要的，则是讨论它。

——英王爱德华七世